U0228149

论仪器并筑器件

致广大而尽精微

白春礼

戊戌春月

中国科学院院长 白春礼院士题

中国科学院科学出版基金资助出版

低维材料与器件丛书

成会明 总主编

石墨炔：从发现到应用

李玉良 李勇军 著

科学出版社

北京

内 容 简 介

本书为"低维材料与器件丛书"之一。石墨炔是本书作者首次发现的一种新型二维碳材料，全书系统地介绍了石墨炔的理论预测、结构、合成与表征方法、聚集态结构研究及其在电子、信息、能源转化和存储、催化、环境与检测、生物医药等领域的前沿研究及应用探索。本书共分 7 章：第1 章为绪论；第 2 章介绍了石墨炔的理论预测与发现；第 3 章主要从理论模拟角度介绍石墨炔的基本性质；第 4 章介绍了石墨炔的合成与表征；第 5 章介绍了石墨炔的聚集态结构；第 6 章介绍了石墨炔的应用；第 7 章展望了石墨炔材料发展面临的问题和挑战。石墨炔的发展日新月异，本书是作者在石墨炔领域多年原创性研究成果的系统归纳和整理，对石墨炔新材料的发展具有重要的推动意义与学术参考价值。

本书可供高等院校及科研单位从事低维材料与器件研究与开发的相关科研与从业人员使用，也可作为高等院校材料、物理、化学及相关专业高年级本科生、研究生的专业参考用书。

图书在版编目（CIP）数据

石墨炔：从发现到应用/李玉良，李勇军著. —北京：科学出版社，2018.6
（低维材料与器件丛书/成会明总主编）
ISBN 978-7-03-057525-8

Ⅰ. ①石… Ⅱ. ①李…②李… Ⅲ. ①纳米材料-研究 Ⅳ. ①TB383

中国版本图书馆 CIP 数据核字（2018）第 110337 号

责任编辑：翁靖一/责任校对：何艳萍
责任印制：赵　博/封面设计：耕　者

科学出版社 出版
北京东黄城根北街 16 号
邮政编码：100717
http://www.sciencep.com
北京建宏印刷有限公司印刷
科学出版社发行　各地新华书店经销
*

2018 年 6 月第 一 版　开本：720×1000　1/16
2024 年 7 月第三次印刷　印张：20 3/4
字数：400 000
定价：138.00 元
（如有印装质量问题，我社负责调换）

低维材料与器件丛书
编 委 会

总　序

人类社会的发展水平，多以材料作为主要标志。在我国近年来颁发的《国家创新驱动发展战略纲要》、《国家中长期科学和技术发展规划纲要(2006—2020年)》、《"十三五"国家科技创新规划》和《中国制造2025》中，材料都是重点发展的领域之一。

随着科学技术的不断进步和发展，人们对信息、显示和传感等各类器件的要求越来越高，包括高性能化、小型化、多功能、智能化、节能环保，甚至自驱动、柔性可穿戴、健康全时监/检测等。这些要求对材料和器件提出了巨大的挑战，各种新材料、新器件应运而生。特别是自20世纪80年代以来，科学家们发现和制备出一系列低维材料(如零维的量子点、一维的纳米管和纳米线、二维的石墨烯和石墨炔等新材料)，它们具有独特的结构和优异的性质，有望满足未来社会对材料和器件多功能化的要求，因而相关基础研究和应用技术的发展受到了全世界各国政府、学术界、工业界的高度重视。其中富勒烯和石墨烯这两种低维碳材料还分别获得了1996年诺贝尔化学奖和2010年诺贝尔物理学奖。由此可见，在新材料中，低维材料占据了非常重要的地位，是当前材料科学的研究前沿，也是材料科学、软物质科学、物理、化学、工程等领域的重要交叉，其覆盖面广，包含了很多基础科学问题和关键技术问题，尤其在结构上的多样性、加工上的多尺度性、应用上的广泛性等使该领域具有很强的生命力，其研究和应用前景极为广阔。

我国是富勒烯、量子点、碳纳米管、石墨烯、纳米线、二维原子晶体等低维材料研究、生产和应用开发的大国，科研工作者众多，每年在这些领域发表的学术论文和授权专利的数量已经位居世界第一，相关器件应用的研究与开发也方兴未艾。在这种大背景和环境下，及时总结并编撰出版一套高水平、全面、系统地反映低维材料与器件这一国际学科前沿领域的基础科学原理、最新研究进展及未来发展和应用趋势的系列学术著作，对于形成新的完整知识体系，推动我国低维材料与器件的发展，实现优秀科技成果的传承与传播，推动其在新能源、信息、光电、生命健康、环保、航空航天等战略新兴领域的应用开发具有划时代的意义。

为此，我接受科学出版社的邀请，组织活跃在科研第一线的三十多位优秀科学家积极撰写"低维材料与器件丛书"，内容涵盖了量子点、纳米管、纳米线、石墨烯、石墨炔、二维原子晶体、拓扑绝缘体等低维材料的结构、物性及其制备方法，并全面探讨了低维材料在信息、光电、传感、生物医用、健康、新能源、环境保护等领域的应用，具有学术水平高、系统性强、涵盖面广、时效性高和引领性强等特点。本套丛书的特色鲜明，不仅全面、系统地总结和归纳了国内外在低维材料与器件领域的优秀科研成果，展示了该领域研究的主流和发展趋势，而且反映了编著者在各自研究领域多年形成的大量原始创新研究成果，将有利于提升我国在这一前沿领域的学术水平和国际地位、创造战略新兴产业，并为我国产业升级、提升国家核心竞争力提供学科基础。同时，这套丛书的成功出版将使更多的年轻研究人员和研究生获取更为系统、更前沿的知识，有利于低维材料与器件领域青年人才的培养。

历经一年半的时间，这套"低维材料与器件丛书"即将问世。在此，我衷心感谢李玉良院士、谢毅院士、俞书宏教授、谢素原教授、张跃教授、康飞宇教授、张锦教授等诸位专家学者积极热心的参与，正是在大家认真负责、无私奉献、齐心协力下才顺利完成了丛书各分册的撰写工作。最后，也要感谢科学出版社各级领导和编辑，特别是翁靖一编辑，为这套丛书的策划和出版所做出的一切努力。

材料科学创造了众多奇迹，并仍然在创造奇迹。相比于常见的基础材料，低维材料是高新技术产业和先进制造业的基础。我衷心地希望更多的科学家、工程师、企业家、研究生投身于低维材料与器件的研究、开发及应用行列，共同推动人类科技文明的进步！

成会明

中国科学院院士，发展中国家科学院院士

清华大学，清华-伯克利深圳学院，低维材料与器件实验室主任

中国科学院金属研究所，沈阳材料科学国家研究中心先进炭材料研究部主任

Energy Storage Materials 主编

SCIENCE CHINA Materials 副主编

前　言

　　石墨炔［2010年第一次被李玉良等用汉语命名为"石墨炔"（graphyne, GY）］，由 sp 和 sp^2 杂化形成的一种新型碳同素异形体，它是由 1,3-二炔键将苯环共轭连接形成的二维平面网络结构，具有丰富的化学键、大的共轭体系、宽面间距、多孔、优良的化学性能、热稳定性、半导体性能，以及力学、催化和磁学等性能，是继富勒烯、碳纳米管、石墨烯之后，一种新的全碳二维平面结构材料。自 2010 年我的团队在国际上首次通过化学合成获得石墨炔以来，石墨炔已广泛吸引了来自化学、物理、材料、电子、微电子和半导体领域的科学家对其优异的半导体、光学、储能、催化和力学性能进行研究探索。石墨炔特殊的电子结构和孔洞结构使其在信息技术、电子、能源、催化及光电等领域具有重要的潜在应用前景，近几年石墨炔的基础和应用研究已取得了诸多重要成果，并迅速发展为碳材料研究中的新领域。

　　石墨炔作为具有中国自主知识产权的新材料，自制备以来获得了国际上同行的高度评价和关注，并吸引了国内外众多科学家积极参与到该研究领域中来。目前，已经有美国、加拿大、日本、澳大利亚、德国、印度、伊朗等国际大学与研究机构和中国科学院化学研究所、北京大学、清华大学、南京大学、苏州大学、北京科技大学、北京交通大学、中国科学院物理研究所、中国科学院过程工程研究所、中国科学院青岛生物能源与过程研究所、中国科学院宁波材料技术与工程研究所等国内课题组开展了深入研究，使石墨炔的研究与应用开发进入了一个较快且稳定发展的时期，进而形成了一个新的研究热点和领域。英国著名杂志 *NanoTech* 于 2012 年和 2015 年发布的年度报告回顾了近年来发现的重要材料，指出石墨炔的发现使得科学家对碳材料的研究兴趣强烈增加，并因其所展示的在催化、燃料电池、锂离子电池、电容器、太阳能电池等方面所具备的优良性质和性能，与石墨烯、硅烯共同被列为未来最具潜力和商业价值的新材料。欧盟已将石墨炔相关研究列入下一个"框架计划"，美国、英国等也将其列入"政府计划"。世界两大著名的商业信息公司 Research and Markets 公司和日商环球讯息有限公司评述了 2019 年前全球纳米技术和材料商业市场，认为石墨炔是最具潜力的纳米材料之一，有可能在诸多领域得到广泛的应用，并将石墨炔单列一章专门做了市场分析。该研究成果还被科技部作为 2010 年重大基础研究进展列入《中国科学技术发展报告（2010）》中。

本书作者一直从事低维碳材料相关的研究工作。从 20 多年前开始富勒烯研究，到开发了具有中国自主知识产权的新材料——石墨炔，在低维碳材料的设计、制备、结构表征和性能等方面积累了丰富的经验。本书是国内外第一本详细介绍二维碳材料石墨炔从发现到应用的专著，涵盖了石墨炔的理论预测、合成与表征方法，以及其在电子信息、能源转化和存储、催化、环境与检测、生物医药等领域的应用探索。相信本书的出版，将对石墨炔类二维碳材料在能源、微纳电子、储能、信息技术及生命科学等诸多应用领域的开拓性研究具有重要推动意义和学术参考价值。

全书共分 7 章：第 1、2、6、7 章由李玉良撰写，第 3～5 章由李勇军撰写，全书由李玉良统稿。在著书过程中，引用了一些参考文献中的图、表、数据等，在此向相关作者表示感谢。

在本书撰写的过程中，得到国内外众多同行的鼓励、关心、支持和帮助，尤其是"低维材料与器件丛书"编委会专家成会明院士等为本书提出了一些宝贵的修改意见；本书的完成，也离不开多年来在实验室工作过的博士后、博士研究生和硕士研究生不懈的努力，在此对他们一并表示感谢。

限于时间和精力，书中难免有不妥之处，恳请广大读者和同行专家不吝指正。

李玉良

2018 年 3 月

目　录

第1章

绪　论

1.1　引　言

1.1.1　碳的广泛性

碳元素广泛存在于茫茫的宇宙间和浩瀚无垠的地球上，其奇异独特的物性和多种多样的形态随人类科学的进步而逐渐被发现、认识和利用。碳在地壳中的含量是 0.027%，丰度列第 14 位，地球上碳估计总量为 7×10^{16} t，其中 90% 的碳以碳酸钙的形式存在。碳在自然界中分布很广，在太阳系的元素和同位素中，按元素丰度顺序排序为：H $\gg$ He $\gg$ O $\geqslant$ C > Ne $\approx$ N > Mg $\geqslant$ Si $\geqslant$ Fe > S > Ar > Al $\geqslant$ Ca。碳与氧差不多，列在第 4 位，在易形成固体的元素中为最高。在整个宇宙的所有元素中，碳元素所占的比例为 0.3%，丰度列第 6 位。碳是生物学的基础，是构成地球上一切生物有机体的骨架元素，碳的化合物是组成所有生物体的基础，碳元素占人体总质量的 18% 左右，没有碳元素，就没有生命。以前，一般认为碳只有两种同素异形体，即石墨和金刚石结构单质碳。1985 年在碳元素家族中发现了 C_{60} 等富勒烯族[1]，1991 年又发现了碳纳米管[2]，成为碳的新的同素异形体。而二维碳基材料石墨烯的发现[3]，不仅极大地丰富了碳材料家族，而且其所具有的特殊纳米结构和性能，使得石墨烯无论是在理论还是实验研究方面都已展示出了重大的科学意义和应用价值，从而为碳基材料的研究提供了新的目标和方向[4-6]。

在人类发展史上，石墨电极的应用，碳纤维复合材料的开发，以碳元素为主体的有机材料的大量使用，以及金刚石薄膜的推广等都极大地推动了科学发展和人类的进步。新型的纳米碳材料富勒烯、碳纳米管及石墨烯被发现后，理论和实验都证明它们具备特殊性质和性能，具有重要的应用前景。纳米技术是 20 世纪 80 年代末迅速发展起来的一门交叉性很强的综合学科，是在纳米尺度上研究和利用原子与分子的结构、特性及其相互作用的高新技术，其最终目标是直接以原子、分子及物质在纳米尺度上表现出来的新颖的物理、化学和生物学特性制造出具有特定功能的产品。纳米技术的徒然升温不仅仅是尺度缩小的问题，实质是由纳米科技在推动人类社会产生巨大变革方面所具有的重要意义所决定的。当物质小到 1~100 nm 时，由于其量子效应、物质的局域性及巨大的表面及界面效应，物质的很多性能发生奇特的变化，呈现出许多既不同于宏观物体，也不同于单个孤立原子的奇异现象和性质。C_{60} 就是直径为 0.71 nm 的球形分子，属于零维纳米材料。碳纳米管是直径只有几到几十纳米、长度达几十微米的一维纳米材料，而石墨烯是仅由一层碳原子构成的薄片，属于二维材料。这些纳米形态的碳材料已经成为当今材料界炙手可热的研究对象。

1.1.2 碳的结构

碳位于化学元素周期表的第 6 位，电子轨道结构为 $1s^2 2s^2 2p^2$。根据原子杂化轨道理论，碳原子在与其他原子结合时，其外层电子在不同条件下，会产生不同形式的杂化，最常见的杂化形式为 sp、sp^2、sp^3 杂化。sp^3 杂化时，形成能态相同、空间均匀分布的四个杂化轨道，轨道之间的夹角为 109.5°，四个外层电子分居其中，在与其他原子结合时，分别结合为 σ 键；sp^2 杂化时，形成三个 σ 键杂化轨道在一个平面上均匀分布，轨道之间的夹角为 120°，剩余的一个电子处于垂直于杂化轨道平面上的 π 键轨道上；sp 杂化时，形成的两个 σ 键轨道在一条线上，与两个 π 键轨道两两相互垂直。分子杂化轨道理论进一步认为，原子在结合为分子时，所有轨道将共同形成成键轨道和反键轨道。两个原子之间以 σ 键结合时，结合强度高于 π 键结合，两个原子之间结合键数越多，结合强度越高。表 1-1 对比了碳氢化合物中的碳碳键离解能和键间距[7]。碳的同素异形体中，金刚石中的碳原子以 sp^3 杂化，[C—C] 以单个 σ 键方式结合；石墨中的碳原子为 sp^2 杂化，[C=C] 以一个 σ 键和一个 π 键的方式结合；卡宾（carbene）碳的结合方式为 sp 杂化，一个 σ 键和两个 π 键形成 [C≡C]。最新的研究认为：富勒烯和碳纳米管中碳的杂化方式为 sp^{2+s}，s 的值在 0~1 之间。表 1-2 归纳了碳的不同形式与碳原子中电子的杂化方式[8]，表 1-3 总结了不同形式碳的物理性能参数[9-12]。

表 1-1 各种碳碳键的离解能和键间距

碳氢化合物	离解能/(kJ/mol)	键间距/nm
$H_3C—CH_3$	363	0.153
$H_2C=CH_2$	672	0.134
$HC≡CH$	816	0.121

表 1-2 碳的存在形式与碳原子中电子杂化方式

sp³	sp²	sp	sp³+sp²+sp	spⁿ (1<n<3,n≠2)	
金刚石 立方(C Ⅲ) 六角(C Ⅳ)	石墨 六角(C Ⅰ) 菱形(C Ⅱ) CⅦ	卡宾 α-卡宾 β-卡宾 无序(C Ⅴ) C Ⅵ,C Ⅶ,…,C Ⅷ	无定形碳 (amorphous carbon)	中间态碳	
			无定形碳 玻璃碳 炭黑 合金碳 其他	2<n<3 富勒烯(C_x) x=60,70,84… 当x=∞时,n=2 洋葱碳 碳纳米管	1<n<2 循环碳(C_x) x=18,24… 石墨炔

表 1-3 不同形式碳的物理性能参数

形成态	sp³占比/%	H原子占比/%	密度/(g/cm³)	能隙/eV	硬度/GPa
金刚石	100	0	3.515	55	100
石墨	0	0	2.267	0	
玻璃碳	0	0	1.3~1.55	0.01	3
溅射碳	5	0	2.2	0.5	
蒸发碳	0	0	1.9	0.4~0.7	3
C₆₀	0	0		1.6	
ta-C[①]	80~88	0	3.1	2.5	80
a-C:H(硬)[②]	40	30~40	1.6~2.2	1.1~1.7	10~20
a-C:H(软)	60	40~50	1.2~1.6	1.7~4	<10
ta-C:H	70	30	2.4	2.0~2.5	50
聚乙烯	100	67	0.92	6	0.01

①四面体非晶碳(tetrahedral amorphous carbon)。

②无定形碳。

1.1.3 碳的同素异形体

元素是具有相同核电荷数(即相同质子数)一类原子的总称,由同一元素组成的物质称为单质,同一元素组成的不同性质的单质即为同素异形体。性能差异极大的金刚石和石墨是早已为人们所熟知的碳的同素异形体,而以 C_{60} 为代表的富勒烯分子、碳纳米管及石墨烯则是近三十年来人类新发现的碳同素异形体。碳既能形成金刚石和石墨之类的原子型晶体,又能由 C_{60} 或卡宾等形成分子型晶体。图 1-1 为几种主要类型碳同素异形体的结构示意图。

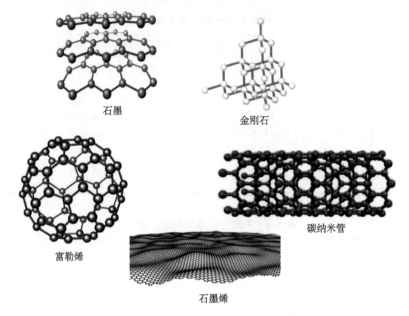

石墨

金刚石

碳纳米管

富勒烯

石墨烯

图 1-1　几种主要类型碳同素异形体的结构示意图

　　sp^n 杂化不仅确定了碳基分子的空间结构，也决定了碳基固体的立体构型。碳是周期表中唯一具有从零维(0D)到三维(3D)同素异形体的元素。固相碳质材料可形成的结构与碳原子的 sp^n 杂化关系密切。在 sp^n 杂化中形成(n+1)个 σ 键，σ 键作为骨架形成 n 维的局部结构。在 sp 杂化中两个 σ 键仅形成一维的链状结构，由其形成的分子结晶即所谓"卡宾"。卡宾在 1960 年由苏联的科学家首次发现，后来在自然界的陨石中被鉴定出来，可通过物理和化学方法来制备和合成[13]。由 sp 链集合可形成三维分子晶体。由于卡宾组织呈树脂状，光波在其中形成散射，整个晶体呈白色，因此晶态卡宾(chaoite)也被称为"白碳"。除固态卡宾分子晶体外，在高温气相和液相的碳原子及人工合成的各种链状和环状碳也大都由 sp 杂化的碳原子组成。

　　sp^2 杂化的碳原子形成的是二维的石墨平面结构，石墨烯就是由 sp^2 杂化的碳原子组成的单原子层平面二维结构。无定形碳是无序的三维材料，其中既有 sp^2 杂化也有 sp^3 杂化的碳原子。天然产的土状石墨(amorphous graphite)则主要是由任意堆积的 sp^2 杂化的碳原子形成的石墨层状碎片组成的微晶，平面之间由于弱的相互作用可容易地相对移动，因此，土状石墨仍可看成是二维材料[14]。随热力学条件的不同，层面间弱的 π 键作用加强，微晶进一步长大，特别是在高温或催化剂的作用下，它们最终能形成理想的原子型石墨晶体。

　　碳原子在 sp^3 杂化时，四个 σ 键形成一个规则的四面体，成为三维的金刚石原子型晶体。由于每一个碳原子都有化学键中最强的四个 σ 键，因此金刚石有极高的硬度。表 1-4 说明了碳的各种同素异形体的成键方式。

表 1-4　碳的各种同素异形体的成键方式

维度	材料	成键方式
三维	金刚石	sp^3
	石墨	sp^2
	无定形碳	sp^2+sp^3
二维	石墨烯	sp^2
	石墨炔	$sp+sp^2$
一维	碳纳米管	sp
零维	富勒烯	sp^2+sp^3

同素异形体涵盖了多形态(polymorphism)和多晶型(polytypism)两种概念。多形态主要是指结构和形态的变化,而多晶型是指物质具有多种不同构型时结晶的能力。这类构型有两种完全相同的单元晶胞参数,而另外的第三个是可变的,并且经常是相邻层间距的整数倍。如前所述,碳原子的 sp^3、sp^2 和 sp 杂化可形成金刚石、石墨和卡宾三种同素异形体的典型形态,而每一形态又可呈现出不同的晶型[15]。

碳的蒸发温度约为 4700 K,只比其熔点(约 4450 K)略高,因此液态碳的蒸气压很高。高蒸气压和大的碳碳键能使熔融的液态碳表面蒸发出的碳易于形成碳分子[碳簇(carbon cluster)],而不是独立的碳原子。石墨在激光烧蚀或高压电弧放电时于受激状态下形成的碳也与之类似。在 4000 K 的高温气相中,碳分子中的原子数按 $C_3 > C_1 \approx C_2 > C_5 > C_4$ 的顺序减少,C_6 以上仅有微量。在碳星、太阳、彗星及漫射的星际云中也发现有 C_2、C_3。碳原子数低于 10 的碳簇常以线形链状形式存在,略大一些的碳簇则为环状。但经计算,C_4、C_6、C_8、C_{10} 则以单环异构体更为稳定,$C_{10} \sim C_{29}$ 则以 sp 杂化的碳原子形成单环结构[16,17]。碳原子数在大于 30、小于 1000 时形成的碳层面都具有悬键(dangling bonds),即具有未结合的空键。为了减少悬键数,石墨烯碎片会卷起形成弯曲结构,边缘的六元环有收缩成五元环的趋势。尽管增加了应变能,但消除悬键可使其总能量降低,最终促使其形成封闭的笼状碳簇,故封闭的碳壳比平面尺度小的石墨结构更稳定,如富勒烯和碳纳米管等。笼状碳簇的特征是碳原子为偶数,呈中空笼状,碳原子全部在笼的外壳上,这些由碳网形成的笼形分子被命名为富勒烯。富勒烯的形成是欧拉定律(Euler's rule)的奇妙结果,曲率封闭的结构中必须有 12 个五元环才能完全满足拓扑学的需要,使六元环晶格组成的石墨烯片能卷曲、封闭成笼状。因此在 C_{60} 和所有其他富勒烯(C_{2n})中都只有 12 个五元环,而有 $n \sim 10$ 个六元环,表明以前认为只在有机分子中存在的五元环在无机材料中也能存在。

富勒烯中以由 20 个六元环和 12 个五元环拼接成的二十面体的 C_{60} 分子最稳定，直径为 0.71 nm。每一 C_{60} 分子以角振动数 $10^9\,s^{-1}$ 急剧地旋转，在 90 K 以下才停止。当六元环数增至 30 个时则形成 C_{70}。环数进一步增多就会形成更大的笼形分子，现已发现 C_{960} 的存在。在笼形碳壳表面，碳原子的键合如在石墨中一样主要是 sp^2，但因壳面弯曲，一些 sp^3 也掺入到碳的波函数中，因此能量略为增加。C_{60} 的杂化轨道为 $sp^{2.28}$，介于石墨 sp^2 和金刚石 sp^3 之间。含碳原子数越多的富勒烯，其杂化参数越接近石墨的 sp^2。碳纳米管可看作是由石墨烯层片卷成、直径为纳米尺度的圆筒，其两端由富勒烯半球封帽而成。和富勒烯一样，碳纳米管在特性上更接近石墨和石墨有关的材料而不是金刚石。石墨烯层在卷成碳纳米管时也掺入了少量的 sp^3 键，以致在其周向的键合力常数(force constant)比沿轴向略低。单片石墨烯的高度弯曲增加了碳原子的总能量，但这也让其边缘悬键所具有的能量更低。单壁碳纳米管仅有一个原子厚度，有少量原子在其周围，故只需少量波矢来描述其周期性。这些限制导致在径向和周向量子波函数的限制，仅沿碳纳米管的轴向产生大量的、允许波矢在封闭空间内的平面波移动[18]。因此，尽管碳纳米管与二维石墨烯片密切相关，但由于管的弯曲和在周向的量子限制，导致其许多性质与石墨烯片不同。单壁碳纳米管是纯碳分子纤维，其尺度相应于增大的富勒烯，而结构又相当于完好晶体中的单胞，故容易从理论上预测其原子结构及相关性质。在纳米结构的碳中，人们还发现了球壳重叠的多重球烯(洋葱碳)(grant fullerenes, onion carbon)[19]、海胆碳(sea urchins carbon)[20]、蚯蚓纳米碳(wormlike nanostructures carbon)[21]、锥形碳(graphite cones carbon)[22,23]、石墨立方体(graphite cubes)[24]、圆盘状物(discs)[23]和螺旋状物(helices)[25]等。

过渡形态的碳又可分成两组。一组为无定形碳，它们是由或多或少任意排列的不同杂化态碳原子混合而成的短程有序三维材料，其中主要是 sp^2 和 sp^3 杂化的碳原子。日常生活中人们接触到的各种碳材料差不多都可归结于无定形碳的范畴，如金刚石碳、玻璃碳、活性炭及各种炭黑、焦炭等。另一组包括各种中间形态的碳，在这些形态中碳原子的杂化程度能用 sp^n 来表达，此处 n 不是整数而是分数($1<n<3$，$n\neq2$)。这一组可进一步分成两个亚组，第一个亚组中 $1<n<2$，其中包括各种单环碳结构，如 F. Diederich 等报道过的环[n]碳[26]、石墨单炔(graphyne)、石墨二炔(graphdiyne, GDY)[27]。石墨炔是由 sp 和 sp^2 杂化的碳原子组成，其中 sp 杂化碳原子与 sp^2 杂化碳原子比例为 2:1，石墨炔是迄今各种二乙炔基非天然碳的同素异形体中最稳定的，也最有可能通过化学合成方法制备得到，而且具有优异的物理、化学性质。另一亚组中 $2<n<3$，其中包括各种骨架(或封闭壳状)碳，如富勒烯、洋葱碳和碳纳米管(巨大的线状富勒烯)、假设的 C_{120} 环形曲面(torus)和富勒烯炔(fullereneynes)，以及相关的金刚石-石墨掺杂结构。中间形态的碳中

原子轨道杂化的比例程度由其碳骨架应变引起整体结构的弯曲所决定。C_{60} 是富勒烯中研究得最深入的成员，据报道其杂化程度 n 为 2.28。Heimann 将各种已被证实、假设和推理可能存在的各类碳的同素异形体进行了分类，并将它们总包在一平面三角形的碳键杂化"相"图中，如图 1-2 所示[8]。

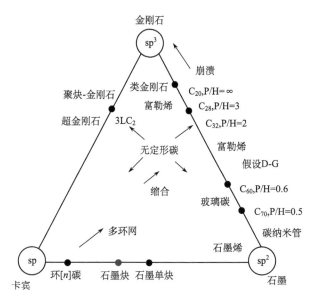

图 1-2　碳同素异形体的平面三角"相"图

碳原子在电子结构上可形成 sp^n 杂化，从而能键合成众多的分子或原子型晶体的同素异形体；在纳米和微米尺度又能以不同方式和取向进行堆叠(微晶)和聚集，形成各种各样的结构；最终能成为粒子、气溶胶、薄膜、纤维、块体等不同形态的制品。没有任何元素能像碳这样，作为单一元素却可形成许许多多结构和性质完全不同的物质。各种类型碳物质所具有的性质几乎能包括地球上所有物质的性质，有的甚至是完全对立的性质，如最硬(金刚石)—最软(石墨)、绝缘体(金刚石)—半导体(石墨)—良导体(石墨烯)、绝热体(石墨间层)—良导热体(金刚石)、全吸光(石墨)—全透光(金刚石)等[16]。另外，所有碳质材料均具有生物相容性，不会对包括人体在内的所有生物体造成损伤，不产生任何有毒性的残留物。因此，碳质材料是一种可循环耐用而且是环境友好的材料，也是易于加工且在加工成制品时所需能耗低的材料。而科学家们设想的同素异形体石墨块更有可能将碳元素的独特性质发挥到极致。

1.2 模型、术语、实验背景

历史上，Balaban 等在 1968 年给出了丰富多样的平面碳网络（其中仅包含具有三重配位的 sp^2 键合原子）的第一实例[28]。然后该探索方向得以持续开展，从非 C_6 碳多边形构建了许多相关的二维周期碳网络。例如，五七环碳（pentaheptites）[29,30]，由周期性分布的五边形 C_5 和七边形 C_7 形成）或海克尔碳（Haeckelites）[31]，其包括五边形 C_5、六边形 C_6 和七边形 C_7，见图 1-3），以及一些其他相关类型的碳网络，如石墨烯同素异形体[32-42]被提出并成功研究。在这里，也可以提到所谓的二维碳晶体系列[43,44]。这些假设的低稳定多环网络由 C_3、C_4、C_{12} 等张力环组成，因此，它们的合成似乎是非常有疑问的。最近研究的二维"方碳"[44]也属于这一组。

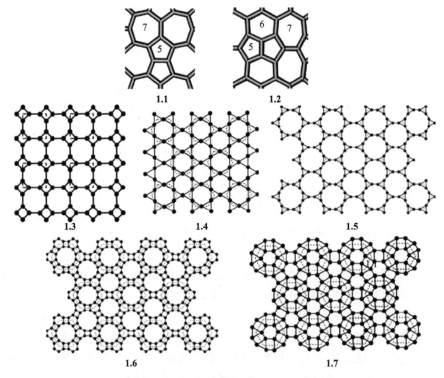

图 1-3　一些二维碳同素异形体的结构基元

1.1 为五七环碳[29,30]；**1.2** 为海克尔碳[31]；**1.3~1.7** 为一些假想的所谓的二维碳超晶格——由张力环如 C_3，C_4 和 C_{12} 组成的多环网络（基于开普勒网络）[44]；此处 1.1~1.7 为分子结构编号

用炔基（—C≡C—）或二炔基（—C≡C—C≡C—）替换石墨烯中的一些 ＝C＝C＝键是寻找平面单原子层碳网络的另一路径，其分别导致了石墨单炔

(graphyne)和石墨二炔(graphdiyne)的形成。

1.2.1 石墨单炔

由 Baughman 等预测的石墨炔[45]代表了一种具有 sp 和 sp^2 碳原子的非常规平面碳网络。 毫无疑问，可以提出大量类似石墨炔的碳网络，例如，通过用炔键—C≡C—替代上述 sp^2 石墨烯类同素异形体中的一些(或全部)C=C 键。 其中的一些 GY 实例如图 1-4 所示。

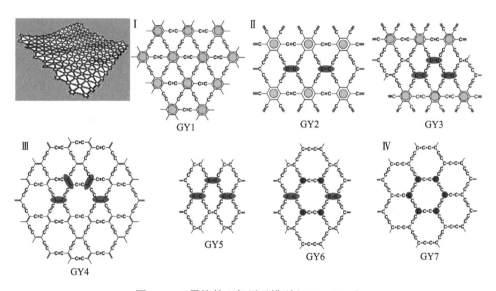

图 1-4 石墨炔的理想原子模型(GY1～GY7)

三重配位的 sp^2 原子(形成六元环，原子对或独立的原子)用绿色椭球标记(彩图请扫封底二维码)；左上角图：分子动力学模拟 $T=300$ K 时 GY1 网络的热波纹

这些相关碳网络大致可以分为四个组：Ⅰ～Ⅳ，见图 1-4。 因此，组Ⅰ(GY1)的结构包括通过—C≡C—键连接的六边形 C_6。 组Ⅱ(GY2、GY3)的两个网络包括六边形 C_6 和一对 sp^2 原子(C=C 键)，它们通过—C≡C—键相互连接。 组Ⅲ(GY4～GY6)的三个网络无六边形 C_6，仅包括通过—C≡C—键互相连接的 sp^2 原子对(C=C 键)(GY4、GY5)，或者 sp^2 原子对和分离的 sp^2 原子(GY6)。 而组Ⅳ(GY7)的网络仅包含被—C≡C—键连接的孤立 sp^2 原子。 该网络(所谓的"超石墨烯")可以被看作是石墨烯样结构，其中所有 C=C 键被炔键—C≡C—代替。 结果，GY7 具有与石墨烯相同的六边形 $p6m$ 对称性。

直到今天，还没有这类体系的标准分类。 在最初的工作中，Baughman 等采用简化命名方式为所考虑的石墨炔命名，其定义形成指定碳网络的不同环中的碳原子数。 例如，GY2 网络称为 6,6,14-石墨炔(6,6,14-graphyne)，超石墨烯(GY7)

为 18,18,18-石墨炔（18,18,18-graphyne）。有时，文献中也采用石墨炔类碳网络的其他名称[46,47]。例如，在文献[46]中结构 GY7 被命名为 α-石墨炔（α-graphyne）而文献[47]中命名石墨炔 GY1 为 γ-石墨炔（γ-graphyne）。

回到石墨炔的可能类型，GY1′和 GY2′（图 1-5）的结构可以简单地通过炔键—C≡C—替换五七环碳或海克尔碳中所有 C≡C 键来构建；GY3′和 GY4′的结构是图1-3 所述的一些二维碳超晶体的石墨炔类似物。此外，可以设想各种石墨烯/石墨炔"杂化体"。GY5′是其中一个简例，其包含通过炔键—C≡C—键合的六边形 C_6 的"纳米带"。

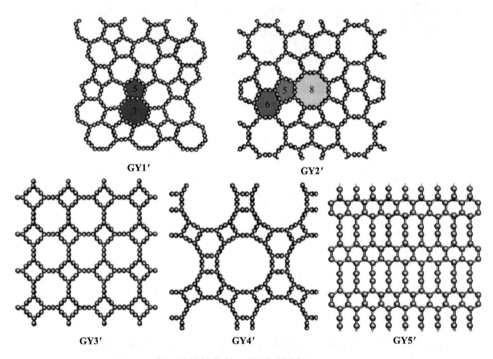

GY1′　　　　　　　　GY2′

GY3′　　　　　　　GY4′　　　　　　　GY5′

图 1-5　类石墨炔结构的可能原子图案：GY1′～GY5′

从这些例子可以看出，各种可能的石墨炔的相对稳定性和性质在很大程度上取决于它们的原子结构。在上述所有石墨炔中，sp^2 碳原子通过"单个"—C≡C—键连接。因此，类似石墨炔网络的另一种构建方法是增加 sp^2 碳原子之间类似线型卡宾的原子链长度，即用（—C≡C—C≡C—）或（—C≡C—C≡C—C≡C—）等原子链代替（—C≡C—），其连接六边形 C_6 或 sp^2 原子对或单个 sp^2 原子。

1.2.2　石墨二炔

历史上，在种类非常丰富的可能石墨炔类（$sp+sp^2$）碳网络中，所谓的石墨二炔家族是需要单独考虑的。1997 年提出了石墨二炔的第一个代表(图 1-6)[48]。 通常，这些结构可以被描述为石墨炔 GY 网络，其中所有的炔键被二炔单元—C≡C—C≡C—代替。因此，考虑到上述通过二炔单元代替炔键，"石墨二炔"(graphdiyne)来自术语"石墨炔"(graphyne)[45]。当然，像石墨炔(图 1-3 和图 1-4)一样，可以提出一大批石墨二炔。此外，可以设计像石墨烯/石墨二炔，石墨炔/石墨二炔或石墨烯/石墨炔/石墨二炔等异乎寻常的"杂化体"。

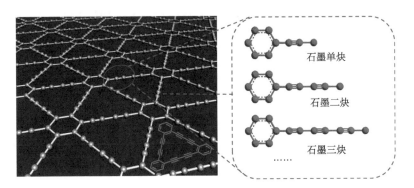

图 1-6　单炔键、双炔键等石墨炔结构

参 考 文 献

[1] Kroto H W, Heath J R, O'Brien S C, et al. C₆₀: Buckminsterfullerene. Nature, 1985, 318: 162-163.

[2] Lijima S. Helical microtubules of graphitic carbon. Nature, 1991, 354: 56.

[3] Novoselov K S, Geim A K, Morozov S V, et al. Electric field effect in atomically thin carbon films. Science, 2004, 306: 666-669.

[4] Geim A K. Graphene: status and prospects. Science, 2009, 324: 1530-1534.

[5] Geim A K, Kim P. Carbon wonderland. Scientific American, 2008, 298: 90-97.

[6] Geim A K, Novoselov K S. The rise of graphene. Nature Materials, 2007, 6: 183-191.

[7] Whittaker A G. Carbon: a new view of its high-temperature behavior. Science, 1978, 200: 763-764.

[8] Heimann R B, Evsvukov S E, Koga Y. Carbon allotropes: a suggested classification scheme based on valence orbital hybridization. Carbon, 1997, 35: 1654-1658.

[9] Li F, Lannin J S. Radial distribution function of amorphous carbon. Physical Review Letters, 1990, 65: 1905-1908.

[10] Green D C, Mckenzie D R, Lukins P B. The microstructure of carbon thin films. Materials Science Forum, 1990, 52: 103-124.

[11] Fallon P J, Veerasamy V S, Davis C A, et al. Properties of filtered-ion-beam-deposited diamondlike carbon as a function of ion energy. Physical Review B, 1993, 48: 4777-4782.

[12] Pharr G M, Callahan D L, McAdams S D, et al. Hardness, elastic modulus, and structure of very hard carbon films produced by cathodic-arc deposition with substrate pulse biasing. Applied Physics Letters, 1996, 68: 779-781.

[13] Kudryavtsev Y P, Heimann R B, Evsvukov S E. Carbynes: advances in the field of linear carbon chain compounds. Journal of Materials Science, 1996, 31: 5557-5571.

[14] Saito R, Dresselhaus G, Dresselhaus M S. Elastic properties of carbon nanotubes. Physical Properties of Carbon Nanotubes, 1998: 19.

[15] Whittaker A G, Wolten G M. Carbon: a suggested new hexagonal crystal form. Science, 1972, 178: 54-56.

[16] 王茂章. 碳的多样性及碳质材料的开发. 新型炭材料, 1995, 4: 1-12.

[17] Weltner W, van Zee R J. Carbon molecules, ions, and clusters. Chemical Reviews, 1989, 89: 1713-1747.

[18] Dresselhaus M, Endo M. Relation of carbon nanotubes to other carbon materials. Topics in Applied Physics, 2001, 80: 11-28.

[19] Ugarte D. Structure of carbon particles formed by curved graphene sheets (fullerenes, nanotubes): an electron microscopy study. Zeitschrift für Physik D Atoms, Molecules and Clusters, 1993, 26: 150-152.

[20] Subramoney S, Ruoff R S, Lorents D C, et al. Radial single-layer nanotubes. Nature, 1993, 366: 637-637.

[21] Wang Y. Encapsulation of palladium crystallites in carbon and the formation of wormlike nanostructures. Journal of the American Chemical Society, 1994, 116: 397-398.

[22] Jacobsen R, onthioux M M. Carbon beads with protruding cones. Nature, 1997, 385: 211-212.

[23] Krishnan A, Dujardin E, Treacy M M J, et al. Graphitic cones and the nucleation of curved carbon surfaces. Nature, 1997, 388: 451-454.

[24] Saito Y, Matsumoto T. Carbon nano-cages created as cubes Nature, 1998, 392: 237-237.

[25] Amelinckx S, Zhang X B, Bernaerts D, et al. A formation mechanism for catalytically grown helix-shaped graphite nanotubes. Science, 1994, 265: 635-639.

[26] Diederich F, Rubin Y. Synthetic approaches toward molecular and polymeric carbon allotropes. Angewandte Chemie International edition in English, 1992, 31: 1101-1123.

[27] Boldi A M, Diederich F. Expanded Radialenes—a novel class of cross-conjugated macrocycles. Angewandte Chemie International edition in English, 1994, 33: 468-471.

[28] Balaban A T, Rentia C C, Ciuputu E. Chemical graphs .6. estimation of relative stability of several planar and tridimensional lattices for elementary carbon. Revue Roumaine de Chimie, 1968, 13: 231-248.

[29] Crespi V H, Benedict L X, Cohen M L, et al. Prediction of a pure-carbon planar covalent metal. Physical Review B: Condens Matter, 1996, 53: 13303-13305.

[30] Deza M, Fowler P W, Shtogrin M, et al. Pentaheptite modifications of the graphite sheet. Journal of Chemical Information and Computer Sciences, 2000, 40: 1325-1332.

[31] Terrones H, Terrones M, Hernandez E, et al. New metallic allotropes of planar and tubular carbon. Physical Review Letters, 2000, 84: 1716-1719.

[32] Terrones H, Terrones M, Morán-López J L. Curved nanomaterials. Current Science, 2001, 81: 1011-1029.

[33] Lambin P, Biró L P. Structural properties of Haeckelite nanotubes. New Journal of Physics, 2003, 5: 141.

[34] Biró L P, Márk G I, Horváth Z E, et al. Carbon nanoarchitectures containing non-hexagonal rings: "necklaces of pearls". Carbon, 2004, 42: 2561-2566.

[35] Ivanovskii A L. New layered carbon allotropes and related nanostructures: computer simulation of their atomic structure, chemical bonding, and electronic properties. Russian Journal of Inorganic Chemistry, 2005, 50: 1408-1422.

[36] Mpourmpakis G, Froudakis G E, Tylianakis E. Haeckelites: a promising anode material for lithium batteries application. An ab initio and molecular dynamics theoretical study. Applied Physics Letters, 2006, 89: 233125.

[37] Pokropivnyi V V, Ivanovskii A L. New nanoforms of carbon and boron nitride. Uspekhi Khimii, 2008, 77: 899-937.

[38] Lee H, Ihm J, Cohen M L, et al. Calcium-decorated carbon nanotubes for high-capacity hydrogen storage: first-principles calculations. Physical Review B, 2009, 80: 115412.

[39] Lusk M T, Carr L D. Creation of graphene allotropes using patterned defects. Carbon, 2009, 47: 2226-2232.

[40] Enyashin A N, Ivanovskii A L. Graphene allotropes. Physica Status Solidi (b), 2011, 248: 1879-1883.

[41] Peng Q, Ji W, De S. Mechanical properties of graphyne monolayers: a first-principles study. Physical Chemistry Chemical Physics, 2012, 14: 13385-13391.

[42] Cranford S W, Brommer D B, Buehler M J. Extended graphynes: simple scaling laws for stiffness, strength and

fracture. Nanoscale, 2012, 4: 7797-7809.

[43] Yang Y L, Fan Z Y, Wei N, et al. Mechanical properties of hydrogen functionalized graphyne-a molecular dynamics investigation. Advanced Materials Research, 2012, 472-475: 1813-1817.

[44] Pujari B S, Tokarev A, Saraf D A. Theoretical investigation of planar square carbon allotrope and its hydrogenation. Journal of physics. Condensed Matter: An Institute of Physics Journal, 2012, 24: 175501.

[45] Baughman R H, Eckhardt H, Kertesz M. Structure - property predictions for new planar forms of carbon: Layered phases containing sp^2 and sp atoms. Journal of Chemical Physics, 1987, 87: 6687-6699.

[46] Malko D, Neiss C, Vines F, et al. Competition for graphene: graphynes with direction-dependent dirac cones. Physical Review Letters, 2012, 108: 086804.

[47] Coluci V R, Braga S F, Legoas S B, et al. Families of carbon nanotubes: graphyne-based nanotubes. Physical Review B, 2003, 68: 035430.

[48] Haley M M, Brand S C, Pak J J. Carbon networks based on dehydrobenzoannulenes: synthesis of graphdiyne substructures. Angewandte Chemie International Edition in English, 1997, 36: 836-838.

第2章

石墨炔的理论预测与发现

2.1 石 墨 炔

合成、分离新的不同维数碳同素异形体是过去二三十年研究的焦点，科学家们先后发现了三维富勒烯、一维碳纳米管和二维石墨烯等新的碳同素异形体(图2-1)，这些材料均成为国际学术研究的前沿和热点。1996年诺贝尔化学奖被授予了三位富勒烯的发现者，2010年英国曼彻斯特大学的安德烈·海姆和康斯坦丁·诺沃肖洛夫由于在二维碳材料石墨烯方面开创性的研究被授予了诺贝尔物理学奖，这使得碳材料的研究进入了一个新的阶段，同时也激起了科学家们对新型碳的同素异形体的研究热忱和兴趣。

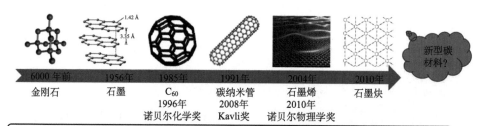

6000年前	1956年	1985年	1991年	2004年	2010年
金刚石	石墨	C60	碳纳米管	石墨烯	石墨炔
		1996年	2008年	2010年	
		诺贝尔化学奖	Kavli奖	诺贝尔物理学奖	

理想的高强材料：抗拉强度约800 GPa

理想的导电材料：承载电流可达10^9 A/cm²

理想的导热材料：室温热导率3500 W/(m·K)

理想的传感材料：原子几乎全部裸露在表面上

优异的透光性(光吸收：2.3%/层)

优异的导电性(30 Ω/sq；1.0×10^{-6} Ω·cm)

极高的载流子迁移率[约200000 cm²/(V·s)]

优异的力学性能(杨氏模量1.06 TPa)

极高的热导率[约5000 W/(m·K)]

防弹衣

防弹装甲

新一代航空航天器

海水淡化

生物传感器件

肿瘤治疗

图 2-1 近三十年来碳材料发展历程

合成化学飞速发展，科学家们试图设计合成新的碳的同素异形体[1]、富碳化合物，1968 年 Alexanru Balaban 等提出一系列新颖的二维、三维非天然的碳的同素异形体[2]，这些新颖的碳的同素异形体由 sp^2 和 sp 或 sp^3 和 sp 杂化的碳原子成键，尽管这些想象的物质中大部分是能量禁阻的，但是有些结构是极有可能通过化学合成方法合成出来的。随之科学家们设计出更多的二维、三维全碳结构，其中很多结构可能具有优异的光学性质和电学性质[3-9]。随着富勒烯、碳纳米管、石墨烯的发现，科学家们对新的碳的同素异形体的合成制备进行了更加深入的研究。之后，科学家们通过全合成的方法成功制备 C_{60}[10]，类似于碳纳米管的环状、带状富碳分子也被成功构建[11,12]。为了确定石墨烯的分子模型，科学家们对扩展的多环芳烃化合物进行了更加深入的研究[13,14]。

研究人员所假想的碳的同素异形体、富碳化合物均基于炔基脚手架（acetylenic scaffolding）结构构建起来，具有特殊化学结构、优异的电子和光学性能。对于炔基脚手架结构的研究要追溯到早期的乙炔化学，当时 Baeyer 研究炔的 Glaser 氧化偶联反应以制备长的直线链状纯碳结构[15]。一个世纪后，科学家们用不同的方法制备表征这种无限长的链状聚炔结构 $[\text{—}(\text{C} \equiv \text{C})_x\text{—}]$ [16,17]，即所谓的"卡宾"。但是对于这种一维导体碳材料的制备和结构的报道仍存在争议[18]。1972 年 Eastmond 等[19]制备了 16 个 C≡C 共轭相连的类似长链卡宾的结构，其末端与三乙基硅基（$Et_3Si\text{—}$）相连，起到稳定此化合物的作用。几年后，Kroto[20]在星际分子云的射频光谱中探测到了聚炔基乙腈化合物 $[\text{H}\text{—}(\text{C} \equiv \text{C})_n\text{C} \equiv \text{N}]$（n=2, 3, 4）。乙炔基大环化合物同样是科学家们的研究热点，在 20 世纪 60～70 年代，Sondheimer[21]、Staab 等[22]及 Nakagawa[23]研究组根据合理的理论方案制备了大量的平面共轭大环 π 体系，以研究这些化合物是否遵循休克尔规则，是否具有芳香性[(4n+2)π 电子]或反芳香性[(4n)π 电子][24]。另外研究发现了环状二炔的两个三键的分子内反应活性是距离和方向的函数[25, 26]。Scott 和他的同事合成了一系列可以扩展的环烷烃，并将—C≡C—（[n]pericyclynes）或—C≡C—C≡C—片段插入在每对相邻的 sp^3 杂化的碳原子之间[27-29]。

实际上，1966 年科学家们才首次对全碳化合物进行了研究。当时 Hoffmann 提出了环[n]碳结构[30]，如环[18]碳，如图 2-2 所示。20 世纪 80 年代，科研人员开始尝试以大环去氢轮烯为原料制备环碳化合物，但是这些方法只能在气相中检测到环碳化合物的生成，迄今还无法分离得到[31-34]。

对于新的全碳网状结构化合物的设计要遵循以下准则：①所设计的网状结构应具有较小的张力，而且结构不易向石墨或金刚石转化；②新的化合物应具有优异的材料性质；③具有潜在的合成方法将其合成；④单体、二聚物、高聚物的制备和表征可以用来推断最终网状结构化合物的性质。

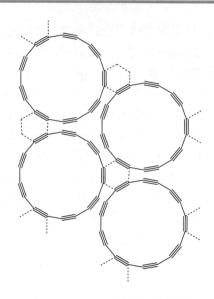

图 2-2　环[18]碳的化学结构式

随着在炔基全碳分子及聚合物网状结构的合成方面取得的进展，在过去 20 多年里，研究人员依据这些准则提出了大量不同于石墨、金刚石的二维、三维全碳网状结构化合物[1,3,6,13,35,36]，炔类网络的前体是一些乙炔化的分子，如乙炔化的脱氢轮烯和环 sp 杂化的碳原子[31]。除了线形多炔片段外[37]，环碳作为富勒烯合成中的潜在中间体也受到极大关注[38,39]。但是由于目前合成方法有限，因此很多假想的全碳分子无法通过如今的合成手段合成出来，在这些假想的全碳分子中只有石墨二炔比较例外，最有可能通过化学合成方法制备得到，如图 2-3 所示。下面将单列一节对石墨炔的可能构筑单元和稳定性进行阐述。

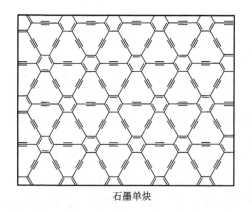

石墨单炔

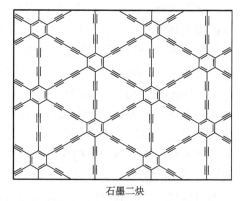

石墨二炔

图 2-3　石墨单炔及石墨二炔的化学结构式

石墨炔是以 sp 和 sp^2 两种杂化态形成的新的碳同素异形体，它是由 1,3-二炔键将苯环轨连接形成二维平面网络结构，具有丰富的碳化学键、大的共轭体系、宽面间距、优良的化学稳定性和半导体性能，被预测为非天然碳的同素异形体中最稳定的，也是最有可能被化学合成的。石墨炔特殊的电子结构和孔洞结构使其在光、电、信息技术、电子、能源、催化及光电转换等领域有潜在的、重大的应用前景。其核心科学问题包括可控合成方法学及其物理、化学等现象，可控层数结构组成的宏观材料本征性质和性能的规律，多尺度表征新技术及石墨炔材料生长、组装、演变等基本过程。由于 sp 杂化态形成的碳碳三键具有线形结构、无顺反异构体和高共轭等优点，人们一直渴望能够获得具有 sp 杂化态的碳的新同素异形体，并认为该类碳材料具备优异的物理、化学及半导体性质，从其结构和电子结构分析几乎是一类接近完美的碳材料，其将成为下一代新的电子、能源、催化和光电器件等的关键材料。

碳的网状聚合物的前体随着含碳量的增加伴随着稳定性、溶解性和可加工性的困难。使用超分子化学中弱的、非共价键作用限定分子组分的空间排列方式为控制前体和中间体低聚物的取向提供了一种有效的手段，以确保预期的扩展网络的高结晶度。在未来，合成碳同素异形体和富碳相在技术应用中可能与金刚石和石墨具有类似的作用。

2.2　碳环化合物

[n]碳环(环-C$_n$)是由 sp 杂化的碳原子构成的 n 个结构单元的单环状结构，具有由共轭π轨道的两个垂直系统产生的独特电子结构，一个在平面内，一个在平面外[31]。基于应变评估合成可能性和稳定性，选择环-C$_{18}$ 作为第一制备目标。并通过不同的理论计算对该碳分子的电子结构进行预测，计算结果显示其是具有两个正交的(4n+2)π-电子系统的休克尔芳族稳定体系。利用 3-21G 或更大基组的自洽场计算预测得到具有交替键长度的 D$_{9h}$ 对称多炔烃共振结构 **2.1**[31]（图 2-4）。但是价电子相关以及 MP2（Møller-Plesset 二阶扰动理论）水平的密度泛函理论计算优化得到最稳定的平面 D$_{18h}$-对称的累接双键烃共振结构 **2.2**（本章 **2.1**～**2.32** 为分子结构编号）。

环-C$_{18}$ 可以经过三种合成路线获得，三种合成前体 **2.3**～**2.5** 的结构已经全部通过 X 射线晶体衍射表征获得。首先在气相中通过激光闪蒸加热化合物 **2.3** 制备环-C$_{18}$，其在逆狄尔斯-阿尔德反应中诱导逐步消除三个蒽分子，并通过共振双光子电离飞行时间质谱法检测中性产物[31]。结晶六钴络合物 **2.4**[40]在近平面-C$_{18}$ 环中显示出三个相当大弯曲的丁二炔单元，C≡C—C 夹角低至 161°。环碳配合物的电子吸收光谱与无环类似物的电子吸收光谱强烈地表明在碳环中心存在大的π

共轭结构。 到目前为止，从金属配位体系中制备环-C_{18}的所有尝试都失败了。

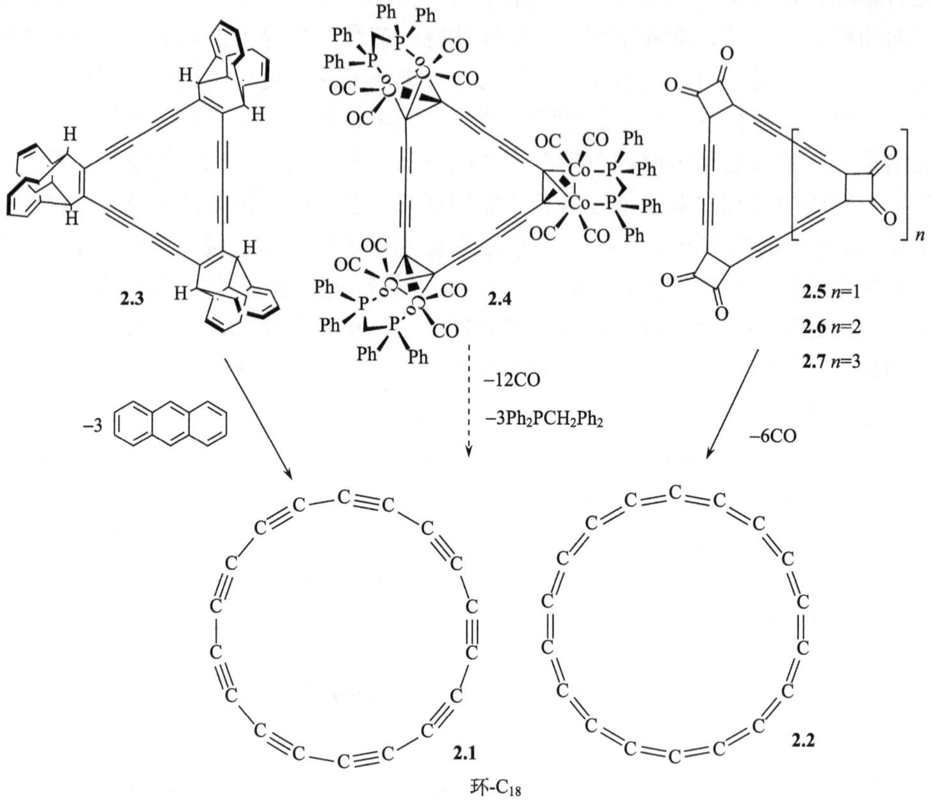

图 2-4 制备环-C_{18}的直接前体

获得环-C_{18}、环-C_{24}和环-C_{30}的最佳途径是来自碳氧化物 **2.5**～**2.7**(图 2-4)[38]。这些化合物在室温下是稳定的，但在 80℃以上会发生爆炸，此外，它们对通过初始迈克尔加成诱导聚合的亲核试剂非常敏感。在 **2.5**～**2.7** 的傅里叶变换质谱(FTMS)实验中，负离子质谱显示来自前体阴离子的 CO 分子的连续损失从而获得环状碳离子 C_{18}^-、C_{24}^-和 C_{30}^-[31,38]。在正离子模式中，观察到环戊二烯离子进行了产生富勒烯离子的气相聚结反应。离子分子反应从环碳阳离子 C_{18}^+(通过 **2.5** 的激光解吸形成)和 C_{24}^+(从 **2.6** 形成)开始，通过不同的中间体($C_{18}^+ \rightarrow C_{36}^+ \rightarrow C_{54}^+ \rightarrow C_{72}^+ \rightarrow C_{70}^+ + C_2$ 和 $C_{24}^+ \rightarrow C_{48}^+ \rightarrow C_{72}^+ \rightarrow C_{70}^+ + C_2$)获得主要离子产物富勒烯 C_{70}。更高价态的富勒烯离子也通过 C_{70}^+与其他环碳分子的进一步聚结获得。由于没有观察到 C_{60} 的形成，因此我们认为这些反应是非常有选择性的。相比之下，环-C_{30}的离子-分子二聚反应导致富勒烯阳离子 C_{60}^+ 的选择性。巴克明斯特富勒烯阳离子 C_{60}^+ 的进一步聚结不能形成 C_{70}，而且获得 C_{90} 或 C_{120} 的程度小。

　　碳氧化合物 **2.5～2.7** 的 FTMS 研究的结果证明形成富勒烯的一个反应途径是大的环碳离子的聚结。在惰性冷却气体氛围下通过电阻加热石墨合成富勒烯中，大的环碳以及多环中间体可以由较小的线形多炔片段(C_x)的聚结形成[41,42]。在氢气氛下，通过在二价氰 CN_2 存在下蒸发石墨，获得了在 Kratschmer-Huffman 反应过程中具有反应活性的炔属片段中间体的证据[37]。甲苯可溶性产物混合物的柱层析分离不能获得富勒烯，而是一系列线形化合物猝灭时形成的二氰基多芳基化合物 $N\equiv C-(C\equiv C)_n C\equiv N$（$n$=3～7）聚炔中间体。当氢气加入到惰性气体中时，将获得聚炔烃 $H-(C\equiv C)-H$[43]。

　　在气相离子色谱实验中获得碳生长过程中从链到环再到球的反应机理。气相离子色谱可以分离分子量相同但结构或电子构型异构的离子[41]。大量的研究表明大的单环、双环和三环参与富勒烯生长，并且这些环相互碰撞产生的热能诱导富勒烯的异构化，同时伴随着小的碳片段损失（如环 C_{40}^+ 异构体 $\longrightarrow$ 富勒烯 C_{38}^++C_2）[44]。采用相同的方法研究发现石墨的激光蒸发产生由富勒烯离子和平面多环聚炔环异构体的混合物组成的 C_{60}^+。后者可以通过退火转化为富勒烯离子 C_{60}^+ 和大的环碳环-C_{60}^+[45]。

　　在新的多孔富勒烯（fullerene）家族中提出乙炔-累接双键烃（aretylenici-cumulenic）碳环结构-富勒炔（fullereneynes）[46]。这些笼状分子含有与 C_{60} 或相关的富勒烯相同数量的 sp^2 碳原子，同时含有 60 个以上的 sp 碳原子。与 C_{60} 相比，C_{120}（图 2-5）所有的五边形保持完整，但是在 6,6-环连接处的 $C\equiv C$ 双键被炔属性质的 $C(sp^2)$-$C(sp)$-$C(sp)$-$C(sp^2)$ 单元取代。富勒炔的笼状多孔结构能够形成内嵌体络合物和壳络合物，其中的金属离子可以配位在十二元乙炔-累接双键烃环。这些有趣的新型结构的合成方法还没有报道。通过组增量法计算 C_{120} 的热形成焓是 24.4 kcal/g-atom C [47]，这大约是 C_{60} 测量值的两倍；因此目前的问题是能否分离

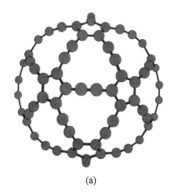
(a)

(b)

图 2-5　富勒炔 C_{120} 的球棍展示图

像 C_{120} 的富勒炔烃。

2.3　碳 的 网 络

近年来，大量非自然的碳网络引起了高分子和有机化学家的重视。它们是合成热力学上比石墨和金刚石稳定性低的网状化合物，并且期望这些网状化合物经历简单的转化过程将其转化为天然同素异形体。目前富勒烯研究清楚地表明，这种预期并不适用于所有的情况。实验测定 C_{60} 的每个碳原子的热生成焓 $\Delta H =$ 10.16 kcal/g，更稳定的富勒烯 C_{70} 每个碳原子的热生成焓 $\Delta H = 9.65$ kcal/g。而石墨和金刚石的热生成焓分别为 0 kcal/g 和 0.4 kcal/g。尽管晶态富勒烯在热力学上极其不稳定，但是在高温下的动力学上却表现出优异的热稳定性。综上所述，尽管合成的全碳网状化合物不存在将其转化为石墨和金刚石的有利机制，但是其仍然表现出高的动力学稳定性。

在从单体到聚合物的路线中，六炔基苯 **2.8**[48]或者环-C_{18} 的氧化聚合的可控寡聚化可以获得苯基丁二炔网状化合物 **2.9**（图 2-6）。六丁二炔苯 **2.10a** 由于稳定

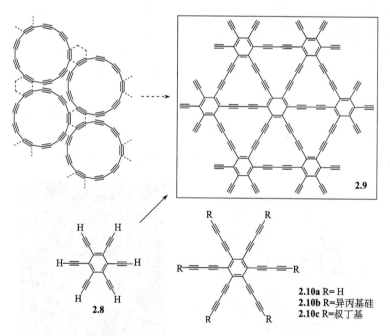

2.10a R= H
2.10b R=异丙基硅
2.10c R=叔丁基

图 2-6　全碳网状结构 **2.9** 的合成路径

2.10a 的氧化偶联反应可能获得相似的网状结构 **2.9**、**2.10a** 的衍生物 **2.10b** 和 **2.10c**

性而难以捕获，其氧化聚合将获得类似的结构，但是具有较大的孔，其可以用作掺杂剂或客体组分的络合位点。**2.10a** 的衍生物已有报道，并通过 X 射线晶体结构进行了表征：六异丙基硅烷保护的 **2.10b** 和叔丁基衍生物 **2.10c**。

具有高度张力的环-C_{12} 是命名为石墨炔的网状化合物 **2.11** 的潜在前体，其是平面碳大家族中仅含 sp 和 sp^2 碳原子最稳定的网络(图 2-7)[49]。价键有效哈密顿量(VEH)和扩展哈克尔理论(EHT)计算预测 **2.11** 是大带隙半导体材料(E_g= 1.2 eV)，并且该网络具有大的三阶极化率的非线性光学性质。石墨单炔的热生成焓是 14.2 kcal/g，略高于富勒烯，因此，石墨单炔应当具有足够的稳定性，可以应用于新材料。

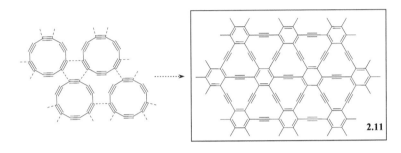

图 2-7　石墨单炔(**2.11**)的合成路径

基于四炔基乙烯 **2.12a**[50]的交叉共轭碳骨架是包含化合物 **2.15** 和 **2.16** 的二维网络的基本重复单元。该类特殊碳网络的制备不能通过 **2.12a** 的简单氧化聚合来完成，需要更特征的大环前体作为起始原料。在甲醇中通过硼砂对更稳定的三甲基硅基保护的衍生物 **2.13b** 进行温和脱保护而获得的反式炔化的六氢[18]轮烯 **2.13a** 可作为 **2.15** 的前体(图 2-8)[51]。化合物 **2.13a** 是高度不稳定的，并且只能在稀溶液中短时间处理而不分解。电子吸收光谱表征表明 Hückel-芳族化合物[18]轮烯中更稳定的硅烷基保护的衍生物 **2.13b** 和 **2.13c** 具有大的 HOMO(最高占据分子轨道)-LUMO(最低未占据分子轨道)带隙(2.57 eV)。

令人惊讶的是，顺式双保护的四乙炔基乙烯 **2.12b** 和 **2.12c**(图 2-8)的氧化环化不仅能够获得芳香性[18]轮烯 **2.13b** 和 **2.13c**，还能获得制备碳网络 **2.16** 的中间体，张力反芳香性[12]轮烯衍生物 **2.14b** 和 **2.14c**。化合物 **2.14c**[51]的 X 射线晶体衍射证明了其平面共轭碳框架结构和具有显著弯曲的丁二炔片段的十二元环结构。根据电子吸收光谱，**2.14b** 和 **2.14c** 是具有低的 HOMO-LUMO 带隙(1.87 eV)的反芳香性[12]轮烯。尽管三甲基硅基保护的衍生物 **2.14b** 在–20℃下的稀溶液中缓慢分解并且不能作为稳定固体分离，但是三异丙基硅基保护的 **2.14c** 的稀溶液很稳定，并且其结晶化合物仅在 200℃下分解。在甲醇中用硼砂处理 **2.14b** 获得未保护的 **2.14a** 溶液可以作为网络 **2.16** 高度不稳定的直接前体。AM1(Austin 模

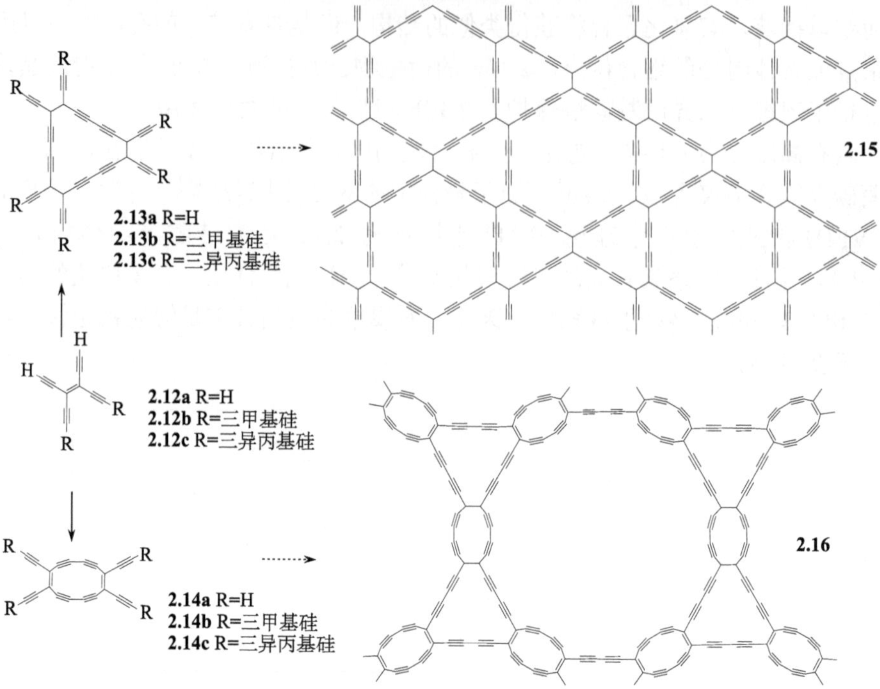

图 2-8 基于四炔基乙烯的交叉共轭碳骨架

型 1) 计算预测 C≡C—C 键角是 122°~124°的化合物 **2.12a** 的氧化聚合反应应该能获得网络 **2.16** 中的三聚六氢[18]轮烯环，并不能得到不饱和的二聚四氢[12]轮烯[52]。人们正在研究通过三甲基硅基保护的四氢[12]轮烯获得网络 **2.16** 的研究方法（图 2-9）。

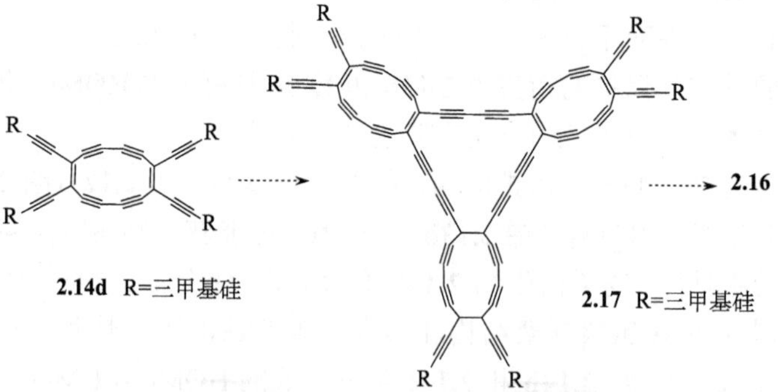

图 2-9 全碳网状结构 **2.16** 的合成路线

尽管化合物 **2.14c** 的稀溶液是稳定的，但是浓缩会导致[12]轮烯的快速分解直至化合物 **2.14c** 转化成晶体。化合物 **2.14c** 的晶体可以在极端的温度下暴露于阳光

和空气中保持数月不变。这种不寻常的稳定性归结于晶体中大体积三异丙基硅基
(TIPS)基团的"绝缘"效应，然而三甲基硅基保护的化合物 **2.14b** 并没有表现出
类似的稳定性。化合物 **2.14c** 的晶体结构(图 2-10)显示轮烯环在堆叠过程中发生
偏移，使得它们被大量插入的 TIPS 基团完全包围。 在很多炔基化合物的 X 射线
晶体衍射结构中都可以观察到 TIPS 绝缘效应，并且这些化合物在固态下表现出
普适的稳定模式[53]。

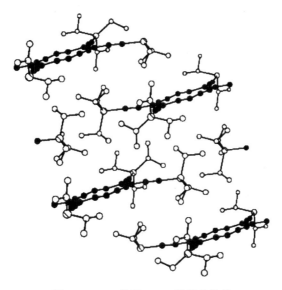

图 2-10　[12]轮烯 **2.14c** 的晶体结构

近来已经对超级金刚石网络 **2.20**(图 2-11)[4]进行了大量的研究。多年来四炔
基甲烷 **2.18**(图 2-11)一直难以获得[54, 55]，直到 1993 年 Feldman 及其同事完成了
它的合成工作[56]。室温下，固体 **2.18** 和四乙炔基乙烯(**2.12a**)一样，在有氧或无
氧下都能够快速分解。目前正在制备各种其他甲基化有机分子，探索它们作为晶
态碳网络前体的可能性[54,57,58]。

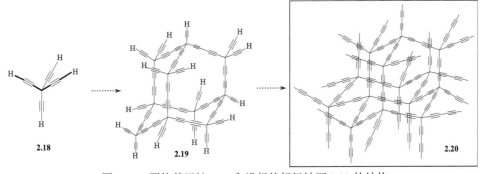

图 2-11　四炔基甲烷 **2.18** 和设想的超级钻石 **2.20** 的结构

图 2-12 所示的三维网络在结构上与 Hoffmann 等最初提出和计算研究的碳的金属性同素异形体相关[59]。在这个全 sp² 碳同素异形体中，通过 C—C 单键交联连接的两种类型的正交聚乙炔链延伸跨越晶格。不幸的是，似乎没有正确的答案回答"这种金属形式的元素碳是如何合成的？"这是由 Hoffmann 等在他们关于化合物 **2.21** 的文章结尾提出的[60]。后来 Elguero 等[36]提出了更容易获得这类网络的方案，并且通过在网络 **2.21** 的两个正交链之间的 sp² 碳原子之间插入 sp 碳原子来获得网络 **2.22**[图2-12(a)]。网络 **2.21** 和 **2.22** 的理论计算密度分别为 2.97 g/cm³ 和 2.72 g/cm³，相比于金刚石的 3.51 g/cm³ 和石墨的 2.27 g/cm³，它们是非常致密的。这两个结构基本上没有应变角，但是很近的非键合短接触(**2.21** 中的链间的距离是 2.5 Å，**2.22** 中非键合丙二烯单元间距为 2.56 Å)可能使得它们不稳定而难以分离。为了减轻非键合应变并合成这种类型的网络，Rubin 和 Diederich 提出了类似网络 **2.22** 的网络 **2.23**[图2-12(a)]，在两个正交链中的 sp² 碳原子之间的单键由丁二炔(—C≡C—C≡C—)链段取代[1]。四炔基乙烯[**2.25**，图 2-12(b)]是网络 **2.23** 的良好前体，但该网络仍然难以获得。迄今只制备了甲基硅基保护的[3]联烯 **2.26a** 和 **2.26b**[图 2-12(b)][61]。

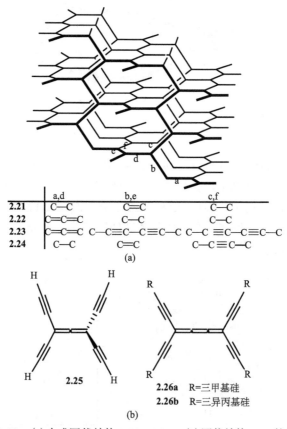

	a,d	b,e	c,f
2.21	C—C	C≡C	C—C
2.22	C≡C≡C	C—C	C—C
2.23	C≡C≡C C—C≡C—C≡C—C	C—C C—C≡C—C	
2.24	C—C	C≡C	C—C≡C—C

(a)

2.26a　R=三甲基硅
2.26b　R=三异丙基硅

(b)

图 2-12　(a)合成网状结构 **2.21**～**2.24**；(b)网状结构 **2.23** 的前体

Baughman 和 Galvao[6]对网络 **2.24** 的研究中预测了其不寻常的力学性能和热性能,网络 **2.24** 中两个正交的聚二炔烃链—[C≡C—C≡C]$_n$—由 C—C 单键相连。与具有两个正交聚乙炔链的网络 **2.21** 相比,这种碳结构是典型的低密度(1.789 g/cm³)和低拥挤度。与大多数横向收缩并且在拉伸时变得较不致密的材料相反,网络 **2.24** 被预测是横向膨胀(即具有负泊松比)并且在拉伸时致密的材料。具有负泊松比的材料称为拉胀材料,并且网络 **2.24** 的预测拉胀性能源自两个正交聚二炔烃链之间的 C—C 铰链键的剪切变形模式。网络 **2.24** 的其他有趣的材料性能也有预测,包括负热膨胀、掺杂剂控制孔隙度和低温多晶型。

最近,Wu 等[62]及其同事报道了铰链相 **2.21**~**2.24** 的"量子点类似物[6]",如纳米尺寸的分子 **2.27**(图 2-13)。分子 **2.27** 中的结构单元的连续重复将导致理论上的三维网络,其中两个正交的聚-*m*-苯基乙炔链通过 C—C≡C—C 铰链耦合在一起。球形化合物 **2.27** 和 **2.28**(图 2-13)被设计成形成多孔的有机晶体,并且通过有效的重复构建方法[63,64]与其他线形和大环聚(苯基乙炔)基纳米结构一起获得有机晶体。这种苯乙炔骨架曾用于制备分子式为 $C_{1398}H_{1278}$ 的刚性苯乙炔树枝状聚合物,估计其最大直径为 12.5 nm[65]。

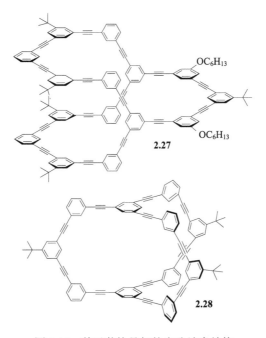

图 2-13　基于苯炔骨架的多孔纳米结构

2.4　理论预测新的稳定石墨炔结构及其电子特性

某些石墨炔显示方向依赖的狄拉克锥效应，在电子器件中的应用前景颇有超过石墨烯的倾向[66]。而现在面临的挑战是如何制备合适的石墨炔[67]。因此各类石墨炔的稳定性至关重要[68]。在分子稳定性的评价中，不仅仅是考虑系统的总能量，所有原子的总体稳定性对于具有更好的化学和机械稳定性更为重要。例如，富勒烯在平均原子稳定性方面不如碳纳米管稳定，但其稳定性比碳纳米管要好得多[69]。这是因为富勒烯中没有某单个原子特别不稳定，而碳纳米管的边缘原子是不稳定的，除非被钝化。由于众多的芳香性单元，石墨炔的共轭效应可以在稳定石墨炔的所有碳原子方面起重要作用。因此，理解 π 共轭驱动的稳定能量［即所谓的离域能量(DE)］对于寻找石墨炔的可能构建单元是非常重要的。

2.4.1　构建石墨炔的可能构筑单元的搜索

具有高离域能量的芳香轮烯和炔基基团，由于其能影响电子导电性和机械强度，对于石墨烯和石墨炔类似物的构建十分有利。Diederich 及其同事讨论了分子和聚合物碳同素异形体的合成方法，如石墨炔[1,70,71]。Sondheimer 及其同事合成了图 2-14 中所示的 **2.29**[72-74]和三角形 $C_{18}H_6$($C_{18}H_6^t$) **2.30**[74]。Suzuki 及其同事[75]合成了六方晶系 $C_{18}H_6$($C_{18}H_6^t$) **2.31**。理论研究预测各种石墨炔具有类似甚至超过石墨烯的优异电性能[66,76-85]。

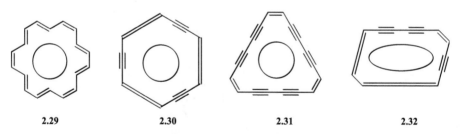

| 2.29 | 2.30 | 2.31 | 2.32 |

图 2-14　齿轮状[18] 轮烯(**2.29**：$C_{18}H_{18}$)[72-74]、六边形(3,6,9,12,15,18-H)去十二氢[18]轮烯(**2.30**：$C_{18}H_6^h$)[74]、三角形(1,6,7,12,13,18-H)去十二氢[18]轮烯(**2.31**：$C_{18}H_6^t$)[75]和平行四边形(1,4,9,10,13,18-H)去十二氢[18]轮烯(**2.32**：$C_{18}H_6^p$)

Kim 等[86]提出了一种新的计算策略来搜索可合成并具有良好电子特性的石墨炔结构。首先，他们分析给定分子式的所有可能的异构体，并选择其中能量稳定且几何结构合理的异构体作为石墨炔的构建单元。对所得到的结构进一步分析由于 π 共轭效应引起的稳定性。最后，对其二维周期结构进行能带结构分析。为了说明他们的策略，他们考虑了所有可能的 $C_{18}H_6$(去十二氢[18]轮烯)异构体，以作为除石墨烯之外的二维周期碳同素异形体的最小芳香结构单元。为了稳定性比较，还考虑了 $C_{18}H_{18}$([18]轮烯)**2.33**。从他们的计算中发现只有三个异构体(图 2-14 中的 **2.30**～**2.32**)可以形成石墨炔。构建单元 **2.30**～**2.32** 可以生成不同的石墨炔类似物，代表性的例子如图 2-15 所示。因此，他们研究了如图 2-15 所示结构 **2.34**～**2.36** 的 π 共轭驱动的离域能量(DE)和它们形成的二维结构的电子特性。

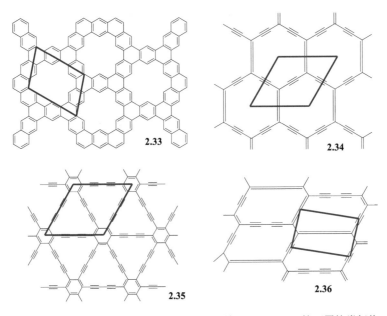

图 2-15　石墨烯类似物 **2.33** 及其构筑单元和具有构筑单元 **2.30**～**2.32** 的石墨炔类似物 **2.34**～**2.36** 每个晶胞单元由红色框表示(彩图请扫封底二维码)

在分析了 $C_{18}H_6$ 所有可能的异构体后，计算了其余结构单元的离域能量。苯的 π 电子的离域能可以根据 Kistiakowsky 的方法[87]获得，这在大多数有机化学教科书中有很好的描述。在该方法中，离域能被认为是预测的电子总能量与假定的电子能量之间的差异，其中所有 π 键单元被假设为隔离的，即未共轭的。然而，文献中几乎没有发现这样用从头算法研究包括苯在内的芳族有机分子的离域能。因此，首先，他们使用密度泛函理论(DFT)结合全基组(CBS)的耦合簇理论[coupled cluster with singles, doubles, and perturbative triples，CCSD(T)]的计算结果与实验结果相比，确定离域能计算的准确性。然后，他们扩展了 Kistiakowsky 方法，巧妙地研究了 **2.29**～**2.32** 的离域能。最后，他们研究了从稳定的构建单元获得的石墨炔的电子能带结构。

Kim 等[88]通过结构转换程序产生了 $C_{18}H_6$ 的 928 个异构体。筛选出不稳定的卡宾类结构后，其余 494 种异构体采用 DFTB 法进行优化。图 2-16 示出了它们的相对能量，包括几个代表性的结构。异构体显示出如图 2-16 所示的变化多端的几何形状。在 20 种最稳定的异构体中，**2.30**、**2.31** 和 **2.32** 可用于形成周期性的石墨炔。因此，认为它们是可能的石墨炔构建单元，并用于后续计算。应该注意的是，文献中已经考虑了 **2.30** 和 **2.31** 作为构建单元的石墨炔，而构筑单元 **2.32** 则刚提出来。

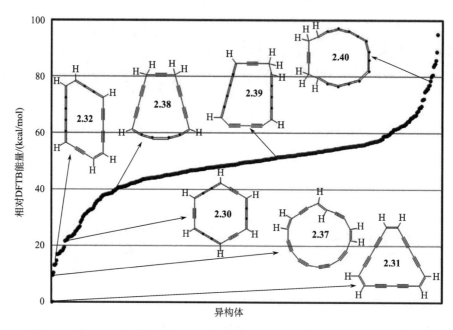

图 2-16　从 DFTB 计算得到的 494 个异构体的相对能量和几个代表性的结构[88]

2.4.2　环 $C_{18}H_{12}$ 和 $C_{18}H_6$ 的离域能

为了获得 **2.29**($C_{18}H_{18}$) 和 **2.30**~**2.32**($C_{18}H_6$) 的离域能，与苯类似，考虑通过氢化反应从参比分子(环十八烷：$C_{18}H_{36}$)生成有一个双键(d)、连续三个双键(ddd；d^3)、连续 5 个双键(ddddd；d^5)以及一个三键(t)的情形时的形成能(图 2-17)。在 M06-2X / TZVP 和 SCS-MP2 / aVTZ 水平计算得到的离域能基本一致，但是在 d、d^3，特别是 t 和 d^5 键的存在下，基于 SCS-MP2 / aVTZ 水平的从头算法中考虑到更准确的相关能，可获得更接近 CCSD(T) 理论的离域能值[89]，给出更多的稳定性。发现来自环十八烷 $C_{18}H_{36}$ 和链末端具有末端乙基的无应力线形烷烃链的多重键形成能非常接近。这表明在基于 $C_{18}H_{36}$ 的多重键形成中应变能影响不显著。

C$_{18}$H$_{36}$	C$_{18}$H$_{34}$ {d}	C$_{18}$H$_{30}$ {d^3}t	C$_{18}$H$_{26}$ {d^5}	C$_{18}$H$_{32}$ {d}
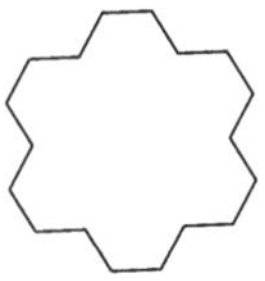	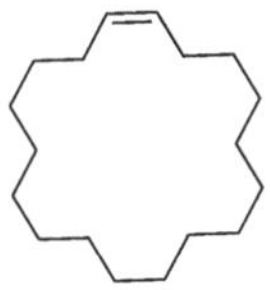	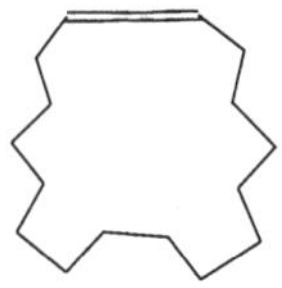	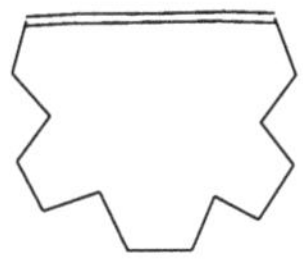	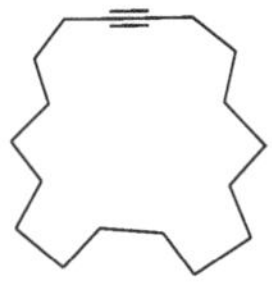
参比	C$_{18}$H$_{34}$+H$_2$ ⟶ C$_{18}$H$_{36}$ −ΔE_e: 36.0 [34.2] −ΔH_r: **29.2**	C$_{18}$H$_{30}$+3H$_2$ ⟶ C$_{18}$H$_{36}$ −ΔE_e: 124.3 [122.9] −ΔH_r: **104.2**	C$_{18}$H$_{24}$+5H$_2$ ⟶ C$_{18}$H$_{36}$ −ΔE_e: 205.9 [191.5] −ΔH_r: **172.3**	C$_{18}$H$_{32}$+2H$_2$ ⟶ C$_{18}$H$_{36}$ −ΔE_e: 79.2 [75.9] −ΔH_r: **66.4**
无应变烷烃链	{d}C$_6$H$_{12}$+ H$_2$ ⟶ C$_6$H$_{14}$ −ΔE_e: 35.9 [29.0] −ΔH_r: **29.0**	{d^3}C$_8$H$_{12}$+ 3H$_2$ ⟶ C$_8$H$_{18}$ −ΔE_e: 123.8 [103.2] −ΔH_r: **103.1**	{d^5}C$_{10}$H$_{12}$+ 5H$_2$ ⟶ C$_{10}$H$_{22}$ −ΔE_e: 207.1 [173.0] −ΔH_r: **173.0**	{t}C$_6$H$_{10}$+ 2H$_2$ ⟶ C$_6$H$_{14}$ −ΔE_e: 79.8 [67.1] −ΔH_r: **67.1**

图 2-17　M06-2X / TZVP [SCS-MP2 / aVTZ]水平下计算在环十八烷 C$_{18}$H$_{36}$ 和无应变的烷烃链（每个多重键的两端含端基乙基）中通过氢化形成双键(d)、ddd(d^3)、ddddd(d^5)和三键(t)的内部能量和标准焓(kcal / mol)[88]

　　然后，考虑了图 2-18 所示 **2.29*** -4*(**2.29***: 9 (d + s)、**2.30***: 3 {d^3 + t + 2s}[90]、**2.31**^{1*}: 3 {d + 2t + 3s}、**2.31**^{2*}: 3 {d5+s}、**2.32** *: {d+d^3+d^5+6s})的假设结构。通过从每个相应的假设结构中减去真实结构的形成能来计算离域能。**2.29**(C$_{18}$H$_{18}$)的 M06-2X/TZVP 水平离域能 DE_e/DE_r [SCS-MP2/aVTZ 水平离域能 DE_e]为 37.9/36.3 [32.2] kcal/mol，与苯(38.1/37.4 [37.4] kcal/mol)相当，**2.30**～**2.32**(C$_{18}$H$_6$)对应的离域能分别为 21.9/25.0 [31.4] kcal/mol、25.0/26.5 [24.4] kcal/mol 和 25.6/28.0 [24.5] kcal/mol。这些离域能尽管比 **2.29** 和苯小，但也很大。除了 d^3、d^5 和 t 键在 SCS-MP2/aVTZ 水平下更好地稳定，M06-2X/TZVP 水平计算结果总体上接近 SCS-MP2/aVTZ 计算结果。**2.29**～**2.32** 的标准热形成(−ΔH)和离域能 DE_s 如图 2-18 所示。

　　乍一看，由于两个简并镜像成像状态的存在导致大的能量分裂，预计 **2.29**、**2.30** 和 **2.32** 将会具有较大的离域能，而 **2.31** 由于较大能量差驱动的小耦合，非对称性成对的 2t 键(**2.31**^{1*})和连续的 d^5 键(**2.31**^{2*}，其比 **2.31**^{1*}更不稳定)之间的离域能将较小。这是部分真实的，符合简单的共振概念。然而，DE 不仅产生于镜像结构之间的共振，而且还来源于-s-t-s-t-s-键间和 d^5 键间的 π 电子离域，这在 **2.31** 中尤为重要。因此，**2.31** 的离域能与 **2.30** 和 **2.32** 的离域能一样大。有趣的是，由于 **2.31**^{1*}比 **2.30***和 **2.32***更稳定(与 **2.30**～**2.32** 相似的离域能)，**2.31** 实际上比 **2.30** 和 **2.32** 更稳定。总体而言，与 **2.29** 和苯相比，**2.30**～**2.32** 中的离域能明显减少。

$2.29^* \; C_{18}H_{18}^{\;*}$ (假设的) $9\{d+s\}$	$2.30^* \; C_{18}H_6^{h*}$ (假设的) $3\{d^3+t+2s\}$	$2.31^{1*} \; C_{18}H_6^{t1*}$ (假设的) $3\{d+2t+3s\}$	$2.31^{2*} \; C_{18}H_6^{t2*}$ (假设的) $3\{d^5+s\}$	$2.32^* \; C_{18}H_6^{P*}$ (假设的) $\{d+d^3+d^5+3t+6s\}$
 $+9\{d\}$ $-\Delta E_e$: 324.3 $-\Delta H_r$: 262.6	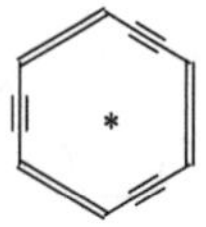 $+3\{d^3+t\}$ $-\Delta E_e$: 610.3 $-\Delta H_r$: 511.6	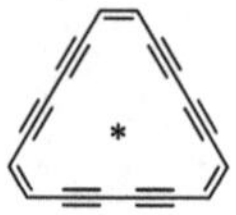 $+3\{d+2t\}$ $-\Delta E_e$: 583.1 $-\Delta H_r$: 485.8	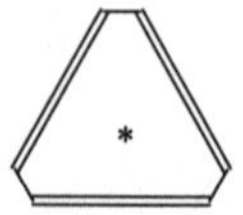 $3\{d^5\}$ $-\Delta E_e$: 617.7 $-\Delta H_r$: 516.8	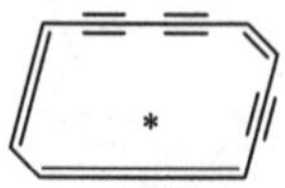 $+\{d+d^3+d^5+3t\}$ $-\Delta E_e$: 603.7 $-\Delta H_r$: 504.7
 $2.29 C_{18}H_{18}$ $18\{sh\}$ $C_{18}H_{18}+9H_2$ $-C_{18}H_{36}$ $-\Delta E_e$: 286.5 [281.5] $-\Delta H_r$: 226.4	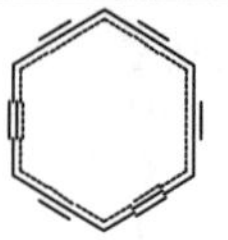 $2.30 C_{18}H_6^h$ $6\{dh+2sh\}$ $C_{18}H_6^h+15H_2$ $-C_{18}H_{36}$ $-\Delta E_e$: 588.4 [591.3] $-\Delta H_r$: 486.6	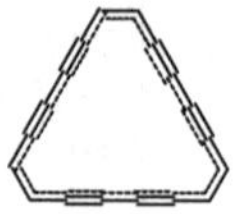 $2.31 C_{18}H_6^t$ $3\{2dh+4sh\}$ $C_{18}H_6^t+15H_2$ $-C_{18}H_{36}$ $-\Delta E_e$: 558.0 [533.5] $-\Delta H_r$: 459.3		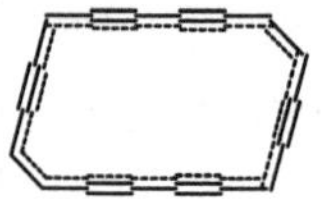 $2.32 C_{18}H_6^P$ $\{6dh+12sh\}$ $C_{18}H_6^P+15H_2$ $-C_{18}H_{36}$ $-\Delta E_e$: 578.1 [551.8] $-\Delta H_r$: 476.7
$9C_{18}H_{34}$ $-8C_{18}H_{36}$ $-C_{18}H_{18}$ DE_e: 37.9 [32.2] DE_r: 36.3 $DE^\#(C_{18}H_{18}-C_{18}H_{18})$: 28.5[32.0]	$3C_{18}H_{30}$ $+3C_{18}H_{32}$ $-5C_{18}H_{36}$ $-C_{18}H_6^h$ DE_e: 21.9 [31.4] DE_r: 25.0 $DE^\#(C_{18}H_6^{h\#}-C_{18}H_6^h)$: 60.5[63.0]	$3C_{18}H_{34}$ $+6C_{18}H_{32}$ $-8C_{18}H_{36}$ $-C_{18}H_6^t$ DE_e: 25.09 [24.4] DE_r: 26.5 $DE^\#(C_{18}H_6^{t1\#}-C_{18}H_6^t)$: 77.2[68.7]	$3C_{18}H_{26}$ $-2C_{18}H_{36}$ $-C_{18}H_6^t$ DE_e: (59.6) [(40.8)] DE_r: (57.5) $DE^\#(C_{18}H_6^{t2\#}-C_{18}H_6^t)$: 92.8[91.2]	$C_{18}H_{34}+C_{18}H_{30}+$ $C_{18}H_{26}+3C_{18}H_{32}-$ $5C_{18}H_{36}-C_{18}H_6^P$ DE_e: 25.6 [24.5] DE_r: 28.0 $DE^\#(C_{18}H_6^{P\#}-C_{18}H_6^P)$: 66.0[68.2]

图 2-18　在 M06-2X / TZVP [SCS-MP2 / aVTZ] 水平下计算所得 2.29～2.32 的内部能量，标准焓和离域能 DE（kcal / mol）[88]

对于标有 "*" 的假设分子，键距离假定为 $t=1.20\text{Å}$，$d=1.34\text{Å}$，$s=1.54\text{Å}$

标准条件下 2.29～2.32 的 ΔH_r 和 ΔE_r 如图 2-19 所示。在 $C_{18}H_6$ 的三种不同结构（2.30～2.32）中，2.31（$C_{18}H_6^t$）的能量最低 [$-\Delta E_e$（$-\Delta H_r$）]，其次是 2.32（$C_{18}H_6^p$），然后是 2.30（$C_{18}H_6^h$），其分别在 M06-2X/TZVP、MP2/aVTZ 和 CCSD（T）/CBS 水平下高 20.1（17.4）kcal/mol，18.2 kcal/mol 和 16.7 kcal/mol，以及 30.3（27.3）kcal/mol、31.1 kcal/mol 和 28.4 kcal/mol（而 B3LYP / 6-31G* 水平下给出由三个环组成的完全

错误的结构)。这表明 **2.31** 可以更容易合成，而 **2.30** 和 **2.32** 可能较为困难。这可能与 **2.31** 在实验中已经首次合成得到的事实有关。这也表明，三角形结构可以更容易地合成为石墨炔，而平行四边形和六边形结构的合成将是相当困难的。然而，由于它们的离域能有几分相似且不算小(尽管比苯和[18]环更小)，并且由于它们的伪离域能 DE$^\#$ 明显大于苯和[18]轮烯，所以由 **2.30**～**2.32** 组成的石墨炔可能表现由高度 π 共轭引起的有趣电子特征及强的机械稳定性。类似于 **2.29** 的石墨烯类似物[90]和由 **2.31** 组成的石墨炔已经合成，而由 **2.30** 和 **2.32** 组成的石墨炔也有可能合成。

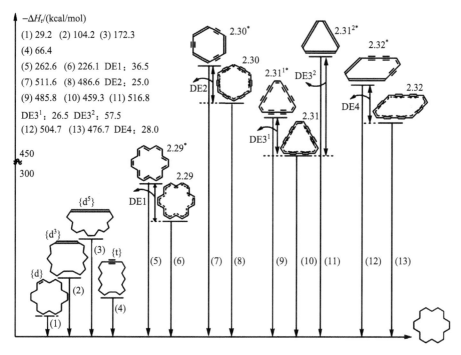

图 2-19　标准条件下 **2.29**～**2.32** 的形成热 $(-\Delta H_r)$ 和离域能 DE(ΔE_r)[88]

2.4.3　石墨炔的结构和电子特性

对图 2-15 所示的六边形、三角形和平行四边形石墨炔的每个晶胞单元进行了 DFT 计算，以研究基于这些构筑单元的石墨炔的结构和性质。六边形和三角形石墨炔的优化结构具有六方对称性($p6m$)，而平行四边形石墨炔具有斜对称性($p2$)。为了验证优化几何结构的稳定性，计算了石墨炔的声子色散曲线，如图 2-20 所示。没有发现虚声子模式，这意味着优化的结构是稳定的局部最小值。并且六边形和三角形石墨炔的声子带隙结构与以前的报告一致[68,91]。

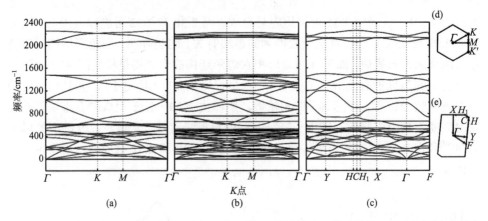

图 2-20　六边形(a)、三角形(b)和平行四边形(c)石墨炔的声子带隙结构；图(d)和(e)分别表示六边形和三角形石墨炔(d)及平行四边形(e)石墨炔的第一布里渊区的高对称点[88]

六边形、三角形和平行四边形石墨炔的内聚能分别为 6.94 eV/atom、7.10 eV/atom 和 6.98 eV/atom。 三角形是最稳定的，其次是平行四边形的。 应该注意的是，这些值接近于以前所报道的不同石墨炔，并且稍微小于石墨烯(由 PBE-PAW 计算为 7.972 eV，通过量子蒙特卡罗计算为 7.964 eV)[92]。 它们相对于三角形石墨炔的相对稳定性(六边形、三角形、平行四边形石墨炔分别为 0.16 eV/atom、0 eV/atom、0.12 eV/atom)均是对应单体单元的相对稳定性的 2 倍 ($C_{18}H_6^h$、$C_{18}H_6^t$ 和 $C_{18}H_6^p$ 分别为 0.07 eV/atom、0 eV/atom、0.05 eV/atom)。 可以通过周期性诱导更强共轭效应来理解石墨炔体系更高的稳定性。该结果反映了单体单元的 π 共轭驱动稳定性与其相应石墨炔体系的稳定性相关。

与三个石墨炔具有类似的能量不同，它们的电子结构是非常不同的。首先，三角形图形具有 0.49 eV 的带隙，而另外两个具有狄拉克点的零带隙(图 2-21)。如文献所述[66]，六边形石墨炔，即 α-石墨炔，具有典型的狄拉克锥，其位于每个

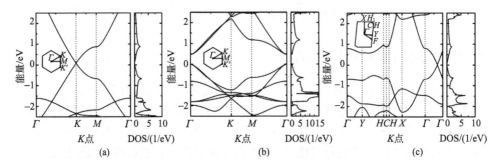

图 2-21　六边形(a)、三角形(b)和平行四边形(c)石墨炔的能带结构及态密度[88]

插图显示了相应石墨炔的第一布里渊区的高对称点

具有等曲率的高对称 K 点上。相比之下，新提出的平行四边形石墨炔具有方向依赖的狄拉克锥，这在 6,6,12-石墨炔[93]中也有发现。更有趣的是，平行四边形石墨炔的狄拉克锥既不在第一布里渊区域的高对称点，也不在其边界（图 2-22）。这是一种新型的狄拉克锥体，可能意味着意想不到的电子性能。

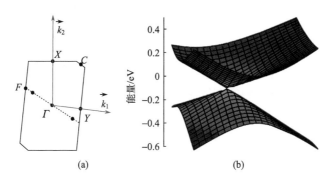

图 2-22　（a）平行四边形石墨炔的第一布里渊区（2D 斜点阵）；（b）平行四边形石墨炔的狄拉克锥体[88]

黑色实线框、灰色箭头和两个黑点分别表示第一布里渊区域的边界、倒易空间的单位向量和两个狄拉克点

2.5　实验挑战和障碍

除了选择和合成稳定的合适前体分子外，晶态聚合物碳网络的研究面临一些艰巨的挑战。网络将随着尺寸的增加而变得不可溶，因此难以处理或表征。由于低聚物的低可溶性，很难通过常规方法获得聚合度高的聚合物。另一个问题可能会随着共轭不饱和网络的尺寸增加而稳定性降低，导致分子间聚合和具有高度交联的低结晶度体系。为了在生长过程中确保高结晶度，需要对来自各种引发位点的生长进行空间控制，并且使单体或较小的低聚物以取向方式反应，从而防止缺陷。

迄今制备的聚合前体和富碳片/棒的稳定性和溶解度已超过预期。甚至众所周知的具有六个不稳定末端炔烃的化合物 **2.13a** 可以在溶液中处理一段时间，并用于聚合；未保护的化合物如 **2.17** 和 **2.19** 具有类似的行为。具有末端游离乙炔分子的稳定性似乎没有随着这些基团连接的中心碳核尺寸的降低而降低：简单的四炔基乙烯（**2.12a**）和较大的衍生物 **2.13a** 及 **2.14a** 表现出类似的稳定性。外围封端是稳定和溶解大碳分子的好方法。有趣的是，与大体积的三烷基硅烷基相反，苯基基团封端显著地降低了四炔基乙烯网络的稳定性，这在后续设计中需要避免，因为苯基基团能稳定不需要的阴离子、阳离子或自由基聚合副反应的中间体。

探索亚稳定化合物的前沿研究已经推动了现代化学中的许多进展，并且不断地扩展了可能的定义。1974 年，环丁二烯(C_4H_4)只能在低于 30 K 的氩基质中分离和研究；1994 年，限域在分子容器(分子监狱：carcerand)中的环丁二烯(C_4H_4)可以在空气中温和温度下制备并保存数周。超分子化学的原理如限域效应也可以用于提供聚合物碳同素异形体的稳定性、溶解性和加工性。例如，大的碳炔片段 $[+C\equiv C+_n]$ 通过在合适尺寸的沸石通道中有序排列的小片段的氧化来制备。或者，可以通过将卡宾穿入环糊精、环烷或其他主体大环中而使卡宾稳定并使其变得可溶，从而产生假轮烷结构[94]。

超分子化学的原理可以应用于控制单体的取向和碳结构的生长，从而避免缺陷并确保最终的扩展网络中的高结晶度。碳网络 **2.9** 可以通过光照碳氧化物 **2.5** 形成的高活性单体环-C_{18} 来制备的。整个聚合过程可以使用扫描隧道或原子力显微镜监测。或者，高度结晶的二维网络可以通过电极表面上的端基乙炔单体的超薄膜的氧化电聚合获得[95]。通过 Langmuir-Blodgett 膜制备技术可以制备扩展盘状单体[如图 **2-13**(a)]的超薄膜，随后在液体表面上或吸附在固体基底上进行这些有序自组装结构的聚合[96,97]。另外一种富碳单体的定向有序聚合的方法将涉及用二乙炔封端，随后在膜或晶体中进行原位化学聚合以产生规则地连有富碳单体的聚乙二炔，以利于进一步反应[98]。将末端封端的长烷基链自组装成层状结构也可以在聚合之前提供合适的单体取向[99]。

金属模板自组装技术[100]可以显著地促进二维和三维晶态炔类碳网络的制备，并通过各种固态分析方法对其进行表征。在两个炔烃的氧化偶联反应中，不可逆地形成了连接两个乙炔(—$C\equiv C$—$C\equiv C$—)的碳碳单键，其键能为 130 kcal/mol。在常规炔键氧化聚合中发生的任何错误都是不可逆的，因此降低了所得碳网络的结晶度。过渡金属(M)及其配体(L)的合理选择允许可逆地形成 σ-双(乙炔化物)子结构 R—$C\equiv C$—ML_2—$C\equiv C$—R，因此可以进行炔键-金属网络的热力学控制并能纠错的自组装。然后，在金属中心发生还原消除反应进而形成全碳网络。虽然所有这些合成与测试技术制备和研究单体、二聚体和更高级低聚物，有助于无限接近最终网络目标的性质，发展新的现代方法仍将非常重要。

随着合成方法的发展和固态表征技术的进步，现在有一个合理的信念，即可以制备其他碳的同素异形体，并且这些形式不容易在热力学上转化为最稳定的天然形式，如石墨和金刚石。预测新的碳同素异形体具有令人兴奋的材料性质，并且如果大量合成，在技术应用中可以发挥与金刚石和石墨类似的作用。精心设计用于构建新的分子和聚合物碳同素异形体的方法对达到最终目标十分有益。大家所提出的中间轮烯、扩展轴烯和分子线是新颖的富碳材料，具有有趣和不寻常的结构和功能。由它们可以外推最终的全碳材料的性质。尝试构建新的碳同素异形体在很大程度上取决于高质量的有机合成。在强大的新有机金属合成方法推进下，现代乙炔化学在这些努力中发挥着重要作用。制备方面面临着巨大的挑战，这可与更确定的天然产物和生物活性化合物的合成相媲美。此外，善于接受由其他学科发展的新颖的、非常规的合成方法是非常重要的。

2.6　石墨炔的发现

早在 1968 年著名理论物理学家 Baughman 通过计算预测石墨炔结构可稳定存在，并最有可能被化学合成。自此之后，国际上公认的许多著名的碳材料研究组都开始了相关的研究。石墨炔的实验制备是研究其实际性质与材料应用的前提条件。石墨炔片段的获得受益于多年来有机化学合成方法的发展，如金属催化的交叉偶联反应、炔烃复分解及模板合成。石墨二炔(GDY)是第一个在实验室制备得到的。2010 年，李玉良课题组提出了在铜箔表面上通过化学方法原位合成石墨炔并首次成功地获得了大面积(3.61 cm^2)的石墨炔薄膜[67,101-105]，并第一次被李玉良等用汉语命名为石墨炔，从此在碳材料家族产生了又一个碳的同素异形体。铜箔在这一反应过程中的作用不仅是交叉偶联反应的催化剂和生长基底，还为石墨炔薄膜的定向聚合生长提供所需的大平面基底。从结构上石墨二炔可以被看作是石墨烯中 1/3 的 C—C 中插入两个 C≡C(二炔或乙炔)键，这使得这种石墨炔中不仅具备苯环，而且还有由苯环、C≡C 键构成的具有 18 个碳原子的大三角形环。额外的炔键单元使这种石墨炔的孔径增加到大约 0.25 nm。对于石墨二炔(GDY)来说，sp 和 sp^2 杂化的炔键和苯环，构成了二维单原子层平面构型的石墨二炔分子(图2-23)；在无限的平面扩展延伸中，与石墨烯相似，为保持构型的稳定石墨二炔的单层二维平面构型会形成一定的褶皱；二维平面石墨二炔分子通过范德瓦耳斯力和 π-π 相互作用堆叠，形成层状结构；18 个碳原子的大三角形环在层状结构中构成三维孔道结构。平面的 sp^2 和 sp 杂化碳结构赋予石墨炔很高的 π 共轭性、均匀分散的孔道构型以及可调控的电子结构性能。因此，总体来说，石墨二炔既具备类似于石墨烯的二维单层平面材料的特点，同时又具有三维多孔材料的特性，这种刚性平面结构、均匀亚纳米级孔结构等独特性质，适用于分子或离子的存储等。

因此碳材料家族又诞生了一个新成员，开辟了人工化学合成新碳素异形体的先例。研究结果发表之后，被国际同行评价为："这是碳化学的一个令人瞩目的进展，是真正的重大发现"；"是碳化学的一个重大进展，它将为大面积石墨炔薄膜在纳米电子的应用开辟一条道路"。被 *Materials Today*、*NPG Asia Materials*、*NanoTech* 和 *Nature China* 等权威杂志作专题评述，*Material Today* 以 "Flat-packed carbon" 为题指出："合成、分离新的碳同素异形体是过去二三十年研究的焦点，中国科学家首次合成了新的碳同素异形体——石墨炔；化学家通过碳原子制备独特的分子，然而，化学合成仅含碳的材料更具挑战性，中国科学家用一种直接的方法合成了 3.6cm^2 的石墨炔薄膜。中国科学家研究表明石墨炔优良的性能可与硅媲美，有可能成为未来电子器件的关键材料……"。***Nature China*** 报道：中国科学院李玉良首次合成二维结构石墨炔，石墨炔具有和已知碳同素异形体不同的结构和性质，石墨炔最有可能成为电子器件领域最重要的材料。著名杂志 ***NanoTech*** 2012 年发布年度报告回顾了发现的几类重要材料，指出石墨炔的发现提升了对碳材料研究的强烈兴趣。 并指出欧盟已将石墨炔等研究列入下一个框架计划，美、英等国也将其列入政府计划，并将石墨炔列入未来最具潜力和商业价值的材料。2015 年该杂志以 2015～2025 年二维材料机遇分析为专题，将石墨炔列为该专题的第 7 章进行评述，指出在电子、能源、航空航天、电信、医疗及催化领域的重要潜在应用价值。世界两大著名的商业信息公司 Research and Markets 公司和日商环球讯息有限公司评述了 2019 年前全球纳米技术和材料，将石墨炔列入最具潜力的纳米材料之一。该研究成果还被科技部作为2010 年重大基础研究进展列入 2010 年中国科学技术发展报告中。2015 年被评为中国科学院发布的"十二五"25 项重大科技成果之一。

图 2-23　石墨炔结构

参 考 文 献

[1] Diederich F, Rubin Y. Synthetic approaches toward molecular and polymeric carbon allotropes. Angewandte Chemie International Edition in English, 1992, 31: 1101-1123.

[2] Balaban A T, Rentia C C, Ciupitu E. Chemical Graphs. 6. estimation of relative stability of several planar and tridimensional lattices for elementary carbon. Revue Rounaine de Chimie, 1968, 13(2): 231-247.

[3] Hoffmann R, Hughbanks T, Kertesz M, et al. A hypothetical metallic allotrope of carbon. Journal of the American Chemical Society, 1983, 105: 4831-4832.

[4] Johnston R L, Hoffmann R. Superdense carbon, C-8-supercubane or analog of gamma-si. Journal of the American Chemical Society, 1989, 111: 810-819.

[5] Balaban A T. Carbon and its nets. Computers and Mathematics with Applications, 1989, 17: 397-416.

[6] Baughman R H, Galvao D S. Crystalline networks with unusual predicted mechanical and thermal-properties. Nature, 1993, 365: 735-737.

[7] Best S A, Bianconi P A, Merz K M. structural-analysis of carbyne network polymers. Journal of the American Chemical Society, 1995, 117: 9251-9258.

[8] Klein D J, Zhu H. All-conjugated carbon species//Balaban A T. From Chemical Topology to Three-Dimensional Geometry. Boston, MA: Springer US, 2002: 297-341.

[9] Balaban A T. Theoretical investigation of carbon nets and molecules//Párkányi C. Theoretical and computational chemistry. Elsevier, 1998, 5: 381-404.

[10] Scott L T, Boorum M M, McMahon B J, et al. A rational chemical synthesis of C_{60}. Science, 2002, 295: 1500-1503.

[11] Gleiter R, Esser B, Kornmayer S C. Cyclacenes: hoop-shaped systems composed of conjugated rings. Accounts of Chemical Research, 2009, 42: 1108-1116.

[12] Kawase T. The synthesis and physicochemical and supramolecular properties of strained phenylacetylene macrocycles. Synlett, 2007, (17): 2609-2626.

[13] Simpson C D, Brand J D, Berresheim A J, et al. Synthesis of a giant 222 carbon graphite sheet. Chemistry—a European Journal, 2002, 8: 1424-1429.

[14] Zhi L J, Mullen K. A bottom-up approach from molecular nanographenes to unconventional carbon materials. Journal of Materials Chemistry, 2008, 18: 1472-1484.

[15] Baeyer A. Ueber polyacety lenverbindungen. Berichte der Deutschen Chemischen Gesellschaft, 1885, 18: 674-681.

[16] Korshak V V, Kudryavtsev Y P, Korshak Y V, et al. Formation of beta-carbyne by dehydrohalogenation. Makromolekulare Chemie-Rapid Communications, 1988, 9: 135-140.

[17] Whittaker A G. Controversial carbon solid-liquid-vapor triple point. Nature, 1978, 276: 695-696.

[18] Smith P P K, Buseck P R. Carbyne forms of carbon - do they exist. Science, 1982, 216: 984-986.

[19] Eastmond R, Walton D R M, Johnson T R. Silylation as a protective method for terminal alkynes in oxidative couplings-general synthesis of parent polyynes —H(C≡C)$_n$H— (n=4～10, 12). Tetrahedron, 1972, 28: 4601-4616.

[20] Kroto H W. C_{60} - buckminsterfullerene, the celestial sphere that fell to earth. Angewandte Chemie International Edition in English, 1992, 31: 111-129.

[21] Sondheimer F. Annulenes. Accounts of Chemical Research, 1972, 5: 81.

[22] Staab H A, Ipaktsch J, Nissen A. Intramolecular interactions of triple bonds.Ⅵ. Parallel triple bonds-attempted synthesis of 7.8.15.16-tetradehydrocyclodeca 1.2.3-de: 6.7.8-d'e' dinaphthalene. Chemische Berichte, 1971, 104: 1182-1190.

[23] Nakagawa M. Annulenoannulenes. Angewandte Chemie International Edition in English, 1979, 18: 202-214.

[24] Kudryavtsev Y P, Evsyukov S E, Babaev V G, et al. Oriented carbyne layers. Carbon, 1992, 30: 213-221.

[25] Gleiter R, Kratz D. Conjugated enediynes - an old topic in a different light. Angewandte Chemie International Edition in English, 1993, 32: 842-845.

[26] Gleiter R. Cycloalkadiynes-from bent triple bonds to strained cage compounds. Angewandte Chemie International Edition in English, 1992, 31: 27-44.

[27] Houk K N, Scott L T, Rondan N G, et al. Cyclynes. 5. Pericyclynes-exploded cycloalkanes with unusual orbital interactions and conformational properties-MM2 and STO-3G calculations, X-ray crystal-structures, photoelectron-spectra, and electron transmission spectra. Journal of the American Chemical Society, 1985, 107: 6556-6562.

[28] Scott L T, Cooney M J, Johnels D. Cyclynes.7. homoconjugated cyclic polydiacetylenes. Journal of the American Chemical Society, 1990, 112: 4054-4055.

[29] Demeijere A, Jaekel F, Simon A, et al. Cyclynes.9. regioselective coupling of ethynylcyclopropane units-hexaspiro 2.0.2.4.2.0.2.4.2.0.2.4 triaconta-7,9,17,19,27,29-Hexayne. Journal of the American Chemical Society, 1991, 113: 3935-3941.

[30] Hoffmann R. Extended Huckel theory .v. cumulenes polyenes polyacetylenes and CN. Tetrahedron, 1966, 22: 521-538.

[31] Diederich F, Rubin Y, Knobler C B, et al. All-carbon molecules-evidence for the generation of cyclo 18 carbon from a stable organic precursor. Science, 1989, 245: 1088-1090.

[32] Diederich F, Rubin Y, Chapman O L, et al. Synthetic routes to the cyclo n carbons. Helvetica Chimica Acta, 1994, 77: 1441-1457.

[33] Tobe Y, Fujii T, Matsumoto H, et al. Towards the synthesis of monocyclic carbon clusters: [2+2] cycloreversion of propellane annelated dehydroannulenes. Pure and Applied Chemistry, 1996, 68: 239.

[34] Tobe Y, Umeda R, Iwasa N, et al. Expanded radialenes with bicyclo 4.3.1 decatriene units: New precursors to cyclo n carbons. Chemistry—a European Journal, 2003, 9: 5549-5559.

[35] Karfunkel H R, Dressler T. New hypothetical carbon allotropes of remarkable stability estimated by modified neglect of diatomic overlap solid-state self-consistent field computations. Journal of the American Chemical Society, 1992, 114: 2285-2288.

[36] Elguero J, Foces-Foces C, Llamas-Saiz A L. Another possible carbon allotrope. Bulletin des Sociétés Chimiques Belges, 1992, 101: 795-799.

[37] Grosser T, Hirsch A. Dicyanopolyynes-formation of new rod-shaped molecules in a carbon plasma. Angewandte Chemie International Edition in English, 1993, 32: 1340-1342.

[38] Rubin Y, Kahr M, Knobler C B, et al. The higher oxides of carbon C_8NO_2N $(N = 3 \sim 5)$ - synthesis, characterization, and X-ray crystal-structure - formation of cyclo n carbon ions CN^+ $(N = 18, 24)$, CN^- $(N = 18, 24, 30)$, and higher carbon-ions including C_{60}^+ in laser desorption fourier-transform mass-spectrometric experiments. Journal of the American Chemical Society, 1991, 113: 495-500.

[39] McElvany S W, Ross M M, Goroff N S, et al. Cyclocarbon coalescence-mechanisms for tailor-made fullerene formation. Science, 1993, 259: 1594-1596.

[40] Rubin Y, Knobler C B, Diederich F. Synthesis and crystal-structure of a stable hexacobalt complex of cyclo 18 carbon. Journal of the American Chemical Society, 1990, 112: 4966-4968.

[41] Schwarz H. The mechanism of fullerene formation. Angewandte Chemie International Edition in English, 1993, 32: 1412-1415.

[42] Taylor R, Langley G J, Kroto H W, et al. Formation of C_{60} by pyrolysis of naphthalene. Nature, 1993, 366: 728-731.

[43] Heath J R, Zhang Q, Obrien S C, et al. The formation of long carbon chain molecules during laser vaporization of graphite. Journal of the American Chemical Society, 1987, 109: 359-363.

[44] Von Helden G, Gotts N G, Bowers M T. Experimental-evidence for the formation of fullerenes by collisional heating of carbon rings in the gas-phase. Nature, 1993, 363: 60-63.

[45] Hunter J, Fye J, Jarrold M F. Annealing C^+_{60} - synthesis of fullerenes and large carbon rings. Science, 1993, 260: 784-786.

[46] Baughman R H, Galvao D S, Cui C X, et al. Fullereneynes - a new family of porous fullerenes. Chemical Physics Letters, 1993, 204: 8-14.

[47] Beckhaus H D, Ruchardt C, Kao M, et al. The stability of buckminsterfullerene (C_{60})-experimental-determination of the heat of formation. Angewandte Chemie International Edition in English, 1992, 31: 63-64.

[48] Diercks R, Armstrong J C, Boese R, et al. Hexaethynylbenzene. Angewandte Chemie International Edition in English, 1986, 25: 268-269.

[49] Baughman R H, Eckhardt H, Kertesz M. Structure - property predictions for new planar forms of carbon: Layered phases containing sp^2 and sp atoms. Journal of Chemical Physics, 1987, 87: 6687-6699.

[50] Rubin Y, Knobler C B, Diederich F. Tetraethynylethene. Angewandte Chemie International Edition in English, 1991, 30: 698-700.

[51] Anthony J, Diederich F, Knobler C B. Stable [12]- and [18]Annulenes derived from tetraethynylethene. Angewandte Chemie International Edition in English, 1993, 32: 406-409.

[52] Li Y, Rubin Y, Diederich F, et al. Electronic and structural properties of the cyclobutenodehydroannulenes. Journal of the American Chemical Society, 1990, 112: 1618-1623.

[53] Anthony J, Boudon C, Diederich F, et al. Stable soluble conjugated carbon rods with a persilylethynylated polytriacetylene backbone. Angewandte Chemie International Edition in English, 1994, 33: 763-766.

[54] Bunz U, Vollhardt K P C, Ho J S. Tetraalkynylmethanes-synthesis of diethynyldipropargylmethane and tetrapropargylmethane. Angewandte Chemie International Edition in English, 1992, 31: 1648-1651.

[55] Alberts A H, Wynberg H. Carbon network building-blocks-triethynyl methanol and derivatives. Chemical Communications, 1988: 748-749.

[56] Feldman K S, Kraebel C M, Parvez M. Tetraethynylmethane. Journal of the American Chemical Society, 1993, 115: 3846-3847.

[57] Bunz U H F, Enkelmann V. The 1st complex with a tetraethynylcyclobutadiene ligand. Angewandte Chemie International Edition in English, 1993, 32: 1653-1655.

[58] Anthony J, Knobler C B, Diederich F. Stable [12] annulenes and [18] annulenes derived from tetraethynylethene. Angewandte Chemie International Edition in English, 1993, 32: 406-409.

[59] Sworski T J. Cyclic acetylenic compounds. Journal of Chemical Physics, 1948, 16: 550-550.

[60] Hoffmann R, Hughbanks T, Kertesz M, et al. Hypothetical metallic allotrope of carbon. Journal of the American Chemical Society, 1983, 105: 4831-4832.

[61] Vanloon J D, Seiler P, Diederich F. Tetrakis (trialkylsilylethynyl) butatriene and 1,1,4,4-tetrakis (trialkylsilylethynyl) -1,3-butadiene-novel cross-conjugated chromophores. Angewandte Chemie International Edition in English, 1993, 32: 1187-1189.

[62] Wu Z Y, Lee S, Moore J S. Synthesis of 3-dimensional nano scaffolding. Journal of the American Chemical Society, 1992, 114: 8730-8732.

[63] Moore J S, Zhang J S. Efficient synthesis of nanoscale macrocyclic hydrocarbons. Angewandte Chemie International Edition in English, 1992, 31: 922-924.

[64] Zhang J S, Moore J S, Xu Z F, et al. Nanoarchitectures .1. Controlled synthesis of phenylacetylene sequences. Journal of the American Chemical Society, 1992, 114: 2273-2274.

[65] Xu Z F, Moore J S. Stiff dendritic macromolecules .3. Rapid construction of large-size phenylacetylene dendrimers up to 12.5 nanometers in molecular diameter. Angewandte Chemie International Edition in English, 1993, 32: 1354-1357.

[66] Malko D, Neiss C, Vines F, et al. Competition for graphene: graphynes with direction-dependent dirac cones. Physical Review Letters, 2012, 108: 086804.

[67] Li G X, Li Y L, Liu H B, et al. Architecture of graphdiyne nanoscale films. Chemical Communications, 2010, 46: 3256-3258.

[68] Ozcelik V O, Ciraci S. Size dependence in the stabilities and electronic properties of alpha-Graphyne and its boron nitride analogue. Journal of Physical Chemistry C, 2013, 117: 2175-2182.

[69] Oh D H, Park J M, Kim K S. Structures and electronic properties of small carbon nanotube tori. Physical Review B, 2000, 62: 1600-1603.

[70] Diederich F. Carbon scaffolding-building acetylenic all-carbon and carbon-rich compounds. Nature, 1994, 369: 199-207.

[71] Nielsen M B, Diederich F. Conjugated oligoenynes based on the diethynylethene unit. Chemical Reviews, 2005, 105: 1837-1867.

[72] Sondheimer F, Amiel Y, Wolovsky R. Unsaturated macrocyclic compounds .8. Oxidation of terminal diacetylenes to large ring polyacetylenes with cupric acetate in pyridine - synthesis of 5 new macrocyclic rings. Journal of the American Chemical Society, 1959, 81: 4600-4606.

[73] Okamura W H, Sondheimer F. 1,3,7,9,13,15-Hexahydro 18 annulene. Journal of the American Chemical Society,

1967, 89: 5991-5992.

[74] Sondheimer F, Wolovsky R. Unsaturated macrocyclic compounds. 21. synthesis of a series of fully conjugated macrocyclic polyene-polyynes (dehydro-annulenes) from 1,5-hexadiyne. Journal of the American Chemical Society, 1962, 84: 260-269.

[75] Suzuki R, Tsukuda H, Watanabe N, et al. Synthesis, structure and properties of 3,9,15-tri- and 3,6,9,12,15,18-hexasubstituted dodecadehydro 18 annulenes ($C_{18}H_3R_3$ and $C_{18}R_6$) with D-6h-symmetry. Tetrahedron, 1998, 54: 2477-2496.

[76] Zhou J, Lv K, Wang Q, et al. Electronic structures and bonding of graphyne sheet and its BN analog. Journal of Chemical Physics, 2011, 134: 174701.

[77] Pan L D, Zhang L Z, Song B Q, et al. Graphyne- and graphdiyne-based nanoribbons: density functional theory calculations of electronic structures. Applied Physics Letters, 2011, 98: 3.

[78] Brunetto G, Autreto P A S, Machado L D, et al. Nonzero gap two-dimensional carbon allotrope from porous graphene. Journal of Physical Chemistry C, 2012, 116: 12810-12813.

[79] Zheng J J, Zhao X, Zhao Y L, et al. Two-dimensional carbon compounds derived from graphyne with chemical properties superior to those of graphene. Scientific Reports, 2013, 3: 1271.

[80] Wu W Z, Guo W L, Zeng X C. Intrinsic electronic and transport properties of graphyne sheets and nanoribbons. Nanoscale, 2013, 5: 9264-9276.

[81] Peng Q, Dearden A K, Crean J, et al. New materials graphyne, graphdiyne, graphone, and graphane: review of properties, synthesis, and application in nanotechnology. Nanotechnology, Science and Applications, 2013, 7: 1-29.

[82] Kang B, Lee J Y. Electronic properties of α -graphyne nanotubes. Carbon, 2015, 84: 246-253.

[83] Narita N, Nagai S, Suzuki S, et al. Optimized geometries and electronic structures of graphyne and its family. Physical Review B, 1998, 58: 11009-11014.

[84] Yue Q, Chang S L, Tan J C, et al. Symmetry-dependent transport properties and bipolar spin filtering in zigzag alpha-graphyne nanoribbons. Physical Review B, 2012, 86: 235448.

[85] Kang J, Li J B, Wu F M, et al. Elastic, electronic, and optical properties of two-dimensional graphyne sheet. Journal of Physical Chemistry C, 2011, 115: 20466-20470.

[86] Kim H, Kim Y, Kim J, et al. Computational searching for new stable graphyne structures and their electronic properties. Carbon, 2016, 98: 404-410.

[87] Ahangari M G. Effect of defect and temperature on the mechanical and electronic properties of graphdiyne: a theoretical study. Physica E, 2015, 66: 140-147.

[88] Kim Y, Kim W Y. Universal structure conversion method for organic molecules: from atomic connectivity to three-dimensional geometry. Bulletin of the Korean Chemical Society, 2015, 36: 1769-1777.

[89] Cho Y, Cho W J, Youn I S, et al. Density functional theory based study of molecular interactions, recognition, engineering, and quantum transport in pi molecular systems. Accounts of Chemical Research, 2014, 47: 3321-3330.

[90] Mahmood J, Lee E K, Jung M, et al. Nitrogenated holey two-dimensional structures. Nature Communications, 2015, 6: 6486.

[91] Tan X J, Shao H Z, Hu T Q, et al. High thermoelectric performance in two-dimensional graphyne sheets predicted by first-principles calculations. Physical Chemistry Chemical Physics, 2015, 17: 22872-22881.

[92] Shin H, Kang S, Koo J, et al. Cohesion energetics of carbon allotropes: quantum monte carlo study. Journal of Chemical Physics, 2014, 140: 114702.

[93] Malko D, Neiss C, Gorling A. Two-dimensional materials with Dirac cones: graphynes containing heteroatoms. Physical Review B, 2012, 86(4): 6335-6335.

[94] Harada A, Li J, Kamachi M. Synthesis of a tubular polymer from threaded cyclodextrins. Nature, 1993, 364: 516-518.

[95] Bauer R, Wendt H. Anodic formation of diacetylenes. Journal of Electroanalytical Chemistry, 1977, 80: 395-399.

[96] Tachibana H, Matsumoto M. Functionalized Langmuir-Blodgett films-toward the construction of molecular devices. Advanced Materials, 1993, 5: 796-803.

[97] Yang H C, Magnera T F, Lee C, et al. Rigid-rod langmuir-blodgett-films from n staffane-3-carboxylates. Langmuir, 1992, 8: 2740-2746.

[98] Wegner G. Polymers with metal-like conductivity-a review of their synthesis, structure and properties. Angewandte Chemie International Edition in English, 1981, 20: 361-381.

[99] Stupp S I, Son S, Lin H C, et al. Synthesis of 2-dimensional polymers. Science, 1993, 259: 59-63.

[100] Whitesides G M, Mathias J P, Seto C T. Molecular self-assembly and nanochemistry-a chemical strategy for the synthesis of nanostructures. Science, 1991, 254: 1312-1319.

[101] Liu H, Xu J, Li Y, et al. Aggregate nanostructures of organic molecular materials. Accounts of Chemical Research, 2010, 43: 1496-1508.

[102] Li Y J, Xu L, Liu H B, et al. Graphdiyne and graphyne: from theoretical predictions to practical construction. Chemical Society Reviews, 2014, 43: 2572-2586.

[103] Li Y J, Li Y L. Two dimensional polymers-progress of full carbon graphyne. Acta Polymerica Sinica, 2015: 147-165.

[104] 李玉良. 先进功能分子体系的设计与组装——从低维到多维. 中国科学：化学, 2017, 47: 1045-1056.

[105] Jia Z, Li Y, Zuo Z, et al. Synthesis and properties of 2D carbon—graphdiyne. Accounts of Chemical Research, 2017, 50: 2470-2478.

第3章

石墨炔性质计算与模拟

3.1 电子结构与能带工程

3.1.1 石墨炔的电子结构

石墨炔因其 sp^2 和 sp 杂化的电子结构和层状二维平面的结构特点，同时又具有丰富的碳化学键和大的共轭体系，以及大的三角形空隙，这引起了国际上不同领域研究组的高度关注和极大兴趣。科学家们利用各种计算方法研究了六角石墨炔的二维单原子层网络的平衡原子结构。表 3-1 总结了近年来一些重要的计算结果，预测的键长分别为 0.148~0.150 nm 的芳香键（即 sp^2）、0.146~0.148 nm 的单键和 0.118~0.119 nm 的三键（即 sp）[1-8]。由于炔单元和苯环之间的弱偶联，相对于典型的单键和芳香键（约 0.154 nm 和 0.140 nm[9]），这些单键缩短而芳香键有所扩展，这反映了 sp 和 sp^2 碳原子的杂化效果。平均键长通常用于定量地确定晶格间距。第一性原理[5]和分子动力学(MD)[10]计算表明，随着石墨炔尺寸的扩展，晶格间距在均匀增加。例如,每增加一个乙炔连接单元,晶格间距有规律地增加约 0.266 nm,

表 3-1 石墨炔的平均键长[1](nm)

Work	芳环	单键	三键	注释
Cranford and Buehler[11]	0.148~0.150	0.146~0.148	0.118~0.119	MD, ReaxFF 反应力场; 扩展石墨单炔
Baughman, et al.[3]	0.1428	0.1421	0.1202	MNDO; 经验原子-原子势
Yang and Xu[10]	0.1405~0.1406	0.1341~0.1396	0.1239~0.1240	MD, AIREBO 势能; 扩展石墨单炔①
Narita, et al.[5]	0.1419	0.1401	0.1221	DFT, LSDA; 扩展石墨单炔
Bai, et al.[6]	0.1440	0.1341~0.1400	0.1239	DFT, GGA-PBE; 仅石墨二炔①
Mirnezhad et al.[7]	0.1423	0.1404	0.1219	DFT, GGA-PBE; 仅石墨单炔
Peng, et al.[8]	0.1426	0.1407	0.1223	KS-DFT; 仅石墨单炔
Pei[12]	0.1431	0.1337~0.1395	0.1231	VASP, GGA-PBE; 仅石墨二炔①

①由于内部单键(连接两个 sp 杂化碳原子)和外部单键(连接 sp 和 sp^2 杂化碳原子)的差异, 单键键长在一定区间波动。

而量子层面的分析显示约增加 0.258 nm（由于采用不同原子轨道方法获得的键长有所差别而会产生细微变化）。这些结果表明，延长乙炔连接单元不会导致大的结构变化。

研究发现石墨炔 C—C 键可导致石墨炔在结构上的多变性大于石墨烯，从而有利于形成弯曲的纳米线、纳米管结构，而且预测石墨炔具有低的生成能和高的热稳定性。与石墨烯和其他一些 sp^2 石墨烯同素异形体相比较，炔（二乙炔）在这些二维碳网络中作为连接单元，相对降低了其稳定性。Baughman 等[3]用每个原子的能量来评估各石墨炔的相对稳定，预测石墨炔有 12.4 kJ/mol 每碳原子的高温稳定性。Bai 等[6]计算出石墨二炔的能量（E）为 0.803 eV/atom（相对于石墨烯）；金刚石、石墨、(6,6)-碳纳米管、C_{60} 和卡宾的相应值分别大约是 0.022 eV/atom、0.008 eV/atom、0.114 eV/atom、0.364 eV/atom 和 1.037 eV/atom。利用密度泛函理论结合紧束缚（DFT-TB）系统研究了二维平面碳网络（如石墨炔和石墨二炔）的稳定性和结构特性[13]，其中同素异形体（En-yne）和纯石墨烯（$E_{graphene}$）之间的总能化的碳原子的组分，石墨炔的能量可以很好地基于乙炔连接单元数（n）或杂化数（h）进行预测[图 3-1 (a) (b)]。随着石墨炔网络中炔连接单元[—C≡C—]的数量增加其稳定性下降。一系列（sp^2+sp）类二维碳网络的能量值 E 已通过类似的 DFT-TB 方法获得[13]，并发现稳定性随着 sp 与 sp^2 杂化的碳原子比例的增加而降低。Xu 等[14]通过统计学模型研究了 α-、β-6,6,12-石墨炔和石墨二炔的热稳定性。通过相关势能曲线（PEC）的第一性原理计算，室温下，所研究的无支持单层石墨炔的寿命均超过 10^{44} 年。即使温度高达 1000 K，这些片材预计也非常稳定，但如果温度高于 2000 K，它们会很快变成石墨烯。

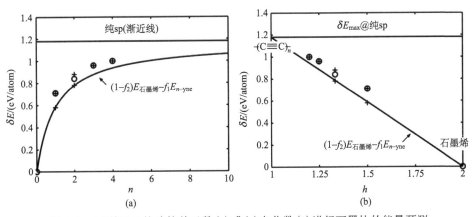

图 3-1　(a) 基于乙炔连接单元数（n）或 (b) 杂化数（h）进行石墨炔的能量预测

Shin 等[15]通过量子蒙特卡罗计算，研究了各种碳同素异形体的结合能，包括 sp^3 键合的金刚石、sp^2 键合的石墨烯、sp-sp^2 杂化的石墨炔和 sp-键合的碳炔。考虑零点能及石墨的层间结合，计算获得的金刚石和石墨烯的结合能与实验测定值非常一致。还发现石墨炔的结合能随着体系 sp 碳原子的比例增加而减少。最稳定的石墨炔（γ-石墨炔）的结合能为 6.766(6) eV/atom，其比石墨烯[0.698(12) eV/atom]小。石墨炔小的结合能可以解释其在实验合成中的难度。因此，可以根据石墨烯及 α-、β-、γ-这三种不同石墨炔的结合能所确定的碳碳键能量来准确地预测将来所提出的石墨炔的结合能。

1.   α-、β-和 γ-石墨炔的几何结构比较

可以通过将炔键（即 sp 碳原子）插入石墨烯（即 sp^2 碳原子）的原生蜂窝结构中来获得不同的石墨炔型结构。 因此，当在独立 sp^2 碳原子[图 3-2(a)]、sp^2 碳原子对[图 3-2(b)]和芳环的顶点[图 3-2(c)]之间引入炔键时，就可获得 α-、β-和 γ-石墨炔。下面将具体对这三种石墨炔的几何结构和电子结构进行比较。

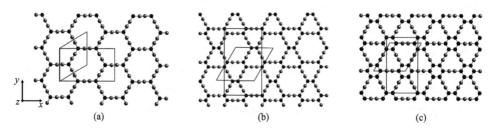

图 3-2   沿 x 轴保持扶手椅方向和沿 y 轴为锯齿形方向的 α-石墨炔结构(a)、β-石墨炔结构(b)
和 γ-石墨炔结构(c)

其中 sp 和 sp^2-碳原子以灰色和黑色显示；单胞以菱形(红色)和矩形(蓝色)显示(彩图请扫封底二维码)

可以通过各种石墨炔片的内聚能来比较这三种同素异形结构的不同稳定性。稳定性定义为在 0 K 时从凝聚相形成基态中分离的中性原子所需的能量[16]。 然后，根据式(3-1)计算每个原子的内聚能量 E_C。其中 $E_{C,atom}$ 是其基态[即 $C(^3P)$]中碳原子的总能量，E_T 是每个同素异形体的单位晶胞的总能量，n 是形成该同素异形体所需要的每单位晶胞的碳原子数。

$$E_C = \frac{nE_{C,atom} - E_T}{n} \tag{3-1}$$

内聚能如表 3-2 所示。比较图 3-2 中的三个石墨炔，最稳定的结构是 γ-石墨炔，随后是 β 和 α-石墨炔。它们的内聚能分别相差 0.28 eV/atom。 该趋势可以通过不同的炔键含量来理解。事实上，γ-石墨炔具有最低百分数的炔键(50%)并仍然保持苯环，其表现为稳定性增强，并且可认为是与石墨烯结构最接近的结构，其显示出接近石墨烯上限的内聚能(即 8.11 eV[17])，这并不奇怪。

表 3-2　内聚能和几何参数（在 PBE 和 PBE-D2 水平的晶格常数和 C—C 键长[28]）

计算方法	α-石墨炔	β-石墨炔	γ-石墨炔
内聚能/(eV/atom)			
	6.93	7.01	7.21（7.95①）
晶格常数($a=b$, 图 3-2 红色单胞)/Å			
PBE	6.966（7.01③,6.97③, 6.9812④）	9.480（9.48③, 9.5004④）	6.890（6.86①,6.89③、⑥,6.8826④,6.83⑦）
PBE-D2	6.964（6.957⑤）	9.480	6.888（6.877⑤）

计算方法 C—C 杂化方式		α-石墨炔	β-石墨炔	γ-石墨炔
键长/ Å				
PBE	sp-sp	1.230（1.24②, 1.23③,1.2317④）	1.232（1.23③,1.2343④）	1.223（1.223③,1.2214④）
	sp-sp²	1.396（1.40②,1.397③,1.3995④）	1.389（1.39③,1.3922④）	1.408（1.408③,1.4070④）
	sp²-sp²		1.457（1.46③,1.4633④）	1.426（1.426③,1.4237④）
PBE-D2	sp-sp	1.230（1.229⑤）	1.232	1.222（1.221⑤）
	sp-sp²	1.395（1.394⑤）	1.389	1.407（1.406⑤）
	sp²-sp²		1.456	1.426（1.422⑤）

①文献[5]（LDA 方法）；②文献[20]；③文献[23]；④文献[29]；⑤文献[19]（库珀交换函数）；⑥文献[21]；⑦文献[22]。

α-、β- 和 γ-石墨炔菱面体单胞的优化晶格参数与键长也列于表 3-2 中。这些值与以前的 DFT 计算值十分一致[5,18-23]。这些键长符合不同种类键的键长变化规律。因此，最短的键长对应于电子密度最为定域化的 sp 碳原子之间的键（对于 α- 和 β 石墨炔而言为 1.23 Å，而 γ-石墨炔为 1.22 Å）。这些 sp- C—C 键几乎是以乙炔基态存在的（即 1.210 Å [24]）。最大键长来自 sp² 碳原子之间的键（分别对于 β- 和 γ-石墨炔的 1.46 Å 和 1.43 Å）。这些 sp²-sp² 键与石墨烯中的相似（即 1.42 Å[17]）。β- 和 γ-石墨炔的 sp 和 sp² 碳原子之间的键长分别为 1.39 Å 和 1.41 Å。这些键长也与文献报道的一致[17-19,23]，并在表 3-2 中进行了比较。

从图 3-2 所示的几何结构中可以看到，炔键连接产生比在石墨烯密集堆积的蜂窝状网格中大得多的孔。孔尺寸及孔表面浓度对于膜的渗透性，非均相催化以及锂和氢气储存等研究领域变得非常重要[25]，因为它们改变了平面堆积密度或比表面积（SSA）。

从表 3-2 的几何数据来看，可以通过以下三种方式估算孔的尺寸：①将碳原子考虑为单点；②通过 sp² 和 sp 碳原子的共价半径[26]考虑电子密度；③考虑 Bader 体积[27]。在下面孔面积的表述中，先给出考虑碳原子为单点的孔面积，然后将考虑碳原子的共价半径及 Bader 体积的值放在括号中。石墨炔片中的孔具有六边形（α- 和 β-）和三角形（β- 和 γ-）几何形状。α-石墨炔孔面积为 42.0 Å²（29.7 Å²，

24.9 Å^2），它表示每单位晶胞的单孔，其对应于孔浓度为 2.4 ×10^{14}孔/ cm^2。γ-石墨炔每单位晶胞呈现两个截头的三角形孔，每个孔的面积为 17.8 Å^2（10.0 Å^2，5.9 Å^2），导致孔隙浓度为 5.1×10^{14}孔/ cm^2。 β-石墨炔的六边形和截头三角形孔区面积分别为 41.8 Å^2（29.5 Å^2，23.5 Å^2）和 18.0 Å^2（10.2Å^2,4.5 Å^2），分别对应孔隙浓度为 2.4×10^{14}孔/ cm^2 和 5.1×10^{14}孔/ cm^2。根据这些值，β /α-、β /γ和 α- /γ-石墨炔结构的理论孔隙浓度之比分别为 3.1、1.5 和 0.5。

三种石墨炔体系中不同类型的孔导致不同的比表面积 SSA（m^2/g）和平面堆积密度，后者是 SSA 的倒数（mg/m^2）。平面填充密度可以定义为每单位表面的原子数或质量数。因此，每单位晶胞有 8 个原子的 α-石墨炔具有 0.190 原子/Å^2 的平面密度，或考虑到宏观表面和碳原子质量，实际量为 0.379 mg/m^2；β-石墨炔，每个单元晶胞具有 18 个原子，得到 0.231 atom/Å^2 或 0.461 mg/m^2 的填充密度。每个单元晶胞具有 12 个原子的 γ-石墨炔拥有较高的填充密度值，0.292 atom/Å^2 或 0.582 mg/m^2。因此，平面堆积密度显示与乙炔键的浓度相反的趋势，最低平面堆积密度对应于炔键比例最高的石墨炔（即 α-石墨炔），而最高平面堆积密度对应炔连接单元浓度最小（即 γ-石墨炔）。此外，具有纯 sp^2 杂化碳的石墨烯（即 0％的炔连接单元）显示出 0.379 atom/Å^2 或 0.756 mg/m^2 的更高平面堆积密度，这是含 100％炔键连接单元的 α-石墨炔的平面堆积密度的两倍。

2. α、β 和 γ-石墨炔的电子结构比较

通过能带结构和投影态密度（PDOS）研究了石墨炔材料的电子结构。α-、β 和 γ-石墨炔的能带结构和总的态密度 DOS 展示于图 3-3（a）和（b）中。沿着六边形格子的第一布里渊区的 Γ-M-K-Γ 路径计算能带。能带结构的第一个特征是在 α- 和 β-石墨炔中存在狄拉克锥点，而在 γ-石墨炔中存在带隙。为了理解这些特征，首先分析原子轨道对能带的不同贡献。由于存在 sp 和 sp^2 碳原子，石墨炔结构显示不同类型的键。因此，在两个 sp^2 碳原子之间形成双键（即 σ+π）；在两个 sp 碳原子之间形成三键（即 σ+2π）和 sp-sp^2 碳原子之间的单个 σ 键。考虑到石墨炔结构位于 xy 平面（图 3-2），s 和 p$_x$-p$_y$ 轨道有助于 σ 键，p$_z$ 轨道有助于 sp^2-sp^2 和 sp-sp π 键，以及由平面内的 p$_x$-p$_y$ 轨道形成的 sp-sp 键的附加 π 键。

据此，借助于图 3-3（b）的 PDOS，图 3-3（a）的能带结构可以分成不同的区域，形成不同类型的键。在费米能级周围的区域，在–1.5～3 eV 之间，三个石墨炔都仅有 p$_z$ 轨道的贡献。那么，在这个区间中，只存在对应于 π 和 π*状态的频带。 p$_z$ 轨道的贡献不仅限于该区间，而且还延伸到–4 eV 及较低能量的价带和 4 eV 及更高能量的导带区间。在–1.5～–3 eV 之间，p$_x$ 和 p$_y$ 轨道最重要的贡献是显示出最高的态密度，但与 p$_z$ 轨道混合后主要用于形成 γ-石墨炔的能带。因此，该狭窄区域中的能带对应于存在于 sp-sp 键中的 π 键。类似地，导带中 3 eV 以上的能带对

应于来自 sp-sp 碳原子的 π*态。

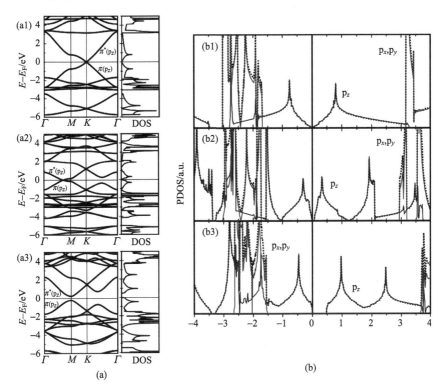

图 3-3　(a)：(a1) α-、(a2) β 和 (a3) γ-石墨炔的能带结构和总态密度；(b)：(b1) α-、(b2) β 和 (b3) γ-石墨炔的投影态密度 PDOS

黑色虚线代表总 DOS；蓝色线代表 p_z 轨道上的 PDOS；红色线代表 p_x 和 p_y 轨道上的 PDOS（彩图请扫封底二维码）

值得注意的是，由 p_z 轨道贡献的 π 和 π*能带比由 p_x-p_y 轨道贡献的能带覆盖更宽的能量区间。这表明 π(p_z) 和 π*(p_z) 态的离域程度更高，这可以解释为在 sp^2-sp^2 原子之间，以及 sp-sp 之间存在这种类型的键。也就是说，在晶格的所有相邻的 sp 和 sp^2 碳原子之间存在大的 p_z-p_z 轨道重叠。相反，π(p_z, p_y) 和 π*(p_x, p_y) 带仅存在于 sp-sp 碳原子之间，其被 α-石墨炔晶格中的 sp^2 碳原子、β-石墨炔晶格中的 sp^2-sp^2 键及 γ-石墨炔晶格中的苯环所分割。因此，按照该顺序，轨道重叠效率降低，并且电子能带变得更平，这表明电子定域程度的增加。

回到费米能级周围的区域，α-和 β-石墨炔的电子结构显示了所谓的狄拉克点，而 γ-石墨炔是在高对称点 M 具有直接带隙的半导体材料[图 3-3(a)]。如上所述，在狄拉克点，价带与导带在位于费米能级的单点处相遇。此外，态密度 DOS 在这一点正好是 0[图 3-3(b)]。 在 3D 视图中，价带和导带形成仅由该点连接的两个锥。能带通过由布里渊区的对称性决定的某些方向接近零曲率的狄拉克点。

α-和β-石墨炔根据不同的对称性显示不同数量和位置的狄拉克点。α-石墨炔具有位于 K 和 K'高对称点的狄拉克点，而β-石墨炔在 Γ-M 方向上呈现狄拉克点。众所周知，石墨烯具有令人惊奇的电子性质（即巨大的载流子迁移率和电荷传输）的原因之一就在于电子结构中存在这些狄拉克点。α-和β-石墨炔也显示了这些特征，并且为了比较石墨炔和石墨烯之间的电导率，需要计算这两种结构的费米速度（表 3-3）。狄拉克点附近的电子能量相对于倒数空间中的向量位移是线性的，因此该区域中的 2D 能带结构可以被调整表述为 $E = \pm hvFq$，表示电子能量随着倒数坐标线性变化，其斜率与费米速度成比例。在拟合中，使用了位于 ± 0.04 Å^{-1}的五个点。α-石墨炔显示狄拉克锥体的对称斜率为± 27.95 eV·Å，对应于 6.76×10^5 m/s 的费米速度。另外，β-石墨炔显示非对称斜率的能量变化，在 Γ-M 方向上具有+ 20.98 eV·Å 的斜率值，而狄拉克点在相反方向上接近，则其斜率为–15.70 eV·Å（即 M-Γ 方向），这些值分别对应于 5.07×10^5 m/s 和 3.80×10^5 m/s 的费米速度。得到的 α-和β-石墨炔的费米速度与其他 DFT 计算得到的速率非常一致（表 3-3）。然而，发现石墨烯在狄拉克点的费米速度为 8.3×10^5 m/s [28]；由于在 α-和β-石墨炔中存在 sp-sp 键使得 π 和 π*带部分由 p_x-p_y 轨道贡献，所以可以预期石墨烯的费米速度比石墨炔更高。因为它们不与相邻 sp^2 碳原子的轨道重叠，这些轨道仅定域于这种类型的键。因此，π 和 π*态具有比石墨烯更高的定域程度，其产生较平的能带，换句话说，具有比石墨烯斜率更低的能带。

表 3-3　α-、β-石墨炔和石墨烯的狄拉克点（DP）附近的曲率和费米速度（v_F）[28]

		曲率/(eV·Å)	v_F/(10^5m/s)
α-石墨炔		±27.95 ± 0.16 (±29.4[①],±28[②])	6.76 ± 0.05 (7.1[①],6.77[②],6.86[③],6.9[④])
β-石墨炔	Γ–DP	+20.98 ± 0.23 (+18[②])	5.07 ± 0.06 (4.4[②],5.24[③])
	M–DP	−15.70 ± 0.31 (−16[②])	3.80 ± 0.08 (3.9[②],4.45[③])
石墨烯		34.6[①],34[②]	8.3[①]

①文献[17]; ②文献[30]; ③文献[29]; ④文献[19]。

在 γ-石墨炔中，因为在布里渊区的高对称点 M 具有直接带隙，其表现完全不同的情况［图 3-3(a)］。在 PBE 水平计算得到 0.46 eV 的带隙，与其他 PBE 计算结果相一致：0.46 eV[19,20,31]、0.47 eV[18,32]和 0.52 eV[5]。然而，众所周知，LDA 和 GGA（PBE）水平的理论计算所得到的半导体带隙相对于实验值偏低。这可以通过使用混合函数来克服，并且已经发现这些函数使得半导体的理论带隙与实际测量值更好地吻合。因此，对于 γ-石墨炔，使用 HSE06 混合函数已经获得了 0.94 eV[20]和 0.96 eV[31]的较大带隙。该值是 PBE 结果的 2 倍。然而，这两个函数给出的能带结构显示实际上相同的特征，除了分隔价带和导带的较大带隙。

3.1.2　石墨炔的能带工程

1. 引入边缘态调控带隙

α-石墨二炔（α-graphdiyne），另一种二维层状碳同素异形体，是一种与石墨烯相似的新颖狄拉克锥材料[33]。在 α-石墨二炔中，C≡C 键的存在会产生一些石墨烯中所未见过的不寻常的现象。如参考文献[33]所示，α-石墨二炔本身是零带隙半导体。带隙缺失显著限制了其实际应用。为了扩展其实际应用，需要打开带隙，从而可从外部调节体系的电荷传输。虽然自旋轨道耦合可以打开一个能隙，但是幅度只有 22×10^{-3} meV 左右。因此需要用其他方法来打开 α-石墨二炔的带隙。这可以通过掺杂[34]、施加横向电场[35]和堆叠[36]来实现。将 α-石墨二炔切割为带状结构（扶手椅和锯齿形边沿结构，分别表示为 α-AGNR、α-ZGNRs），由于缺乏初始的二维周期边界，可以引入边缘态，有望打开其带隙[37]。这是打开纳米材料带隙的通用方法。

α-石墨二炔的理论晶格常数 14.4 Å，与报道的 11.42 Å [33]一致。α-石墨二炔中只有三种典型的碳碳键[21,29]，分别对应于 1.237 Å、1.33 Å 和 1.395 Å。 应该注意的是，由于碳原子通过混合 sp 和 sp^2 杂化连接，在 α-石墨二炔中没有严格的单键、双键或三键。α-石墨二炔的能带结构在 K 点显示狄拉克锥的特征。

与石墨烯纳米带（GNR）类似，沿着不同方向切割 α-石墨二炔片，将获得两种类型的纳米带，称为扶手椅和锯齿形边缘纳米带，如图 3-4(a)～(c)所示。为了避免边缘重建，边缘的悬空 σ 键用氢原子饱和。按照以前的惯例[38,39]，分别用 N_a 和 N_z 来表示扶手椅和锯齿形纳米带的宽度。具有 N_a 条线的 α-石墨二炔扶手椅纳米棒命名为 N_a-α-AGNR，具有 N_z 个曲折链的 α-石墨二炔锯齿形纳米带称为 N_z-α-ZGNR。

计算表明，所有 α-AGNR 都是半导体和非磁性的，具有与石墨烯纳米棒相似的特征[19]。与 α-石墨二炔相比，α-AGNR 的平移对称性被破坏，带隙打开是一个自然的结果。在 α-AGNRs 中，最大带隙预测约为 0.45 eV，远小于石墨烯纳米棒（约 2.5 eV）[19]，但与 α-石墨炔纳米带（约 0.8 eV）相当[5,20,22]。这源自 α-石墨二炔中晶格位点之间较弱的跃迁能量[33]。N_a-α-AGNR 的带隙与其宽度成反比，如图 3-4(c)所示。更重要的是，带隙的变化有三种不同情况，分别为 $N_a = 3p$、$3p+1$、$3p+2$，其中 p 为非负整数。带隙表现为 $\Delta_{3p+1} > \Delta_{3p} > \Delta_{3p+2}$ 的层级结构，如图 3-4(c)所示。$N_a = 11$、12 和 13 的能带结构如图 3-4(d)所示，这表明 α-AGNR 在 Γ 点是直接跃迁半导体。由于 α-石墨二炔本身是无带隙半导体[33]，量子限制效应是主导 α-AGNR 半导体性质的第一要素。此外，该量子限制效应可表述为 $\Delta_{N_a} \propto w_a^{-1}$。通过拟合上述量子限制效应获得图 3-4(c)中实线。α-AGNR 产生带隙的另一个原因是边缘效应。这可以通过边缘处碳键长度的变化来表征，与纳米带中部碳键相比，11-、12-和 13-α-AGNR 的边缘碳键缩短了 0.8%～1.0%。

对于 α-ZGNRs，两个边缘之间非磁性(NM)有序，上下层能带在费米能级处简并，所以不存在带隙。如图 3-4(e)所示，边缘态完全定域在 E_F 处，接近 X 点，与石墨烯纳米带[38]和其他石墨炔/石墨二炔纳米带一致[5, 20, 22]。费米能级附近的几乎平坦的能带有望产生显著的态密度尖峰，其中电荷密度极端地定域于边缘态。由于这些边缘态强的紧束缚特性，库仑能量非常大，导致自旋极化边缘。这应该是 α-ZGNRs[40]中的磁有序的起源。这与由空缺引起的磁性略有不同[41,42]，其中悬键起着至关重要的作用。

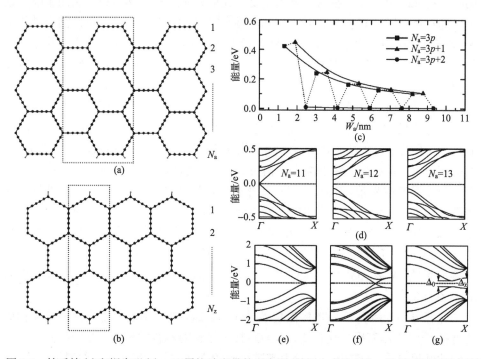

图 3-4   扶手椅(a)和锯齿形(b) α-石墨炔纳米带的示意图(单胞由虚线界定，边缘碳原子被氢原子饱和，N_a 和 N_z 分别表示扶手椅和锯齿形纳米带的宽度)；(c)从头算法获得的 N_a-α-AGNR 的带隙随宽度的变化而变化，实线为量子限制$\Delta_{N_a} \propto W_a^{-1}$拟合结果；(d)$N_a$=11、12 和 13 的 N_a-α-AGNR 的能带结构

2. 氢化调控石墨炔带隙

采用第一性原理和 Keldysh 非平衡格林函数相结合方法系统研究了双氢化对锯齿形 α-石墨炔纳米带和扶手椅形 α 石墨炔纳米带电子结构的影响[43]。双氢化和单氢化扶手椅形 α 石墨炔纳米带两种结构的带隙 ΔN_a 都随着纳米带宽度的增加而

减少，但根据带隙的变化，可以分成三种不同的类别 N_a= 3p、3p+1、3p+2，其中 p 是一个正整数，这可以从图 3-5 看到。然而，单氢化和双氢化扶手椅形 α-石墨炔纳米带之间存在显著差异。在单氢化的情况下，对于所有的 p 结构，带隙大小分层依次为 Δ_{3p+1}>Δ_{3p}>Δ_{3p+2}，如图 3-5（b）所示。双氢化情况的带隙与单氢化情况的有很大不同，带隙大小分层依次为 Δ_{3p}>Δ_{3p+2}>Δ_{3p+1}，如图 3-5（a）所示。这里双氢化（单氢化）扶手椅形 α 石墨炔纳米带在 N_a=3p+1（N_a=3p+2）时的带隙小于 2 meV，但是在计算中它们没有变为 0。因此扶手椅形 α-石墨炔纳米带没有金属性。从图 3-5（c）～（f）N_a = 9、10、11 时的能带图可以看出，所有扶手椅形 α-石墨炔纳米带，不管是双氢化还是单氢化的，在 Γ 点都是直接带隙的。双氢化还是单氢化扶手椅形 α-石墨炔纳米带带隙变化可以像扶手椅石墨烯纳米带中的一样，从量子限制效应和边缘效应解释，因为其电子性质类似于扶手椅石墨烯纳米带[38,44]。

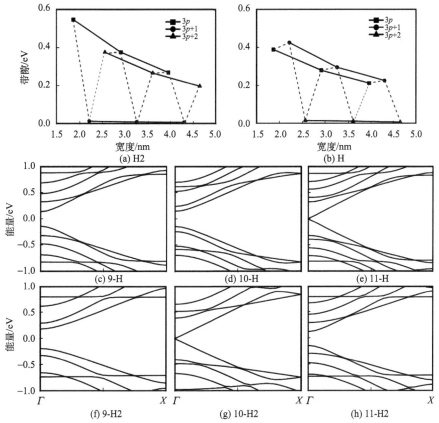

图 3-5　（a）双氢化和（b）单氢化扶手椅形 α 石墨炔纳米带的带隙与宽度的函数关系；各种宽度时的带隙用开放的符号表示，分类用实心线连接；扶手椅形 α 石墨炔纳米带在纳米带宽度 N=9、10、11 时的能带结构：（c）～（e）为单氢化扶手椅形 α 石墨炔纳米带；（f）～（h）为双氢化扶手椅形 α 石墨炔纳米带

此外，在所有计算了的纳米带宽度 N_a=6～10 的体系中，双氢化扶手椅形 α 石墨炔纳米带总能比单氢化扶手椅形 α 石墨炔纳米带的将近低 63 eV。在扶手椅形 α 石墨炔纳米带的单胞中，双氢化意味着在单氢化结构中插入了一个额外的 H_2 分子。一个 H_2 分子的总能大约为–29.8 eV。根据 0 K 下单位长度边沿结合能[44]：

$$\varepsilon_{H_2} = \frac{1}{2L}\left(E^{ribb} - N_C E^{bulk} - \frac{N_H}{2}E_{H_2} \right) \tag{3-2}$$

这里 E^{ribb}、E^{bulk} 和 E_{H_2} 分别是纳米带单胞，石墨炔块体中每一个碳原子和每个独立 H_2 分子的总能。N_C 是原胞中碳原子的数目，N_H 是原胞中氢原子的数目。结合能 ε_{H_2} 越小，结构就越稳定。很明显，双氢化结构的结合能小于单氢化结构的，这意味着双氢化扶手椅形 α 石墨炔纳米带边沿结构是可行的。

3. 吸附客体有机分子调控石墨炔带隙

缺乏带隙限制了石墨炔在纳米电子器件中的应用。研究了通过吸附四氰基亚乙基(TCNE)来打开 α-石墨炔带隙的可能性[45]。使用密度泛函理论研究了在不同数量的四氰基乙烯存在下 α-石墨炔的电子性质。吸附能量小和较大的吸附距离显示 TCNE 在石墨炔上是物理吸附[图 3-6(a)和(b)]。为了阐明 TCNE 分子对石墨炔的电子性质的影响，每个超晶胞单元吸附一个或十一个 TCNE 分子情况下，α-石墨炔的电子能带结构和态密度如图 3-6(d)和(e)所示。结果显示带隙被打开，α-石墨炔通过 TCNE 的吸附变成了半导体。带隙(E_g)与每个超晶胞单元中 TCNE 数量(n)的关系如图 3-6(f)所示。很明显，通过增加 TCNE 分子的数量能增加带隙，并且对于 n>9 的体系带隙达到了 0.115 eV。马利肯布居数分析显示电荷从石墨炔片转移到 TCNE 分子。图 3-6(f)还显示了从石墨片到每个 TCNE 分子的电荷转移(q/n)。结果表明，转移到每个 TCNE 分子的电荷随着每个超晶胞中 TCNE 数量的增加而减少。因此，通过增加 TCNE 的数量减少 α-石墨炔的载流子浓度，导致带隙增强，从而导致电导率降低。这为创建和控制 α-石墨炔带隙提供了一种简单方法。

将不同浓度的 CCl_2 分子加入 α-石墨炔和 β-石墨炔片中也可调制其带隙[46]。高结合能表明 CCl_2 分子在石墨片上的强吸附。发现使用 CCl_2 分子的官能化可以在石墨炔中调控出带隙，并且显示出半导体性质的官能化石墨炔。石墨炔的带隙取决于吸附的 CCl_2 分子的浓度。结果表明，CCl_2 化学官能化也是修饰和调控石墨炔的电子性质的一个有效方法。

4. 卤化调控石墨炔带隙

通过卤化研究了石墨炔的带隙可调性[47]。卤素原子优先吸附在 sp 杂化碳原子上形成 sp^2 杂化键，这与石墨烯上的吸附形成鲜明对比，其中只有氟原子吸附在

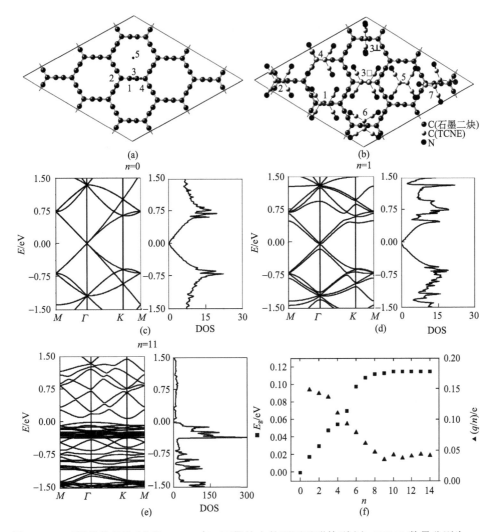

图 3-6　α-石墨炔的晶胞(a)和 TCNE 在 α-石墨炔上的不同吸附构型(b)；TCNQ 数量分别为　$n = 0$(c)、$n = 1$(d)和 $n = 11$ 时(e)α-石墨炔的电子能带结构和态密度 DOS(费米能级设为 0 eV)；(f)能带和每分子 TCNE 的电荷转移数与每个晶胞中 TCNE 数目的关系

石墨烯上形成 sp^3 杂化键，而氯、溴和碘原子吸附在石墨烯上而不形成任何杂化键[48]。还研究了卤代石墨炔的带隙与卤素原子浓度的关系。随着卤素浓度的变化，带隙可调至约 3 eV(图 3-7)，这与石墨烯通过氢化或氟化调控带隙约 3.4 eV 和约 2.7 eV 相当[49-51]。还研究了氢原子和卤素原子在石墨炔上的混合吸附，研究发现混合吸附具有分离成两相吸附所不具备的优点，并且带隙随卤素-氢浓度变化可调至约 1.5 eV，如图 3-8(d)所示。F 原子浓度 $x = 1/6$ 时所出现的奇异性与卤素原子的构型变化有关：受到以倾斜平面构型吸附的 H 原子的影响，F 原子的局部几

何构型改变为倾斜平面构型。可调带隙可能源于对称性破缺，如氢和卤素的混合。研究结果表明石墨炔的带隙可以通过卤素-氢原子的混合进行调节。

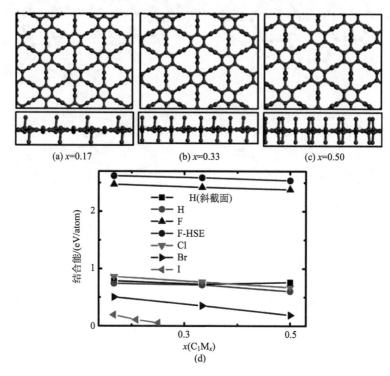

(a) $x=0.17$ (b) $x=0.33$ (c) $x=0.50$

图 3-7　将卤素对连接到两个相邻的 sp 碳上，浓度分别为 $x=0.17$(a)、$x=0.33$(b) 和 $x=0.50$(c) 时，吸附卤素原子的石墨炔原子结构，其中 x 由 C_1M_x 定义，M 表示氢或卤素原子；(d) 计算所得附着原子的结合能与浓度 x 的关系

　　Koo 等[52]研究了氢化或卤化 γ-石墨二炔的几何构型和电子学性质。由于 sp^2 键合的碳原子与 sp 键合的碳原子的比例最低，γ-石墨二炔是能量最稳定的一种石墨炔[15]。在 γ-石墨二炔上有两类反应位点，即 sp 和 sp^2 键合碳原子位点。这些吸附原子优先与 sp 键合碳原子而不是 sp^2 键合碳原子结合，交替成对[图 3-9(a)]，其中一个原子连接在 γ-石墨二炔平面上方，而另一个原子在平面之下。这与氢或卤素在石墨炔上的连接方式一致[53,54]。然而吸附的局部几何形状彼此不同。此外，虽然碘原子可吸附在石墨炔上，但其在 γ-石墨二炔上不能形成任何杂化键[54]。氢原子或卤素原子优先吸附在 sp 杂化碳原子上形成 sp^2 或 sp^3 键。γ-石墨二炔上所吸附的原子的局部几何形状是不同的：氢原子具有面内和斜面吸附，氟具有面内和斜面吸附，而氯和溴仅具有斜平面吸附。

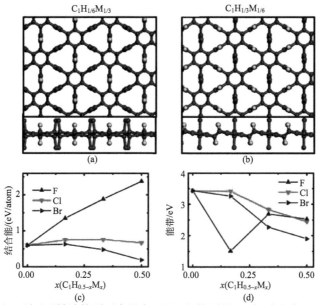

图 3-8　H 原子和 F 原子对被连接到两个具有不同几何构型的 sp 碳，浓度为 $x = 1/3$（a）和 $x = 1/6$（b）；吸附卤素原子的石墨炔原子结构，其中 x 由 $C_1H_{0.5-x}M_x$ 定义；所计算的附着原子的结合能（c）和带隙与 M 的浓度 x 的关系（d）；M 表示氢或卤素原子

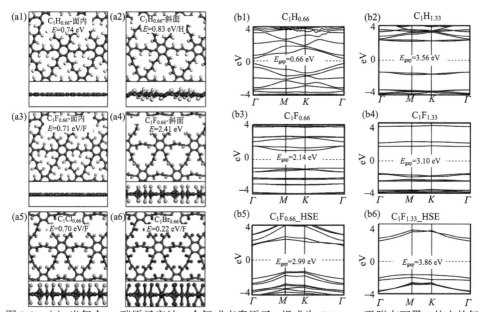

图 3-9　（a）当每个 sp 碳原子容纳一个氢或卤素原子，组成为 $C_1M_{0.66}$，吸附在石墨二炔上的氢或卤素原子的优化原子结构；（b）氢化或卤化石墨二炔的能带结构

（a1）面内 H 吸附和（a2）倾斜平面 H 吸附；（a3）面内 F 吸附和（a4）斜面 F 吸附；（a5）斜面 Cl 吸附氯原子；（a6）斜面 Br 吸附；灰色、白色、天蓝色、绿色和红色的球体分别代表碳原子（彩图请扫封底二维码）、氢原子、氟原子、氯原子和溴原子；（b1）$C_1H_{0.66}$，（b2）$C_1H_{1.33}$，（b3）$C_1F_{0.66}$，（b4）$C_1F_{1.33}$，（b5）$C_1F_{0.66}$_HSE 和（b6）$C_1F_{1.33}$_HSE；费米能级（虚线）设为零

除此之外，还分析了不同吸附原子浓度下功能化 γ-石墨二炔的电子结构。原生 γ-石墨二炔的理论带隙为 0.49 eV，这与先前研究中报道的 0.48～0.53 eV 非常一致[22,35,55]。通过吸附原子浓度为 $x = 0.66$ 的 H、F、Cl 或 Br 功能化的 γ-石墨二炔的带隙分别为 0.66 eV、2.14 eV、2.05 eV 和 1.86 eV。带隙随着吸附原子浓度的增加而增加，并且由于吸附几何构型的差异，增加程度取决于所吸附的原子种类 [图 3-9(b1)～(b4)]。另外还证实，扁平的能带结构来自于吸附氢或卤素原子的 sp 键合碳原子附近的局域态。

如表 3-4 所示，随着吸附原子从氢变为卤素，带隙能有约 1.2 eV 的调控。带隙调控在很大程度上并不是取决于卤素原子的类型，只有氢原子影响带隙调控。当每个 sp 键合碳原子吸附两个氢原子或氟原子时，$C_1H_{1.66}$ 和 $C_1F_{1.66}$ 的带隙分别为 5.11 eV 和 4.50 eV，如表 3-4 所示。这些结果表明，通过氢化和卤化，γ-石墨二炔的带隙可以调控约 4.6 eV，约大于石墨烯 3.4 eV[49-51]或石墨炔的 4.3 eV[29,30,19]。γ-石墨二炔的导电和价带由 sp 和 sp^2 键合碳原子的垂直排列的轨道(p_z)组成。费米能级附近的 p_z 轨道的态密度随着氢或卤素浓度的增加而降低，而 sp^3 键合碳的态密度却增加。通常，sp^3 键合的碳结构具有几 eV 的大带隙，例如，金刚石带隙约为 5.5 eV。因此，随着浓度的增加，带隙增加。杂化密度泛函可以显著改善 PBE 计算以外的其他计算方法所得到的带隙，因此对氢化或卤化石墨炔进行了 HSE 计算。如表 3-4 所示，HSE 的带隙与 PBE 的带隙相比有所增加。因此，从 HSE 和 PBE 计算得到的能带色散不同，如图 3-9(b5)、(b6) 所示。

表 3-4　PBE 和 HSE 水平计算得到的氢化或卤代石墨二炔的带隙和价带顶(VBM)和导带底(CBM)的位置

化学组成	PBE			HSE		
	VBM	CBM	带隙/eV	VBM	CBM	带隙/eV
$C_1H_{0.66}$	Γ	Γ	0.66	Γ	Γ	1.10
$C_1H_{1.33}$	Γ	M	3.56	Γ	M	2.63
$C_1H_{1.66}$	Γ	Γ	5.11	Γ	Γ	3.04
$C_1F_{0.66}$	M	M	2.14	K	Γ	2.99
$C_1F_{1.33}$	Γ	Γ	3.10	M	Γ	3.86
$C_1F_{1.66}$	Γ	Γ	4.50	Γ	Γ	5.20
$C_1Cl_{0.66}$	M	M	2.05	K	K-Γ	3.19
$C_1Br_{0.66}$	Γ	M	1.86	K	K-Γ	3.30

Bhattacharya 等[56]进行了原生和氟化石墨炔及石墨烯二炔的密度泛函理论计算，以研究其电子性质。已经发现，根据其功能化位点，氟化拓宽了石墨炔和石墨烯二炔的带隙，并遵循以下趋势：原生石墨炔(0.454 eV)<链 F 取代(1.647 eV)<

链和环 F 取代(3.318 eV)<环 F 取代(3.750 eV)。在链或环位置氟化的石墨炔仍然是直接带隙半导体,但是全氟化石墨炔转变成了间接带隙半导体。另外,氟化降低了这些体系的稳定性,并且与其他氟化体系(链氟化或环氟化的体系)相比,全氟化体系的稳定性较低。氟原子主要对价带有贡献,并且在这些基本结构的不同位置处的氟化激活了费米能级附近的 p_x、p_y 和 s 轨道。研究结果表明,相邻碳的 C—C 相互作用基本上有助于成键状态,而 C—F 相互作用总是在费米能级附近导致反键状态。

另外,通过施加应变也可以有效地调控石墨炔的带隙,这在下一节中单独阐述。

3.2　力　学　性　质

石墨炔家族的 γ-石墨炔及其他结构的力学性质也引起科学家们的广泛关注和研究兴趣。与石墨烯相比,石墨炔的面内杨氏模量相对较低 (162 N/m),泊松比较大(0.429)[8]。计算结果表明,石墨炔可以承受高达 0.2 的极限应变引起的巨大的非线性弹性变形,随后应变软化,直到崩溃[8]。Buehler 和 Cranford[11]也表征了单一原子层 γ-石墨炔片的力学性能。γ-石墨炔具有强烈的各向异性,其断裂应变范围从 8.2%到 13.2%,而其断裂应力范围从 48.2 GPa 到 107.5 GPa。Kang 等[31]使用密度泛函理论方法,利用维尔纳从头算模拟软件包(VASP)研究了 γ-石墨单炔的机械和电子性质。使用广义梯度近似 Perdew-Burke-Ernzerhof 函数(GGA- PBE)计算获得了石墨二炔的面内刚度和带隙分别为 165.8 N/m 和 0.46 eV。Long 等[57]使用类似的方法在室温(300 K)下获得石墨二炔 158.6 N/m 的面内刚度。Pei[12]使用第一性原理计算来研究应变对石墨二炔的能量和电子性质的影响,由于较少的 C—C 键,石墨二炔比石墨单炔软。Yang 和 Xu[10]利用分子动力学方法模拟研究了石墨单炔、石墨二炔、石墨炔-3、石墨炔-4 和石墨炔-5 的力学性能,他们发现这些纳米片具有高强度和刚度。Ahangari[58]利用电荷自洽的密度泛函–紧束缚方法(SCC-DFTB)研究了石墨二炔的弹性(面内刚度和杨氏模量)。结果表明,面内刚度和杨氏模量随着 x 轴方向上石墨二炔长度的增加而增加,最后达到一个常数值。此外,基于态密度(DOS)计算结果,发现石墨二炔是带隙为 0.43 eV 的半导体。基于 SCC-DFTB 方法的分子动力学模拟也用于计算石墨二炔在 300 K 和 1500 K 之间五个温度点的弹性性质。研究结果表明,随着环境温度的升高,石墨二炔的面内刚度和杨氏模量降低。不同空位对石墨二炔的机械和电子性能也有影响。随着去除的碳原子数量增加,石墨二炔的弹性参数和带隙均减少。

采用第一性原理密度泛函理论,Soni 和 Jha[59]研究了石墨烯、α-、β-和 γ-石墨炔的振动和弹性特性,他们发现石墨炔的弹性常数可比石墨烯显示更多的各向异性构象异质性。与石墨烯相比，石墨炔中稀疏排列的碳和炔基的方向性相结合，导致依赖于施加载荷的方向性的内部强化，并产生非线性的应力-应变行为。Cranford 等[1]发现了扩展石墨炔的刚度、强度和断裂的比例规律，他们发现，引入乙炔连接单元(sp 杂化的碳原子数)将导致稳定性、弹性模量和破坏强度的有效降低，所有这些都与乙炔的重复数或晶格间距的函数有关(图 3-10)。Zhang 等[60]也发现，石墨炔结构中炔键的存在影响了它们的杨氏模量、断裂应变和断裂应力。不同碳网络结构的断裂应变和极限应力主要取决于所采用的负载类型（椅式或锯齿形），这种效应可以通过考虑炔基独特的键延伸和各种构型中原子应力的分布来解释。

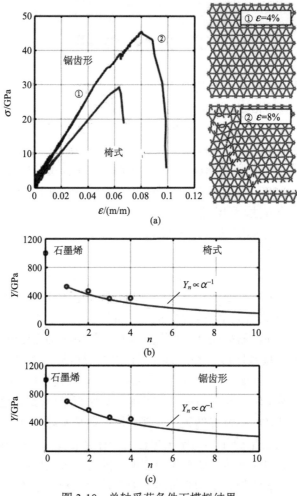

图 3-10 单轴受荷条件下模拟结果

(a) 倾斜型椅式(红色)和锯齿形(蓝色)方向的石墨二炔($n = 2$)的代表性应力–应变响应曲线(彩图请扫封底二维码)；插图：在 4%～8%应变下变形的石墨二炔的快照；(b)倾斜型椅式和(c)锯齿形方向的模数衰减 Y 作为与连接单元乙炔基数目 n 的函数关系

通过广义梯度近似下的密度泛函计算分析了单轴应变下的原子皱褶、杨氏模量、泊松比和单层 γ-石墨单炔带的电子结构(图 3-11)[61]。在特定的不对称临界压缩(ε_{cr}^{c})和拉伸(ε_{cr}^{t})应变中,石墨炔纳米带将经历可逆变形,其存在线性弹性应力-应变响应。从能量位移关系可得到二维杨氏模量,其随着宽度的增加而增大。当压缩应变超过 ε_{cr}^{c} 时,在较窄的带中形成垂直于应变方向的单向皱褶,并且在较宽的带中形成横向和纵向皱褶。当拉伸应变超过 ε_{cr}^{t} 时,所有的石墨炔纳米带在断裂之前均经历纵向皱褶。皱褶波长实际上不依赖于施加的应变,而是取决于石墨炔纳米带宽度。所有这些石墨炔纳米带都是带隙在 0.14~1.22 eV 范围可控的半导体,这取决于宽度和施加的应变。此外,石墨炔纳米带的带隙对拉伸应变敏感,并且无论临界应变如何,都可以连续调制,因为费米能级附近的带分裂为 $2p_z$ 状态,主要由石墨炔中的苯环的 π 轨道组成。

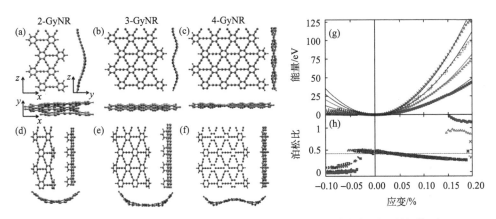

图 3-11　宽度 $n=2$(a,d),$n=3$(b,e),$n=4$(c,f)的石墨炔纳米带的原子皱褶构型;5-GyNR 的皱褶构型与 4-GyNR 相同,(a)~(c)处于压缩应变下,而(d)~(f)处于拉伸应变下;2-GyNR(红色,正方形),3-GyNR(绿色,三角形),4-GyNR(蓝色,点)和 5-GyNRs(粉红色,星形)的应变能(g)和泊松比(h)随单轴应变 ε 的函数关系(彩图请扫封底二维码);数据是自洽计算的点,并且线条用最小二乘法拟合;平行紫色虚线表示石墨炔片的泊松比

Puigdollers 等[28]比较了 α-、β 和 γ-石墨炔(图 3-12)的弹性性质。这三种石墨炔表现各向同性弹性单轴应变,α-石墨炔的平面填充密度较低,是最容易变形的结构。均匀双轴应变是这三种材料能量需求最大的特性,其中 α- 和 γ-石墨炔的均匀双轴应变需要的能量是单轴应变的 4 倍。非均匀双轴应变比均匀双轴应变产生更弱的响应。这三种石墨炔的面内刚度按 γ->β>α- 的顺序变化。这些材料比石墨烯柔软,其中 γ-石墨炔的面内刚度是石墨烯的一半。与石墨烯相比,石墨炔平均配位数的减少和较低的平面填充密度均可解释这一事实。此外,在石墨烯晶格中引入炔键会减少键合数和面密度,降低材料的刚性并使其更柔软。而它们的泊松

比呈现相反的趋势 α-> β-> γ-，其中 γ-石墨炔的值为石墨烯的 2 倍。γ-石墨炔是所研究的同素异形体中泊松比最接近 0.5 的，是所有方向上不可压缩的完美材料。

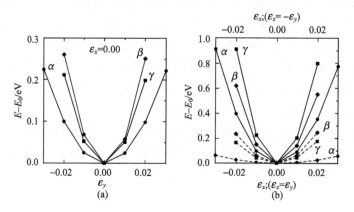

图 3-12　(a)固定 x 轴应变 $\varepsilon_x = 0.00$，y 轴的单轴应变能量曲线；维持 y 轴应变 $\varepsilon_y = 0.00$ 固定的 x 轴单轴应变与此一致，仅显示前者；(b)对称均匀(实线和底部 x 轴)和异质双轴(虚线和顶部 x 轴)应变的能量曲线

圆点、菱形和方形符号分别代表 α-、β-和 γ-石墨炔

第一性原理计算已用于揭示石墨炔家族的弹性常数和应变可调的带隙。面内刚度会随着炔连接单元数的增加而逐渐减小，从石墨炔的 166 N/m 到石墨四炔的 88 N/m，相反，它们的泊松比变化却很小。面内刚度和炔键的数量之间的关系遵循一个简单的规律。当施加应变时，可以通过不同的负载类型来进行调整石墨炔及其类似物的带隙(图 3-13)。均匀拉伸应变下带隙会稳步增长，但在单轴拉伸、压缩、均匀压缩等应变下会减小。最有趣的是，虽然石墨炔和石墨三炔的带隙是直接的，并位于 M 或 S 点(这取决于施加拉伸应变的类型)，而石墨二炔和石墨四炔始终保持其直接带隙在 Γ 点，无论是否施加应变，这些能带结构的变化归因于施加应变条件下费米能级附近的能量状态转变。结果表明，石墨炔有希望应用于应变调谐纳米电子学和光电子学[21]。

通过第一性原理计算研究了应变对一系列扶手椅形石墨炔纳米带 a-GNR(n = 1～5)和锯齿形石墨炔纳米带 z-GNR(n = 1～4)的带隙的调控[62]。n = 1 的 z-GNR 可以施加宽范围的应变(–16%～+16%)，见图 3-14(d)。由于 C_1—C_2(1.37～1.45 Å)和 C_3—C_4(1.37-1.74 Å)的键长随应变的增加而显著增加，扶手椅形石墨炔纳米带 a-GNR(n = 1)的带隙可以在 1.36～2.85 eV 范围内几乎线性地调控[图 3-14(c)]。宽度为 n = 1 的锯齿形石墨炔纳米带 z-GNR(2.68～2.92 eV)的带隙受应变影响较小，原因是应变主要影响 C_3—C_4—C_5 的键角而不是键长[图 3-14(d)]。施加足够的应变下，扶手椅形石墨炔纳米带 a-GNR 的带隙可从直接带隙向间接带隙

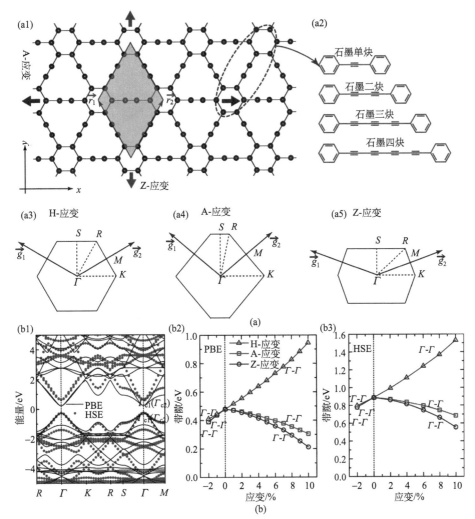

图 3-13 (a)：(a1)石墨炔片的几何结构、原始单胞由黄色平行四边形表示；$\vec{r}_1$ 和 $\vec{r}_2$ 分别表示定义为 $(-a/2、\sqrt{3}a/2、0)$ 和 $(a/2、\sqrt{3}a/2、0)$ 的面内晶格矢量；绿色和蓝色箭头表示 Z-和 A-应变的变形方向(彩图请扫封底二维码)；(a2)六元环之间通过乙炔单元连接构建的石墨炔系列单胞的示意图；(a3~a5)在(a3)H-应变，(a4)A-应变和(a5)Z 应变下标记的高对称点的布里渊区；(b)：(b1)用 GGA-PBE(实线)和 HSE06(实心圆)方法计算的无应变 GDY 的能带结构；Γ_{v1} 和 Γ_{v2} 代表 Γ 点处的最高(双重简并)价带；Γ_{c1} 和 Γ_{c2} 对应于最低(双简并)导带；费米能级设为零；(b2, b3)使用(b2)GGA-PBE 和(b3)HSE06 方法计算的带隙随应变的变化；空心三角形，正方形和圆形分别对应于 H-、A-和 Z-应变下的直接带隙

转换。对于更大宽度的石墨炔纳米带，其带隙(取决于宽度和边缘形态)通常随着拉伸应变的增加而减小[图 3-14(e)和(f)]。随着 z-GNR 的宽度增加，z-GNR 的带隙随应变增加显示出逐步减小的趋势。总的来说，石墨炔纳米带的带隙通过宽度

和边缘形态以及应变的调控可以实现从 0.05 eV 到 2.92eV 宽范围可控。因此，该工作提供了一种调控石墨炔纳米带的带隙有效方法，这在应变可调纳米电子器件中具有巨大的应用潜力。

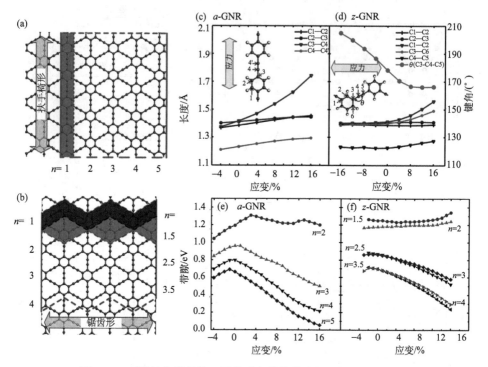

图 3-14   两种边缘结构的石墨炔纳米带的带隙与外加应变的关系

(a) 沿着 y (扶手椅) 方向切割的 a-GNR；(b) 沿 x (锯齿形) 方向切割的 z-GNR；长度 $n=1$ 的扶手椅形石墨炔纳米带 a-GNR (c) 和锯齿形石墨炔纳米带 z-GNR (d) 在不同应变下的结构变化；不同宽度的 a-GNRs (e) 和 z-GNR (f) 的带隙随应变的变化

石墨炔中炔键的加氢活性为调控其力学性能提供了另一个思路，因此了解氢化石墨炔的力学性能及其断裂机理，将为氢化石墨炔的设计和实际应用提供重要的依据。Zhang 等[25]利用分子动力学模拟研究了氢化对四种不同的石墨炔 ($α$-、$β$-、$γ$-和 6,6,12-石墨炔) 的机械性能的影响。模拟结果表明氢化可以大大降低石墨炔的力学性能。对于具有 100% 氢覆盖率的不同石墨炔，断裂应力的降低取决于石墨炔结构中炔键的百分数：炔键连接单元越多，降低越多 (表 3-5)。对于相同的石墨炔，断裂应力的降低取决于氢化位置、分布和覆盖率。在炔键上的氢化导致断裂应力比在六元环上的氢化引起的降低更多。垂直于拉伸方向的线性加氢导致断裂应力的降低比平行于拉伸方向的线性加氢导致的断裂应力的降低少得多。对于随机氢化，断裂应力和杨氏模量在低氢覆盖率(<10%)时迅速下降，然后随着覆盖度的

增加保持在稳定的水平。结果发现氢化引起的力学性能的降低与面外 C—C 键的弱化有关，这导致早期这些键的断裂和随后的石墨炔断裂。

表 3-5　氢化前后石墨炔和石墨烯的断裂应力和断裂应变

类型	炔键连接单元/%	结构的原子密度/(atom/nm²)	断裂应力		应力降低/%	断裂应变		应力降低/%
			H-0%	H-100%		H-0%	H-100%	
α-石墨炔	100	19.12	33.39	10.01	70.00	0.152	0.101	12.37
β-石墨炔	66.67	23.24	38.11	14.77	61.24	0.126	0.088	19.54
6,6,12-石墨炔	41.67	27.81	38.34	16.49	56.99	0.109	0.081	21.54
γ-石墨炔	33.33	28.92	50.25	22.20	55.83	0.111	0.081	24.09
石墨烯	0	36.08	104.46	35.44	66.07	0.140	0.095	29.93

Becton 等[63]进行了分子动力学模拟，以研究石墨炔纳米片的几何构型限制诱导的褶皱。研究表明石墨炔的炔键连接单元的数量(N)是影响该类材料褶皱行为和力学性能最重要的因素。褶皱过程也受温度和褶皱速率的影响，纳米片的几何形状在最初的褶皱行为中起着重要作用。石墨炔的密度较低，其形变诱导弯曲能比石墨烯小，因此，石墨炔更趋于获得稳定的皱褶构型。

3.3　电　学　性　质

相比石墨烯的零带隙，第一性原理计算表明石墨炔具有天然的带隙。直接带隙的存在使石墨炔在光电子器件中的应用有很大优势。石墨单炔和石墨二炔都是在布里渊区的 M 和 G 点直接跃迁的半导体，根据所采用的不同方法和交换关联泛函[64]，预测这些石墨炔的最小带隙为 0.46～1.22 eV。Coluci 等[2]采用扩展休克尔理论预测其带隙为 0.79 eV；通过 DFT 框架内局域自旋密度近似(LSDA)，Narita 等[5]估算其带隙为 0.52eV。应用 GW 多体理论，Luo 等获得石墨二炔单层的带隙值为 1.10 eV，比采用局部密度近似(LDA)获得的 0.44 eV 带隙有所增加[55]，如图图 3-15(b) 所示。Jiao 等[65]预测其带隙为 1.22 eV，与硅相类似，这意味着石墨炔可以作为硅基电子器件的替代品，例如，石墨炔比石墨烯在场效应晶体管方面的应用可能更具优越性。对于石墨炔电子学方面的研究，Psofogiannakis 等[54]研究了在石墨炔网格上加氢调控石墨二炔的电子特性的可能性，也很好地验证了石墨炔及其衍生物优良的电学及电子学性质。

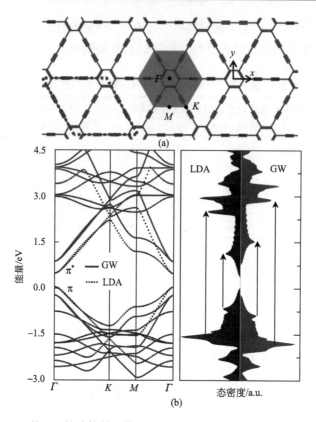

图 3-15　基于乙炔连接单元数(n)或杂化数(h)进行石墨炔的能量预测

　　狄拉克锥及其相关的输运性质，原本被认为是与石墨烯的六角形对称相关的独特功能。Malko 等[30]证明狄拉克点和锥不仅存在于具有六方晶系对称的 α-和 β-石墨炔，而且在具有矩形对称性的 6,6,12-石墨炔中也存在(图 3-16)。这些现象反映石墨炔材料的极端电荷传输性。预测这些石墨炔结构与方向有关的电子性质，6,6,12-石墨炔的室温固有空穴和电子迁移率，分别为 4.29×10^5 cm^2/(V·s) 和 5.41×10^5 cm^2/(V·s)，大于石墨烯[约 3×10^5 cm^2/(V·s)][66]。他们认为石墨烯为蜂巢晶格(honeycomb lattice)结构，而石墨炔则能具有数种不同的二维结构，石墨炔在费米能级上下附近具有两个不同的狄拉克锥，这表示石墨炔为"自掺杂"(self-doped)，原本就具有电荷载子，不像石墨烯需要额外掺杂，因此其能作为制作电子元件所需的优良半导体材料。

　　如图 3-16(a)所示，6,6,12-石墨炔具有由单位向量 a_1 和 a_2 定义的矩形格子的 pmm 对称性。由于这种缩小的对称性，所以它还具有矩形布里渊区域。这种材料呈现位于布里渊区不同点的两个狄拉克锥体，命名为Ⅰ和Ⅱ。来自位于方向 a_2 上的乙炔基团的轨道对位于布里渊区 Γ 和 X' 之间的狄拉克锥体Ⅰ没有贡献。然而，有助于位于布里渊区 M 和 X 之间的狄拉克锥体 II 的轨道在整个体系中离域[30]。这意味着 6,6,12-石墨炔应该呈现不同的传输行为，这取决于施加的偏置电压的方向。因此，电子传输可以通过方向依赖的扰动来调节，如应变。α 石墨炔呈现与石墨烯非常相似的电子结构，如图 3-16(b)所示，在布里渊区的 K 和 K' 点显示狄拉克锥。β-石墨炔在其电子结构中也呈现狄拉克锥[图 3-16(c)]，但狄拉克点位于 Γ 与 M 之间的一条线上[30]。Cao 等[67]获得了这三个石墨炔的狄拉克点附近的能量色散关系的具体表达式。此外，他们还发现一个不寻常的现象：对于 β-石墨炔，当狄拉克点都位于 M 点时其量子霍尔效应减弱。

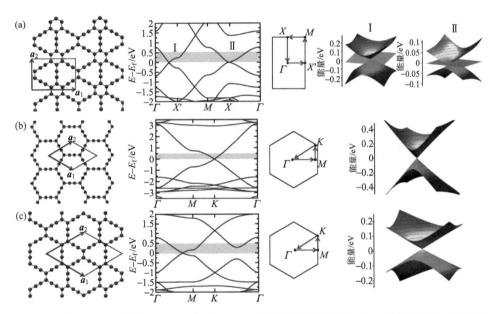

图 3-16　(a) 6,6,12-石墨炔，(b) α-石墨炔和(c) β-石墨炔的示意图(左图)，能带结构和布里渊区(中图)和狄拉克点附近由价带和导带形成的狄拉克锥(右图)；在每个结构中，显示了由晶格矢量 a_1 和 a_2 定义的单元

为了评估材料的功能和性质，了解其内在的电子传输特性是非常有用的。此信息还有助于新型器件的设计。为此模拟了图 3-17 中石墨炔的电子传输特性[68]。输运性质的模拟是基于每个石墨炔中虚线框定义的单位单元构建的，因为研究对象为 2D 材料，该体系可以呈现两个不同的输运方向。在模拟中，考虑的输运方向是 $X_1(X_2)$、$X_2(X_1)$ 方向，它们具有周期性。通过密度泛函理论与非平衡格林函数法(NEGF-DFT)的组合实现输运计算。

对于 6,6,12-石墨炔，X_1 和 X_2 方向不是等效的，所以这种体系的传输特性取决于所选择的方向[68]，如图 3-17(a)中的传输函数所示(X_1 的蓝色实线和 X_2 的橙色虚线)。针对图 3-17(d)中的 6,6,12-石墨炔体系，我们看到，对于 $X_1(X_2)$ 方向，电流几乎比其他结构的如 α-、β-石墨炔和石墨烯大 3～4 倍。对于 α 和 β 结构，仅给出了以 X_2 为周期沿 X_1 方向上的传输，因为 X_1 和 X_2 具有相同的结果。所有的石墨炔结构都具有费米能级附近的电子传输功能，这是狄拉克锥能带结构的特征，如石墨烯。然而，石墨炔的电子传输总是大于石墨烯（黑色虚线）。因此，如图 3-17(d) 所示，在体系中流动的电流 I_{ds} 将始终高于石墨烯。所有这些结果与 Chen 等[66] 得到的结论一致，其中作者预测石墨炔的载流子迁移率将大于石墨烯。

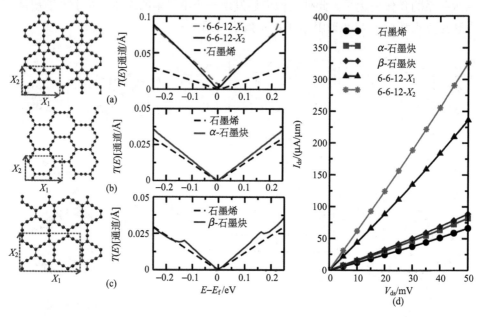

图 3-17　用于传输计算的由向量 X_1 和 X_2 定义的晶胞单元示意图和传输函数

(a) 6,6,12-石墨炔；(b) α-石墨炔；(c) β-石墨炔，在 (d) 中，显示了 α、β 和 6,6,12-石墨炔的 $I_{ds} \times V_{ds}$；对于 α 和 β，X_1 与 X_2 方向是相同的，只显示沿 X_1 方向的结果，还给出石墨烯层的传输特性以用于比较

　　由于 6,6,12-石墨炔具有这种方向特征，可以使用定向外部扰动来调控其能带结构[68]。为此，在 6,6,12 体系中施加各向异性应变。所有的应变均以弹性方式进行，并且应变强度以不损害结构稳定性为限[60]，图 3-18(a) 和 (b) 给出了分别沿 X_1 和 X_2 方向进行拉伸（顶部）和压缩（底部）时 6,6,12-石墨炔的能带结构。在狄拉克点 I 附近，当沿着 X_1 方向拉伸时，色散关系减小 [图 3-18(a) 中的上图]。沿着 X_1 方向 [图 3-18(a) 的下图] 压缩时，得到相反的结果。在狄拉克锥体 I 处，如图 3-18(c) 所示，施加 –6% 到 6% 的应变导致费米速度从约 5.2×10^5 降低到约 2.3×10^5 m/s。对于第二个狄拉克锥体，费米速度总是随着 X_1 方向施加的应变而增加，无论应变的正负方向。

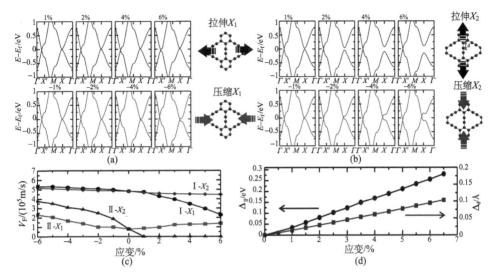

图 3-18　沿(a)X_1和(b)X_2方向的拉伸(顶部)和压缩(底部)的能带结构；(c)狄拉克锥体 I 和 II 的费米速度随应变的变化关系；(d)第二狄拉克锥体带隙和炔键与六元环间的距离 d((b)中插图所示)随沿着 X_2 方向应变的变化产生的改变

　　沿着 X_2 方向拉伸，布里渊区(狄拉克锥 II)X 点附近的带隙被打开[图 3-18(b)中的上图]，其可被连续调节[图 3-18(d)，圆蓝色曲线]。该带隙开口是炔基的去耦引起的，其可由炔基与六元环之间的距离 d 的线性增加证实[图 3-18(d)正方形绿色曲线]。此外，在该应变构型中，狄拉克锥体 I 保持不变，费米速度几乎恒定，大约 5×10^5 m/s。如果沿着 X_2 方向压缩，如图 3-18(b)下图所示，由于乙炔基没有去耦，所以没有预期的带隙打开。狄拉克锥 II 的线性色散关系增加，其费米速度从 1×10^5 m/s 升至 4×10^5 m/s。对于 α-和 β-石墨炔，施加 6% 的应变情况下，电子能带结构仍保持不变。

　　不同应变条件下电子结构的这些变化将表现在 6,6,12-石墨炔的传输性质中[68]。对于 X_1 和 X_2 两个方向，施加–6% 到 6% 的应变情况下进行电子输运计算，并计算 X_1 和 X_2 的电流。图 3-19(a)中所示的是沿着 X_1 方向施加应力情况下的电流。可以看到当体系拉伸时，电流几乎没有变化，而当体系压缩时，电流增加了大约 37%。而电流仍沿 X_1 方向，但沿着 X_2 方向压缩，观察到不同的行为，如图 3-19(b)所示。当体系拉伸时，由于狄拉克锥 II 上的带隙打开而导致该方向上的量子通道数量减少，体系电流减小。然而，由于来自狄拉克锥体 I 的主要贡献仍然保持不变，这种下降并不明显。压缩体系时，接近费米能级的态密度增加，导致电流略有增加。

　　而对于沿 X_2 方向的电流，如图 3-19(c)所示，当体系沿 X_1 方向拉伸(压缩)时，接近费米能级的态密度相应增加(减小)，该电流就增加(减小)[68]。这种增加(减少)是狄拉克锥 I (II)的变化的结果。当沿着 X_2 压缩时，由于态密度的增加，如图 3-19(c) 所示，电流再次小幅增加。最后，当体系沿着 X_2 拉伸时，电流有显著的下降。由于当电流沿 X_2 方向时，主要的贡献来自狄拉克锥 II，拉伸在这一点上形成带隙开口，因此 1% 的应变导致电流下降约 45%。这种电流-应变行为在设计应变控制的电子器件方面可能非常有用。

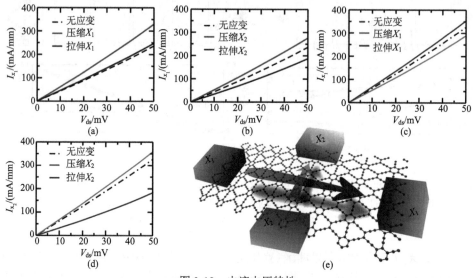

图 3-19　电流电压特性

(a) X_1 方向施加应变，X_1 方向的传输；(b) X_2 方向施加应变，X_1 方向的传输；(c) X_1 方向施加应变，X_2 方向的传输；(d) X_2 方向施加应变，X_2 方向的传输；(e) 计算所用器件示意图，显示 X_1 和 X_2 方向，所有计算结果中的应变强度为 1%

　　通过第一性原理结合紧束缚近似计算发现石墨二炔存在应变诱导的半导体-半金属转变。石墨二炔的带隙可随双轴拉伸应变的增加而从 0.47 eV 增加到 1.39 eV，而它可以随单轴拉伸应变的增加而从 0.47 eV 下降到几乎为零，并观察到狄拉克锥状的电子结构。Cui 等将单轴应变引起的石墨二炔电子结构的变化归因于支撑能带简并性的几何对称性的破坏[69]。

3.4　光　学　性　质

3.4.1　石墨炔片的光学性质

　　由于石墨炔的二维特性，石墨炔片的光学性质应当具有各向异性特性。而其光学性质与其能带结构相关[31]。在石墨炔中有 sp^2 和 sp^3 两种杂化态的碳，因此在石墨炔中形成了几种不同类型的键。两个 sp^2 杂化态碳之间形成的键由一个 σ 键和一个 π 键构成。σ 键部分由碳原子的 p_x+p_y 和 s 轨道构成，π 键的部分来源于 p_z 轨道。两个 sp 杂化态碳原子之间通过一个 σ 键和两个 π 键连接，σ 键和其中的一个 π 键特性和两个 sp^2 杂化态碳之间的键接相同，此外还存在一个由 p_x+p_y 轨道构成的、两个 sp^2 杂化态碳之间不存在的 π 键。连接 sp^2 杂化态碳和 sp^3 杂化态碳的键为 σ 键，由 p_x+p_y 和 s 轨道构成。图 3-20(d)中做出了两种碳原子（C1，位于六边形上的 sp^2 杂化态碳；C2，位于炔基上的 sp 杂化态碳）原子轨道在能带上的投影。基于投影的能带结构，根据键接特性可以将石墨炔的能带结构分为几个能量区域，如图 3-20(b)所示。价带对应于成键状态。在低于–6 eV 区域，能带主要由两种碳原子的 p_x、p_y 轨道构成，为成键 σ 能带。从–6 eV 至价带顶为成键 p_zπ 能带，因为此区域主要由两种碳原子的 p_z 能带构成。除此之外，在–3～ –2 eV 区域可以发现具有 p_x 和 p_y 特性的能带。这些 p_x 和 p_y 的特性主要来源于 C2、C1 的影响可以忽略不计。因此可以推断此处的能带为成键 p_x-p_y π 能带，来自于两个 sp 杂化碳原子之间的键。导带相当于反键状态。p_zπ* 反键轨道对应能带为导带底至 11 eV。p_x-p_yπ* 对应能带为 4～6 eV。此外，σ* 反键轨道能带位于 9 eV 以上。p_z π 成键轨道和 p_z π* 反键轨道比 p_x-p_y π 成键轨道和 p_x-p_y π* 反键轨道宽很多，说明 p_z π 的离域程度比 p_x-p_y π 的离域程度大得多。原因很容易理解，因为 sp^2 和 sp 杂化态碳原子均有 p_z π 键，相邻的碳原子之间的 p_z 轨道重叠程度很大，而 p_x-p_y π 只存在于 sp 杂化的碳原子中，因而在空间上被六元环分隔开，导致重叠部分变小。

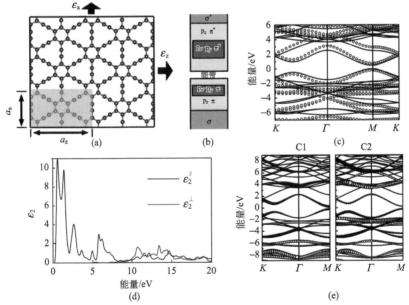

图 3-20　(a)石墨炔的几何构型，a_a 和 a_z 分别为沿着 armchair 和 zigzag 方向的晶格常数；(b) 根据键类型划分的能区；(c)石墨炔的能带结构，实线和空心点分别为 GGA-PBE 和 HSE06 的计算结果；能带根据 BPE 进行对齐，根据 GGA-PBE 计算所得的 VBM 的能量被定为零点；(d)石墨炔中两种碳原子（C1，位于六边形上的 sp^2 杂化态碳；C2，位于炔基上的 sp 杂化态碳）投影的能带结构；(e)对石墨炔的介电函数的虚部进行计算，分别为电场平行于石墨炔平面（$\varepsilon_2^{\parallel}$）和垂直于石墨炔平面（$\varepsilon_2^{\perp}$）的结果

　　为了研究石墨炔的光学性质，Kang 等[31]计算了介电函数的虚部，如图 3-20(e)所示。GGA-PBE 和 HSE06 除了能量偏移之外都给出了类似的光谱，因此只给出了 GGA-PBE 结果。光谱表现强各向异性，特别是在低能区域。如果电场平行于石墨炔平面(面内极化)，则在 0～8 eV 的范围内存在强的光吸收。如果电场垂直于石墨炔平面(平面外偏振)，则低于 9 eV 范围内介电函数的虚部数值小于 0.01，表明该区域中可忽略的光吸收。

　　根据对称性参数和能带结构分布[图 3-20(c)和(d)]，可以大致确定光谱中不同能量区域的主要的光学跃迁。在各自的石墨炔平面上，σ 和 σ^*以及 p_x-p_y π 和 p_x-p_y π^*能态均具有偶宇称性，而 p_z π 和 p_z π^*能态均具有奇宇称性。在平面内和平面外的极化条件下，只有具有相同对称性的能态之间可以分别发生跃迁。因此，在平面内极化的条件下，0～5 eV 的吸收主要来源于 $p_z\pi \rightarrow p_z \pi^*$跃迁，6～8 eV 的吸收主要来源于 p_x-p_y $\pi \rightarrow p_x$-p_y π^*跃迁，10～14 eV 的吸收主要来源于 p_x-p_y $\pi\sigma^*$ 和 $\sigma \rightarrow p_x$-$p_y \pi^*$，14 eV 以上的吸收主要来源于 $\sigma \rightarrow \sigma^*$跃迁。在平面外的极化条件下，在 9eV 以下的弱吸收主要来源于 p_x-p_y $\pi \rightarrow p_z \pi^*$和 $p_z \pi \rightarrow p_x$-$p_y \pi^*$跃迁，而在 9eV 以上的吸收主要来源于 $\sigma \rightarrow p_z \pi^*$和 $p_z \pi \rightarrow \sigma^*$跃迁。

　　为了进一步理解石墨炔结构对光学性质的影响，利用第一性原理比较研究了 α-石墨炔、β-石墨炔、γ-石墨炔和 6,6,12-石墨炔这四种结构石墨炔的介电函数虚部(ε_2)、介电函数实部(ε_1)、反射函数[$R(\omega)$]和吸收系数等光学特征参数[70]。在周期性边界条件下通过 CASTEP 软件包[71]进行第一性原理计算，其间为了潜在的交换和相关性，应用了 PBE 参数化的广义相关近似(GGA)。

　　图 3-21(A)展示了四种结构石墨炔在电场平行极化($E^{//}$)和正交极化($E^{\perp}$)条件下介电函数的虚部(ε_2)。可以看出在 $E^{//}$和 $E^{\perp}$偏振条件下 ε_2具有很强的各向异性。在平行极化条件下，α-石墨炔、β-石墨炔和 6,6,12-石墨炔结构的 ε_2 在 0 eV 频率时已经具有非零值。然而 γ-石墨炔的 ε_2 在 0.2 eV 的频率下仍然为 0，0.2 eV 也是最高价带和最低导带之间发生光跃迁的阈值[72]。四种结构石墨炔的 ε_2 最大值(ε_{2max})均位于红外区，且和石墨烯相似，均在约 0.3 eV 频率具有最大值。α-石墨炔、β-石墨炔和 6,6,12-石墨炔的 ε_{2max} 分别为 18.3、193.4 和 36.7。在正交极化条件下，四种结构石墨炔的 ε_{2max} 向高频区迁移，如图 3-21(a2)所示。且所有石墨炔均有两个特征峰，分别位于约 11 eV 和约 14 eV 处。此外，四种石墨炔的 ε_2 的强度均比石墨烯小，如图 3-21(a2)所示。

　　图 3-21(b)展示了四种结构石墨炔在电场平行极化和正交极化条件下介电函数的实部(ε_1)。静电介电常数 $\varepsilon_1(0)$ 是在 0 频率条件下的 ε_1 的关键量，会导致更多的自由电荷载流子[38]。如图 3-21(b1)所示，α-、β-、γ-和 6,6,12-石墨炔在平行极化条件下计算得出的 $\varepsilon_1(0)$ 分别为 38.25、370.70、8.42 和 80.33。大部分都比石墨烯高，因此说明石墨炔具有更高的电导性和载流子迁移率。因此石墨炔具有应用

于光电器件的巨大潜力。由于 $\varepsilon_1(0)$ 与带隙相关，$\varepsilon_1(0)=1+(\hbar\omega/E_g)$，因此具有直接带隙的 γ-石墨炔的 $\varepsilon_1(0)$ 是四种结构石墨炔中最小的[73,74]。此外，和 $\varepsilon_2(\omega)$ 类似，介电函数的实部在平行极化和正交极化条件下也具有强烈的各向异性。在正交极化条件下，从图 3-21(b2)可观察到四种结构石墨炔的 ε_1 具有相似的变化趋势，且所有石墨炔的 $\varepsilon_1(0)$ 的高度均约为 1.1，小于石墨烯。

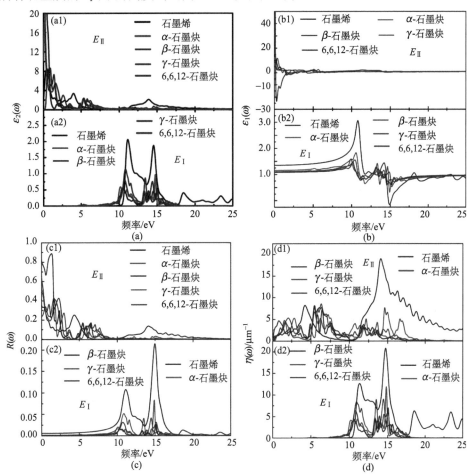

图 3-21　四种结构石墨炔在电场(a1,b1,c1,d1)平行极化($E^{//}$)(a2,b2,c2,d2)正交极化($E^{\perp}$)条件下的介电函数虚部(ε_2)(a)，介电函数实部(ε_1)(b)、反射函数$[R(\omega)]$(c)和吸收系数$[\eta(\omega)]$(d)

图 3-21(c)展示了四种结构石墨炔在电场平行极化和正交极化条件下的反射函数。观察可发现四种类型石墨炔在平行极化和正交极化条件下的反射光谱均有两个特征峰。在平行极化条件下，其中一个峰位于可见光区，对于 α-、γ-和 6,6,12-石墨炔其峰值约为 0.4，而 β-石墨炔的峰值约为 0.87。另外一个峰位于 5~8 eV 频率范围内，相应的峰值约为 0.17。与石墨烯相比，石墨炔在低频区更敏感，而

在高频区敏感度相对较低。而且石墨炔在 3～5 eV 的频率范围内的反射几乎为零，而石墨烯在此区域内具有显著的反射。原因可以被理解为，四种石墨炔在此区域内的 $\varepsilon_1(\omega)$ 数值几乎相同，而 $\varepsilon_2(\omega)$ 几乎为零。在正交极化下，反射光谱同样具有两个峰，一个位于 10～12.5 eV 范围内，另外一个位于 13～15 eV 范围内。值得注意的一点是四种石墨炔在正交极化条件下的反射的最大值仍小于 0.1，这说明石墨炔在正交极化条件下具有很弱的反射。此外，Shao 等关于 γ-石墨炔的研究结果与 Asadpour 等[75]的结果非常吻合。

图 3-21(d) 展示了四种结构石墨炔在电场平行极化和正交极化条件下吸光系数。α-、β-、γ- 和 6,6,12-石墨炔吸光系数的最大值 $[\eta_{max}(\omega)]$ 在平行极化条件下出现在紫外光区分别位于 5.46 eV、5.43 eV、6.21 eV 和 6.38 eV，而在正交极化条件下分别位于 14.81 eV、15.06 eV、14.43 eV 和 10.80 eV。此外，在平行极化条件下，四种石墨炔具有几乎相同的 $\eta_{max}(\omega)$ 约为 8.3 μm^{-1}，而相对应在正交极化条件下却具有不同值。在正交极化条件下，β- 和 6,6,12-石墨炔具有接近的 $\eta_{max}(\omega)$，分别为 6.99 μm^{-1} 和 6.32 μm^{-1}，而 γ-石墨炔的 $\eta_{max}(\omega)$ 为 9.02 μm^{-1}，α-石墨炔具有四种石墨炔中最大的 $\eta_{max}(\omega)$ 为 11.85 μm^{-1}。此外，和石墨烯相比，在 5.2～11.5 eV 的频率区域内，平行极化条件下的石墨炔的吸光系数大于石墨烯(石墨烯在此区域的吸光系数很小，接近于零)，如图 3-21(d1)所示。与此相反的是，在正交极化条件下，石墨炔的吸光系数总是小于石墨烯的吸光系数，如图 3-21(d2)所示。另外，吸收光谱展示了石墨炔在平行极化条件下从远红外区到紫外区的高吸光系数。

光学吸收光谱通过 $\eta(\omega) = \dfrac{2\omega k(\omega)}{c}$，和折射率的虚部直接联系了起来，代表了光波通过材料时的能量的损失部分。当材料吸收能量时，电子会向高能级跃迁。因此吸收光谱中显著的吸收峰来源于不同能区的带间跃迁。对于 α-石墨炔而言，10 eV 以下区域的吸收峰来源于 C_{sp} 杂化轨道的 $\pi \rightarrow \pi^*$ 跃迁，而在 10 eV 以上区域的吸收峰主要来源于 C_{sp} 杂化轨道、C_{sp^2} 杂化轨道的 $\pi \rightarrow \sigma^*$ 的跃迁和 C_{sp} 杂化轨道的 $\sigma \rightarrow \pi^*$ 的跃迁。对于 β-石墨炔而言，0～9 eV 区域的吸收峰来源于 C_{sp} 杂化轨道的 $\pi \rightarrow \pi^*$ 跃迁，而在 10 eV 以上区域的吸收峰主要来源于 C_{sp} 杂化轨道、C_{sp^2} 杂化轨道的 $\sigma \rightarrow \pi^*$ 的跃迁。对于 γ-石墨炔而言，8 eV 以下区域的吸收峰来源于 C_{sp} 杂化轨道的 $\pi \rightarrow \pi^*$ 跃迁，在 9～13 eV 区域的吸收峰主要来源于 $\pi \rightarrow \sigma^*$ 的跃迁和 $\sigma \rightarrow \pi^*$ 的跃迁，在 13 eV 以上区域的吸收峰主要来源于 $\sigma \rightarrow \sigma^*$ 跃迁。C_{sp} 杂化轨道、C_{sp^2} 杂化轨道均对于 γ-石墨炔 9 eV 以上的吸收峰有贡献。此 γ-石墨炔吸收峰对于带间跃迁的依赖的结果与 Kang 等[31]的结果一致。6,6,12-石墨炔在 9 eV 以下区域的吸收峰主要来源于 C_{sp} 杂化轨道的 $\pi \rightarrow \pi^*$ 跃迁，在 10～13 eV 区域的吸收峰来源于 C_{sp^2} 杂化轨道的 $\pi \rightarrow \sigma^*$ 和 C_{sp} 杂化轨道的 $\sigma \rightarrow \pi^*$ 跃迁，在 13 eV 以上区域的吸收峰主要来源于 C_{sp} 杂化轨道、C_{sp^2} 杂化轨道的 $\sigma \rightarrow \sigma^*$ 跃迁。因此，四种石墨炔在低频区的吸收峰均主要来源于 C_{sp} 杂化轨道的 π→π*跃迁。

此外，图 3-21(a)~(d)表明石墨炔具有强的各向异性和宽频率范围的光响应。尤其是该研究结果显示石墨炔在低频区平行偏振光条件下具有很强的反射和吸收[70]。上述性质均说明石墨炔是一种可应用于光电器件上的新的二维候选材料。

3.4.2　堆叠结构石墨炔的光学性质

Luo 等[76]讨论了范德瓦耳斯力在四种堆叠结构的石墨二炔的光谱吸收中所起的作用，并与单层石墨二炔的光谱作对比。为了比较不同结构石墨二炔的光谱吸收，研究者绘制了碳原子的平均光谱吸收强度 $[\varepsilon_2(\omega)/n，n$ 为一个晶胞中的原子数] 曲线。由于石墨二炔层间平面位置的相对移动，导致 Γ 点附近简并的两条能带升高，因此导致光谱在 X 和 Y 方向上的对称性受到破坏，如图 3-22(c1)、(c2)所示。由

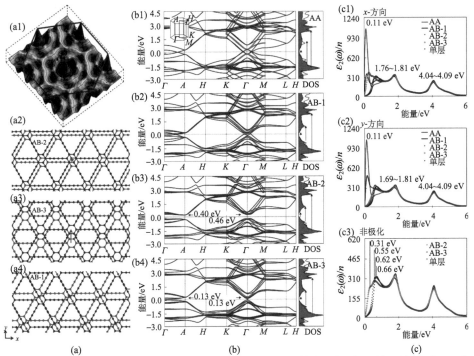

图 3-22　(a)：(a1)晶胞中双层迁移的 AB-堆叠类型石墨炔的全势能面，层间距固定为 3.2 Å，曲线开始部分与 AA-堆叠类型石墨炔一致；黑色三角形、点和星星分别表示(a2) AB-2、(a3) AB-3 和(a4) AB-1 堆叠类型石墨炔，红色箭头表示晶胞中两层之间的相对移动距离；(b)块状石墨炔的能带结构和电子态密度(DOS)，(b1) AA、(b2) AB-1、(b3) AB-2、(b4) AB-3 堆叠类型，插图(a)为 AA 堆叠类型石墨炔的第一布里渊区；为了有助于比较不同对称性的块状结构，对于所有的能带结构均采用高对称的 AA 类型堆叠结构，此外，单层石墨炔的能带结构和 DOS 分别如红圈和粉线所示(彩图请扫封底二维码)，费米能级位于 0eV 处；(c) AA、AB-1、AB-2、AB-3 堆叠类型石墨炔在(c1)x、(c2)y 方向上的极化吸收光谱，(c3) AB-2、AB-3 堆叠类型石墨炔的非极化吸收光谱，单层石墨炔的光谱作为对照

于在测定的能量范围内，局部场效应对光吸收的抑制作用很强，因此不考虑 Z 方向上的光谱。总体上，所有的光谱都有三个吸收峰，分别位于 1 eV 以下、1.7 eV 附近、4.02 eV 附近，其相应的电子跃迁标注在图 3-22(b) 的电子态密度(DOS)图中。明显可见所有结构的光谱在 4.02 eV 附近的吸收峰几乎是完全相同的。然而随着能量降低，不同光谱的区别增大，在低于 1 eV 的区域差别显著。

对于 AA 类型堆叠结构，光谱在 x 和 y 偏振方向上完全一致，最低的吸收峰位于 0.11 eV 处，且具有最强的吸收强度，此吸收峰将 AA 堆叠结构的光谱明确地与其他结构光谱区别出来。AB-1 类型堆叠结构的最低吸收峰在 x 和 y 方向上均位于 0.15 eV 处，但是 y 方向的强度是 x 方向强度的 1.4 倍。AB-2 类型的堆叠结构和单层石墨炔十分类似，只有在 0.7 eV 附近有较小区别，是由能带结构微弱的简并导致的。AB-3 类型堆叠结构的光谱具有两个特征峰，分别是在 x 方向的 0.28 eV 和 0.49 eV 的吸收峰，然而在 y 方向上只有 0.67 eV 处的单独一个峰。根据这些光谱的区别，可以区分块状石墨二炔的类型。块状石墨二炔中带隙减小甚至消失，导致其光谱与单层石墨二炔相比，在低于 1 eV 区域的吸收峰均发生红移。

在 Luo 等的研究中曾经报道[76]，石墨二炔薄膜的非偏振光谱吸收相对于单层石墨二炔理论的光谱吸收发生了红移，且随着能量的降低红移程度降低。第一个峰的红移达到 0.19 eV，研究者将其暂时归因于薄膜层间的范德瓦耳斯力。在图 3-22(c) 中，Luo 等将 AB-2、AB-3 堆叠类型的石墨二炔的非偏振光吸收光谱和单层石墨二炔在 vdW-optPBE 标准下进行对比。从图中易于发现 AB-2、AB-3 堆叠类型的块状石墨二炔的光谱的第一个吸收峰相对于单层石墨二炔的第一个峰 (0.68 eV) 分别红移了 0.06 eV 和 0.37 eV，位于 0.62 eV 和 0.31 eV 处。与之对比鲜明的是，AA 和 AB-1 堆叠类型的石墨二炔第一个吸收峰分别红移了 0.57 eV 和 0.53 eV。因此 AB-3 和 AB-2 堆叠类型石墨二炔对红移程度 0.19 eV 的数据比 AA 和 AB-1 符合程度更好。为了获得更为精确的理论结果，对准粒子效应和激子效应进行理论计算是非常有必要的，然而很难实现。根据上述分析，此处可以得出结论，实验获得的石墨二炔薄膜的形态和 AB-3 堆叠结构类似，可能混合 AB-2 类型结构。这也与前期基于结构稳定性和电子性质分析得到的结论相符。

3.4.3 掺杂石墨炔的光学性质

Bhattacharya 等[77]的第一性原理计算结果显示硼氮掺杂的石墨炔族化合物和原生的碳基石墨炔具有不同的光学性质。且研究表明可以通过系统地在石墨炔的不同位点掺杂 B、N 对石墨炔族化合物的光响应性进行调节。此可调谐性来源于硼氮之间具有不同的电负性，导致 σ-电子密度从硼原子向氮原子转移，因此使得氮原子周围的电子密度上升。因此，N 原子主要构成 HOMO 能级，且导致能级降低；而 B 原子主要构成 LUMO 能级，且导致能级升高。带隙因此变宽，可以对光响应性进行调节。介电函数的虚部表明，已经观察到的所有的有 B、N 掺杂的体系在其现有的二维结构下，在低能区域，均显示出相同类型的强各向异性。Bhattacharya 等[77]的研究表明，通过在石墨炔的不同位点掺杂石墨炔，可以将其吸收范围从红外经由可见光调节到紫外。研究还显示，在 B、N 掺杂的结构中，B、N 的石墨炔结构的类似物由于具有宽带隙和低介电函数，可以作为短波光电器件的候选材料。此外 B、N 掺杂的石墨炔族化合物由于具有低反射性，可以应用于需要低反射性的光电设备中，如太阳能电池或 LED。在小于 10 eV 的低能区域，吸收光谱显示所有体系对于正交极化的吸收系数均相同，对于线型链长并无依赖关系。但在平面极化的情况下，吸收系数具有一个强峰。所有体系在宽的紫外范围下，对于正交极化均有一个强的吸收峰，说明其具有强的紫外吸收。这种特性使得石墨炔族化合物及其 B、N 掺杂化合物可以通过调节应用于紫外防护中。

3.5　磁 学 性 质

人们已经在多种碳材料中观察到了磁性，如菱面体 C_{60}、锯齿形边界的石墨烯纳米条带和吸附了有机分子的石墨烯等。由于碳原子的自旋轨道耦合效应很弱，碳材料中自旋退相干效应比其他典型的半导体材料要小得多，因此，碳材料中的 p 轨道磁性在自旋电子学领域中具有诱人的应用前景。van Miert 等[78]研究了石墨炔的 Rashba 效应和特征自旋-轨道耦合。首先，他们开发了一种在紧束缚理论中处理自旋轨道耦合的通用方法。之后将这种方法应用于 α-、β- 和 γ-石墨炔体系，并根据微观跳跃和现场能量确定自旋-轨道耦合参数。发现就像石墨烯一样，α-石墨炔的本征自旋-轨道耦合打开一个不小的带隙，而 Rashba 自旋-轨道耦合将每个狄拉克锥分成四个。在 β- 和 γ-石墨炔中，当狄拉克锥体成对消失或出现时，Rashba 自旋-轨道耦合可以引起 Lifshitz 相变，从而将零带隙半导体转换为带隙体系，反之亦然。原生 γ-石墨炔的自旋向上和自旋向下的态密度是完全对称的，这表明原生 γ-石墨炔是非磁性的[79]。因此对于石墨炔的磁性研究主要集中在引入了边缘态的纳米条带的边缘磁性[80]、空位修饰[81]、化学修饰[43]后的石墨炔的磁性以及掺杂[82-85]对磁性的调控。对于锯齿形纳米条带的边缘磁性，和石墨烯纳米条带一样，在费米面处，α-、β-、γ- 和 6,6,12-这四种石墨炔条带都存在无色散的平带。考虑到上下自旋电子间相互作用后，局域在边界的边缘态将发生自旋极化进而表现出边缘磁性。β 型的石墨炔条带只有在足够宽时才会表现出明显的无色散平带和边缘磁性。

3.5.1　6,6,12-锯齿形石墨炔纳米带的电磁特性

周艳红等结合第一性原理与 Keldysh 非平衡格林函数方法，研究了 6,6,12-锯

齿形石墨炔纳米带的传输特性[80,86]。为了获得 6,6,12-锯齿形石墨炔纳米带结构，他们选择了最优化的二维 6,6,12-石墨炔薄片，把这个无限大薄片沿着在 y 和 z 方向切成锯齿形石墨炔纳米带，如图 3-23 (a1) 所示。为了钝化悬键，两边沿采用 H 原子钝化。宽度可以通过沿着纳米带轴的锯齿形碳链个数 N 来描述[87]，如 N 个宽度 6,6,12-锯齿形石墨炔纳米带。考虑到对称性，N 个宽度 6,6,12-锯齿形石墨炔纳米带分为两类：对称锯齿形石墨炔纳米带和非对称锯齿形石墨炔纳米带，分别对应于偶数和奇数 N。这里选择 4 个宽度 6,6,12-锯齿形石墨炔纳米带和 5 个宽度 6,6,12-锯齿形石墨炔纳米带来代表对称和非对称锯齿形石墨炔纳米带，如图 3-23 (a3) 和 (a2) 所示。为了研究输运特性，基于 4 个宽度和 5 个宽度 6,6,12-锯齿形石墨炔纳米带构建了两个双电极系统，如图 3-23 (a4) 和 (a5) 所示。在 x 方向和 y 方向选择了一个有足够大真空层的超级单体，使系统不与它的镜像产生任何相互影响。该系统分为三个区域：左电极、右电极和中央区域。图中以绿色标明的区域是半无限长电极，它们是由 6,6,12-锯齿形石墨炔纳米带超级单体沿输送方向的周期性重复的原胞。6,6,12-锯齿形石墨炔纳米带的 3 个单元单体组成中心区域。

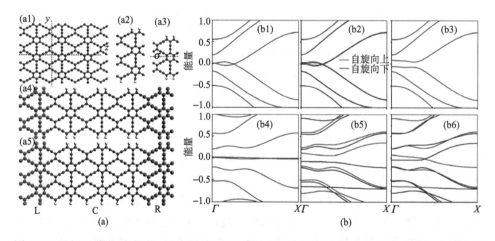

图 3-23   (a) 石墨炔纳米片、纳米带结构及双电极模型：(a1) 6,6,12 石墨炔纳米片的几何结构：y 和 z 表示两个剪切方向；(a2) 5 个宽度 6,6,12-锯齿形石墨炔纳米带；(a3) 4 个宽度 6,6,12-锯齿形石墨炔纳米带：蓝色虚线表示镜像平面；(a4) 以 4 个宽度 6,6,12-锯齿形石墨炔纳米带和 (a5) 以 5 个宽度 6,6,12-锯齿形石墨炔纳米带构建的双电极系统右边和左边的电极区域标为绿色；(b) 6,6,12-锯齿形石墨炔纳米带的能带结构：(b1)～(b3) 4 个宽度 6,6,12-锯齿形石墨炔纳米带分别在 NM 状态、FM 状态和 AFM 状态下的能带结构；(b4)～(b6) 5 个宽度 6,6,12-锯齿形石墨炔纳米带分别在 NM 状态、FM 状态和 AFM 状态下的能带结构；自旋向上的能带由蓝线标示，而自旋向下的能带由红线标示(彩图请扫封底二维码)

4 个宽度和 5 个宽度 6,6,12-锯齿形石墨炔纳米带边缘碳原子的电子占据是高度自旋极化的，且沿着纳米带的边缘自发形成磁序列，这与石墨烯纳米带和 α-石墨炔纳米带相类似。因此，首先研究了石墨炔纳米带两边缘磁矩之间的磁耦合。考虑了 4 个宽度和 5 个宽度 6,6,12 锯齿形石墨炔纳米带的三种可能的状态：非磁性(NM)、铁磁性(FM)和反铁磁(AFM)状态。总能量 E_T 计算表明，对于 4 个宽度 6,6,12-锯齿形石墨炔纳米带来说，$E_T(NM)>E_T(FM)>E_T(AFM)$，而对于 5 个宽度 6,6,12-锯齿形石墨炔纳米带来说，$E_T(NM)>E_T(AFM)>E_T(FM)$。因此，对于 4 个宽度 6,6,12-锯齿形石墨炔纳米带来说，反铁磁态是它的基态，而对于 5 个宽度 6,6,12-锯齿形石墨炔纳米带来说，铁磁态是它的基态。对于 4 个宽度 6,6,12-锯齿形石墨炔纳米带来说，铁磁态和反铁磁态之间的能量差是 2.65 meV，而对于 5 个宽度 6,6,12-锯齿形石墨炔纳米带来说，两态之间的能级差有 8.06 meV。因此，5 个宽度 6,6,12-锯齿形石墨炔纳米带 AFM 和 FM 状态之间的能量差比 4 个宽度 6,6,12-锯齿形石墨炔纳米带的要大。5 个宽度 6,6,12-锯齿形石墨炔纳米带铁磁态的总磁矩为 1.92 μB，反铁磁态的为 2.71 μB，而 4 个宽度 6,6,12-锯齿形石墨炔纳米带铁磁态的总磁矩为 0.106 μB，反铁磁态的为 0.001 μB。考虑到两种宽度是铁磁态和反铁磁态之间总能量差异和总磁矩差异，预测 5 个宽度 6,6,12-锯齿形石墨炔纳米带在设计自旋器件中会更有用。

4 个宽度 6,6,12-锯齿形石墨炔纳米带和 5 个宽度 6,6,12-锯齿形石墨炔纳米带无磁性，铁磁性和反铁磁性三种状态下的能带结构如图 3-23(b)所示。第一，超出预料的是，4 个宽度 6,6,12-锯齿形石墨炔纳米带的两条能带在费米能级处并非平坦直线而是呈弧形，这与锯齿形石墨烯纳米带或 α-石墨炔纳米带是不同的[20,88]。由此产生的不同传输特性将在后面说明。第二，边缘状态位于布里渊区的 Γ 点和 $1/3\pi$ 之间的位置。然而，众所周知，对锯齿形石墨烯纳米带或 α-石墨炔纳米带来说，边沿态出现在布里渊区 $2/3\pi$ 和 X 点之间[20,89]。Zheng 等的研究表明锯齿形石墨烯纳米带的边沿状态可通过脱氢法调制于 Γ 点和布里渊区 $2/3\pi$ 之间[90]。相似的计算结果也出现在石墨二炔纳米带和偶数 6,6,12-石墨炔纳米带的边沿态上：边沿态都是处于 Γ 点[22,91]。第三，对于 4 个宽度 6,6,12-锯齿形石墨炔纳米带反铁磁态，自旋向上能带和自旋向下能带是简并的。这是因为其自旋总磁矩几乎为零。最后，5 个宽度 6,6,12-锯齿形石墨炔纳米带的能带结构与 4 个宽度 6,6,12-锯齿形石墨炔纳米带的不同，如图 3-23(b5)和(b6)所示。在没有考虑磁性的状态时，费米能级附近存在两个相当窄的带。在铁磁状态下，存在一个直接带隙，而在反铁磁态时，有两条带穿过了费米能级，这表明纳米带在适当的外部作用下导电性可以从半导体性过渡到金属性。

在非磁性状态下，5 个宽度 6,6,12-锯齿形石墨炔纳米带系统的电流在相当大的偏置电压下也几乎被禁阻，而 4 个宽度 6,6,12-锯齿形石墨炔纳米带系统的电流则随偏置电压的增大而直线增大。透射光谱和能带结构的分析表明，大电流来自费米能级附近的两个弧形带。在自旋极化状态下，在 5 个宽度 6,6,12-锯齿形石墨炔纳米带系统反平行结构中，获得了好的自旋过滤效应和负微分电阻。磁电阻效应存在于 5 个宽度 6,6,12-锯齿形石墨炔纳米带系统中，但不存在于 4 个宽度 6,6,12-锯齿形石墨炔纳米带系统中。通过对中心区域的自旋极化投影态密度的分析解释了完美的自旋过滤内部机理。

3.5.2 α石墨炔纳米带的磁性

基于第一性原理计算，Yue 等[20]研究了 α-GY 纳米带（NRs）的磁性和电子性质。所有椅式 α-GY NRs 都是带隙依赖于带宽的非磁性半导体。锯齿形 α-GY NRs 被发现具有磁性半导体基态，其在每个边缘处显示铁磁有序，在两个边缘之间具有相反的自旋取向。在横向电场环境中，锯齿形 α-GY NRs 取决于纳米带宽度的半金属性。

对于 ZαGNR，研究了位于边缘的磁矩之间的磁耦合。考察了 12-ZαGNR 的三个状态[非磁性（NM）状态、铁磁（FM）状态和反铁磁（AFM）状态]，相应带隙结构如图 3-24（a）～（c）所示。研究结果指出 NM 和 FM 状态的 12-ZαGNR 呈现出金属性质，而 AFM 状态则具有 0.15 eV 直接带隙（Δ_0）的半导体性质。图 3-24（d）和（e）所示的自旋密度分布确认了 FM 状态（具有相同自旋取向的两个边缘处的铁磁顺序）和 AFM 状态（两个边缘之间具有相反自旋取向，而每个边缘处为铁磁排序）沿着锯齿边缘的磁有序。12-ZαGNR 总能量（E_T）计算显示 $E_T(NM) - E_T(FM) = 42.6$ meV/单元和 $E_T(NM) - E_T(AFM) = 45.6$ meV/unit。因此，尽管 FM 和 AFM 状态之间的总能量差异很小，但 AFM 状态更有利于作为 ZαGNR 的基态。更深入的计算结果显示，随着纳米带宽度的增加（例如，从两个边缘之间的取向），铁磁-反铁磁能量差异减小。对 12-ZαGNR 总能量（E_T）计算显示 $E_T(NM) - E_T(FM)$ 的值从 11.2 meV/unit（$N_z = 8$）变化至 1.8 meV/unit（$N_z = 13$）。这些结果与锯齿形石墨烯纳米带的结果相当，例如 8,16,32-锯齿形石墨烯纳米带的铁磁-反铁磁能量差异分别为 4.0 meV、1.8 meV、0.4 meV[92]。

AFM 状态下的 ZαGNR 具有零磁矩，这是因为上自旋和下自旋在所有带中都是简并的且具有相同的带隙。其直接带隙（Δ_0）随着纳米带宽度的增加而减小[图 3-24（g）]，且可以通过 $\Delta_0 = 0.089 + 0.402\exp(-0.026 W)$ 拟合。相反，X 点的能隙（Δ_1）对 ZαGNR 的纳米带宽度不敏感。这是因为 X 点处的带边缘状态高度定位在与纳米带宽度无关的带沿处。研究 FM 状态下磁性对纳米带宽度的依赖性，发现磁矩随着纳米带宽度的增加而逐渐增加[图 3-24（f）]。这主要是 ZαGNR 中 FM 状态的边缘自旋有序会引起纳米带中磁尾的破坏性干扰效应[93]。由于磁尾具有有限的衰变长度，破坏性干扰效应会随着带宽的增加而减弱。因此，增加了磁矩。

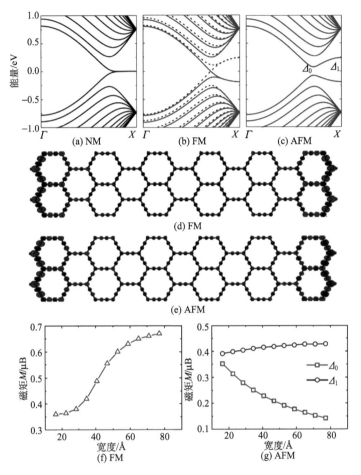

图 3-24　NM 状态(a)、FM 状态(b)和 AFM 状态(c)下 12-ZαGNR 的能带结构[红色实线和蓝色虚线的能带分别对应于上下自旋(彩图请扫封底二维码);Δ_0 和 Δ_1 表示高对称点 X 处的直接带隙和能隙;费米能级设为零];FM 状态(d)和 AFM 状态(e)下的 12-ZαGNR 的自旋密度[红色(蓝色)分布表示正(负)值;等值面为 0.006 e /Å^3];(f)每单位晶胞的磁矩随 ZαGNR 宽度的变化;(g)带隙 Δ_0 和 Δ_1 随 ZαGNR 的宽度的变化

3.5.3　氢化对 α 石墨炔纳米带的磁性影响[86]

　　Zhou 等[43]采用第一性原理和 Keldysh 非平衡格林函数相结合方法系统研究了双氢化对锯齿形 α-石墨炔纳米带和扶手椅形 α-石墨炔纳米带的影响。与石墨烯纳米带类似，α-石墨炔纳米带也有两种类型，命名为扶手椅形 α-石墨炔纳米带[图 3-25 (a1)]和锯齿形 α-石墨炔纳米带[图 3-25(a2)]，分别标识为 N_a-扶手椅形 α-石墨炔纳米带和 N_z-锯齿形 α-石墨炔纳米带，这里 N_a 和 N_z，代表纳米带的宽度[20,94]。双氢化意味着纳米带边沿的悬键是有两个氢原子钝化的，单氢化则是纳米带边沿

的悬键由单个氢原子钝化的。

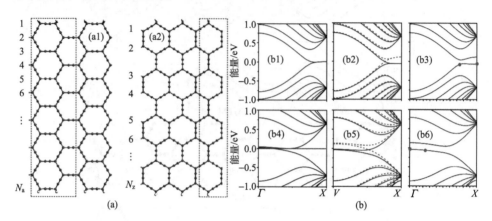

图 3-25　(a)石墨炔纳米带的几何结构：（a1)扶手椅形 α-石墨炔纳米带；（a2)锯齿形 α 石墨炔纳米带，N_a 和 N_z 分别代表纳米带的宽度，虚线红色矩形表示一个原始单胞；（b）8 个宽度锯齿形 α 石墨炔纳米带的能带结构：（b1)～(b3)单氢化 8 个宽度锯齿形 α-石墨炔纳米带悬键时，无磁性、铁磁态和反铁磁态三种状态时的能带图；（b4)～(b6)双氢化 8 个宽度锯齿形 α 石墨炔纳米带悬键时，非磁态、铁磁态和反铁磁态三种状态时的能带图；红色虚线和黑色固体线分别对应于自旋向上和自旋向下能带(彩图请扫封底二维码)

　　对 8 个宽度的锯齿形 α-石墨炔纳米带进行了详细的研究，考虑到边沿原子磁矩之间的磁性耦合，存在三种耦合状态：非磁性状态、铁磁态和反铁磁态。8 个宽度的锯齿形 α-石墨炔纳米带边沿钝化从单氢化到双氢化，能带结构改变非常明显。单氢化 8 个宽度的锯齿形 α-石墨炔纳米带，边沿态位于布里渊区 3 / 4 处和 X 点之间，即范围$(3/4\pi, \pi)$，如图 3-25(b1)～(b3)所示，然而，双氢化 8 个宽度的锯齿形 α-石墨炔纳米带，边沿态位于发生在 Γ 点与布里渊区 2/3 处之间，也就是范围$(0, 2/3\pi)$，如图 3-25(b5)和(b6)所示。采用紧束缚方法的计算研究表明，采用 Klein 或者须状边沿，锯齿形石墨炔纳米带的边沿态将会消失在布里渊区 $(2/3\pi, \pi)$ 处，并出现在布里渊区 $(0, 2/3\pi)$ 处[95]。在之前的工作中发现，6,6,12-锯齿形石墨炔纳米带的边沿态就处于布里渊区的 Γ 点与 1/3 处之间[80]。Zhang 等[90] 的研究也显示锯齿形石墨烯纳米带的边沿态可以通过双氢化调控到 Γ 点与布里渊区的 2/3 处之间。石墨二炔纳米带的边沿态也发生在 Γ 点[22]。和锯齿形石墨烯纳米带一样，8 个宽度锯齿形 α-石墨炔纳米带也是 sp^3 杂化轨道，对边沿态成键轨道 π 和反键轨道 π*没有作用。因此 Klein 边沿态，边沿态的范围为$(0, 2/3\pi)$，又出现了。因此通过双氢化钝化 8 个宽度锯齿形 α-石墨炔纳米带的悬键，得到边沿态出现在$(0, 2/3\pi)$。

　　锯齿形石墨烯纳米带或者锯齿形 α-石墨炔纳米带中自旋电子器件原则上是基

于其反铁磁基态。因此，锯齿形 α-石墨炔纳米带反铁磁基态的稳定性非常重要。对于双氢化情况，当不考虑磁性时，一对简并边沿态能带出现在费米能级而且这对能带在 Γ 点附近是不发散的，如图 3-25(b4)，这和单氢化情况中在 X 点附近的边沿态能带相似，如图 3-25(b1)。在费米能级附近，这样的能带使得锯齿形 α-石墨炔纳米带在费米能级附近的态密度很大，这样一来非常小的激发能都能让其变得有磁性。在单氢化情况中，铁磁态(FM)和反铁磁态(AFM)之间的总能差 $\Delta E_{FM\text{-}AFM}=8.2$ meV/unit，这意味着反铁磁态的磁性稳定性很低，一定的温度就可以轻松地使其从基态反铁磁态跳跃到铁磁态。这将大大阻碍其在自旋电子器件中的应用。比较而言，在双氢化的情况要好很多，其铁磁态的总能比不考虑磁性时的要低 53 meV/unit，还有铁磁态和反铁磁态之间的总能差 $\Delta E_{FM\text{-}AFM}=20.9$ meV/unit。这个能量差值 20.9 meV 是一个相当大的值。之前有一个工作是在单氢化的锯齿形 α-石墨炔纳米带中实现半金属性，但是它忽略了铁磁态和反铁磁态之间的总能差很小这个问题[20]。事实上，对于实际应用来说，大的铁磁态和反铁磁态之间的总能差值非常重要。因此，通过双氢化、氟化等方法来大大增加铁磁态和反铁磁态之间的总能差值是强烈期盼的。

　　然而，对于锯齿形 α-石墨炔纳米带来说，为什么其反铁磁态的能量低于铁磁态的呢？为什么双氢化时铁磁与反铁磁之间的总能差比单氢化时的大很多呢？图 3-26(e) 和(f) 显示了每个碳原子上的磁矩。对于单氢化和双氢化两种情况，在每个纳米带中，从一边沿位置原子到中心位置原子，位于某一层位置原子的磁矩呈线性衰减，而另一层原子只是磁矩很小且方向相反。因此，从图 3-26 可以看出，石墨炔纳米带中两个不同层的原子磁矩方向相反。此外，在相同的位置，反铁磁态和铁磁态的磁矩大小几乎相同，如图 3-26(c) 所示。不同的是，铁磁态中中间两个位置原子的磁矩方向是平行的，而反铁磁态中这两个位置原子的磁矩方向是反平行的，图 3-26(e) 和(f) 中淡蓝线椭圆围住的是两个中间位置。因此反铁磁的总能小于铁磁态的原因是中间两个位置上原子的相互作用。因为对称的原因，中间位置上原子的磁矩大小相等，用 M 表示。在反铁磁态中，中间两个位置原子间的交换关联能为 $E_C=JM_C^2<0$；但在铁磁态中，这两个位置原子间的交换关联能为 $E_C=JM_C^2>0$，这里 J 是石墨炔纳米带中任意两个最近邻原子层间原子的交换常数，而且是一个正数。对于反铁磁态和铁磁态中，相同位置处的极化强度是相同的，因此其他的对称项(例如，淡蓝色虚线椭圆内一对指定的相邻位置处一对原子之间的总能)是相同的。可以看出，无论是单氢化，还是双氢化 8 个宽度锯齿形石墨炔纳米带，反铁磁态的总能小于铁磁态的总能。再者，双氢化时，边沿磁矩大小为 0.14 μB，这比单氢化时的 0.11 μB 要大，从图 3-26(c) 中可以看出，从纳米带的边沿到中心，双氢化中的磁矩比单氢化中衰减的慢得多。因此双氢化中的中间两位置处的原子的磁矩比单氢化时的大很多。根据 $\Delta E_{FM\text{-}AFM}=2\,JM_C^2$，和锯齿形石墨烯纳米带类似，双氢化通过 sp^3 杂化轨道与纳米带边沿碳原子成键，增加了 8 个宽度锯齿形 α-石墨炔纳米带反铁磁态和铁磁态之间的总能差值。

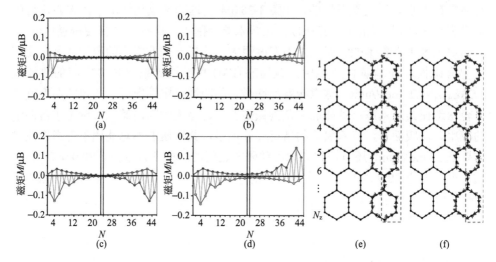

图 3-26　反铁磁态(a)和铁磁态单氢化体系(b)每个碳原子上的磁矩，反铁磁态(c)和铁磁态双氢化体系(d)每个碳原子上的磁矩；铁磁态(e)、反铁磁态(f)8-ZαGYNR 的磁矩的分布示意图

N 是原子指数，如(e)、(f)所示，在虚线框中从一个边缘到另一个边缘顺序编号；两条垂直线表示两个中间位置；蓝线椭圆表示两个中间位置，蓝色虚线椭圆表示一对邻点(彩图请扫封底二维码)；向上磁矩由红色箭头表示，向下磁矩由蓝色箭头表示；　箭头的相反方向表示磁矩的不同方向

　　为了弄清双氢化中磁矩从边沿至中心是否比单氢化中下降得慢。在图 3-27 中，展示了双氢化情况在 Γ 点 $(k=0)$ 和 k 点范围 $(0, 2/3\pi)$ 的中点 $kt=0.23$ 的本征态，以及单氢化情况时 X 点和 $k=0.36$ 点的本征态。这些 k 点已经在图 3-25(b6) 和 (b3) 中用绿色实心圈标识。由于单氢化情况的边沿态在 $k=0.36$ 点和双氢化情况的边沿态在 Γ 点，所以单氢化情况在 $k=0.36$ 点的本征态和双氢化情况在 Γ 点的本征态应该是很局域的。如图 3-27(b) 和 (c) 所示，单氢化情况在 $k=0.36$ 点的本征态只分布在边沿碳原子上面，但是双氢化情况在 r 点的本征态更开展一些。总之，纳米带的边沿到中心位置，双氢化情况的本征态比单氢化情况衰减慢得多。因此，双氢化情况的磁矩比单氢化情况衰减慢得多。

　　通过外加横向电场，在单氢化锯齿形 α-石墨炔纳米带实现了半金属性。但是，其铁磁态和反铁磁态之间的总能差值很小。例如，在 13 个宽度锯齿形 α-石墨炔纳米带实现半金属性时，铁磁态和反铁磁态之间的总能差值 $\Delta E_{FM\text{-}AFM}=1.8$ meV/unit，但是在总能差更大的窄锯齿形 α-石墨炔纳米带中不存在半金属性[20]。我们想知道在双氢化锯齿形 α-石墨炔纳米带是否能通过外加横向电场实现半金属性同时维持铁磁态与反铁磁之间的总能差足够大。先研究了 8 个宽度双氢化锯齿形 α-石墨炔纳米带中能带对电场的响应。有趣的是，在电场范围 (0.04~0.07) V/Å，双氢化 8 个宽度锯齿形 α-石墨炔纳米带中实现了半金属性。图 3-27(e) 是双氢化 8 个宽度锯齿形 α-石墨炔纳米带在电场 0.07 V/Å 下的能带图，自旋向上的能带通过了费米能级而自旋向下的能带没有通过，这就是半金属性。与此同时，令人鼓舞的是，双氢化情况下铁磁态与反铁磁态之间的总能差 $\Delta E_{\text{FM-AFM}}$ 随着横向电场的增加而增大，在电场 0.07 V/Å 时超过了 35 meV，如图 3-27(f) 所示。能差 35 meV 是很吸引人的，因为它对应的温度约是 408 K，这意味着这个半金属性可以在常温下稳定。

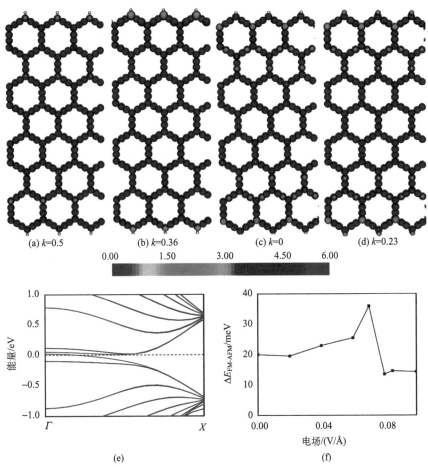

图 3-27　8-ZaGYNR 单氢化体系在 $k=0.5$ 点 (a)、$k=0.36$ 点 (b) 以及双氢化体系 $k=0$ 点 (c)、$k=0.23$ 点 (d) 的本征态强度；图 3-25(b3) 和 (b6) 中的绿色圆圈对应这些点；不同的颜色表示本征态的不同强度值，如底部图像所示 (彩图请扫封底二维码)；(e) 在 0.07 V/Å 的电场下的双氢化 8-ZaGYNR 的反铁磁态的能带结构，红线是自旋向下的能带，蓝线是自旋向上的能带；(f) 双氢化 8-ZGGNNR 的总能差 $\Delta E_{\text{FM-AFM}}$ 与横向电场的函数关系

另外，研究了宽度对双氢化锯齿形 α-石墨炔纳米带电学性质的影响。当双氢化锯齿形 α-石墨炔纳米带的宽度 $n \leqslant 4$ 时，它是没有磁性的。Bhandary 等的研究表明两边边沿碳原子与两个 H 原子连接时将会打开一个能隙，破坏窄宽度锯齿形石墨烯纳米带的磁性，这样的现象同样被 Zheng 等和 Bhandang 等证实[90,96]。双氢化 6 个宽度锯齿形 α-石墨炔纳米带的铁磁态和反铁磁态的总能差 $\Delta E_{\text{FM-AFM}} =$ 15.5 meV，随着横向电场的增加，纳米带的导电性从半导体到金属性的过渡，但是中间没有出现半金属性行为。特别地，对于双氢化 6 个宽度锯齿形 α-石墨炔纳米带，自旋向下的能带在外磁场的调节下能调至费米能级附近，但不会穿过费米能级。从 8 个宽度开始，中间两个位置的磁矩将会随着纳米带宽度的增加而减少，因此 $\Delta E_{\text{FM-AFM}} (=2 J M_{\text{C}}^2)$ 将会随着纳米带宽度的增加而急剧减少。例如，双氢化 12 个宽度锯齿形 α-石墨炔纳米带中铁磁态和反铁磁态之间的总能差就仅几 meV，因此大尺寸的纳米带不适合做自旋电子器件。

3.5.4　掺杂对石墨炔磁性的影响

石墨炔具有独特的有序多孔结构，并且每个孔只能承载一个过渡金属（TM）原子，所以石墨炔是稳定且均匀分散地吸附原子的有前途的底物[84,97,98]。这使得在石墨炔上沉积小团簇以构建高稳定体系成为可能[99]。第一性原理计算表明石墨炔是吸附具有高的磁各向异性能量（MAE 值）的过渡金属二聚体的合适衬底。以吸附在石墨炔上的 Os 元素为例（Os@石墨炔），单一 Os 原子与石墨炔的多孔位点紧密结合。所计算出的 MAE 约为 18 meV，易磁化轴在石墨炔平面内。为了增强 Os@石墨炔的磁各向异性能量，利用非金属元素来调控 Os 的 d 轨道。研究结果表明，对于 F 功能化的 Os@石墨炔，可以获得约 48 meV 的巨大磁各向异性能量，其中易磁化轴在石墨炔平面[82]。此外，还研究了过渡金属组合体系的磁各向异性能量。例如，Os-Os@石墨炔具有 34.5 meV 的巨大磁各向异性能量以及平面外的易磁化轴。

Pan 等[83]系统地研究了过渡金属掺杂石墨炔纳米带的电子和磁性能（图 3-28）。他们发现过渡金属原子在其随机吸附位置是稳定的，不会聚集。形成的 TM-石墨炔纳米带结构表现出完全的电子自旋极化，类似于二维薄片，过渡金属原子的 d 轨道分裂模式可以通过晶场理论来解释。Mn-石墨炔纳米带和 Co-石墨炔纳米带具有 100% 的电子自旋极化。电子传输的计算进一步证实了过渡金属掺杂的石墨炔和石墨炔纳米带可以应用于在费米能级具有 100% 自旋极化传输的自旋电子器件。铁磁稳定性也与 Co 掺杂浓度密切相关。Co 的无序不会改变 Co 掺杂的石墨炔纳米带的磁性顺序。Co 原子的铁磁（FM）耦合由超交换机制解释。

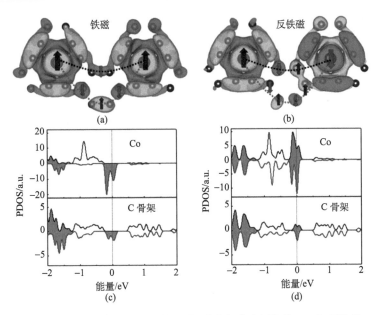

图 3-28　两个相邻最近的 Co 原子(3d 轨道)及其周围碳原子在铁磁 FM 和反铁磁 AFM 态的自旋分布[$\rho(\alpha)$-$\rho(\beta)$](a)和(b)和投影态密度 PDOS(c)和(d);较大的箭头表示 Co 原子的自旋,小箭头表示碳原子的自旋;黄色和绿色等值面分别表示正值和负值(彩图请扫封底二维码);等值面电荷密度为 0.002 e/Å³

　　Zhai 等[100]运用密度泛函理论与非平衡格林函数相结合的方法研究了铁磁性锯齿形 α-石墨炔纳米带(ZaGNRs)的自旋依赖电热和热电特性。在原生偶数宽度锯齿形 α-石墨炔纳米带中可获得高达 10⁶% 的巨磁阻效应。然而,对于掺杂体系,在奇数宽度锯齿形 α-石墨炔纳米带中可能出现巨磁阻效应,而偶数宽度 α-石墨炔纳米带却不能。这表明可以通过 ZaGNR 边缘掺杂的方式实现宽范围内调控磁阻。另一个有趣的现象是,在 B 和 N 掺杂的偶数宽度 ZaGNRs 中,自旋泽贝克系数总是大于电荷泽贝克系数,并且可以在特定温度下实现纯的自旋-电流转换的热自旋器件。

　　2012 年,He[84]研究组基于第一性原理结合自洽的 HubbardU 方法系统研究了单个过渡金属原子(V、Cr、Mn、Fe、Co 和 Ni)在二维石墨炔体系(TM-GDY/GY)表面的吸附行为和 3d 过渡金属吸附对其电子性质和磁性特征的调控作用(图 3-29),指出 TM-GDY/GY 的结构、电磁性质都依赖于金属原子 d 轨道的在位库仑势。相对于 TM 在石墨烯表面的弱结合能及团簇效应,TM 更容易分散吸附在 GDY/GY 表面。研究发现过渡金属原子在石墨炔/石墨二炔上的吸附不仅能有效调控石墨炔/石墨二炔的电子结构,还能产生非常好的磁学性质,如自旋极化的半导体。调控起源于过渡金属与石墨炔/石墨二炔之间的电荷转移以及过渡金属原子间 s、p、d 轨道之间的电子再分配。

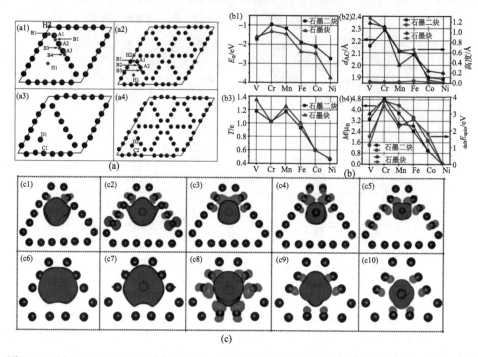

图 3-29　(a) TM-GDY/GY 示意图：(a1)、(a2) 分别为 GDY/GY 的结构图；(a3)、(a4) TM 原子在 GDY/GY 表面可能吸附位置；b)：(b1) TM-GDY/GY 吸附能；(b2) TM 吸附原子与其最近邻碳原子之间的距离，以及吸附原子与 GDY/GY 片之间的高度；(b3) TM 原子到 GDY/GY 的电荷转移和 (b4) 磁矩和自旋极化能量 ΔEspin；(c)：V(c1)、Cr(c2)、Mn(c3)、Fe(c4)、Co(c5) 吸附的 GDY 和 V(c6)、Cr(c7)、Mn(c8)、Fe(c9)、Co(c10) 吸附的 GY 体系自旋极化电荷密度 (SCD) 分布

3.6　结构和尺寸依赖的性质

理解碳材料的结构和尺寸依赖的性质有利于发展高性能碳基纳米尺度材料的设计新原则。例如，改变纳米带的宽度、边缘形态和边缘功能团可为剪裁它们的电子、化学、机械和磁性能提供新的有效方法。据 Zheng 等[101]报道，在外部电场下可以调整双层和三层石墨二炔的电子结构和光吸收性质(图 3-30)。在最稳定的双层和三层石墨二炔中，六边形碳环以贝纳尔方式堆叠（分别为 AB 和 ABA 构象）。双层石墨二炔最稳定，第二稳定的堆积方式的直接带隙分别为 0.35 eV 和 0.14 eV；三层石墨二炔的稳定的堆积方式的带隙为 0.18～0.33 eV。无论采取哪种堆积方式，半导体双层和三层石墨二炔的带隙一般都随外部垂直电场的增加而降低。

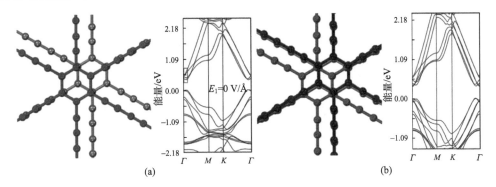

图 3-30　(a) 双层石墨炔 AB 构象优化结构；(b) 三层石墨炔 ABA 构象的优化结构

双层 α-石墨炔的电子能带结构与它的单层形式有本质上的不同，并在很大程度上取决于这两层的堆积模式。发现有两种稳定堆积模式：AB 堆积模式，具有无带隙抛物线能带结构的构象，类似于 AB 堆积双层石墨烯；以及 ABA 堆积模式，它显示出 2 倍的狄拉克锥光谱和费米能级附近的能带结构，其线性色散可以通过 0.3 eV/Å 的带隙开口率的电场进行调节 (图 3-31)[36]。

石墨二炔薄层的一维纳米带 (NRS) 的系统研究将有助于我们认识这类新型碳同素异形体的可能结构特点和电子性质。利用第一性原理密度泛函理论和弛豫时间近似玻尔兹曼输运方程，Kang 等和 Lang 等[31,57]对石墨炔片和石墨炔带的电子结构以及电荷迁移率进行了计算，计算显示石墨炔片是带隙为 0.46 eV 的半导体，面内本征电子迁移率达到 2×10^5 cm^2/(V·s)，而空穴迁移率低一个数量级。另外，对于空穴和电子，声学声子散射弛豫时间分别为 2 ps 与 20 ps，与石墨烯体系中的计算值非常接近。

而对于纳米电子学工业来说，研究具有特定纳米结构的石墨炔材料的半导体性能，更是非常重要的。沿石墨二炔最近邻碳六边形 (A→B) 切割得到扶手椅边缘型石墨炔纳米带 (DGDNR，D1,D2)；而沿着次近邻的碳六边形方向 (A→C) 剪切可以得到锯齿边缘型石墨炔纳米带 (ZGDNR，Z$_1$~Z$_3$)，如图 3-32 所示。在不同的地方切割可获得两种可能类型的锯齿状石墨二炔纳米带：均匀宽度的 (Z$_1$、Z$_2$) 和非均匀宽度的 (Z$_3$)。计算得到 D$_1$、D$_2$、Z$_1$ 和 Z$_2$ 的宽度分别为 12.5 Å、20.7 Å、19.2 Å 和 28.6 Å。Z$_3$ 较宽的一侧宽度为 28.6 Å，较窄的一侧为 19.2 Å。他们对不同石墨炔纳米带的能带结构和载流子迁移率进行了研究，图 3-33 为不同石墨炔纳米带的带结构，所有的带结构显示石墨炔纳米带具有半导体性质，其中 D$_2$ 石墨炔纳米带的带隙约为 0.8 eV，可用于场发射晶体管 (FET) 的半导体通道。石墨炔纳米带中苯环与二炔成键的最高占据分子轨道 (HOMO) 和最低未占据分子轨道 (LUMO) 表明了其反键与成键特性，如图 3-34 所示。对于 D$_1$ 和 Z$_1$ 石墨炔纳米带，在剪切方向上其 LUMO 轨道的延续性好于 HOMO 轨道，因此相对于空穴有更多

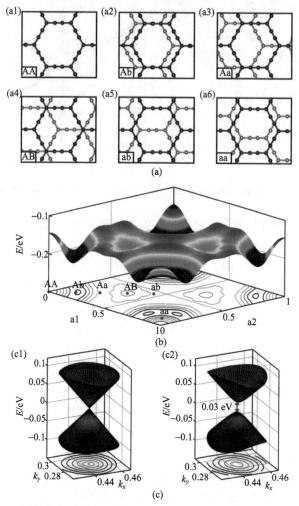

图 3-31 （a）双层 α-石墨炔的六种堆积方式；（b）双层 α-石墨炔石墨炔的结合能相对于上下两层相对位移的变化；（c）Ab 堆积模式 α-石墨炔在（c1）没有（c2）有电场条件下的狄拉克锥

的电子迁移。沿着纳米带轴心方向 D_1 的 LUMO 轨道比 Z_1 具有更大的离域特性，因此 D_1 纳米带较 Z_1 纳米带具有更好的电子迁移率。石墨二炔纳米带的室温电子迁移率也可达到 $10^4\ cm^2/(V \cdot s)$，显著大于空穴迁移率。对五种石墨炔纳米带的载流子迁移率研究（表 3-6）发现，石墨炔纳米带的载流子迁移率呈现出三个特点：①对于同种石墨炔纳米带，随着带宽度的增加迁移率也会小幅度增加；②当石墨炔纳米带的宽度相同时，D 型石墨炔纳米带的迁移率要大于 Z 型石墨炔纳米带；③对于所有的石墨炔纳米带其电子迁移率要大于空穴迁移率。

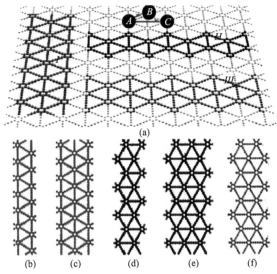

图 3-32　具有两列及三列碳六边形的扶手椅形石墨炔纳米带以及具有不同宽度的锯齿形石墨炔纳米带的结构示意图

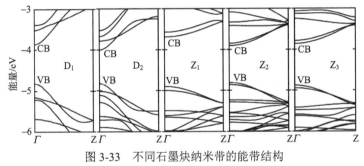

图 3-33　不同石墨炔纳米带的能带结构

CB:导带；VB:价带

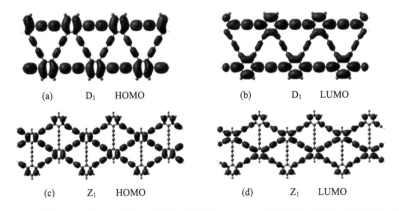

图 3-34　石墨炔纳米带 Γ 点最高占据分子轨道(HOMO)和最低未占据分子轨道(LUMO)

表 3-6　计算得到的不同石墨炔纳米带中的带隙、空穴及电子有效质量、价带和导带的形变势常数、拉伸模量以及室温 300 K 下的迁移率

	D_1	D_2	Z_1	Z_2	Z_3
带隙/eV	0.954	0.817	1.205	0.895	1.015
空穴有效质量 m_h^* (m_0)	0.086	0.087	0.216	0.149	0.174
电子有效质量 m_e^* (m_0)	0.081	0.086	0.281	0.174	0.207
价带形变势常数 E_V/eV	7.406	6.790	4.386	4.786	4.776
导带形变势常数 E_C/eV	2.006	1.730	1.972	2.000	2.054
拉伸模量 C/(10^{10} eV/cm)	1.244	1.864	1.035	1.787	1.420
空穴迁移率 μ_h/[10^3 cm^2/(Vs)]	1.696	2.088	0.755	1.815	1.194
电子迁移率 μ_e/[10^3 cm^2/(Vs)]	18.590	34.241	2.692	9.127	5.329
空穴迁移率 μ_h^*/[10^3 cm^2/(Vs)]	0.711	1.253	0.426	1.073	0.679
电子迁移率 μ_e^*/[10^3 cm^2/(Vs)]	10.580	19.731	1.418	5.015	2.829

Pan 等[102]从超过 20 种不同宽度石墨炔和石墨二炔纳米带的研究中发现所有这些纳米带仍然保持半导体性质。他们的带隙随纳米带宽度的增加而减小。石墨二炔纳米带的带隙可通过施加横向电场调节[35]，带隙随电场强度增加而减小；在某些电场强度下，如果纳米带的宽度和取向恰当，可以观察到半导体到金属的转变。电场下带隙减小是由电场引起的近费米态的定域引起的(大的斯塔克效应)。

Bai 等[6]在周期边界条件下使用自洽场晶体轨道(SCF-CO)方法进行了一维石墨二炔纳米带的理论研究。他们所研究的一维石墨二炔纳米带从能量角度来说均比二维石墨二炔厚片更稳定，并且稳定性随纳米带宽度的增加而减小。预测了石墨二炔纳米带在室温下的迁移率，其在 $10^2 \sim 10^6$ cm^2/(V·s) 范围内。因此，石墨二炔纳米带依据不同的厚度其迁移率是不同的，这一性质类似于石墨烯的性质，但石墨炔是具有很高迁移率的材料。

石墨炔的力学性能也与尺寸相关。计算得出大部分石墨二炔纳米带的杨氏模量大约为石墨烯纳米带和单壁碳纳米管(SWCNT)的一半，这表明石墨二炔纳米带是较软的材料。Coluci 等报道了石墨炔纳米管(GNT)的电子和力学性能的理论研究。电荷注入与石墨炔纳米管维度的关系研究表明，低水平电子注入引起对椅式-和锯齿形石墨炔纳米管不同响应。虽然该行为类似于普通的碳纳米管(GNT)，电荷诱导的石墨炔纳米管应变应当比普通单壁碳纳米管小[102]。

采用第一性原理计算了锯齿状 α-石墨炔纳米带(ZαGNR)的传输特性。结果表明非对称，ZαGNR 是具有线性电流-电压关系的导体，而对称 ZαGNR 有限偏压下只产生非常小的电流，类似于那些锯齿状石墨烯纳米带。对称性依赖的传输特性归因于费米能级附近π和π*子带之间不同的耦合规则，它们依赖于两个子带的

波函数的对称性。对称 ZαGNR 的双极自旋过滤效应也根据耦合规则进行了研究。由偏置电压方向和/或电极的磁化配置可以生成和调控近 100% 的自旋极化电流。此外也预测，该类纳米带的有序磁电阻效应大于 500000%。计算表明 ZαGNR 是有前途的自旋电子学材料[103]。

3.7　热　学　性　质

为了使石墨炔这种单原子层碳纳米结构加快运用于实际，人们对其热学性质展开了广泛的研究。石墨炔特殊的键合方式导致其具备特殊的热力学性能、导热性能，从而在热电等领域具有广泛的应用前景。石墨炔，尤其是 γ-石墨炔的导热性能受边缘结构、纳米带/纳米结、纳米管的宽度、长度等几何因素影响，同时缺陷、掺杂、化学官能化、外加应力应变等也对其导热性能、热电性能具有显著影响。

使用密度泛函理论与准谐波近似，Kim 等[104]研究了 α-、β-和 γ-石墨炔的热膨胀行为。对于每种类型的石墨炔，通过考虑整个布里渊区域中的所有声子模式进行自由能最小化，获得其取决于温度的面积变化。研究发现，在温度小于或等于 1000K 范围内，所有三种类型的石墨炔都表现出负的面内热膨胀。面内热收缩可以部分归因于类似石墨烯的涟漪效应。然而，涟漪效应本身不足以解释石墨炔比石墨烯异常大的热收缩。对石墨炔中观察到的声子模式的仔细分析能够揭示造成这种热膨胀异常的另一个来源。发现有一些特定的声子模式，其频率约为几百 cm^{-1}，仅在石墨炔中存在，可以填充空白空间，导致面积减小。这些模式被认为是 sp^2 键组成的刚性单元的振动对应的"刚性单元模式"。

Pan 等[105]采用非平衡分子动力学方法研究了扶手椅和锯齿形 γ-石墨炔纳米带的热导率。发现扶手椅形石墨炔纳米棒的热导率大于在室温下具有相同宽度和长度的锯齿形石墨炔纳米棒，并观察到导热性强的取向依赖性。当石墨炔纳米带的宽度减小时，取向依赖性增加。该取向依赖性的基本原理基于在整个频率范围内在扶手椅石墨炔纳米带上形成了更多的声子转移通道和更高的声子速度。

2012 年，Zhang 等[60]通过分子动力学方法研究了石墨炔纳米带的热导率，结果表明炔键的引入使石墨炔纳米带的热导率远远小于石墨稀，且受温度和应变等因素的影响，如图 3-35 所示，随着温度的升高石墨炔纳米带的热导率降低，随着形变的加大石墨炔纳米带的热导率下降。通过格林函数方法 Ouyang 等[106]研究了 γ-石墨炔纳米带的热输运性质，发现相同尺寸的 γ-石墨炔纳米带、扶手椅形纳米带的热导明显大于锯齿形，如图 3-36 所示，宽度较小时，随宽度增大锯齿形 γ-石墨炔纳米带的热导呈现台阶效应，当宽度足够大时台阶效应消失。同时发现石墨炔家族的热导率与苯环的数目息息相关，即宽度相同时，石墨炔家族中拥有乙炔链越多的结构其热导率越小。

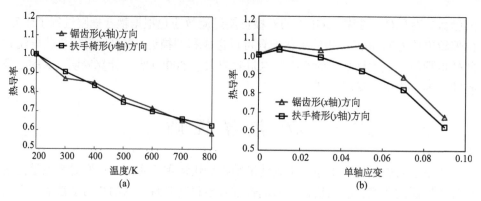

图 3-35　石墨炔热导率随 (a) 温度和 (b) 单轴向应变的变化关系

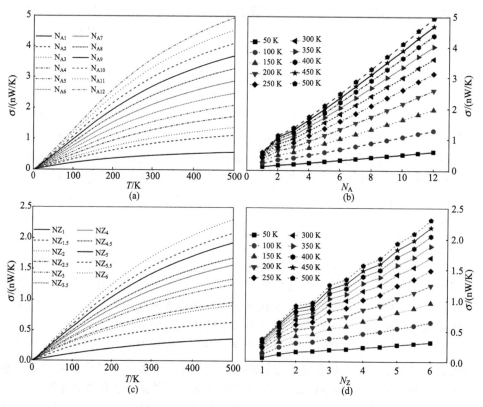

图 3-36　扶手椅形石墨炔纳米带 A-GNR 和锯齿形石墨炔纳米带 Z-GNR 的热导率
与宽度和温度的关系

Sun 等[107]利用包括第一性原理、玻尔兹曼理论和分子动力学的跨尺度模拟方法，研究了 γ-石墨二炔的热电特性，研究发现，γ-石墨二炔存在天然的带隙，拥有很高的电导率、较大的热电系数和很低的热导率。当载流子浓度为 2.74×10^{11} cm^{-2}

(空穴)和 $1.62×10^{11}$ cm^{-2}(电子)时，其室温下优化得到的品质因子 ZT 分别达到 3.0 和 4.8，这说明 γ-石墨二炔是理想的热电材料。γ-石墨炔的声子平均自由程只有 60 nm，导致热导率比石墨烯低两个数量级。石墨炔的低热导率是由于其 sp -sp^2 杂化模式。通过适当的掺杂，γ-石墨炔的热电优值可以在中等温度达到 5.3[108]。Wang 等[109]利用第一性原理密度泛函与非平衡格林函数相结合的方法也证明石墨炔的热电功率(TEP)或泽贝克系数比石墨烯大一个数量级。由于石墨炔大的热电功率和大大降低的热传导性，石墨炔的热电品质因子 ZT(0.157)大大高于石墨烯 (0.0094)。

　　Jing 等[110]通过非平衡分子动力学模拟研究了 γ-石墨炔和 γ-石墨炔纳米带的热传递性质(图 3-37)。模拟结果显示石墨炔显示异常热转移行为，其表现出低导热性[在室温下低至 8W/(m·K)]，与石墨烯相比降低了 2~3 个数量级。详细的晶格动力学计算和声子极化分析表明，石墨炔本质上较低的热导率源自于低频平面纵向模式，主要分布并定域于乙炔连接单元，以及连接单元和六元环之间的大晶格

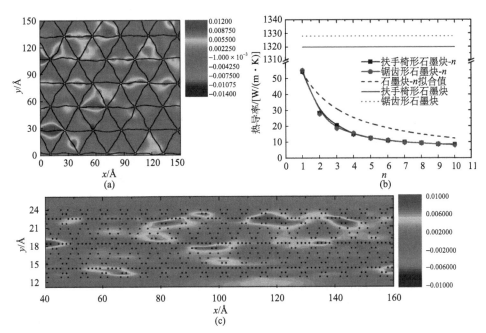

图 3-37　(a)石墨炔-10 的局部原子热通量典型轮廓线；(b)扶手椅形和锯齿形石墨炔结构的热导率对炔键数量的依赖性；(c)宽度约为 1.2nm 的石墨炔-1 纳米棒局部原子热通量轮廓线

(a)中黑点是石墨炔结构，红色表示高热通量(彩图请扫封底二维码)，表明炔键中的碳原子对石墨炔-10 的整体热转递有更大的贡献；(b)中蓝色虚线是使用简单的比例定律($k_n = k_1 × a_1 / a_n$，其中 k_n 是石墨炔-n 的热导率，a_n 是石墨炔-n 的晶格长度，其可以通过 a_n=4.3+2.6n 计算)拟合得到的石墨炔热导率，扶手椅和锯齿形石墨烯的热导率分别由水平实线和虚线表示；(c)中黑点是纳米棒结构；红色表示高热通量，表明边缘(边界)上的碳原子比内部碳原子更有助于整体热传递

振动失配，其导致连接单元的软声子模式和六元环更硬的振动模式之间低效的能量传递。此外，随着宽度的减小，石墨炔纳米带的热导率显著增加，与石墨烯纳米带相反［图 3-36（b）］。这个有趣的现象源于以下事实：当宽度在原子级较小并且在石墨炔边缘呈现的声子模式在边界处不能有效散射时，石墨炔纳米带的热传递是表面主导的［图 3-36（c）］。Wang 等[111]发现炔键不仅显著降低热导率，而且可以通过各种键合方法有效地调节导热性。预测横向键合炔键的并苯条纹结构可能是高热电材料之一。研究发现，声子的强定域效应导致声子群速度降低及声子寿命的缩短，这使得通过炔键调控导热性成为可能。还观察到，石墨片的导热性表现出相对于长度的幂律发散规律。

Ouyang 等[112]使用非平衡格林函数方法，研究 γ-石墨炔纳米结构的热电性质。与石墨烯纳米带（GNR）相比，发现 γ-石墨炔纳米带（GYNR）具有优异的热电性能。其热电品质因子 ZT 约为 3，相当于石墨烯纳米带的 13 倍。同时，γ-石墨炔纳米带的热电效率随着带宽的增加而降低，而随温度线性增加。对于 γ-石墨炔纳米结（GYNJ），ZT 值随着结两端的宽度差增加而增加。这种增强主要因为增加的热电势和降低的热导率（包括电子和声子贡献）超过电子电导的部分减少。此外，发现石墨炔纳米结的热电行为也取决于几何形状，这可通过分析石墨炔纳米带声子贡献的热传导的独特宽度分布来解释。

Zhao 等[113]利用非平衡分子动力学模拟研究了 γ-石墨炔纳米管体系（GNT-n）的热导率，详细讨论了手性、代数、直径和长度等变量对体系热导率的影响（图 3-38）。计算结果说明 GNT-n 热导率的手性依赖非常弱，扶手椅形和锯齿形石墨炔纳米管的热导率值差别很小。随着石墨炔纳米管代数 n 的增加，热导率降低并遵循 $\lambda \sim n^{-0.57}$ 的关系。直径变化对石墨炔纳米管体系的热导率有一定影响，当直径 $d > 5$ nm 时遵循 $\lambda \sim d^{0.03}$ 的关系。随着石墨炔纳米管体系长度的增加，其热导率也随之增加并符合 $\lambda \sim L^{\alpha}$ 的关系。对所有的石墨炔纳米管体系和碳纳米管，热导率和长度的关系曲线均存在拐点，拐点前后是不同的标度指数。长度较长时，石墨炔纳米管体系热导的有限尺寸效应弱于碳纳米管，且标度指数与代数 n 呈反比例关系。通过推算得长度为 2.6 μm 的 GNT-n 的热导率分别为 92.4 W/(m·K)、43.6 W/(m·K)、30.4 W/(m·K)、27.4 W/(m·K) 和 23.0 W/(m·K)，比相同长度的碳纳米管的热导率 2820.6 W/(m·K) 小两个数量级。这些都说明石墨炔纳米管拥有更高的热电品质因子，从而有望成为优良的热电材料。

通过进行非平衡分子动力学模拟，Hu 等[114]发现 γ-石墨炔纳米管表现出前所未有的低热导率［在室温下低于 10 W/(m·K)］，其通常比普通碳纳米管低两个数量级，甚至比缺陷碳纳米管、掺杂碳纳米管和化学官能化碳纳米管的值更低。通过进行声子极化和光谱能量密度分析，发现超低热导率源于石墨炔纳米管的独特原子结构，其由弱炔键（sp C—C 键）和强六方环（sp^2 C—C 键）组成，这导致这两

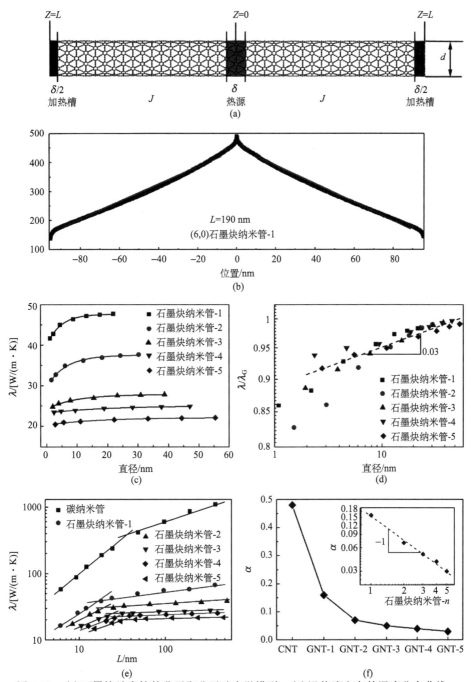

图 3-38　(a)石墨炔纳米管的非平衡分子动力学模型；(b)沿热流方向的温度分布曲线；
(c)GNT-n 的热导率随直径 d 的变化；(d)归一化后的热导率与直径 d 关系的双对数图；(e)GNT-n
和 CNT 的热导率与长度 L 的双对数关系；(f)长度较大时 CNT 和 CNT-n 对应的标度指数 α(插图
为 α 与 n 的双对数关系)

个组分之间大的振动失配，从而导致显著低效的热传递。此外，含有大量炔键的石墨炔纳米管中的热传输主要取决于连接单元中的低频纵向模式。由于平坦的声子色散曲线（低声子群速度），低频热能的这种强烈的限制导致极低的热导率。石墨炔纳米管的异常热传递为热电材料提供了新的选择。

γ-石墨炔的氧化显著影响了其热导率。发现氧吸附效应及氧覆盖范围和外部拉伸应变都对热导率有影响[115]。由于氧气吸附，γ-石墨炔的热传递性能随着较低的热导率而大大降低。可以通过改变氧气覆盖度和外部拉伸应变来控制热导率。热导率变化的基本机制可由相应的振动态密度来阐述。结果表明在热电应用中，石墨炔比石墨烯更具吸引力，其中较低的热导率对于获得更高的热电品质因子至关重要。氧化和应变是调节石墨炔热性能的优秀方法。扭曲变形也是调节材料热传递性能的有效方法。通过控制扭转角度，可以在宽范围（室温下超过 55%）可控并可逆地调制 γ-石墨炔纳米带的热导率，而扭转角度的调控范围取决于体系的宽度和长度。进一步的分析表明，热导率的降低主要源于扭曲的纳米带中不均匀的力常数引起的声子散射。这些有趣的发现表明，扭曲的石墨炔纳米带可以用作热传导调制器[116]。而通过对 γ-石墨炔纳米带的边缘进行修饰，也可以调控其热电性质，室温下热电品质因子可达 1.2[117]。

Ouyang 等[118]对 β-石墨炔的热传递和相关热电特性也进行了综合研究。发现 β-石墨炔的热导率仅为石墨烯对应物的 26%，并且也显示明显的各向异性。同时，扶手椅 β-石墨炔纳米带的热传导呈现异常的逐步宽度依赖性。对于热电性能，与石墨烯纳米带 0.05 的热电品质因子相比，锯齿形石墨炔纳米带具有优异的热电性能，其室温下的热电品质因子 ZT 达到 0.5。通过几何调控，还可以进一步提高其热电性能（室温下的热电品质因子可超过 1.5），这种增强强烈地取决于纳米带的宽度和几何调制的位置和数量。通过非平衡格林函数法研究了有缺陷的 β-石墨炔纳米带的热电特性。发现 β-石墨炔纳米带的热电性能可以通过引入缺陷明显提高。有缺陷的 β-石墨炔纳米带的热电品质因子可达 1.64，约为完美 β-石墨炔纳米带的六倍。这是由于强的声子缺陷散射和声子的强化定位引起缺陷型 β-石墨炔纳米带中声子热导的迅速下降[119]。

参 考 文 献

[1] Cranford S W, Brommer D B, Buehler M J. Extended graphynes: simple scaling laws for stiffness, strength and fracture. Nanoscale, 2012, 4: 7797-7809.

[2] Coluci V R, Galvao D S, Baughman R H. Theoretical investigation of electromechanical effects for graphyne carbon nanotubes. Journal of Chemical Physics, 2004, 121: 3228-3237.

[3] Baughman R H, Eckhardt H, Kertesz M. Structure-property predictions for new planar forms of carbon - layered

phases containing sp² and sp atoms. Journal of Chemical Physics, 1987, 87: 6687-6699.

[4] Qian X M, Ning Z Y, Li Y L, et al. Construction of graphdiyne nanowires with high-conductivity and mobility. Dalton Transactions, 2012, 41: 730-733.

[5] Narita N, Nagai S, Suzuki S, et al. Optimized geometries and electronic structures of graphyne and its family. Physical Review B, 1998, 58: 11009-11014.

[6] Bai H C, Zhu Y, Qiao W Y, et al. Structures, stabilities and electronic properties of graphdiyne nanoribbons. RSC Advances, 2011, 1: 768-775.

[7] Mirnezhad M, Ansari R, Rouhi H, et al. Mechanical properties of two-dimensional graphyne sheet under hydrogen adsorption. Solid State Communications, 2012, 152: 1885-1889.

[8] Peng Q, Ji W, De S. Mechanical properties of graphyne monolayers: a first-principles study. Physical Chemistry Chemical Physics, 2012, 14: 13385-13391.

[9] Carper J. The CRC handbook of chemistry and physics. Library Journal, 1999, 124: 192-192.

[10] Yang Y L, Xu X M. Mechanical properties of graphyne and its family-a molecular dynamics investigation. Computational Materials Science, 2012, 61: 83-88.

[11] Cranford S W, Buehler M J. Mechanical properties of graphyne. Carbon, 2011, 49: 4111-4121.

[12] Pei Y. Mechanical properties of graphdiyne sheet. Physica B—Condensed Matter, 2012, 407: 4436-4439.

[13] Enyashin A N, Ivanovskii A L. Graphene allotropes. Physica Status Solidi B, 2011, 248: 1879-1883.

[14] Xu Y G, Ming C, Lin Z Z, et al. Can graphynes turn into graphene at room temperature ? Carbon, 2014, 73: 283-290.

[15] Shin H, Kang S, Koo J, et al. Cohesion energetics of carbon allotropes: quantum monte carlo study. Journal of Chemical Physics, 2014, 140: 114702.

[16] Kittel C. Introduction to Solid State Physics. 8 ed. New York: John Wiley & Sons, 1996.

[17] Ozcelik V O, Ciraci S. Size dependence in the stabilities and electronic properties of alpha-graphyne and its boron nitride analogue. Journal of Physical Chemistry C, 2013, 117: 2175-2182.

[18] Kim B G, Choi H J. Graphyne: hexagonal network of carbon with versatile Dirac cones. Physical Review B, 2012, 86: 115435.

[19] Ducere J M, Lepetit C, Chauvin R. Carbo-graphite: structural, mechanical, and electronic properties. Journal of Physical Chemistry C, 2013, 117: 21671-21681.

[20] Yue Q, Chang S L, Kang J, et al. Magnetic and electronic properties of alpha-graphyne nanoribbons. Journal of Chemical Physics, 2012, 136: 244702.

[21] Yue Q, Chang S L, Kang J, et al. Mechanical and electronic properties of graphyne and its family under elastic strain: theoretical predictions. Journal of Physical Chemistry C, 2013, 117: 14804-14811.

[22] Pan L D, Zhang L Z, Song B Q, et al. Graphyne- and graphdiyne-based nanoribbons: density functional theory calculations of electronic structures. Applied Physics Letters, 2011, 98: 173102.

[23] Deng X, Si M S, Dai J Y. Communication: oscillated band gaps of B/N-codoped alpha-graphyne. Journal of Chemical Physics, 2012, 137: 201101.

[24] Zou S L, Bowman J M. A new ab initio potential energy surface describing acetylene/vinylidene isomerization. Chemical Physics Letters, 2003, 368: 421-424.

[25] Lu R, Rao D, Meng Z, et al. Boron-substituted graphyne as a versatile material with high storage capacities of Li and H₂: a multiscale theoretical study. Physical Chemistry Chemical Physics, 2013, 15: 16120-16126.

[26] Cordero B, Gomez V, Platero-Prats A E, et al. Covalent radii revisited. Dalton Transactions, 2008, (21): 2832-2838.

[27] Tang W. Sanville E, Henkelman G. A grid-based Bader analysis algorithm without lattice bias. Journal of Physics-Condensed Matter, 2009, 21 (8): 084204/084201-084207.

[28] Puigdollers A R, Alonso G, Gamallo P. First-principles study of structural, elastic and electronic properties of alpha-, beta- and gamma-graphyne. Carbon, 2016, 96: 879-887.

[29] Kim B G, Choi H J. Graphyne: hexagonal network of carbon with versatile Dirac cones. Physical Review B, 2012, 86 (11): 2904-2912.

[30] Malko D, Neiss C, Vines F, et al. Competition for graphene: graphynes with direction-dependent dirac cones. Physical Review Letters, 2012, 108: 086804.

[31] Kang J, Li J B, Wu F M, et al. Elastic, electronic, and optical properties of two-dimensional graphyne sheet. Journal of Physical Chemistry C, 2011, 115: 20466-20470.

[32] Zhou J, Lv K, Wang Q, et al. Electronic structures and bonding of graphyne sheet and its BN analog. Journal of Physical Chemistry, 2011, 134: 174701.

[33] Niu X N, Mao X Z, Yang D Z, et al. Dirac cone in alpha-graphdiyne: a first-principles study. Nano Research Letter, 2013, 8: 469.

[34] Majidi R. Effect of doping on the electronic properties of graphyne. Nano, 2013, 08: 1350060.

[35] Kang J, Wu F M, Li J B. Modulating the bandgaps of graphdiyne nanoribbons by transverse electric fields. Journal of Physics-Condensed Mattter, 2012, 24: 165301.

[36] Leenaerts O, Partoens B, Peeters F M. Tunable double Dirac cone spectrum in bilayer alpha-graphyne. Applied Physics Letter, 2013, 103: 013105.

[37] Niu X N, Yang D Z, Si M S, et al. Energy gaps in alpha-graphdiyne nanoribbons. Journal of Applied Physics, 2014, 115: 143706.

[38] Son Y W, Cohen M L, Louie S G. Energy gaps in graphene nanoribbons. Physical Review Letters, 2006, 97: 216803.

[39] Ezawa M. Peculiar width dependence of the electronic properties of carbon nanoribbons. Physical Review B, 2006, 73: 045432.

[40] Okada S, Oshiyama A. Magnetic ordering in hexagonally bonded sheets with first-row elements. Physical Review Letter, 2001, 87: 146803.

[41] Si M S, Li J Y, Shi H G, et al. Divacancies in graphitic boron nitride sheets. Europhyscis Letters, 2009, 86(4): 46002.

[42] Gao D, Zhang J, Yang G, et al. Ferromagnetism induced by oxygen vacancies in zinc peroxide nanoparticles. Joural of Physical Chemistry C, 2011, 115: 16405-16410.

[43] Zhou Y H, Tan S H, Chen K Q. Enhance the stability of alpha-graphyne nanoribbons by dihydrogenation. Organic Electronics, 2014, 15: 3392-3398.

[44] Wassmann T, Seitsonen A P, Saitta A M, et al. Structure, stability, edge states, and aromaticity of graphene ribbons. Physical Review Letter, 2008, 101: 096402.

[45] Majidi R, Karami A R. Band gap opening in alpha-graphyne by adsorption of organic molecule. Physica E, 2014, 63: 264-267.

[46] Majidi R. Band gap modulation of graphyne via chemical functionalization: a density functional theory study. Canadian Journal of Chemistry, 2016, 94: 229-233.

[47] Koo J, Huang B, Lee H, et al. Tailoring the electronic band gap of graphyne. Journal of Physical Chemistry C, 2014, 118: 2463-2468.

[48] Lee H, Cohen M L, Louie S G. Selective functionalization of halogens on zigzag graphene nanoribbons: a route to the separation of zigzag graphene nanoribbons. Physical Review Letter, 2010, 97: 233101.

[49] Cudazzo P, Attaccalite C, Tokatly I V, et al. Strong charge-transfer excitonic effects and the bose-einstein exciton condensate in graphane. Physical Review Letter, 2010, 104: 226804.

[50] Wei W, Jacob T. Electronic and optical properties of fluorinated graphene: a many-body perturbation theory study. Physical Review B, 2013, 87: 115431.

[51] Leenaerts O, Peelaers H, Hernández-Nieves A D, et al. First-principles investigation of graphene fluoride and graphane. Physical Review B, 2010, 82: 195436.

[52] Koo J, Park M, Hwang S, et al. Widely tunable band gaps of graphdiyne: an ab initio study. Physical Chemistry Chemical Physics, 2014, 16: 8935-8939.

[53] Koo J, Hwang H J, Huang B, et al. Exotic geometrical and electronic properties in hydrogenated graphyne. Journal of Physical Chemistry C, 2013, 117: 11960-11967.

[54] Psofogiannakis G M, Froudakis G E. Computational prediction of new hydrocarbon materials: the hydrogenated

forms of graphdiyne. Journal of Physical Chemistry C, 2012, 116: 19211-19214.

[55] Luo G F, Qian X M, Liu H B, et al. Quasiparticle energies and excitonic effects of the two-dimensional carbon allotrope graphdiyne: theory and experiment. Physical Review B, 2011, 84: 075439.

[56] Bhattacharya B, Singh N B, Sarkar U, et al. Tuning of band gap due to fluorination of graphyne and graphdiyne. Journal of Physics: Conference Series, 2014, 566(1).

[57] Long M Q, Tang L, Wang D, et al. Electronic structure and carrier mobility in graphdiyne sheet and nanoribbons: theoretical predictions. ACS Nano, 2011, 5: 2593-2600.

[58] Ahangari M G. Effect of defect and temperature on the mechanical and electronic properties of graphdiyne: a theoretical study. Physica E, 2015, 66: 140-147.

[59] Soni H R, Jha P K. Vibrational and elastic properties of 2D carbon allotropes: a first principles study. Solid State Communications, 2014, 189: 58-62.

[60] Zhang Y Y, Pei Q X, Wang C M. A molecular dynamics investigation on thermal conductivity of graphynes. Computational Materials Science, 2012, 65: 406-410.

[61] Wang R N, Zheng X H, Hao H, et al. First-principles analysis of corrugations, elastic constants, and electronic properties in strained graphyne nanoribbons. Journal of Physical Chemistry C, 2014, 118: 23328-23334.

[62] Cong X, Liao Y M, Peng Q J, et al. Contrastive band gap engineering of strained graphyne nanoribbons with armchair and zigzag edges. RSC Advances, 2015, 5: 59344-59348.

[63] Becton M, Zhang L Y, Wang X Q. Mechanics of graphyne crumpling. Physical Chemistry Chemical Physics, 2014, 16: 18233-18240.

[64] Ivanovskii A L. Graphynes and graphdiynes. Progress in Solid State Chemistry, 2013, 41: 1-19.

[65] Jiao Y, Du A J, Hankel M, et al. Graphdiyne: a versatile nanomaterial for electronics and hydrogen purification. Chemical Communications, 2011, 47: 11843-11845.

[66] Chen J M, Xi J Y, Wang D, et al. Carrier mobility in graphyne should be even larger than that in graphene: a theoretical prediction. Journal of Physical Chemistry Letters, 2013, 4: 1443-1448.

[67] Cao J, Tang C P, Xiong S J. Analytical dispersion relations of three graphynes. Physica B—Condensed Matter, 2012, 407: 4387-4390.

[68] Padilha J E, Fazzio A, da Silva A J R. Directional control of the electronic and transport properties of graphynes. Journal of Physical Chemistry C, 2014, 118: 18793-18798.

[69] Cui H J, Sheng X L, Yan Q B, et al. Strain-induced Dirac cone-like electronic structures and semiconductor-semimetal transition in graphdiyne. Physical Chemistry Chemical Physics, 2013, 15: 8179-8185.

[70] Shao Z G, Sun Z L. Optical properties of alpha-, beta- gamma-, and 6,6,12-graphyne structures: first-principle calculations. Physica E, 2015, 74: 438-442.

[71] Segall M D, Lindan P J D, Probert M J, et al. First-principles simulation: ideas, illustrations and the CASTEP code. Journal of Physic Condensed Matter, 2002, 14: 2717-2744.

[72] Jain S K, Srivastava P. Optical properties of hexagonal boron nanotubes by first-principles calculations. Journal of Applied Physics, 2013, 114: 073514.

[73] Guo L, Zhang S, Feng W, et al. A first-principles study on the structural, elastic, electronic, optical, lattice dynamical, and thermodynamic properties of zinc-blende CdX (X = S, Se, and Te). Journal of Alloys and Compounds, 2013, 579: 583-593.

[74] Penn D R. Wave-number-dependent dielectric function of semiconductors. Physical Review B, 1962, 128: 2093-2097.

[75] Asadpour M, Jafari M, Asadpour M, et al. Optical properties of two-dimensional zigzag and armchair graphyne nanoribbon semiconductor. Spectrochimica Acta Part A: Molecular and Biomolecular Spectroscopy, 2015, 139: 380-384.

[76] Luo G F, Zheng Q Y, Me W N, et al. Structural, electronic, and optical properties of bulk graphdiyne. Journal of Physical Chemistry C, 2013, 117: 13072-13079.

[77] Bhattacharya B, Singh N B, Sarkar U. Pristine and BN doped graphyne derivatives for UV light protection.

International Journal of Quantum Chemistry, 2015, 115: 820-829.

[78] van Miert G, Juricic V, Smith C M. Tight-binding theory of spin-orbit coupling in graphynes. Physical Review B, 2014, 90: 195414.

[79] Yun J N, Zhang Z Y, Yan J F, et al. First-principles study of B doping effect on the electronic structure and magnetic properties of gamma-graphyne. Thin Solid Films, 2015, 589: 662-668.

[80] Zhou Y H, Zeng J, Chen K Q. Spin filtering effect and magnetoresistance in zigzag 6, 6, 12-graphyne nanoribbon system. Carbon, 2014, 76: 175-182.

[81] Yun J, Zhang Y, Xu M, et al. Effect of single vacancy on the structural, electronic structure and magnetic properties of monolayer graphyne by first-principles. Materials Chemistry and Physics, 2016, 182: 439-444.

[82] Zhang Y, Zhu G J, Lu J L, et al. Graphyne as a promising substrate for high density magnetic storage bits. RSC Advances, 2015, 5: 87841-87846.

[83] Pan J B, Du S X, Zhang Y Y, et al. Ferromagnetism and perfect spin filtering in transition-metal-doped graphyne nanoribbons. Physical Review B, 2015, 92: 205429.

[84] He J J, Ma S Y, Zhou P, et al. Magnetic properties of single transition-metal atom absorbed graphdiyne and graphyne sheet from DFT plus U calculations. Journal of Physical Chemistry C, 2012, 116: 26313-26321.

[85] Li M, Zhang D, Gao Y, et al. Half-metallicity and spin-polarization transport properties in transition-metal atoms single-edge-terminated zigzag α-graphyne nanoribbons. Organic Electronics, 2017, 44: 168-175.

[86] 周艳红. 磁性单分子器件电子输运性质及其自旋调控. 长沙:湖南大学, 2016.

[87] Fujita M, Wakabayashi K, Nakada K, et al. Peculiar localized state at zigzag graphite edge. Journal of the Physical Society of Japan, 1996, 65: 1920-1923.

[88] Ozaki T, Nishio K, Weng H, et al. Dual spin filter effect in a zigzag graphene nanoribbon. Physical Review B, 2010, 81: 075422.

[89] Nishio K, Ozaki T, Morishita T, et al. Electronic and optical properties of polyicosahedral Si nanostructures: a first-principles study. Physical Review B, 2008, 77: 075431.

[90] Zheng X H, Wang X L, Huang L F, et al. Stabilizing the ground state in zigzag-edged graphene nanoribbons by dihydrogenation. Physical Review B, 2012, 86: 081408.

[91] Ni Y, Yao K L, Fu H H, et al. The transport properties and new device design: the case of 6,6,12-graphyne nanoribbons. Nanoscale, 2013, 5: 4468-4475.

[92] Lee G, Cho K. Electronic structures of zigzag graphene nanoribbons with edge hydrogenation and oxidation. Physical Review B, 2009, 79: 165440.

[93] Lee H, Son Y W, Park N, et al. Magnetic ordering at the edges of graphitic fragments: magnetic tail interactions between the edge-localized states. Physical Review B, 2005, 72: 174431.

[94] Iijima S. Helical microtubules of graphitic carbon. Nature, 1991, 354: 56-58.

[95] Yao W, Yang S A, Niu Q. Edge states in graphene: from gapped flat-band to gapless chiral modes. Physical Review Letter, 2009, 102: 096801.

[96] Bhandary S, Eriksson O, Sanyal B, et al. Complex edge effects in zigzag graphene nanoribbons due to hydrogen loading. Physical Review B, 2010, 82: 165405.

[97] Wu P, Du P, Zhang H, et al. Graphyne-supported single Fe atom catalysts for CO oxidation. Physical Chemistry Chemical Physics, 2015, 17: 1441-1449.

[98] Srinivasu K, Ghosh S K. Transition metal decorated graphyne: an efficient catalyst for oxygen reduction reaction. Journal of Physical Chemistry C, 2013, 117: 26021-26028.

[99] He J J, Zhou P, Jiao N, et al. Magnetic exchange coupling and anisotropy of 3d transition metal nanowires on graphyne. Scientific Reports, 2014, 4: 4014.

[100] Zhai M X, Wang X F, Vasilopoulos P, et al. Giant magnetoresistance and spin Seebeck coefficient in zigzag alpha-graphyne nanoribbons. Nanoscale, 2014, 6: 11121-11129.

[101] Zheng Q Y, Luo G F, Liu Q H, et al. Structural and electronic properties of bilayer and trilayer graphdiyne.

Nanoscale, 2012, 4: 3990-3996.

[102] Pan L D, Song B Q, Sun J T, et al. The origin of half-metallicity in conjugated electron systems—a study on transition-metal-doped graphyne. Journal of Physics-Condensed Matter, 2013, 25(30): 4269-4275.

[103] Yue Q, Chang S, Tan J, et al. Symmetry-dependent transport properties and bipolar spin filtering in zigzag alpha-graphyne nanoribbons. Physical Review B, 2012, 86: 235448.

[104] Kim C W, Kang S H, Kwon Y K. Rigid unit modes in sp-sp(2) hybridized carbon systems: origin of negative thermal expansion. Physical Review B, 2015, 92: 245434.

[105] Pan C N, Chen X K, Tang L M, et al. Orientation dependent thermal conductivity in graphyne nanoribbons. Physica E, 2014, 64: 129-133.

[106] Ouyang T, Chen Y, Liu L M, et al. Thermal transport in graphyne nanoribbons. Physical Review B, 2012, 85: 235436.

[107] Sun L, Jiang P H, Liu H J, et al. Graphdiyne: a two-dimensional thermoelectric material with high figure of merit. Carbon, 2015, 90: 255-259.

[108] Tan X J, Shao H Z, Hu T Q, et al. High thermoelectric performance in two-dimensional graphyne sheets predicted by first-principles calculations. Physical Chemistry Chemical Physics, 2015, 17: 22872-22881.

[109] Wang X M, Mo D C, Lu S S. On the thermoelectric transport properties of graphyne by the first-principles method. Journal of Chemical Physics, 2013, 138: 204704.

[110] Jing Y H, Hu M, Gao Y F, et al. On the origin of abnormal phonon transport of graphyne. Internation Journal of Heat and Mass Transfer, 2015, 85: 880-889.

[111] Wang J, Zhang A J, Tang Y S. Tunable thermal conductivity in carbon allotrope sheets: role of acetylenic linkages. Journal of Applied Physics, 2015, 118: 195102.

[112] Ouyang T, Xiao H P, Xie Y E, et al. Thermoelectric properties of gamma-graphyne nanoribbons and nanojunctions. Journal of Applied Physics, 2013, 114(7): 1457.

[113] Zhao H, Wei D, Zhou L, et al. Thermal conductivities of graphyne nanotubes from atomistic simulations. Computational Materials Science, 2015, 106: 69-75.

[114] Hu M, Jing Y H, Zhang X L. Low thermal conductivity of graphyne nanotubes from molecular dynamics study. Physical Review B, 2015, 91: 155408.

[115] Zhang Y Y, Pei Q X, Hu M, et al. Thermal conductivity of oxidized gamma-graphyne. RSC Advances, 2015, 5: 65221-65226.

[116] Wei X L, Guo G C, Ouyang T, et al. Tuning thermal conductance in the twisted graphene and gamma graphyne nanoribbons. Journal of Applied Physics, 2014, 115: 154313.

[117] Wang C H, Ouyang T, Chen Y P, et al. Enhancement of thermoelectric properties of gamma-graphyne nanoribbons with edge modulation. European Physical Journal B, 2015, 88(5): 130.

[118] Ouyang T, Hu M. Thermal transport and thermoelectric properties of beta-graphyne nanostructures. Nanotechnology, 2014, 25: 245401.

[119] Zhou W X, Chen K Q. Enhancement of thermoelectric performance in beta-graphyne nanoribbons by suppressing phononic thermal conductance. Carbon, 2015, 85: 24-27.

第4章

石墨炔的合成与表征

4.1 二炔相关小分子的合成

　　石墨炔一般由相应的炔类单体重复聚合的方法制备，图 2-5 为设想的通过炔类化合物间的聚合制备石墨炔。环[18]碳(**2.1**)为制备石墨炔较好的前体，通过环[18]碳分子间可控三聚可以制得石墨炔，但是只在气相中检测到环[18]碳的存在，至今尚未成功制备。六叔丁基二炔基苯衍生物(**2.10c**)也可作为原料合成石墨炔，但是通过 **2.10c** 制备石墨炔前体化合物时，由于其不稳定性所以很难大量制备。由于合成石墨炔的方法条件较为苛刻，科学家们早期针对其单体及其低聚物进行了一系列的研究，这为石墨炔的发展提供了丰富的实验积累。其中主要集中在去氢轮烯。

　　双键完全共轭的单环多烯烃类称为轮烯。轮烯是描述那些具有明确环大小的富共轭环体系物质。轮烯名称为[n]轮烯，n(阿拉伯数字)为环碳原子数。前三个轮烯是环丁二烯，苯和环辛四烯(分别是[4]轮烯、[6]轮烯、[8]轮烯)。一些轮烯，如[4]轮烯、[10]轮烯和[14]轮烯是不稳定的，其中[4]轮烯最不稳定。只有[4]轮烯、[6]轮烯是平面结构。轮烯有芳香性的[6]轮烯(苯)、非芳香性的[8]轮烯和反芳香性的[4]轮烯。具有交替的单双键的单环多烯烃，通式为$(CH)_x$，$x \geqslant 10$。命名时，以轮烯作为母体，将环碳原子数置于方括号内称为某轮烯。如 $x=12$ 为[12]轮烯。虽然环丁二烯、苯、环辛四烯可以看作是[4]轮烯、[6]轮烯、[8]轮烯，但一般在 $n \geqslant 10$ 时，才称为轮烯。当环碳原子共平面，环内氢原子没有或很少有空间排斥作用，π 电子数目符合 $4n+2$ 规则时，该轮烯具有芳香性，属非苯芳烃。如[18]轮烯，具有芳香性，加热至 230℃仍稳定，可发生亲电取代反应。轮烯一般用碳原子数适当的 α,ω-二炔基在乙酸亚铜吡啶溶液中氧化偶联得环状物，再经重排、催化加氢制得。轮烯和去氢轮烯被归为一类物质，曾被广泛地报道过。轮烯中含有部分苯环结构的物质称为苯并环轮烯。尽管在这个环结构体系中含有部分芳烃可以增强键合定位作用，但苯并环轮烯和去氢苯并环轮烯因在光电学，液晶和敏感材料中具有潜在的应用而受到人们瞩目。

4.1.1　去氢[18]轮烯

去氢[18]轮烯及其衍生物可以用来制备环[18]碳，近年来科学家们在去氢[18]轮烯方面做了大量的研究工作。一般利用炔烃氧化环化低聚反应来制备大的轮烯，通过一锅煮的方法可以同时得到不同大小的环，有关去氢[18]轮烯合成的方法同样适合其他大环的合成。

去氢[18]轮烯的芳香性也是研究的一个重要内容(图 4-1)。未取代的去十二氢[18]轮烯(**4.1**)[1]是芳香性化合物，而且具有爆炸性，当融合环丁二烯环时(**4.2**)会影响环电流，从而破坏了其芳香性[2]，而当融合乙炔基单元时(**4.3**)只是稍微降低其芳香性。Nishinaga 等[3]在研究氧化还原反应时制得融合二环[2,2,2]辛烷(BCO)基团的去十二氢[18]轮烯(**4.4**)，其单晶结构显示 **4.4** 具有平面结构，丁二炔的键角为 177.4°，而且溶液与固态条件下其光谱数据相同。**4.4** 具有较好的稳定性，抗氧化还原能力较强。

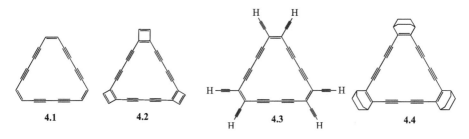

图 4-1　典型去氢[18]轮烯

Tobe 等[4]利用激光消融技术照射苉满基融合的去氢[18]轮烯以探测环[18]碳(**4.5**)，质谱分析表明 C_{18}^{-1} 的峰最强，而且从所搜集的资料中推断 C_{18} 的振动频率要远低于其他原子团，这可能是由于 C_{18} 以累积双键的$(4n+2)$结构形式存在，而不是单键、三键交替连接的$(4n)$结构，如图 4-2 所示。

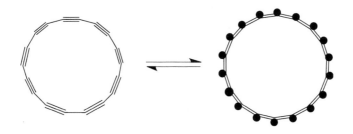

图 4-2　环[18]碳的共振结构

在呋喃的存在下 **4.5** 可以发生[2+2]开环反应，反应后检测到二氢化茚和未知结构的聚合物（**4.6～4.8**），没有发现环碳化合物的产生。但此反应可以通过开环反应消除掉茚单元制备活泼的去氢轮烯中间产物，如图 4-3 所示。

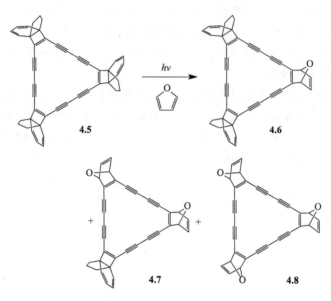

图 4-3　茚满基融合去氢[18]轮烯的[2+2]开环反应

Diederich 等通过真空快速热解致使蒽融合去氢[18]轮烯开环得到 C_{18} 离子[5]，强热条件下经过紫外线照射，在飞行时间质谱中检测到 C_{18} 碎片，然而在温和条件下只检测到蒽的碎片和轮烯母体，说明在此条件下发生的是反 Diels-Alder 反应。他们还制备了一系列环丁烯融合的去氢[18]轮烯以及更高级的低聚物作为环[18]碳的潜在前体[6]，如图 4-4 所示。其中环丁二酮融合的去氢[18]轮烯在辐射或真空快速热解的条件下脱掉一氧化碳而得到环[18]碳。因为环丁二酮不稳定，所以需要先用醇类化合物保护环丁二酮，然后通过相应的二炔环化聚合制备成缩酮（**4.9a-c**）和二缩酮（**4.10a-c**）的结构，保护的去氢轮烯经过酸解得到二酮产物。低温基质隔离/激光解吸实验显示 1792 cm^{-1} 出的羰基特征峰不断减小，而在 2115 cm^{-1} 处有新的峰出现，这间接地证明了照射环丁二酮融合的轮烯时会脱掉一氧化碳。由于炔基基团的对称性，环[18]碳的红外吸收峰非常弱。在照射条件下，电子吸收光谱显示在长波段的吸收带消失，但没有新的吸收带产生。至今仍没有成功分离得到环[18]碳。Rubin 等[7]还合成了稳定的环[18]碳的金属钴复合物（**4.11**），其晶体结构显示 **15** 确实为环[18]碳的金属复合物，拥有接近平面的 C_{18} 环结构，仅仅偏离平面 0.19 Å，顶部键角为 131° 和 134°，最小的二炔键角为 166°。然后他们利用硝酸铈铵、4-甲基-*N* 氧化吗啉和碘试图脱掉金属钴制备环[18]碳[8]，但这种方法没有成功，这可能是由于环[18]碳的金属复合物非常稳定，不易脱掉金属钴配合物，而配体的空间位阻也阻碍了去配位作用的进行。在过去的 20 多年里，研究人员们尽管证据确凿地检测到环碳化合物及其离子的产生，但通过稳定的前体制备分离并表征这种新颖的环碳结构仍无法实现。

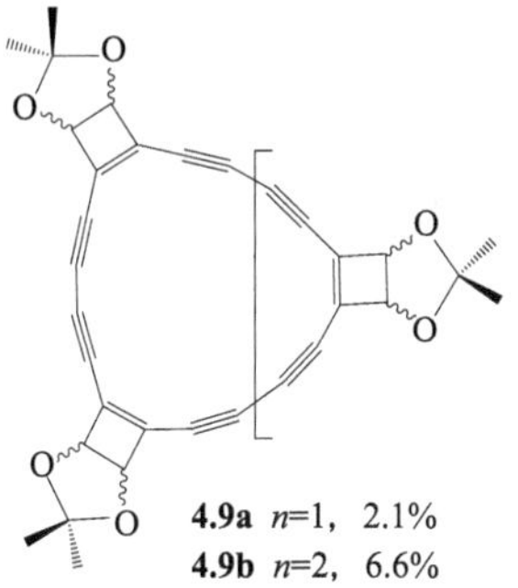

4.9a *n*=1，2.1%
4.9b *n*=2，6.6%
4.9c *n*=3，1.8%

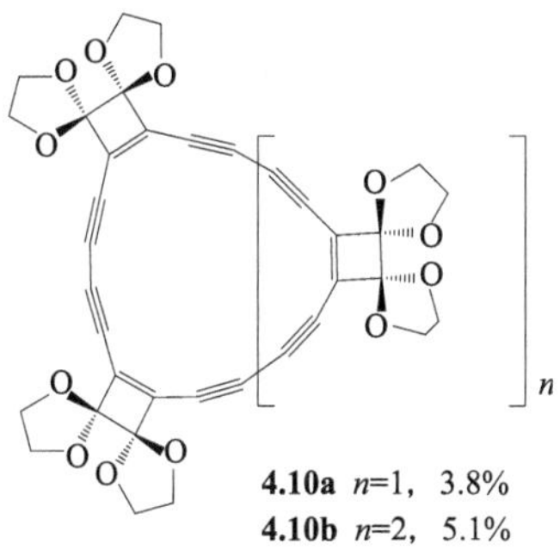

4.10a *n*=1，3.8%
4.10b *n*=2，5.1%
4.10c *n*=3，0.8%

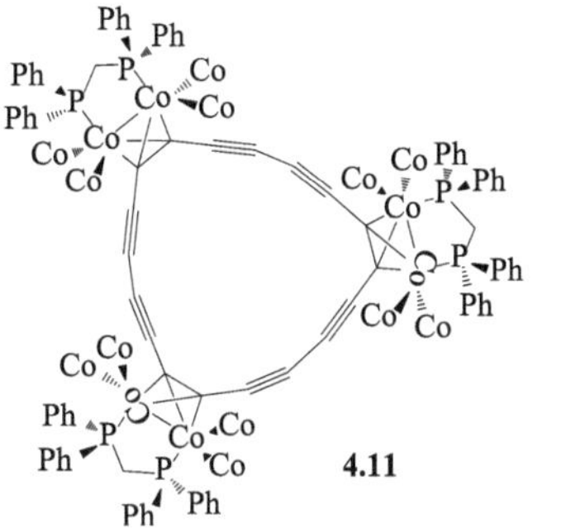

4.11

图 4-4　环丁二酮类去氢[18]轮烯以及去氢[18]轮烯的金属复合物

Suzuki 等[9]成功合成了一些具有 D_6h 对称性的特殊环[18]轮烯分子，这种结构是基于 Sworski 原理构建的，即向苯环的每个键中插入一组不饱和的 C_2 单元[10]，在不影响体系共轭程度、芳香性或对称性的基础上增大体系的大小，如图 4-5 所示。为了探明体系的扩大对其物理、化学性质到底产生怎样的影响，Ueda 等合成了化合物 **4.12** 的一系列六取代衍生物，这些衍生物均比较稳定，熔点和分解点均比较高，化合物 **4.13a** 在 150～175℃碳化，化合物 **4.13b**～**d** 在 220～250℃发生分解。**4.13b** 的晶体结构显示中心环的每个"面"有两个"长"键，平均键长为1.390 Å，两长键间为一"短"键，键长为 1.217 Å。炔基模式和累积双键模式均无法合理解释这种成键方式，但固体状态下分子的确拥有平面的 D_6h 对称 π 体系。化合物 **4.13** 的电子吸收光谱显示显示为典型的(4*n*+2)轮烯，在 400 nm 和 550 nm出有两个主要的吸收峰，而六芳基取代的化合物 **4.13b** 和 **4.13c** 的两个峰稍微发生了红移。

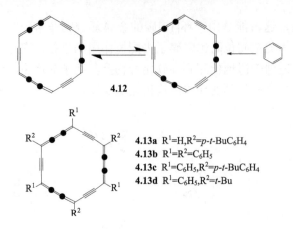

4.12

4.13a $R^1=H,R^2=p\text{-}t\text{-}BuC_6H_4$
4.13b $R^1=R^2=C_6H_5$
4.13c $R^1=C_6H_5,R^2=p\text{-}t\text{-}BuC_6H_4$
4.13d $R^1=C_6H_5,R^2=t\text{-}Bu$

图 4-5　苯环键中不饱和 C_2 单元的插入反应

4.1.2　去氢苯并轮烯

去氢苯并轮烯又称苯并环炔，于 20 世纪 60 年代被 Elinton 和 Staab 发现，后来他们又与另外一些著名的化学家如 Nakagawa 一起对 DBA 进行了深入的研究。20 世纪 90 年代早期 Youngs 和 Vollhardt 提出了环炔拓扑学，标志着 DBA 合成的复苏。DBA 研究复苏的主要原因是富勒烯的发现，以及一些高共轭，具有优异热学、光学及电学性质，非天然的碳的同素异形体的提出，如 graphyne、石墨炔（graphdiyne）。而苯并环炔正是这些理论分子的模型基础[11]。

1. 去氢苯并[12]轮烯

在 2005 年之前，只存在两种去氢苯并[12]轮烯：二聚苯并轮烯（**4.14**）（也称为 Eglinton-Galbraith 二聚物）和三苯并环炔（**4.15**），如图 4-6 所示。Behr 等[12]首先通过氧化聚合邻二乙炔基苯得到二聚苯并轮烯。之后于 1966 年 Campbell 等[13]又成功制备了三苯并环炔，在吡啶溶液中通过一价铜催化使邻碘代苯基乙炔发生三聚得到 **4.15**。Staab 和 Graf[14]也同时报道了 **4.15** 的合成，他们首先利用 Wittig 反应制备二去氢苯并轮烯，再通过卤化/脱卤化反应制得 **4.15**。直到 40 年后 Tobe 等[15]才成功制备了具有较大张力的二苯并环炔（**4.16**），开辟了新的三炔拓扑学。

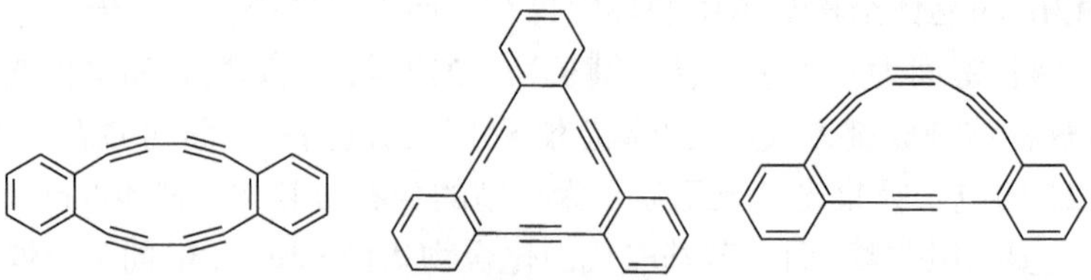

4.14	**4.15**	**4.16**

图 4-6　去氢苯并[12]轮烯，三苯并环炔，二苯并环炔

Tovar 等[16]以铜盐作为催化剂催化二聚 3,4,5,6-四(2-叔丁基乙炔基)-1,2-二乙炔基苯得到 **4.17**，如图 4-7 所示。虽然同样条件下 3,4,5,6-四(2-叔丁基乙炔基)-1,2-二乙炔基苯可以发生三聚合、四聚合，但其三聚、四聚产物均没有分离得到。八取代的 **4.17a** 相对于环炔母体具有非常好的稳定性，这可能主要是由于大的烷基取代基的存在增加了位阻效应从而分散了溶剂分子。2001 年 Gallagher 和 Anthony 成功制备了线型[12]轮烯低聚物(**4.18**)[17]。与传统的分子间 Hay 环化技术相比，他们先利用 Hay 偶联反应使二烷基取代的苯基炔发生自身的偶联反应，然后在钯催化剂的作用下与烷氧基取代的苯环发生偶联从而得到延伸的线形结构。化合物 **4.18a** 和 **4.17b** 比较稳定，具有极好的溶解性，而化合物 **4.18b** 在有机溶剂中的溶解性较差，并且在未经去氧处理的溶剂中容易分解。Ott 和 Faust[18]利用一锅煮的去保护/缩合的方法成功制备了两种新型的喹喔啉去氢轮烯(**4.19**)，在化合物 **4.19a** 中，由于苯环取代基的扭曲限制了体系 π 电子的离域，因此与四苯基取代的化合物 **4.19a** 相比，四炔基取代的化合物 **4.19b** 吸收光谱发生红移。

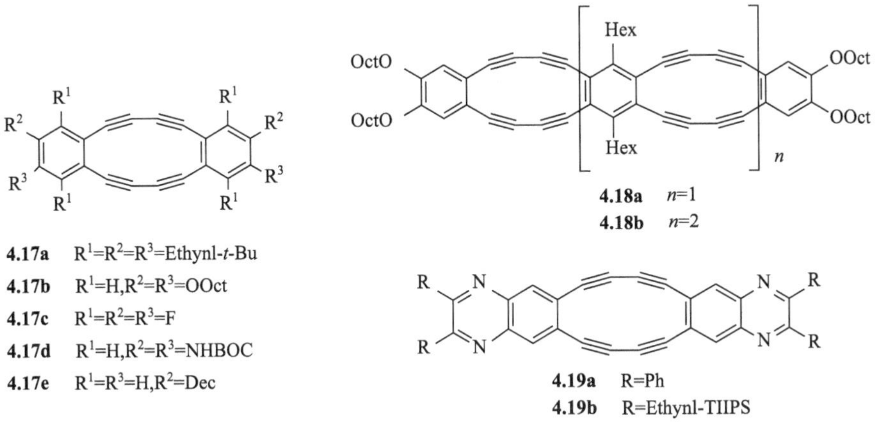

4.17a　R¹=R²=R³=Ethynl-*t*-Bu
4.17b　R¹=H,R²=R³=OOct
4.17c　R¹=R²=R³=F
4.17d　R¹=H,R²=R³=NHBOC
4.17e　R¹=R³=H,R²=Dec

4.18a　*n*=1
4.18b　*n*=2

4.19a　R=Ph
4.19b　R=Ethynl-TIIPS

图 4-7　取代去氢[12]轮烯

1994 年 Zhou 等对邻二乙炔基苯类似物的二聚反应进行了深入的研究，用以制备新型的共轭有机聚合物[19]，如图 4-8 所示。首先在钯和镍催化剂催化下邻二氯苯或儿茶酚发生交叉偶联反应得到二乙炔基苯的衍生物 **4.20**，然后在邻二氯苯中二乙炔基单体发生分子间 Hay 偶联反应得到大环的二聚物以及寡聚和多聚的产物。环 **4.21b~e** 的收率为 17%~74%，而 **4.21a** 和更大的大环化合物则以混合物的形式通过 ¹H NMR 进行分析。与极其不稳定的化合物 **4.14** 相比，苯环上的四取代基可以提高[12]环炔的稳定性，在常温下可以存在数天。由于化合物 **4.21a** 的取代基面内面外不断更替，其固态结构展现出参差构象，这种结构特性阻碍了其与邻近丁二炔键的分子间作用。DSC 热力学性质分析表明在 100~125℃聚合具有比较窄的过渡期（$\omega^{1/2} \approx 1.5\,℃$）。X 射线粉末衍射、交叉极化魔角旋转核磁共振、ESR 等都表明四取代[12]轮烯没有展现出明确界定的局部化学聚合。

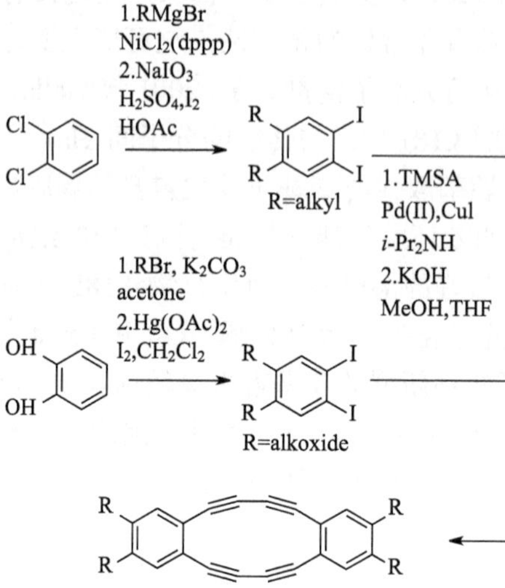

图 4-8　四取代去氢苯并[12]轮烯的合成路线

2004 年 Ott 和 Faust 成功制备了融合二亚胺结合位点的钌配位去氢苯并[12]轮烯（**4.22**）[20]，如图 4-9 所示。在 TFA 和乙腈中，4 当量席夫碱存在下，BOC 保护的四胺基[12]轮烯（**4.17d**）与[(bpy)$_2$Ru(phenanthroline-5,6-dione)]$^{2+}$(PF$_6^-$)$_2$ 发生缩合反应得到 **4.22**，收率为 21%。循环伏安实验结果表明 **4.22** 为一电子受体，其还原电位与 C$_{60}$ 的第一个还原电位相同。2000 年，Cook 和 Heeney[21,22] 及 García-Frutos 等[23]分别制备了酞菁染料去氢环轮烯，如图 4-9 所示。二者区别仅在于芳烃取代基和过渡金属的不同。两个研究小组均利用铜催化的分子间偶联反应使二乙炔基酞菁染料单体相互偶联得到不同的产物。Cook 研究小组利用 Eglinton 反应所制备的二聚物 **4.23a**，收率为 24%，同时得到 18%的二聚/三聚混合物。Torre 研究小组利用相似的 Eglinton 偶联反应制得 **4.23b** 及其三聚物的混合物，此混合物较难分离。当温度提到 70℃，并增加反应物浓度可以得到单一的大环产物 **4.23b**，收率为 51%。尽管在不同的溶剂中进行吸收光谱检测，**4.23a** 和 **4.23b** 的 λ_{cutoff} 均大于 800 nm，且具有一个特殊的增宽并且分裂的 Q 带，这主要是由酞菁染料基团通过丁二炔键而发生分子内相互偶合引起的。Cook 和 Heeney 还对其中间相变化倾向进行了研究，在 110℃时 **4.23a** 以相关联的双折射方式进入流动相。当 **4.23a** 于甲苯中加热超过 220℃时在吸收光谱上可以观察到一个剧变，同时通过基质辅助激光解吸电离飞行时间质谱可以检测到具有更高分子质量的低聚物存在。

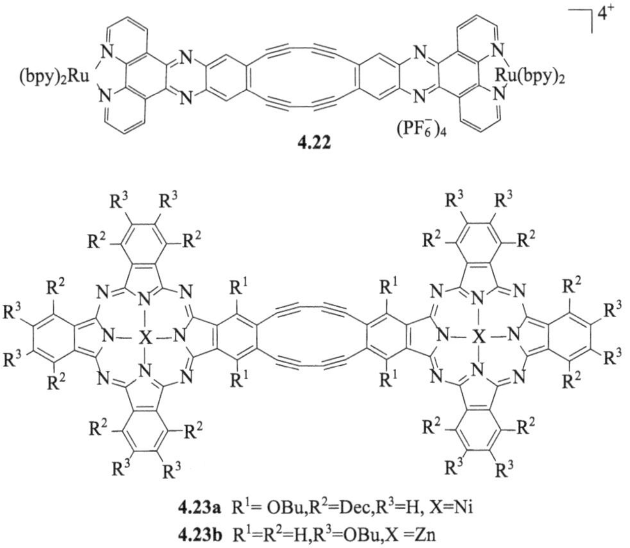
(bpy)2Ru
Ru(bpy)2
4+
(PF6-)4
4.22
R1
R2
R3
N
X
4.23a R1= OBu,R2=Dec,R3=H, X=Ni
4.23b R1=R2=H,R3=OBu,X =Zn

图 4-9　芳环共轭扩展去氢环轮烯

2. 去氢苯并[18]轮烯

Behr 等于 1960 年通过邻二乙炔基苯分子间偶联首次尝试制备去氢三苯并[18]轮烯(**4.24**)[12]，直到 40 年后，Haley 等和 Wan 等才将其分离出来[24,25]，化合物 **4.25** 脱硅炔基后的产物在铜的催化下发生分子间偶联而制得 **4.24**，收率为 35%，如图 4-10 所示。首先将 2-溴碘苯炔基化得到关键的三炔基芳烃中间体 **4.26**，然后在原位去保护/炔基化的条件下与 1,2-二碘苯反应得到 **4.25**，原位去保护/炔基化的方法可以解决末端苯基丁二炔部分不稳定的问题[26]。在 **4.24** 上增加两个癸基基团可以提高最终步骤的产率(56%)，并且提高产物的溶解性。环化后，[18]环炔苯环上质子的化学位移明显向低场发生移动($\Delta\delta$=0.2～0.5)，表明[18]环炔具有抗磁性。相对于[18]轮烯(**4.1**)，**4.24** 的吸收光谱发生蓝移，表明苯环的增加限制了其电子效应。

由于目前缺少可行的合成石墨炔的方法，去氢三苯并[18]轮烯(**4.24**)可以作为石墨炔的基本结构进行扩展，并可以通过 **4.24** 及其扩展物预测非天然碳的同素异形体的性质。Haley 研究小组基于化合物 **4.24** 制备了一系列大环体系，这些大环体系包括两个(**4.27**～**4.29**)[26,27]、三个(**4.30**～**4.32**)[26-29]、四个(**4.33**～**4.35**)[28]融合的

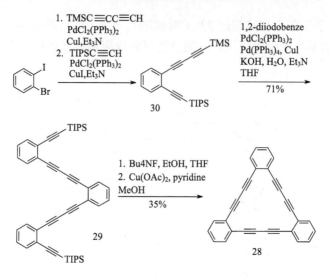

图 4-10 去氢三苯并[18]轮烯的合成路线

去氢苯并[18]轮烯，如图 4-11 所示。在吡啶和甲醇中，一价铜和二价铜催化偶联可以使较小的体系发生环化（**4.27**～**4.31**，6%～88%）。而 **4.32**～**4.35** 则需要在钯和铜的催化偶联下制备（收率：1%～49%）。对比这些同素异形体的紫外吸收光谱可以发现发色团的长度对吸收峰的位置起到决定作用，而不是总体的共轭程度。化合物 **4.27**（$\lambda_{max} = 413.431$ nm）具有两个线型二苯基丁二炔发色团，相对于化合物 **4.29** 的吸收峰（$\lambda_{max} = 404.420$ nm）发生红移，而 **4.29** 中仅有一个线型四炔发色团。相对于化合物 **4.30** 的吸收峰（$\lambda_{max} = 411.426$ nm）也发生红移，尽管 **4.30** 具有更高的共轭程度。化合物 **4.35**（$\lg\varepsilon = 5.59$，$\lambda_{max} = 462$ nm）是在上述化合物中基于石墨炔结构设计的最大富碳分子，其吸收波长在 462 nm，仅比石墨炔计算的饱和吸收波长短 23 nm。这些分子均在 200℃ 以上发生热分解，并且伴随着较宽过渡期，对于较大体系（**4.31**～**4.35**），其过渡期不仅较宽而且较乱。同时 Haley 还对它们的溶解性进行了研究，大的分子结构具有较差的溶解度。其中化合物 **4.34** 和 **4.35** 无法用核磁进行表征。

Pak 等[30]分离了一系列三苯并[18]环炔化合物（**4.36a**～**e**），并通过 STM 对其衍生物的自组装进行了研究[22]，如表 4-1 所示。通过 Hay 偶联反应制得的环炔收率为 8%～15%，需要循环凝胶渗透色谱进行提纯以去掉聚合副产物。1994 年 Swager 也报道了化合物 **4.36a** 和 **4.36b**，但这些环炔中掺杂了一些四聚物和低聚物，是以混合物的形式通过核磁进行表征的[20]。在二异丙胺和四氢呋喃中钯催化炔偶联只得到三聚和四聚类似物，而没有二聚副产物的生成。

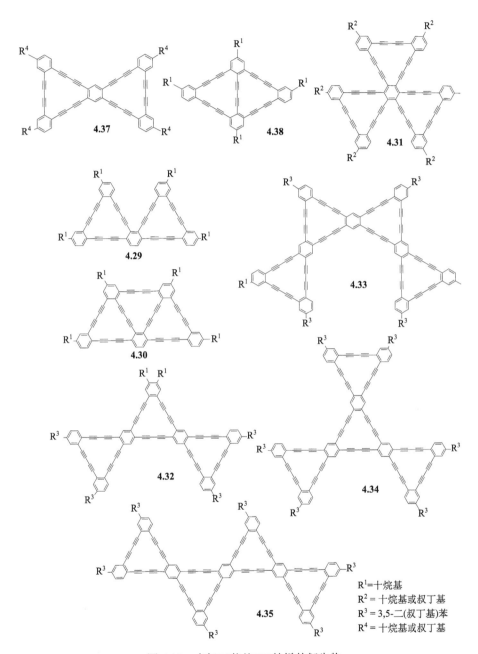

图 4-11　去氢三苯并[18]轮烯的衍生物

R¹=十烷基
R² = 十烷基或叔丁基
R³ = 3,5-二(叔丁基)苯
R⁴ = 十烷基或叔丁基

表 4-1　去氢苯并[18]轮烯

DBA	R¹	R²
4.36a	十烷基	氢
4.36b	十烷氧基	氢
4.36c	十二烷氧基	氢
4.36d	十四烷氧基	氢
4.36e	十六烷氧基	氢
4.36f	氟	氟
4.36g	己烷	氢
4.36h	丁烷	氢

　　在成功合成去氢三苯并[18]轮烯（**4.24**）的基础上，2001 年 Sarkar 等报道了一系列具有电子给体和电子受体的功能化[18]轮烯[31]，如表 4-2 所示。[18]环炔具有四个 π-π^*典型吸收带，因此他们利用紫外吸收光谱对基于[18]环炔构建的给体-受体体系的结构-性质间关系进行了研究。烷氧基体系（**4.37b**、**c**、**p**）吸收峰发生红移，在低能量处吸收变宽，但仍保留环轮烯核的吸收模式，表明了环炔核的电子局域态。强的给体或受体基团的引入（如 NBu$_2$、NO$_2$）会导致吸收模式变宽，使摩尔吸收率、红移数值增加。环 **4.37n** 含有强的受体和给体，而且在两个取代基间有线性共轭途径，展现出最好的低能量吸收（$\lambda_{max} = 422$ nm，$\varepsilon = 57300$ M^{-1}·cm^{-1}）。对给体-受体取代基间共轭途径的进一步研究发现线性共轭关系（**4.37n**）比交叉共轭提供更多的电荷转移。2001 年他们对化合物 **4.37j**～**m** 以及新的六取代类似物 **4.37q** 的二阶非线性光学敏感性进行了进一步的研究[31,32]，环 41j 具有偶极固态结构，展现出最大的二阶非线性光学响应，而且 β 值优于 4-(二甲氨基)-4′-硝基二苯乙烯。体系 **4.37r**～**w** 是最近合成出的化合物，来探究更替的给体（NHBu）和受体基团（CN、CO$_2$Me）。

表 4-2 去氢苯并[18]环轮烯电子给体-受体体系

DBA	R¹	R²	R³	R⁴	R⁵	R⁶
4.37a	Dec	Dec	H	H	H	H
4.37b	OMe	OMe	H	H	H	H
4.37c	OOct	OOct	H	H	H	H
4.37d	H	H	H	NO_2	NO_2	H
4.37e	Dec	Dec	H	NO_2	NO_2	H
4.37f	OMe	OMe	H	NO_2	NO_2	H
4.37g	OOct	OOct	H	NO_2	NO_2	H
4.37h	NBu_2	H	H	H	H	H
4.37i	H	H	H	NBu_2	NBu_2	H
4.37j	NO_2	H	H	H	H	NBu_2
4.37k	NO_2	NBu_2	H	H	H	H
4.37l	NO_2	H	H	NBu_2	H	H
4.37m	NO_2	NBu_2	H	NO_2	NBu_2	H
4.37n	NO_2	NBu_2	H	NBu_2	NO_2	H
4.37o	OH	NO_2	H	NBu_2	NBu_2	H
4.37p	—O(CH₂CH₂O)₄—		H	H	H	H
4.37q	NO_2	NBu_2	NO_2	NBu_2	NO_2	NBu_2
4.37r	NO_2	NBu_2	NO_2	NBu_2	NBu_2	NO_2
4.37s	NHBu	NO_2	H	NO_2	NBu_2	H
4.37t	NHBu	NO_2	H	CN	NO_2	H
4.37u	CN	CN	H	NBu_2	NBu_2	H
4.37v	Dec	Dec	H	CN	CN	H
4.37w	CO_2Me	H	CO_2Me	H	CO_2Me	H

2004 年，Nishinaga 等[32]合成了一系列苯醌融合的六去氢[18]轮烯（**4.38**～**4.40**）以及六给体基团取代的去氢苯并[18]轮烯（**4.41**），如图 4-12 所示。首先二卤代芳烃与三甲基硅炔在钯催化剂催化下发生交叉偶联反应得到相应的二炔 **4.43**，然后在 KOH 存在下脱掉硅炔基，再利用 Eglinton 偶联反应得到[18]轮烯 **4.41**，收

率为 38%。利用电子受体对苯醌部分相继氧化取代二甲氧基苯环可得到不同的电子给受体体系。用 10 当量的硝酸铈铵（CAN）氧化化合物 **4.41** 一个小时得到 **4.38**，当反应时间增加到 12 h 时得到 **4.39**。相对于含有三个给体基团的化合物 **4.40** 和含有三个受体基团的化合物 **4.41**、化合物 **4.38** 和 **4.39** 分子内的电荷转移使其具有更好的光谱吸收（$\lambda_{cutoff} \approx 600$ nm）以及变宽的低能带。**4.38** 和 **4.39** 具有较弱的溶剂化显色现象。对苯醌基团的引入增加了[18]环炔的抗磁性，这主要是对苯醌基团使融入位置处双键的特性增强。

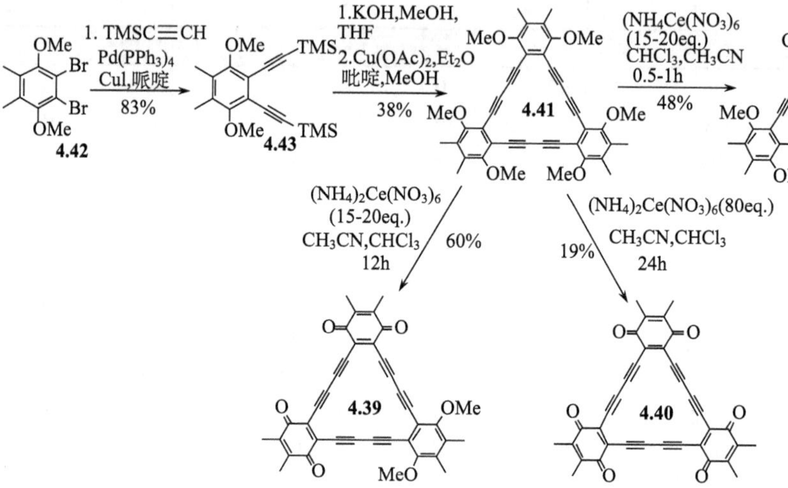

图 4-12　苯醌融合的六去氢[18]轮烯的合成路线

Laskoski 等[33-35]制备了一些有机金属[18]轮烯类似物（**4.44**～**4.47**）和十四、十八元环的杂化蝴蝶结状体系，其中这些蝴蝶结状体系的中心为环丁二烯与 CoCp 的复合物（**4.48**），如图 4-13 所示。用盐酸处理 **4.46a** 的爆炸分解物，在透射电子显微镜下可以观察到许多洋葱状碳纳米结构，这些纳米结构在 900℃下退火后变得更加有序。丁二炔组分的重组是爆炸分解的主要原因，这种现象只发生在晶体样品中，粉末状样品则不会发生此现象。而且 **4.46a** 的固态结构与其他有机金属体系相比有很多独特之处，这也说明了 **4.46a** 具有形成有序富碳结构的倾向：邻近体系的二炔单元拥有许多紧密接触，例如，对于 sp 杂化碳原子，其键长均不超出范德瓦尔斯半径（3.6 Å）总和。

4.1.3　四炔基乙烯纳米结构

自 1991 年四炔基乙烯（**2.12a**）被合成以来，已经制备了各种不同的四炔基乙烯的单、双和三保护的衍生物。这不仅开辟了大环碳网络前体 **2.13** 和 **2.14** 的方法

（图 2-8），而且开辟了具有不寻常的结构和电子性质的新型富碳纳米结构，如扩张的环烯 **4.51**～**4.53**［图 4-14(b)］[36]。四炔乙烯衍生物的顺式-烯二炔亚结构中的末端 sp 碳原子之间的距离在环境温度或温和升高温度下对于 Bergmann 环化反应来说都太大，这使得上述发展成为可能。Bergmann 环化反应是当代乙炔化学和从顺式-烯二炔（*cis* RC≡C—R′C=CR″—C≡R‴）产生高活性的 1,4-脱氢苯中的重要反应；在生物体系中，Nicolaou 和 Dai 环化反应提供二烯炔抗肿瘤抗生素如卡利奇霉素的 DNA 切割活性[37,38]。

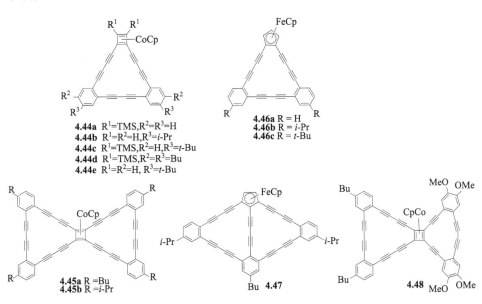

4.44a R¹=TMS,R²=R³=H
4.44b R¹=R²=H,R³=*i*-Pr
4.44c R¹=TMS,R²=H,R³=*t*-Bu
4.44d R¹=TMS,R²=R³=H
4.44e R¹=R²=H, R³=*t*-Bu

4.46a R = H
4.46b R = *i*-Pr
4.46c R = *t*-Bu

4.45a R =Bu
4.45b R = *i*-Pr

4.47

4.48

图 4-13　有机金属[18]轮烯类似物

轮烯（**4.49**）是分子式为 C_nH_n 的全外亚甲基环烷烃的同系物[39]［图 4-14(b)］。当丁二炔基单元插入每对相邻的外亚甲基单元之间的环状框架中时，将获得富含碳的扩张型轮烯 **4.50**［$C_{3n}H_n$，图 4-14(a)］。随着甲基化衍生物 **4.51**～**4.53** 的制备，从不同基团保护的四炔基乙烯[36]可以制备一系列扩展的轮烯［图 4-14(b)］。它们具有外围由甲基硅烷保护的大的碳核，可以将其被视为 C_{40}+8 *iso*-Pr₃Si（**4.51**）、C_{50}+10 *iso*-Pr₃Si（**4.52**）和 C_{60}+8 *iso*-Pr₃Si（**4.53**）。只要外围含有稳定和增溶基团的化合物（如 **4.51**～**4.53**）就具有高的溶解性和高的稳定性（熔点高于 260℃），这为将来制备和处理更大的碳表面带来了很大的希望。因为碳的表面（而不是外围取代官能团）决定了材料的性质，所以分子尺寸的进一步扩张将产生类似大的石墨或金刚石碎片的化合物。目前，还不知道是否发生这种转变，测试这种转变的假设应该是计算研究领域的一个重要挑战。

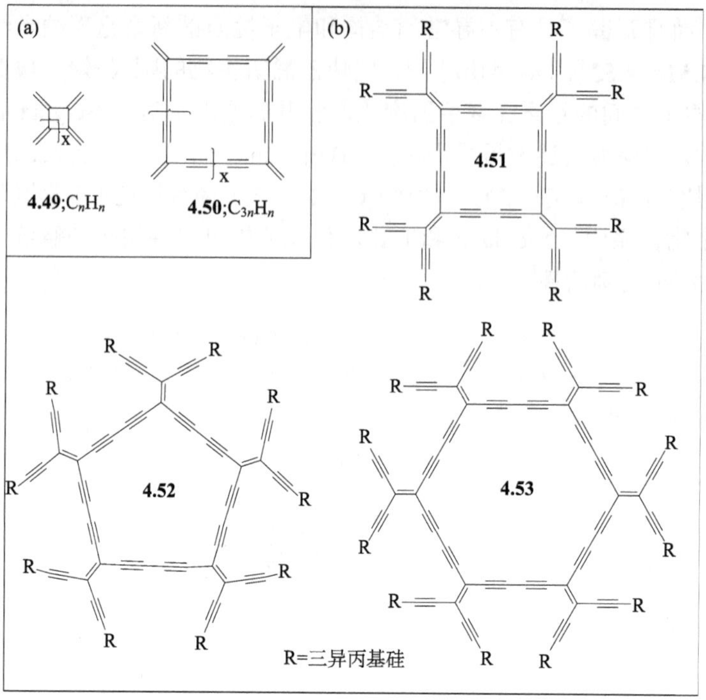

图 4-14　轮烯结构图

激光解吸飞行时间质谱技术广泛地应用于扩张型轮烯的表征中。在没有基质辅助的负离子模式中获得的光谱显示强的分子离子峰而完全不存在任何断裂或杂质峰。尽管化合物 **4.51～4.53** 是高度不饱和的，但是它们在紫外-可见光谱中的 500 nm 处显示相似的端基吸收。显然，在三种化合物中只有类似量级的还原大环缀合是有效的。仔细比较表明 **4.51～4.53** 中的π电子离域受限于最长的线形共轭片段和交叉共轭[图 4-14(b)]，即在中央环跨越 sp^2 碳原子的丁二炔基（C≡C—C≡C）片段之间的共轭不是高效的。鉴于扩张的轮烯和富勒烯（以电子方式描述为具有[5]轮烯结构的交叉共轭分子[40]）的高稳定性，可以由低效交叉共轭推测由π电子离域的限制引起的不饱和碳基物质是否是一般稳定原理。如果是这种情况，则这样的原理可以指导选择性地制备全碳分子和网络。同时，石墨的电子结构也可以被视为交叉共轭结构。虽然交叉共轭经常发生在有机物质中，但是对潜在的轨道相互作用以及任何所得到的热力学稳定的程度的理解是不充分的，为了将来更好地对新碳同素异形体进行研究，理论研究应当给予改进[41]。

通过反式-双（三异丙基甲硅烷基）保护的四炔基乙烯[图 4-15(b)]进行封端聚合，可以获得一系列高度稳定的共轭非尺寸分子棒（**4.54～4.58**）[42]。这些低聚物具有聚三乙炔骨架，聚三乙炔骨架是从聚乙炔[43]到聚二乙炔[44]和碳炔的中间步

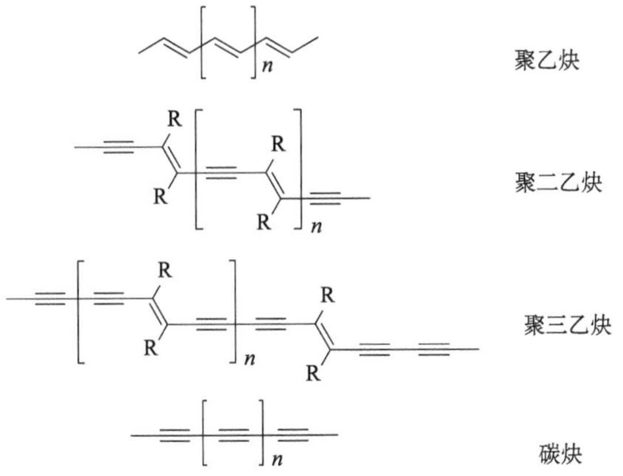

聚乙炔

聚二乙炔

聚三乙炔

碳炔

(a)

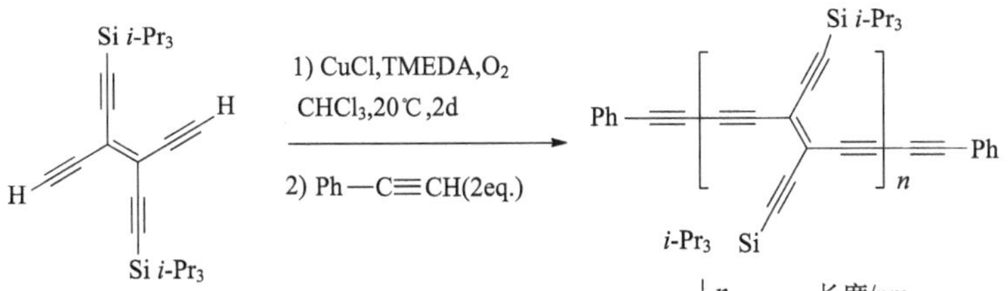

1) CuCl,TMEDA,O₂
CHCl₃,20℃,2d

2) Ph—C≡CH(2eq.)

	n	长度/nm
4.54	1	1.94
4.55	2	2.68
4.56	3	3.43
4.57	4	4.18
4.58	5	4.92

(b)

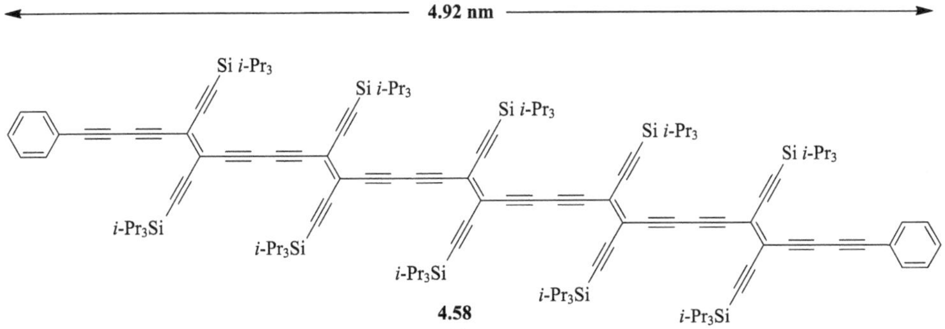

4.92 nm

4.58

(c)

图 4-15　(a) 从多炔烃到碳炔的聚合过程；(b) 可溶性的碳环 **4.54**~**4.58** 的制备；(c) **4.58** 的分子结构与分子尺寸示意图

骤[图 4-15(a)]。类似于扩张环烯 **4.51**～**4.53** 的碳棒 **4.54**～**4.58** 是令人惊讶的稳定的高熔点材料，可以在实验室的工作台上保持几个月不变。单体 **4.54** 和二聚体 **4.55** 的 X 射线晶体衍射结构显示其具有完美的平面共轭碳框架，包括苯环。在高度着色的 **4.54**～**4.58** 的电子吸收光谱中，端部吸收的波长随着低聚链长度的增加而增加。这些低聚物的末端吸收与低聚物长度倒数的比值可以推导出无限聚合物的末端吸收(即吸收带隙，E_g=2.3 eV)，与许多聚乙二炔中的带隙相当[45]。具有数均分子量 M_n 为 6900(对应于 12 nm 长度的十六聚体)的较长链聚合物的光学性能的初步研究证实了这种预测。**4.54**～**4.57** 的电化学研究显示了低聚物容易进行单电子还原，其中可逆单电子还原步骤的数目对应于每个棒中的四炔基乙烯部分的数目。随着低聚物长度的增加，第一次还原以更小的负电位发生(在四氢呋喃中，相对二茂铁，**4.54** 的 $E_{1/2}$ 是–1.57 V，**4.57** 的 $E_{1/2}$ 是–1.14V)。相比之下，没有一个低聚物可以在低于+1.0V(相对二茂铁)的电位被氧化，这有助于解释它们在空气中的稳定性。**4.54**～**4.58** 的电化学类似于富勒烯的电化学，其也具有可逆的多个单电子还原过程，但是难以氧化[46]。这是不饱和全碳材料的一般性质。低聚物(如 **4.54**～**4.58** 或更大的类似物)显著的稳定性可以使它们用作分子电子学中的分子线。为了与这些"线"接触，可以通过改变封端试剂将任何所需的取代基连接到棒的末端。侧向甲基硅烷可以容易地与其他取代基交换，以便将这种分子线连接到诸如硅晶片的基底上。

4.2　石墨炔的化学合成方法学

六炔基苯(**2.8**)是制备石墨炔非常理想的前体化合物，如图 4-16 所示，科学家们现已成功制备六炔基苯[47]，因此在铜盐的催化下六炔基苯间发生炔炔偶联即可得到石墨炔。但由于六炔基苯不稳定，容易发生变质，而且自身可以发生交叉偶联，这是在合成石墨炔时所要面临的难题。我们可以通过氮气的保护防止六炔基苯氧化变质，同时尽可能降低反应液的浓度来减少六炔基苯发生交叉偶联的概率。催化剂是利用六炔基苯制备石墨炔的关键，通常用于炔炔偶联反应的催化剂多为粉末状的铜盐化合物，这些粉末状的铜盐在催化聚合时无法提供平面的"模板"诱导石墨炔薄膜的形成，没有平面结构的诱导，单体间往往发生无序的炔炔聚合，随着聚合的进行形成结构混乱、缺陷较多的聚合物，因此利用传统的粉末状铜盐催化剂无法成功制备石墨炔薄膜。石墨炔本身具有较好的平面结构，选择拥有较大平面结构的炔炔偶联催化剂是成功制备石墨炔薄膜的关键。铜膜恰恰是成功制备石墨炔薄膜所需要的催化剂，在制备石墨炔薄膜的过程中铜膜可以起到催化和"平面模板"的双重作用。在吡啶溶液中，铜膜表面会产生少量铜离子，铜离子与吡啶形成吡啶-铜络合物，在吡啶-铜络合物的催化下六炔基苯在铜膜表面发生有序的炔炔偶联反应形成石墨炔薄膜，而铜膜的平面结构及其平面的延展性，使石墨炔薄膜沿着铜膜表面不断的生长，从而形成大面积的石墨炔薄膜（图 4-17），因此铜膜催化剂在催化合成石墨炔过程中扮演双重角色，解决了粉末状铜盐催化剂所解决不了的问题[48]。

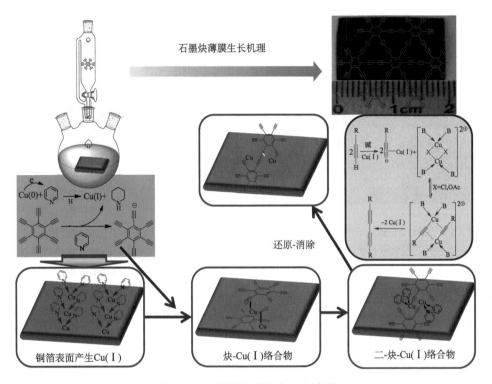

图 4-16　石墨炔的化学合成方法学

利用类似的方法，在铜膜表面发生有序的炔炔偶联反应形成了碳炔薄膜[49]（图 4-18）。

也可以通过气-液-固（VLS）法制备具有不同层数的 GDY 薄膜。VLS 法是通过严格控制 GDY 粉末的质量和相应地在加热管中移动石英舟的位置进行的（图 4-19）[50]。在加热过程中，少量的氧化锌（ZnO）还原成金属锌（Zn）。Zn 液滴将作为催化剂和用于 VLS 生长过程中吸附 GDY 的位点。高分辨透射电子显微镜（HRTEM）显示，各种厚度的 GDY 膜中，衍射条纹间的距离约为 0.365 nm。这种方法能够用于构建具有高质量表面并且显示高导电性（高达 2800 S/cm）的大面积有序半导体膜。

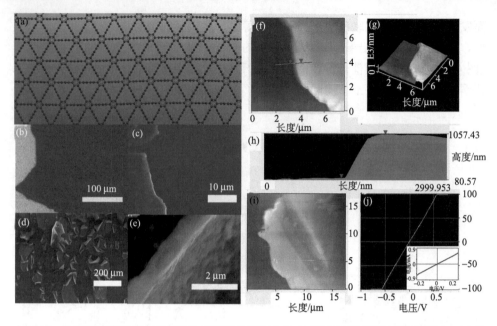

图 4-17　（a）GDY 膜的示意图；（b）生长在铜片表面上的大面积石墨炔膜的扫描电镜图；（c）放大倍数下的石墨炔膜扫描电镜图；（d）铜片边缘处碎裂翘起的石墨炔膜；（e）放大倍数下翘起的石墨炔膜；（f）铜片上石墨炔膜的 AFM 形貌；（g）轻敲模式 3D 原子力扫描电镜图；（h）、（f）中线型部分石墨炔膜高度图，以及导电 AFM 图像（i）和相应的 $I\text{-}V$ 曲线（j），（j）中插图是在器件上测得的石墨炔膜的 $I\text{-}V$ 曲线[48]

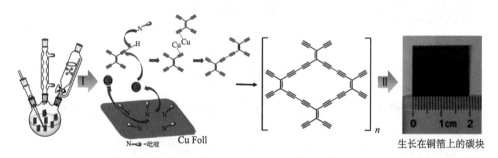

图 4-18　碳炔薄膜的合成机理[49]

　　石墨炔还可以通过液-液相界面合成（图 4-20）。在两种互不相溶的液体相界面上控制反应底物和催化剂的接触面积来制备石墨炔[51]。上层水相含有乙酸铜和吡啶，该相作为催化剂可以催化炔基偶联反应即 Eglinton 偶合反应。下层二氯甲烷相含有前体单体。用纯水覆盖有机层，目的是使液-液界面在水溶液加入的过程中保持稳定，而这种处理可以避免前体与催化剂的随机接触。在室温条件及惰性氩气氛的保护下，催化偶联反应的连续进行促使二维共价网络的生长，24 h 后在液-液界面上形成石墨炔多层膜。这种深棕色膜不溶于任何溶剂中，这显示出石墨炔的 π 共轭聚合物特性。将两相溶液分别用纯溶剂替换来清洗上述制备的薄膜，然后将其转移至平面基底如 1,1,1,3,3,3- 六甲基二硅氮烷修饰的硅片上 [HMDS/Si(100)]进行表征。

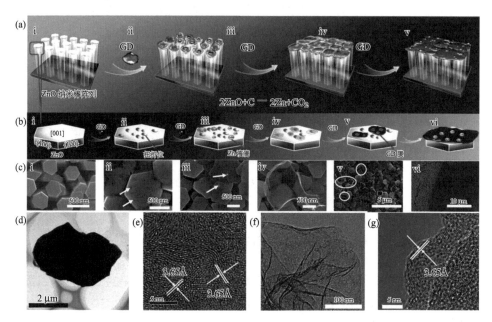

图 4-19　(a)、(b)在 ZnO 纳米棒阵列表面上，将还原、自催化和饱和 VLS 模型相结合的石墨二炔薄膜生长示意图；(c)对应于示意图(b)中的 SEM 图像：(i)具有光滑表面 ZnO 纳米棒阵列和 GDY 薄膜；(ii)在 ZnO 纳米棒阵列顶部还原生成的粗糙表面和扭结位置(用箭头标记)；(iii)分散在 GDY 薄膜中的源自 Zn 液滴的再氧化形成的 ZnO 纳米颗粒；(iv)典型的液滴状透明 GDY 薄膜；(v)由少量 Zn 液滴产生的许多小的 GDY 薄膜，由两个、三个或更多个较小的 GDY 膜连接；小 GDY 膜的形态与液滴的形态相似；(vi)连续大面积 GDY 薄膜；以及厚度为[(d)、(e)] 540 nm 和[(f)、(g)]42.6 nm 的样品的 TEM[(d)、(f)]和 HRTEM[(e)、(g)]图像[50]

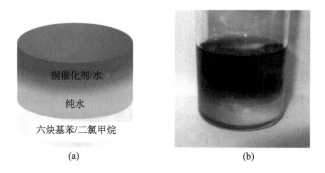

图 4-20　液/液界面合成多层石墨二炔薄膜的示意图(a)和光学照片(b)[51]

更薄、更高质量的石墨炔可以通过气-液相界面合成。图 4-21 展示的是气-液相界面合成的过程。将 20 nmol 前体溶于 220 μL 二氯甲烷和甲苯的混合溶液中（体积比为 1∶10），并将此有机相小心置于含有催化剂的水溶液相之上。保持室温及氩气保护，有机溶剂会迅速挥发消失。催化聚合反应在气-液界面持续 24 h 后，生成漂浮在界面上的石墨炔纳米片层。该石墨炔纳米片层肉眼不可见，但是可以通过著名的 Langmuir- Schäfer 法将其转移至各种平面基底上。

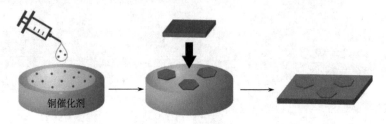

铜催化剂

图 4-21　气/液界面合成石墨炔纳米片的示意图[51]

4.3　石墨炔的表征方法与技术

石墨炔的表征大体可分为两类：一类为结构评价，主要是对制备出的石墨炔片层结构、缺陷浓度等方面进行表征，以判断石墨炔质量；另一类为性能评价，主要是对石墨炔材料的导电、透光、力学性能、热稳定性、导热性能等进行表征，以判断其性能优越性。

常用的石墨炔评价表征手段主要有：傅里叶红外光谱仪（FTIR）、扫描电子显微镜（SEM）、透射电子显微镜（TEM）、X 射线光电子能谱（XPS）、拉曼光谱仪（Raman）、原子力显微镜（AFM）、X 射线衍射仪（XRD）、同步热分析仪（TGA-DSC）等。

4.3.1　拉曼光谱

拉曼光谱是用来表征碳材料最常用的、快速的、非破坏性和高分辨率的技术之一。光谱看起来很简单，一般只是由波数范围在 1000～2000 cm^{-1} 内的几个非常强的特征峰和少数其他调制结构组成，但谱峰的形状、强度和位置的微小变化，都与碳材料的结构信息相关。通过激光光束照射样品，入射光与样品发生相互作用，由于样品中分子振动和转动，使散射光的频率（或波数）发生变化，拉曼光谱技术正是根据这一变化分析样品的分子结构。

拉曼光谱中石墨炔具有六个强烈的拉曼峰（图 4-22）[52]，B 峰主要来自苯环和炔相关环的呼吸振动；G 峰主要来自于石墨烯芳香键的拉伸，这种模式的波数和强度在这些富含炔烃的 2D 系统中相对较小，这表明它应该是引入了炔键的石墨炔的一般特征；Y 峰来自三键的同步拉伸/收缩，这是全对称模式；G''峰归属于苯环中原子的剪切振动；G'峰来自三相之间的 C—C 键的振动协调的原子和他们邻居的双重协调，出乎意料地，G'甚至比 G 更强；Y'峰是另一种炔烃三键的拉伸模式，但是不同三键的振动是异相的：1/3 的三键是伸展的而剩余的 2/3 是收缩的。

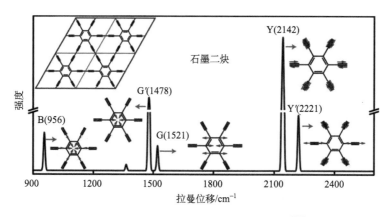

图 4-22 石墨炔的拉曼谱图和振动模式[52]

图 4-23 为同一碳炔薄膜在不同位置的拉曼光谱，在 1382.2 cm^{-1}、1569.5 cm^{-1}、1926.2 cm^{-1} 和 2189.8 cm^{-1} 有较强的吸收，而且膜上不同位置均具有相同的拉曼吸收峰，这说明所制备的石墨炔薄膜是非常均匀的。1569.5 cm^{-1} 处的吸收峰是对应的苯环 sp^2 杂化碳原子的面内伸缩振动，为石墨炔的 G 带，相对于石墨的 G 带发生红移。1382.2 cm^{-1} 处的吸收峰对应苯环 sp2 杂化碳原子的呼吸振动，为石墨炔的

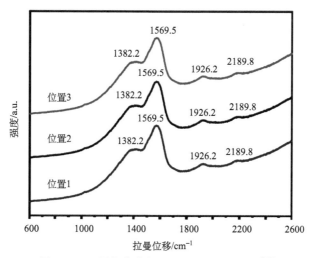

图 4-23 石墨炔薄膜在不同位置的拉曼谱图[48]

D 带，相对于石墨的 D 带发生蓝移。D 带是石墨炔的无序带，与石墨炔的结构缺陷相关，因此石墨炔的 D 带与 G 带的比值可以用来衡量石墨炔薄膜的优劣程度，D 带与 G 带的比值越小，则所制备的石墨炔薄膜的缺陷越少，晶态越好。从石墨炔薄膜的拉曼光谱看到石墨炔薄膜 D 带与 G 带的强度比值约为 0.729，说明石墨炔薄膜高度有序，缺陷较少，也表明所制备的石墨炔薄膜为多层石墨炔薄膜。1926.2 cm^{-1} 和 2189.8 cm^{-1} 对应于石墨炔中的共轭二（—C≡C—C≡C—）的伸缩振动。这些研究结构证实石墨炔是由 1,3-二炔键将苯环共轭连接形成二维平面网络结构的全碳分子。

4.3.2 扫描电子显微镜

近 20 年来，扫描电镜发展迅速，多功能的分析扫描电镜（即扫描电镜带上能谱仪、波谱仪、荧光仪等）既能做超微结构研究，又能做超微结构分析，既能做定性、定量分析，又能做定位分析，具有景深大、图像富有立体感、分辨率高、图像放大倍数高、显像直观、样品制备过程相对简单、可连接 EDAX（X 射线能谱分析仪）进行微区成分分析等特点，被广泛应用于生物学、医学、古生物学、地质学、化学、物理、电子学及林业等学科和领域。SEM 通常用来分析样品的表面形貌，并可利用其附带的 X 射线能谱仪（EDS）对样品成分进行分析。可用于对各种石墨炔材料样品的表面形貌进行观察分析，并通过 EDS 分析样品中的 C 及杂原子的含量，以对样品的氧化或掺杂的效果进行评价。

用扫描电子显微镜（SEM）对石墨炔膜的形貌及结构进行了分析，如图 4-17（b）～（e）所示。从图 4-16 我们可以看到生长在铜片表面上的膜比较均匀而且是连续的大面积薄膜（面积为 3.61 cm^2）。所形成的膜韧性较好，表面较为光滑，在铜片边缘处有破碎的膜出现，图 4-17（d）清晰地展示了在铜片边缘破碎翘起的薄膜，此薄膜的厚度大约为 1 μm，如图 4-17（e）和（d）所示。

4.3.3 透射电子显微镜

金相显微镜及扫描电镜均只能观察物质表面的微观形貌，它无法获得物质内部的信息，而 TEM 由于入射电子投射试样后，将与试样内部原子发生相互作用，从而改变其能量及运动方向[53]。显然，不同结构有不同的相互作用。这样，就可以根据投射电子图像和相互作用的复杂性，因此所获得的图像也很复杂，它不像表面形貌那样直观、易懂。电子透过试样所得到的投射电子束的强度及方向均发生了变化，由于试样各部分的组织结构不同，因而透射到荧光屏上的各点强度是不均匀的，这种强度的不均匀分布现象就称为衬度，所获得的电子像称为透射电子衬度像[43]。其形成机制有二种：①相位衬度：如果透射束映射可以重新组合，从而保持它们的振幅和位相，则可只得到产生衍射的。那些晶体面的晶格像，或者一个个原子的晶体结构象。仅适用于很薄的晶体试样(约 100 Å)。②振幅衬度：振幅衬度是由于入射电子通过试样时，与试样内原子发生相互作用而发生振幅的变化，引起反差。振幅衬度主要有质量衬度和衍射衬度二种：①质厚衬度：由于试样的质量和厚度不同，各部分对于入射电子发生相互作用，产生的吸收与散射程度不同，而使透射电子束的强度分布不同，形成反差，称为质厚衬度。②衍射衬度：其主要是由于晶体试样满足布拉格反射条件程度差异以及结构振幅不同而形成电子图像反差，它仅属于晶体结构物质，对于非晶体试样是不存在的。

　　TEM 方法可以对石墨炔表面的微观形貌进行观察，而且能够测量出清晰的悬浮石墨炔结构和原子尺度的细节。

　　一直难以直接成像和确定少数层二维平面材料的晶体结构。然而，最近 Li 等[54]成功地采用低电流密度低压透射电子显微镜实现了直接成像，并证实了所合成的石墨二炔纳米片的结构是具有 6 层厚度和 ABC 堆叠方式的晶态结构。图 4-24 显示了石墨二炔纳米片的 SAED 图。为了研究图案对应的堆叠模式，他们用 AA、AB 和 ABC 堆叠模式构建了三个石墨二炔模型，并模拟了它们的 SAED 模式。比较实验和模拟 SAED 模式，实验结果与 ABC 模式匹配。因此，确认石墨二炔的纳米片具有 ABC 堆叠。为了进一步验证纳米片的晶体结构，还通过维纳滤波对 HRTEM 图像进行滤波，以消除 HRTEM 图像中的噪声。具有 $\Delta f = 50$ nm 的模拟 HRTEM 图像与实验和过滤过噪声的 HRTEM 图像非常一致，如图 4-24(d)所示。因此，进一步证实了石墨二炔纳米片具有 ABC 堆叠，厚度为 2.19 nm，即 6 层。

4.3.4　X 射线光电子能谱

　　X 射线光电子能谱(XPS)分析可以用于石墨炔及其衍生物或复合材料中化学结构和化学组分的定性及定量研究。我们利用 X 射线光电子能谱仪对石墨炔膜的元素组成进行了分析，图 4-25 是石墨炔膜的 X 射线光电子能谱(XPS)。如图 4-25(a)所示，石墨炔膜由碳元素组成，284.8 eV 的 C 1s 峰对应碳元素的 C 1s 轨道。O 1s(532 eV)峰说明有少量的氧元素存在，这主要是由于石墨炔本身吸附少量空气所带来的。XPS 分析结果与元素能量损失谱(EDS)的分析结果相符，进一步说明石墨炔仅由碳元素组成。图 4-25(b)对碳元素的峰进行更深一步的分析，通过 XPS 分峰软件可以将 C 1s 峰分成四个次峰，分别为 284.5、285.2、286.9 和 288.5 eV，这四个峰分别对应 C—C(sp^2)、C—C(sp)、C—O 和 C=O，其中 C—C(sp^2)和 C—C(sp)的积分比为 1/2，这也说明了石墨炔的化学键结构，即各苯环间有两个炔键相连，sp^2 与 sp 杂化碳原子比例为 1/2。

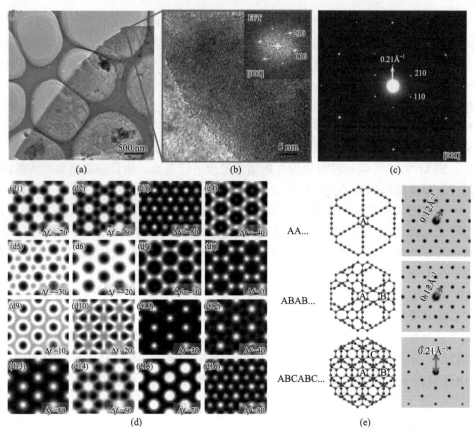

图 4-24 石墨二炔纳米片晶体结构的直接成像及对应的模拟 SAED 模式[54]

(a)纳米片的低分辨 TEM 图像；(b)图(a)框中区域的高分辨 TEM 图像；(c)纳米片的选区 SAED 图案，其晶带轴为[001]；(d)沿[001]晶带轴具有不同散焦(Δf)值的模拟 HRTEM 图像，Δf 值的单位为 nm；(e)具有 AA、AB 和 ABC 堆叠模式的 GDY 模型；其中 A、B 和 C 层分别由黄色、绿色和紫色表示，以及对应的模拟 SAED 模式

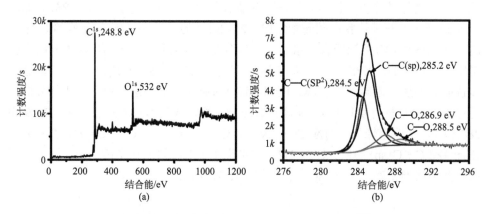

图 4-25 石墨炔膜的 X 射线光电子能谱(XPS)[48]

(a)石墨炔膜的全元素扫描图；(b)碳元素的窄幅扫描图

4.3.5 X射线近边吸收结构谱

为了进一步研究并应用石墨炔，必须了解它的电子结构。空气中石墨二炔的电子结构已用 X 射线近边吸收结构光谱和扫描透射 X 射线显微镜进行了研究（图 4-26）。石墨炔含有 $(C—C≡C)_6$—单元结构，因此石墨炔的碳的 K 边 X 射线近边吸收结构谱图主要源于两种类型的碳，一种为六元环的碳，一种为炔基碳。A 带归属于碳环结构中芳香碳碳键的 π* 激发带，C 带为碳碳键的 σ* 激发带；由于含氧官能团的存在（如羧酸根），B 带可归属为层间态或过渡到 sp^3 杂化的状态。对于存放一周的石墨二炔，与单壁碳纳米管和石墨烯氧化物相比 A 带明显变宽，这是比 A 带能量高 0.3 eV 的新带（A″）的贡献。285.5 eV 附近的 A 带归因于碳环结构不饱和碳碳键的 π* 激发带，而带 A″ 为碳碳三键的 π* 激发带[55,56]。因此，这些激发带证明石墨二炔中碳碳三键的存在。六元苯环也对图 4-26(b) 中 A 和 C 带分别对应的 π* 和 σ* 激发带有贡献。观察到石墨二炔缺陷部位的碳碳三键在空气中暴露 3 个月后转变成双键。实验显示氧和氮的官能团存在[57]。

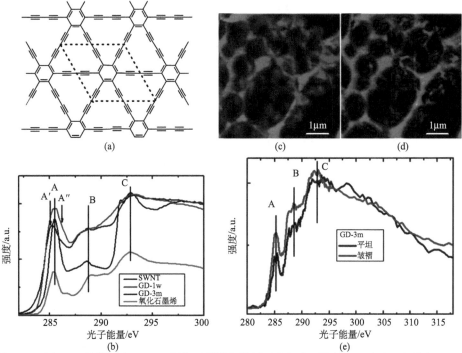

图 4-26　(a) GDY 结构；(b) SWNT，氧化石墨烯和暴露于空气中 1 周（GD-1 w）和 3 个月（GD-3m）的石墨二炔的碳 K 边 XANES 光谱的比较，GD-3m 的 STXM 化学成分谱和 XANES 光谱：(c) GD-3m（红色）和蕾丝碳（绿色）的彩色复合图（彩图请扫封底二维码）；(d) 三组分的彩色复合图（蓝色，GD-3m 平坦部分；红色，GD-3m 褶皱部分，绿色，蕾丝碳）；(e) GD-3m 平坦（蓝色）和褶皱（红色）部分的碳 K 边 XANES 光谱[57]

4.3.6 紫外吸收光谱

我们对石墨炔膜的紫外吸收光谱进行了研究，由于石墨炔几乎不溶于任何有机溶剂，因此我们对生长在铜片上的石墨炔膜进行反射紫外吸收测试，图 4-27 显示石墨炔膜在 840 nm 左右有较强吸收，而且吸收范围较广。

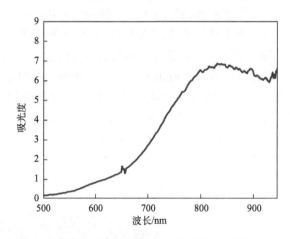

图 4-27　石墨炔膜的反射紫外吸收光谱

4.3.7 原子力显微镜

原子力显微镜(atomicforcemicroscopy, AFM)被认为是用于石墨炔形貌表征的最有力的技术之一。AFM 利用原子探针慢慢靠近或接触被测样品表面，当距离减小到一定程度以后原子间的作用力将迅速上升，因此，由显微探针受力的大小就可以直接换算出样品表面的高度，从而获得样品表面形貌的信息。AFM 方法可以对石墨炔表面形貌进行观察分析，同时可以测量出石墨炔片层的厚度，对石墨炔材料的片层质量进行表征。我们利用原子力扫描电镜(AFM)对石墨炔膜的厚度进行了测试分析。图 4-17(f)～(h)所示为石墨炔原子力扫描电镜图，石墨炔膜的平均厚度约为 970 nm，这与前面所述扫描电镜图的结果相符。

通过原子力显微镜使用导电探针，还可以测量生长在铜片上的石墨炔膜的导电性质，测量时外加一个偏压。为了测量石墨炔膜的导电性质，将导电的原子探针加在石墨炔膜上，构成一个回路，如图 4-28 所示。通过典型的电流-电压(I-V)曲线，观测了石墨炔膜的导电性质，如图 4-17(j)所示，图中给出的电流变化的区域在–1～+1 V 之间，曲线显示石墨炔膜的 I-V 曲线为一直线，遵循欧姆定律，具有较好的导电性。构筑石墨炔膜的器件对石墨炔的电学性质进行研究，以生长有石墨炔膜的铜片作为底部电极，铝膜(20 mm^2)作为顶部电极[18]。图 4-17(j)插图

说明石墨炔膜的 I-V 曲线为一直线，遵循欧姆定律，直线斜率为 $2.53×10^{-3}$。通过计算得到石墨炔膜的电导率为 $2.516×10^{-4}$ S/m，展现出较好的半导体性质。

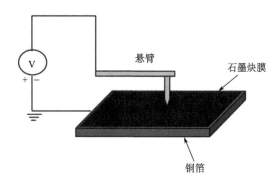

图 4-28　原子力显微镜用于石墨炔膜导电性测试设计示意图

4.4　石墨炔掺杂及衍生化

石墨炔中的碳碳三键易吸附氢、氟、氧等原子，为制备掺杂的二维碳材料提供了良好的契机[58]。由于 sp 杂化碳原子的本征性质，"面内"图案化反应易在这些部位发生，使得碳原子从 sp 到 sp^2 杂化转化时碳原子的平面网络结构得以很好的保留。根据所吸附原子的种类及分布不同，材料会表现出不同的导电行为或为半导体和金属性，这为石墨炔在电学和微电子学方面的应用提供了很大的空间，使原生石墨炔的导电行为变得可调，并选择性的应用在电子和光电子器件、化学传感器及能量储存等领域。

当同时考虑热力学和动力学因素时，计算研究表明石墨炔趋向于发生均匀的"面内"加成反应。二氯卡宾选择性地加成到石墨炔的 C(sp)—C 键上是通过一种逐步机理实现的[59]。因为石墨炔是同质性的二维碳化合物，C(sp)—C(sp)键上的加成反应能生成结构有序的新型高分子二维碳化合物。高分子二维碳化合物的电子能带结构位于费米能级附近，类似于石墨烯。这些新颖的材料是半导电的或金属性的，这取决于反应是否打破了六边形对称性。更重要的是，二维碳化合物可进一步通过取代反应功能化，这对扩展的π电子共轭体系带来的缺陷很少。上述研究还发现从石墨炔获得的高分子二维碳化合物在物理性质方面完全可与石墨烯相媲美，而石墨炔的化学性质优于石墨烯，因此，基于石墨炔高分子二维碳化合物作为关键材料，在诸多领域特别是高技术领域有可能成为无可替代的材料[59]。

在近年来开发的用于石墨烯功能化的多种方法中(即通过引入结构空位和/或

杂质，通过吸附原子或分子，通过形成石墨烯衍生物以及通过与其他碳纳米结构如富勒烯或纳米管，或含石墨烯复合材料等）形成各种基于石墨烯的杂化结构材料[60-62]，迄今，仅有一小部分已被用于研究石墨炔和石墨二炔，即附加原子和杂质。在这里，我们将重点介绍非金属杂原子掺杂、金属原子修饰及表面改性等方法对石墨炔材料光电化学、能源存储与转化、催化性能等方面的影响；指出掺杂改性等可以大幅提高石墨炔物理化学能并赋予其某些奇异的特性，有望为基于石墨炔的电子和光电器件及催化过程效能的提高开辟新的道路，成为纳米材料领域的新热点。

4.4.1 非金属杂原子掺杂石墨炔

由于碳和杂原子之间的电负性差异，杂原子(N-[63]、B-[64]、P-[65]、S-[66]、F-[67]等）掺杂不仅可以提高纳米碳材料的表面化学活性，还可对其电子结构进行调节，被认为是一种快捷有效地制备新材料的方法[68-73]。石墨炔作为新的碳同素异形体家族，以其独特的碳网平面结构引起了学者们的广泛关注。石墨炔中所富含的炔键及亚纳米孔为其化学后修饰提供了反应位点和多种反应途径。黄长水团队研究发现，石墨二炔（GDY）在氩气条件下与氨气加热反应，可以将 N 原子稳定的掺入石墨炔中[74]，形成 N-掺杂石墨炔，如图 4-29 所示。N-掺杂石墨炔在锂离子电池中表现出更为优秀的倍率性能和循环性能，表明 N 元素的掺杂可以有效提高石墨二炔的电化学性能。通过原子掺杂的方法同样能有效地改善石墨炔的物理、化学等性质[75]。

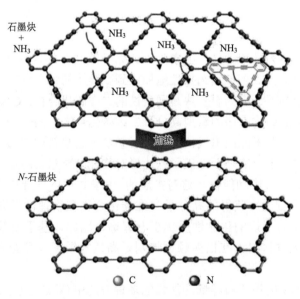

图 4-29 石墨炔的 N 掺杂过程图[74]

　　单一一种元素的掺杂[如硼(B)原子掺杂]不仅能够有效地改善石墨炔的氧还原催化性能，还具有很好的电能和氢能两种类型的存储功能。Das 等[76]对石墨炔家族中六种不同结构的石墨单炔(GY，包括 α-GY、β-GY、γ-GY、δ-GY、6,6,12-GY 和 R-GY)和石墨二炔进行了硼掺杂(图 4-30)，发现 sp^2 杂化的 C 原子比 sp 杂化的 C 原子更易于被 B 原子取代，且前者所具备更高的结合配位数使得 B 掺杂石墨炔具有更好的稳定性。在氧化还原反应(oxygen reduction reaction, ORR)中，掺杂了 B 的石墨炔均经历四电子过程，显示出非常好的催化活性[图 4-30(c)]。Lu 等[77]提出了一种很简捷的将石墨炔多功能化的方法，即通过硼(B)原子适当地取代石墨炔的一些碳原子。这种 B 掺杂的石墨炔再预嵌入部分锂，得到的 6Li@1BG 具有远超其他碳材料的容量(1125 mAh/g)，预载了锂的硼掺杂石墨炔可以作为很好的储氢材料，还可以在一个系统内同时用作电能和氢能两种类型的存储(图 4-31)。

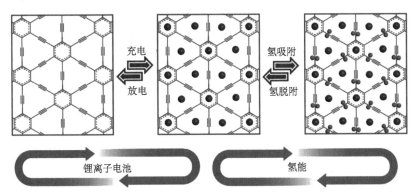

图 4-30　B 取代 GY 的双功能应用

碳，黑色；硼，灰色；锂，深黑色球；氢，浅灰色球

　　多种杂原子共掺杂能够有效地调控石墨炔电学性质和光学性能。Bu 等[75]通过硼(B)和氮(N)原子等电子掺杂石墨炔得到稳定构型和带隙能可调整的 B、N 共掺杂石墨炔基产物(图 4-32)，详细研究了掺杂速率对产物结构性能等的影响。在低掺杂速率下，BN 单元更倾向于替代链中的 sp 杂化碳原子，在碳六边形之间形成线型 BN 原子链；在高掺杂速率下，BN 单元首先取代六边形中的碳原子，然后替代链中的碳原子。同仅含 sp^2 杂化碳原子的石墨烯相比，石墨炔的 B/N 掺杂反应更容易进行[图 4-32(b)]。不管掺杂速率如何变化，BN 掺杂石墨炔的直接带隙特征保持不变。Kang 等[78]研究小组的研究结果显示 B、N 和 O 三种元素共掺杂能够有效改变石墨炔电学性能，并且三种元素的掺杂位置在调控其电学性质的过程中起到了至关重要的作用。研究结果显示，α-石墨炔电子结构主要受 B/O 掺杂位置的影响；β-石墨炔电子结构显著地依赖于 O 掺杂的掺杂位置；而 γ-石墨炔的电子结构主要取决于 B 和 O 掺杂的位置。Bhattacharya 等[79]发现 BN 共掺杂的

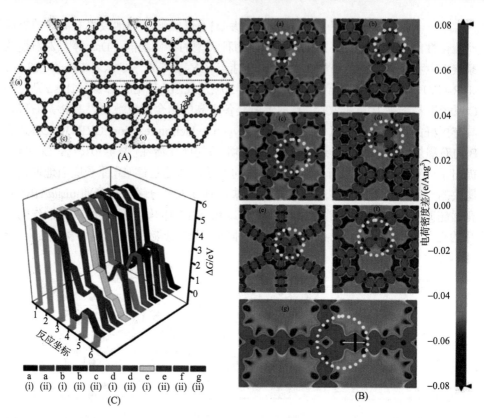

图 4-31　(A) (a) αGY、(b) βGY、(c) γGY、(d) δGY、(e) 6,6,12GY 和 (f) RGY 的高对称掺杂示意图；(B) (a) 掺杂 H_{sp}^2-αGY、(b) H_{sp}^2-βGY、(c) H_{sp}^2-γGY、(d) Ch_{sp}^2-δGY、(e) H_{sp}^2-δGY、(f) Ch_{sp}^2-6,6,12GY 和 (g) R_{sp}^2-GY 的电荷密度差俯视图；(C) (a) H_{sp}^2-αGY、(b) H_{sp}^2-βGY、(c) H_{sp}^2-γGY、(d) Ch_{sp}^2-δGY、(e) H_{sp}^2-δGY、(f) Ch_{sp}^2-6,6,12GY 和 (g) R_{sp}^2-GY 的氧化还原反应自由能示意图

(A) 中黑色圆圈表示 sp^2 杂化的 C 原子，白色圆圈表示 sp 杂化的 C 原子；(B) 中在右侧显示反向彩虹标度，其中刻度值从 –0.08 (最大电子耗尽) 变化到 0.08 (最大电子浓度)；(C) 中 (i) 和 (ii) 表示在第一质子化过程之后是否形成 * OC-OBH 或 * OB-OCH；反应坐标：(1) O_2 +4 (H^+ + e^-)，(2) *O_2 + 4 (H^+ + e^-)，(3) *OOH + 3 (H^+ + e^-)，(4) 2*OH + 2 (H^+ + e^-) 或 *O + H_2O + 2 (H^+ + e^-)，(5) *OH + H_2O + (H^+ + e^-) 和 (6) 2H_2O

石墨炔具有独特的光学性质，随着 BN 修饰位点的变化，光学带间隙从红外线到紫外线通过可见区域发生改变 (图 4-33)。这种现象被认为是"由于硼和氮的电负性之间的差异，电子密度将随着 σ-电子密度从 B 转移到 N 而在 N 原子周围积聚"引起的。也就是说，负电荷的 N 原子主要贡献于 HOMO 能级并且将能态转移到较低能量，而带正电荷的 B 原子主要贡献于 LUMO 能级并将能态转移到更高的能量，引起带隙变宽并改变光学响应。Mohajeri 和 Shahsavar[80] 观察到石墨炔中杂元素的掺杂浓度对于能隙调节非常重要 (图 4-34)，通过改变 CO 官能团的浓度，

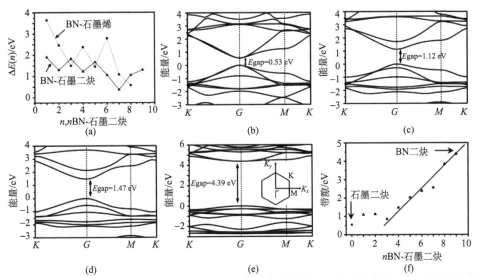

图 4-32　(a)最稳定的 nBN-石墨二炔($n = 1 \sim 9$)的微分形成能与 n 的函数关系，BN-杂化石墨烯的相应数据也列出作为比较；石墨二炔 GDY(b)、2BN-石墨二炔(c)、4BN-石墨二炔(d)和 BN 二炔(e)的能带结构[(e)中的插图显示了布里渊区域；价带最大值的能量设置为 0]；(f)最稳定 nBN-GDY 相对于 BN 单元数的带隙变化[75]

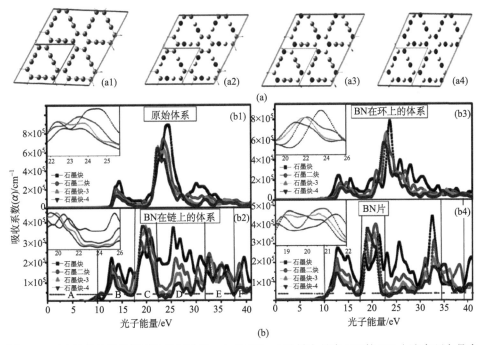

图 4-33　(a)具有单元格模型的几何结构：(a1)GY，(a2)链上具有 BN 的 GY,(a3)在环上具有 BN 的 GY，(a4)类似 GY 的 BN 片；(b)垂直方向施加电场矢量的吸收光谱与比较：(b1)未掺杂石墨炔，(b2)链上 BN 掺杂石墨炔，(b3)环上 BN 掺杂石墨炔，(b4)BN 片[79]

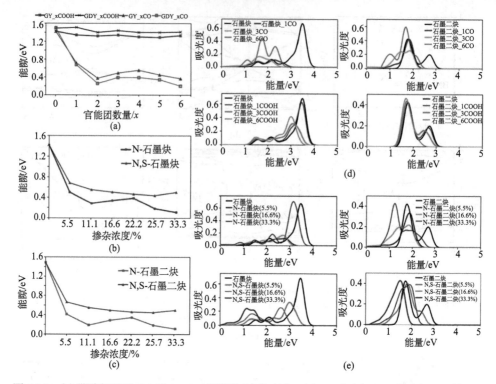

图 4-34 　(a) 带隙相对于 CO 和 COOH 基团数 (x) 的变化；(b) GY 和 (c) GDY 带隙相对于掺杂浓度的变化；(d) 功能化 GY 和 GDY 纳米片的吸收光谱的比较；(e) 不同掺杂浓度的 N-GY/N-GDY（上）和 N,S-GY/N,S- GDY（底部）吸收光谱之间的比较[80]

GY/GDY 能隙可以在 1.20 eV 范围内调整；相比之下，能隙对 COOH 基团的数量不敏感；在共掺杂时，S 原子具有空穴掺杂的作用，N 可作为电子掺杂，因而通过改变 N/S 掺杂水平也可以调控能隙在 0.11～0.68 eV 范围变化（表 4-3）。此外，掺杂或官能化后的 GY/GDY 吸收峰有明显的红移，增加掺杂量时会产生高度位移至较低能量处的强峰。这种可调谐的光学响应表明掺杂改性后的石墨炔在化学传感器，纳米电子器件以及锂离子电池等领域都具有潜在的应用价值。

4.4.2　空位缺陷掺杂石墨炔

　　材料自身的缺陷（如空位缺陷）对材料的诸多性质有着至关重要的影响。各种研究表明空位缺陷可以改变碳纳米材料的电子性质，如石墨烯的电子传导性和自旋极化。Yun 等[81]采用第一性原理方法研究单空位对单层石墨炔的结构、电子和磁性的影响（图 4-35）。单个空位缺陷可导致单层石墨单炔的自旋极化，且该类自旋极化对空位几何结构敏感，即当单个空位缺陷在 sp^2 杂化 C 位点时，空位在带隙中引入相当弱的自旋极化平坦带，由于缺陷诱导带的定位性质，磁矩主要位于

表 4-3 GY 和 GDY 纳米片的计算结果[80]

修饰	能隙范围/eV	费米能级位置	类型	吸收峰范围/nm
CO 修饰				
石墨炔纳米薄片	0.37～0.72	LUMO 区	n	514～1104
石墨二炔纳米薄片	0.20～0.67			588～1479
COOH 修饰				
石墨炔纳米薄片	1.33～1.34	HOMO 区	p	355～828
石墨二炔纳米薄片	1.40～1.51			446～751
N 掺杂				
石墨炔纳米薄片	0.11～0.50	LUMO 区	n	372～808
石墨二炔纳米薄片	0.44～0.68			633～1428
N,S 共掺杂				
石墨炔纳米薄片	0.44～0.68	HOMO 区	p	386～1100
石墨二炔纳米薄片	0.45～0.66			485～1211

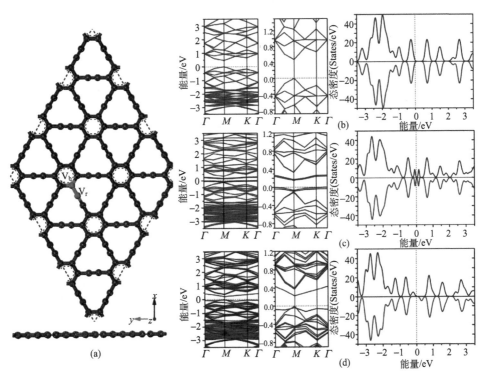

图 4-35 (a)具有单个空位的单层石墨单炔的结构示意图(上：俯视图；下：侧视图；绿色球体显示不等空穴位)；单层石墨单炔不存在空位(b)和存在一个空位位于 V_b 位点(c)或 V_r 位点(d)的能带结构和态密度。蓝色和红色线分别表示自旋向上和自旋向下(彩图请扫封底二维码)；为了清楚起见，靠近费米能级的能带结构也在右图上显示；费米能级设为零[81]

空位；对于空位缺陷在 sp 杂化 C 的单层石墨单炔，在带隙中出现一个高度分裂的缺陷诱导态，这种缺陷诱导态的上自旋态的高度分散和离域化表明磁矩分散在空位位点周围。Kim 和 Lee[82]通过密度函数理论计算揭示，与纯石墨单炔相比，空位缺陷修饰的石墨单炔表现出更强的二氧化硫（SO_2）吸附作用，且在这些活性位置上吸附的 SO_2 引起了石墨单炔结构的形变和电子重新排布，从而导致石墨单炔的导电性和磁性的变化。这些特性表明空位缺陷修饰的石墨单炔在电子器件、磁性材料、气体传感器等方面有广泛的潜在应用价值。

4.4.3　表面修饰石墨炔

1. 氢化

与石墨烯相比，sp 和 sp^2 杂化的石墨炔碳网及其家族可以为 H_2 吸附提供更多的吸附空间。吸附 H_2 并与炔键发生氢化作用，构筑成一种新型的碳同素异形体家族，已经成为一个十分有趣的科研方向。类似于石墨烯[60-62]，氢化石墨炔（石墨二炔）片的主要作用在于通过与一个或多个氢原子共价结合将 sp^2 和 sp 碳原子转化成 sp^3 或 sp^2 碳原子。现在对 GY（GDY）-H 体系的研究主要集中在两个方面：①氢吸附对 GY（GDY）本身性质调控的影响；②GY（GDY）用于储氢。每个 sp^2 或 sp 碳原子与一个 H 原子键合的均匀氢化 GY（具有式量组成 CH）的简化模型[83]已被用于模拟该材料的力学性能。发现 CH 表现 125 N/m 的面内刚度和 0.23 的泊松比，即该材料的面内刚度低于原生石墨炔，显示出氢吸附对石墨炔的力学性能的负面影响。根据覆盖度（H/C 比），对于氢化石墨炔和石墨二炔片的更详细研究[84]显示，H/C 比的增加导致带隙的快速增加。例如，对于石墨炔，如果氢覆盖率从 0 变化到 1，则带隙从 0.45 eV 变化到 4.43 eV。这为调控石墨炔（石墨二炔）的电子特性开辟了新的思路。这也意味着通过加氢反应，可以调节石墨炔材料的带隙，从而制备得到新型的二维碳氢材料。

Ma 等[85]采用第一性原理系统地研究了氢化石墨炔的动力学稳定性及其电子结构，通过对形成焓分析指出仅含 sp^3 杂化碳原子的氢化构型（eHH）比通过单个氢原子钝化的每个碳原子的氢化构型（eH）更稳定（图 4-36），然而，亥姆霍兹自由能依赖于温度的函数表明，670K 温度以下 eH 比 eHH 更有利。基于 DFT 的声子谱计算证实了 eHH 和 eH 的动力学稳定性。令人感兴趣的是，随着氢化浓度的增加，石墨炔的带隙经历了直接带隙—间接带隙—直接带隙转变。结果表明，eHH 有利于深紫外发光器件领域的应用，随着 GY 氢化浓度的增加，其带隙发生直接—间接—直接的转变。这种类似于六方氮化硼（h-BN）的特征非常有利于其在深紫外光发射器件领域的应用。

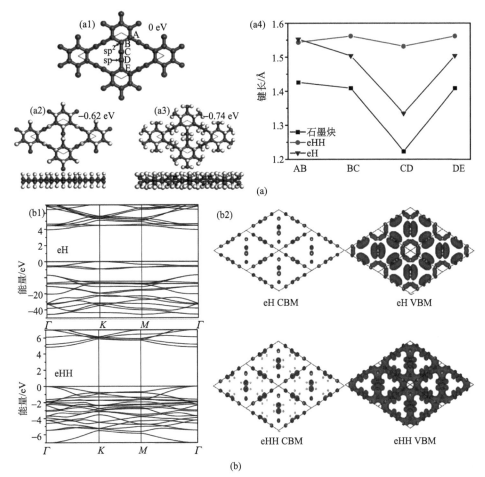

图 4-36　(a) GY(a1)、eH(a2) 和 eHH(a3) 1×1 超晶胞的 DFT 优化周期性结构(由黑线包围的区域表示用于我们所有计算的相应结构的单元；小白色和灰色球体分别代表氢原子和碳原子)；(a4) 石墨炔，eH 和 eHH 的 C—C 的键长；(b)：(b1) eH 和 eHH 的能带结构，(b2) eH 和 eHH 的价带最大值(VBM)和导带最小值(CBM)的电荷密度(电荷密度的等值面为 0.0025 电子/Å³) [85]

　　Autreto 等[86]首先通过全原子分子动力学模拟(ReaxFF)研究揭示在 GDY 中氢更倾向于吸附在 sp² 杂化 C 上而不是 sp 杂化的 C。此外，与发生在石墨烯上的情况不同[87]，在石墨炔表面并没有发现聚集氢原子的存在[86]，这也更有利于带隙的调控。Zhang 等[88]利用基于密度泛函理论的第一性原理方法预测了一类通过半氢化 14,14,14-GY 中的 sp-杂化碳原子而形成的新的具有二维平面结构的 sp-sp² 杂化碳氢化合物(带隙位 0.49)(图 4-37)。

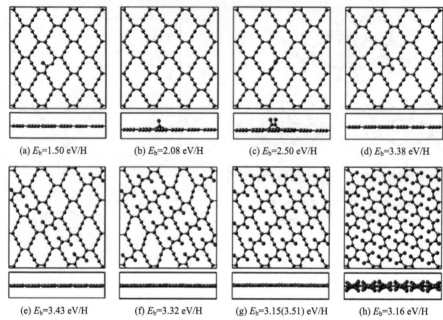

(a) E_b=1.50 eV/H　　(b) E_b=2.08 eV/H　　(c) E_b=2.50 eV/H　　(d) E_b=3.38 eV/H

(e) E_b=3.43 eV/H　　(f) E_b=3.32 eV/H　　(g) E_b=3.15(3.51) eV/H　　(h) E_b=3.16 eV/H

图 4-37　优化的氢化结构及其各自的平均结合能的顶视图（上图）和侧视图（下图）。单个氢原子平面内吸附（a）和面外吸附（b）的结构示意图；两个氢原子链接在同一个炔键同侧（c）和异侧（d）的优化结构图；（e）沿同一方向氢化的一行（f）两排和（g）三排碳链的构型。（h）所有碳氢化的构型（灰色和粉红色球体*分别代表碳原子和氢原子）；（g）中括号中的数字是具有完全松弛晶格常数的氢化构型的平均结合能[88]

　　Tan 等[84]使用第一性原理计算研究发现，在较低的 H_2 浓度下，H_2 分子优先选择性的吸附在 sp 杂化的炔键上，这为石墨炔的氢化反应提供了反应的可能性。如图 4-38 所示，当第一个 H 原子引入石墨炔中时，会存在两种最优构象，一种处在苯环 C 原子上方[图 4-38（a）]，一种处在炔键 C 原子上方[图 4-38（b）]。这两种情况下形成的 C—H 键键长分别为 1.12 Å 和 1.11 Å，伴随着吸附能分别为 −1.80 eV 和−2.27 eV。同时，吸附的原子会破坏周围的 π 键，并使吸附的 C 原子的杂化方式发生改变，如 sp 的 C 原子吸附氢原子之后，π 键会打开一个而变成 sp^2 杂化的 C 原子。在 H 原子下方的 C 原子，由于氢原子的引入，分别偏离原本的石墨炔平面 0.87 Å 和 0.67 Å，并转变成相应的 sp^3 和 sp^2 杂化 C 原子。对于氢原子加成到苯环碳原子上的情况，需要打破三个相关的 π 键，而加成到炔键 C 原子上，只需要破坏一个 π 键，结合吸附能可以确定，氢原子的加成更容易发生在炔键的 C 原子上。理论计算表明，第二个氢原子加成时更容易加成在第一个氢原子相近的 C 原子上，既相邻的另外一个 sp 杂化的 C 原子，这主要是因为第一个氢

---

* 本书中所有彩图均可扫封底二维码查看，从本章起不再逐一说明。

原子的引入破坏了原本的 π 键，在邻位 sp 杂化的 C 原子上产生了一个未配对的电子对，从而便成了下一个氢原子加成的反应位点。第二个氢原子加成后形成两种稳定的构象，一种是两个氢原子处在碳网平面的两侧[如图 4-38(c)]，另外一种是两个氢原子处在平面的同侧[图 4-38(d)]所示。进一步的研究分析表明，两个氢原子处在石墨炔碳网平面两侧的构象，比处在同一面的构象更为稳定，其键能相差约 1.17 eV。与氢原子加成的 C 原子分别被"挤压"到平面的上面和下面，形成了"之"字形的双键支链结构。"之"字形支链距离苯环 1.48 Å，而新形成的碳碳双键键长为 1.34 Å，两个吸收的氢原子的平均吸附能为–3.52 eV，对比于未氢化的石墨炔，氢化的石墨炔的两个苯环间距为 3.92 Å，略小于未氢化的石墨炔(4.03 Å)。

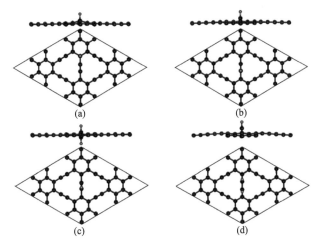

图 4-38　石墨炔不同程度氢化的优势构象的俯视图和侧视图[84]

(a)和(b)是石墨炔发生单原子氢化的两种构象；(c)和(d)是发生双原子氢化的两种不同优势构象

随着氢原子数目的增加，一种新型的 2D 材料即可以由此制备得到，如图 4-39(a)所示。从图中可以看出，这种新型的 2D 材料具有明显的特点：①所有的碳原子并非处于同一平面上；②并非所有的 C—H 键都垂直于碳网平面，而只有 1/3 的 C—H 键垂直于碳网平面；③与石墨烯类似的是，所有的碳原子均是 sp^2 杂化方式。优化的晶格矢量长度为 6.65 Å，并且两个基矢量之间的角度变为 116.8°。这表示原始的石墨炔六边形晶格转换成菱形晶格，每个氢原子的平均吸附能为 –3.47 eV。电子结构计算表明该类二维碳氢材料的菱形晶格，在布里渊区的 $M(1/2, –1/2, 0)$ 点处具有直接带隙，其带隙能量约为 1.01 eV，该区域相当于石墨炔六边形晶格的 $M(0, 1/2, 0)$ 点。值得注意的是，"之"字形链中的 π 键平面垂直或倾斜于苯环所构成的共轭 π 键平面。电子在苯环和之字形链碳原子之间的流动被限制，这使得电子在局部集中，并形成一个新的带隙，如图 4-39(c)和(d)所示。

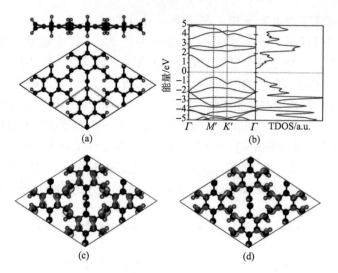

图 4-39 (a)石墨炔氢化产物的俯视图[84]；(b)氢化石墨炔的能带结构和对应的总态密度；
(c)和(d)氢化石墨炔的价带最大值(VBM)和导带最小值(CBM)的波函数

　　随着氢原子数目的进一步增加，氢原子开始与苯环上的碳原子进行反应。经过优化，每个碳原子吸附一个氢原子的稳定构型，如图 4-40(a)所示，氢原子交替键合在石墨炔碳网平面的两边。结构优化表明所有 C—H 键都是垂直于石墨炔的基础平面，虽然晶格常数变为 6.85 Å(较石墨炔略短)，但是其二维六边形晶格保持不变，只是碳原子略向上或向下移动。在此结构(graphine)中，原六边形苯环中的碳原子变成 sp³ 杂化形式，非常类似于石墨烷的情况[89]，而链中的碳原子

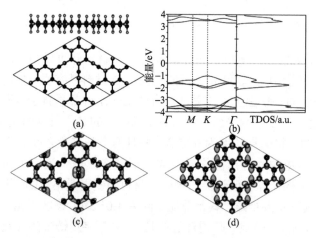

图 4-40 (a)石墨炔氢化产物的俯视图[84]；(b)氢化石墨炔的能带结构和对应的总态密度；(c)
和(d)氢化石墨炔的价带最大值(VBM)和导带最小值(CBM)的波函数

均是 sp^2 杂化的。六边形中碳原子(sp^3-sp^3)之间的键长长度为 1.54 Å，十分接近于钻石中碳碳键的长度，对于链中 sp^2 杂交的碳原子，双键键长为 1.34 Å，短于石墨烯 1.42 Å 的键长。连接六角形和链原子(sp^3-sp^2)的单键长度大约为 1.49 Å。因为该类结构(graphine)中的碳氢比和石墨烷具有相同的化学计量(C∶H = 1∶1)，因此它们的能量可以直接进行比较。理论计算表明，graphine 不如石墨烷稳定，每个原子的平均能量相差约 0.17 eV。然而，考虑到石墨炔在能量上比石墨烯每个原子高出 0.76 eV，氢化反应能够很大程度的提高 graphine 的稳定性，更有趣的是每个氢原子的平均吸附能比石墨烷小 0.44 eV，这也进一步说明了石墨炔比石墨烯更容易吸附氢气。

电子结构计算表明，graphine 是一种具有宽带隙的半导体，其间接带隙约为 4.43 eV，如图 4-40(b)所示。虽然 graphine 的"之"字形链中还有双键，但是其电子并不能随意离域到其他位置，而是被相邻的 sp^3 碳原子阻断。所以这种由 sp^3 和 sp^2 碳原子组成的 graphine，其带隙较 sp 和 sp^2 碳原子组成的石墨炔，以及全部由 sp^2 碳原子组成氢化石墨炔的带隙明显要宽一些，同时，又会比全部由 sp^3 碳原子组成的石墨烷的带隙(5.38 eV)要窄一些。图 4-40(c)和(d)给出了 graphine 的价带最高能级和导带最小能级波函数的空间分布。与石墨炔相比，价带最高能级的波函数的特征略有变化，即它们位于链原子和六边形周围的区域，而且定域化更为明显，价带最高能级的波函数较大程度的集中在链中的碳原子上，并表现出反 π 键的特征。

石墨二炔是目前石墨炔家族中较为罕见的被大面积合成出来的一员，与石墨炔不同之处在于，连接苯环的是两个共轭的炔键，理论计算表明，石墨二炔与第一个氢原子反应比与第二个发生反应要容易一些，其能量差距约为 0.1 eV，而与苯环上的碳原子的差别约为 0.54 eV[84]。石墨二炔的氢化产物相对较多，如单个炔键发生加氢反应或者两个炔键发生反应，或者是加成一个氢气或加成 n($n \leqslant 4$)，所以其氢化产物相对比较复杂。石墨炔的炔键分别加成一个氢气，或者分别加成两个氢气，可以直接将石墨二炔中的二炔链转变成丁二烯链或者正丁烷链，从而生成石墨二烯或石墨丁烷(图 4-41)。石墨二炔中的所有碳原子均处在同一平面内，而石墨二烯中的丁二烯链与苯环所在平面倾斜，并不在一个平面内，组成石墨二烯的单元形状不规则，也表明石墨炔的大平面结构已经被破坏掉了。造成这一现象的主要原因，是分子的能量更倾向于苯环处在平行位置，而非共平面的位置。尽管 C—C 键变得更长，但由于碳碳双键的扭曲，石墨二烯的晶胞尺寸小于石墨二炔。在石墨丁烷中，虽然随着饱和度的增加，碳碳键长有所伸长，但同时受到碳原子的弯曲效应的抵消，其晶格大小与石墨二炔大致相同。由于石墨丁烷中所有的苯环都是共面的，所有的碳链都是朝一个方向倾斜或垂直于环的平面，丁烷基链如饱和烃的特征类似，所以，石墨丁烷有类似于石墨炔的对称性。

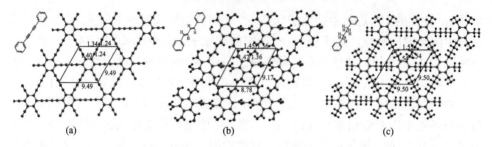

图 4-41 石墨二炔(a)、石墨二烯(b)和石墨丁烷(c)的周期性骨架结构[90]

尽管石墨丁烷被预测是可以稳定存在的，其合成过程是通过石墨炔与氢气的加成反应制得，而这一氢化过程是一个活化的过程。从石墨二炔到石墨丁烷的过程分为石墨二炔与解离氢的第一次加成反应，生成中间产物石墨二烯，之后再经过进一步的加成氢化，从而生成石墨丁烷。在第一步反应中，氢气分子先加成到炔碳的一个碳原子上，这一步的反应能垒较高，约 2.1 eV，这个相对不稳定的反应中间体经过氢气的裂解加成到一个炔键的两个碳原子上，这一步的能垒约为 0.5 eV，反应的净能量约为–1.98 eV，说明这是一步剧烈放热的加成反应，同时，高的活化能垒也说明这一步反应是一个催化加氢的过程。而纳米粒子 Pd、Pt 等催化剂可以通过裂解氢气放氢[91]，是氢化反应中优秀的催化剂选择，之后重复的催化氢化将石墨二烯进一步氢化得到石墨丁烷。GDY 氢化结构的模拟[90]表明，GDY 的氢化在较高温下都是热力学有利的，这表明其合成在理论上是可行的。尽管理论研究对石墨丁烷的制备合成提供了借鉴和参考，然而较高的能垒的克服，以及维持碳材料骨架高温情况下不被破坏而发生断键，仍然是一个比较有挑战性的课题。

在另一项工作中，Koo 等[92]也发现氢原子优先连接到 sp 键合的碳原子，形成 sp^2 键合碳原子。石墨炔氢吸附可以表现出三种不同的几何形状：平面内、平面外和倾斜平面。这与仅具有一个氢化几何形状的氢化石墨烯形成鲜明对比。随着几何形状的变化，带隙可以变化约 3 eV。通过改变氢浓度也可以实现高达 5 eV 的带隙调控。还可以实现对 sp^2 键合碳原子的额外氢化。与石墨烯中氢原子优先形成簇所不同，石墨炔中氢原子更倾向于分散在整个面，这可显著提高带隙调控程度。这些研究结果表明氢化石墨炔的电子性质可以通过加氢几何形状和氢浓度进行控制，可为新型器件应用定制所需的带隙。此外，完全氢化石墨炔的组成为 $C_1H_{1.75}$，其氢碳比大于石墨烷(C_1H_1)的比例。这种大的氢容量(约 13 wt%H)表明石墨炔也可以用作高容量储氢材料。

2. 羟基化

Kang 等[93]的研究结果指出无论是 α-GY 还是 β-GY 在经过氧气处理之后都会从零带隙变成半导体材料，电学性质会随氧的覆盖度而得到有效调控。这表明氧修饰是一种功能化石墨炔，以达到指定性能的有前途的方法。以前的实验和理论研究已经证实，在石墨烯上可以有序吸附氧原子和—OH 基团。进一步的分析表明，功能基团如氧和羟基以及二者的组合对调控石墨烯的电子结构具有重要作用[94,95]。石墨二炔薄膜的光电子能谱显示氧的存在[48]，所以石墨二炔可能具有与石墨烯相似的性质。为了评估其在纳米电子学中的适用性，有必要研究—OH 基团对石墨炔和石墨二炔电子结构的影响。Mohajeri 和 Shahsavar[96]研究发现经过含氧基团（羰基、羟基、羧基、环氧基等）修饰改性的石墨炔的带隙会随含氧基团类型的变化而改变（0.53～1.51 eV），含氧基团和石墨炔结构边缘碳原子之间的作用能够显著增强对锂离子的吸附，氧修饰后的石墨炔带隙同样会因锂离子的修饰而发生改变（0.01～1.31 eV）。

　　Zhang 等[97]利用第一性原理计算预测了在热力学和动力学上都有利的羟基化石墨炔和石墨二炔的几何形状及相应的电子性质。结果表明能量有利的羟基化石墨炔和石墨二炔倾向于采用平面外几何形状。对于高比例吸附 OH 的情况，由于基团之间氢键的稳定作用，OH 基倾向于在临近大三角形和六方碳环位置形成有序手性结构。通过从头分子动力学计算也证实了具有高—OH 覆盖度的石墨炔和石墨二炔的动力学稳定性。

　　当一个—OH 与石墨炔进行反应时，—OH 会优先与石墨炔中的 sp 杂化 C 原子进行反应[图 4-42（a）]，生成羟基化石墨炔（MGY-OH）。而—OH 的引入会引起局部的偶极矩变化，与 O 直接相连的 C 原子被挤压出石墨炔碳环平面约 0.701 Å，而 O 原子置于 C 原子正上方，C—O 键几乎垂直于碳环平面。O—H 键的键长为 0.978 Å，C—O 键长为 1.401 Å，C—O—H 键角约为 108.22°。通过理论计算得知，单羟基化的石墨炔的吉布斯自由能较石墨炔小（约小 0.127 eV），这说明该羟基化的结构比石墨炔在热力学上更为稳定。而第二个羟基引入石墨炔晶胞之后（标记为 MGY-2OH），同样会产生许多的构象，如图 4-42（b）所示，—OH 分别处于碳环平面两侧是最为稳定的构象。理论计算表明，MGY-2OH 的吉布斯自由能比 MGY-OH 小 0.247 eV，说明在羟基化反应中，双羟基化比单羟基化更容易进行，得到的产物更为稳定。炔键碳上的一个 C 原子键合一个—OH 之后，另外的一个 sp 杂化 C 原子具有一未成键电子对，并以该 C 原子为反应位点进一步发生羟基化反应，同时，研究还表明，第二步发生的羟基化，—OH 更倾向于在另一面进行反应，并生成—OH 分别处于碳环平面两侧的稳定构象。双羟基化直接导致原本的 sp 杂化碳原子进一步被挤压出碳环平面，碳环平面的波动距离（d）约为 0.917 Å。MGY-2OH 的 C—O 键长约为 1.385 Å，略小于 MGY-OH，而 O—H 键长未发生改变，C—O—H 键角较 MGY-OH 的键角略大 0.77°。

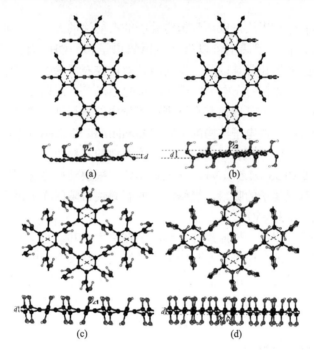

图 4-42　不同羟基取代数目的石墨炔优势构象的俯视图和侧视图[97]

图 (a)、(b)、(c) 和 (d) 中的每个晶胞分别含有 1、2、6 和 12 个羟基

　　按照以上的理论计算可以知道，每个炔键均能够与两个—OH 反应，从而生成每个 C 原子上带有一个—OH 的新型二维富碳材料，如图 4-42(c) 所示，此时晶胞中含有六个—OH，故将其标记为 MGY-6OH。理论计算结果表明，MGY-6OH 的生成焓跟石墨炔相比有显著的降低，约为 0.751 eV。由于生成焓的大幅降低，使实验合成 MGY-6OH 变得更加容易实现。MGY-6OH 的碳环平面的波动距离(d) 约为 0.687 Å，较 MGY-OH 和 MGY-2OH 要小一些，C—O 键长约为 1.395 Å，C—O—H 键角为 108.7°。随着—OH 数目的增加，羟基化石墨炔的不饱合度逐渐降低。当每个 C 原子(包括苯环碳)上都带有一个—OH 时，不饱和键只剩下原炔键加成—OH 后变成的双键，在这种情况下，每个晶胞中含有 12 个—OH，将其标记为 MGY-12OH，如图 4-42(d) 所示。MGY-12OH 中，C—O 键和 C—O—H 键角变化较大，对于双键上的 C—O 键和 C—O—H 键角分别为 1.385 Å 和 104.7°，而六边形(环己烷)上的 C—O 键和 C—O—H 键角分别为 1.434 Å 和 108.4°。理论计算表明，MGY-12OH 的吉布斯自由能比石墨炔小 0.920 eV，这说明 MGY-12OH 与 MGY-6OH 相似，都是很有希望通过实验成功制备的。

　　类似的理论计算研究同样适用于 GDY，与石墨炔的稳定构型相类似的是，GDY 同样存在 MGDY-OH、MGDY-2OH、MGDY-4OH 及 MGDY-12OH 四种类似的稳定构象,这说明石墨炔的羟基化反应在不久的将来很有可能被人们在实验中探明真相。石墨炔通过羟基化反应,改变了其自身的电子特性,同时调整了其带隙的结构,拓宽了二维富碳材料的范围,为新型的二维材料的开发提供了新的思路。

单羟基取代单层石墨炔 MGY-OH 和石墨二炔 MGDY-OH 的能带结构如图 4-43(a)和(c)所示。单—OH 基团在 γ-石墨单炔和 γ-石墨二炔上的吸附导致带隙的降低。从它们的能带中发现显著的自旋分裂,这导致两个体系都产生 1μB 磁矩。在—OH 修饰的石墨烯中也发现了类似的现象[98]。在该体系中,自旋分裂与碳原子中伴随着两个相邻 sp 杂化碳原子之间的 π 键断裂产生的未配对 π 电子的自旋极化有关。两个体系中的未配对状态对磁矩有很大的贡献,因为这些非成键态的原子间相互作用非常弱,因而难以形成杂质。在图 4-43(b)和(d)中,MGY-OH 和 MGDY-OH 的自旋电荷密度表明,结构单元中任何两个相邻原子之间的自旋耦合是反铁磁性的,这表明相邻碳原子之间有非常强的偶合。未成对电子主要位于吸附了羟基的碳链上。

此外,与 O 原子连接的碳原子具有比其相邻碳原子更小的自旋密度。投影态密度(PDOS)分析表明,价带最大值(VBM)和导带最小值(CBM)源于碳原子的 p 态。有趣的是,图 4-43(a)和(c)所示的结果表明,两个体系都是自旋极化半导体,而不是在 VBM 和 CBM 的相反自旋通道中具有全自旋极化的传统磁性半导体。然而,由于系统体系倾向于具有更高的—OH 基团覆盖率,所以这种自旋极化特性是不可能的。应该注意的是,即使施加 5%的相对较小的单轴应变(无论是压缩还是拉伸),电子自旋极化引起的 1-B 的磁矩将被抵消,但是可以在 500～300 K、总时间为 6 s、时间步长为 1 fs 的退火过程中保持该磁矩。

简而言之,随着石墨炔和石墨二炔上—OH 基团的覆盖率增加,石墨炔和石墨二炔的电子结构得到有效调节[97]。羟基化石墨炔和石墨二炔的带隙可以分别调控约 2.53 eV 和 0.8 eV。如图 4-43(e)和(f)所示,当—OH 基团的覆盖率达到约 18.2%时,石墨二炔可能经历从半导体到金属的转变。当它们的—OH 基团覆盖率分别为 5.3%和 7.7%时,石墨炔和石墨二炔可能是潜在的自旋电子学材料。此外,随着—OH 覆盖的变化,两个体系都表现出从直接半导体到间接半导体的转变。这种转变可能会显著影响 MGY 和 MGDY 在光电子学中的性能。

3. 卤化

氟化石墨烯表现出许多独特的物理性能,如高电阻和机械强度、良好的结构、化学和热稳定性(至 400℃),这使氟化石墨烯成为光电子学有吸引力的替代品,或在各种保护涂层应用中替代特氟龙[99]。尽管石墨炔具有多种不同的同素异形体,但均是由 sp 和 sp^2 杂化碳原子构成。以 γ-石墨炔为例,其中的 sp 杂化碳原子

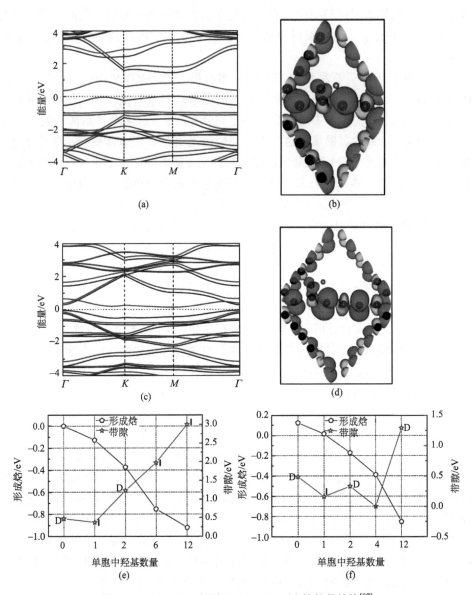

图 4-43   MGY-OH(a) 和 MGDY-OH(c) 的能带结构[97]

红色和蓝色线分别表示上升和下降通道，分别为 MGY-OH(b) 和 MGDY-OH(d) 的自旋电荷密度（自旋向上和旋转电荷密度的差异）；由青色和黄色标记的自旋电荷密度分别表示正值和负值，电荷密度的等值面为 0.002 电子/Å³；黑色、红色和粉红色的小球分别指示碳、氧和氢原子；石墨单炔(e) 和石墨二炔(f) 的带隙和形成焓与单胞中羟基覆盖率的函数关系；字母 I 和 D 分别对应间接和直接带隙能带结构构成的炔键十分有利于与卤素发生加成反应。与石墨烯只能发生氟化反应不同的是，石墨炔既可以发生氟化反应，又可以与氯、溴、碘发生相应的卤化反应。同时，反应产物均是得到卤素取代的 sp^2 杂化碳原子，并不是石墨烯得到的氟代 sp^3 杂化碳原子。对于氟化反应，进一步的氟化可以使每个 sp 杂化碳原子上带有两个氟原子，生成二氟代产物。然而对于氯溴碘等其他卤素原子，并不能够发生二卤代反应。

Koo 小组[100]对石墨炔的卤化反应进行了相应的研究，研究表明，卤素原子(M)在加成到石墨炔中时，优先选择与 sp 杂化的碳原子进行结合，其中一个卤素原子处在环平面的上方，另外一个卤素原子处于平面的下方，如图 4-44 所示。与石墨炔的氢化反应[92]类似的是，由于处在两侧的两个卤素原子的距离最长，卤素原子之间的相互排斥力最小，所以该构象是最为稳定的一个双卤素键合构象。通过理论计算得知，卤化反应中卤素原子只能处于原石墨炔平面之外，而不能处于其平面内部，这主要是因为卤素原子的原子半径较大，导致其位阻较大。随着卤素原子半径的增大，C—M 键之间的键长也随之增大。C—F、C—Cl、C—Br、C—I 的键长分别是 1.37 Å、1.74 Å、1.92 Å、2.14 Å，均大于 C—H 键的键长(1.1 Å)。原 sp 碳原子转变为 sp^2 碳原子之后存在着两种不同的键长，而 C—M 键与石墨炔碳环平面的键角也趋向于垂直，具体的键长及键角数据如表 4-4 所示(包括倾斜的情况)。在 $C_1M_{0.5}$ 这种情况下每个 sp 碳原子上键合一个卤素原子，和氢化反应进行比较可以发现，卤素原子的引入在改变带隙能量的同时，C—M 键的键能也有所改变。对于 F、Cl、Br 原子，其原子的平均键合能为 2.38 eV、0.67eV、0.19 eV，同样的，其卤化石墨炔的带隙分别为 2.53 eV、2.45 eV、1.90 eV。

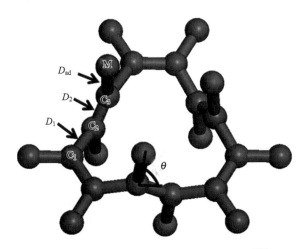

图 4-44　石墨炔炔键双卤化的原子构象图[92]

M 代表卤素原子

表 4-4　氢化及卤化石墨炔的键长键角的计算值[100]

结构	$D_1/\text{Å}$	$D_2/\text{Å}$	$D_{ad}/\text{Å}$	$\theta/(\degree)$
$C_1H_{0.5}$-倾斜	1.50	1.36	1.10	44
$C_1F_{0.5}$	1.50	1.34	1.37	83
$C_1Cl_{0.5}$	1.51	1.35	1.74	84
$C_1Br_{0.5}$	1.50	1.34	1.92	84

　　对比石墨炔的氯化、溴化和碘化反应，石墨炔的氟化反应显得十分不同。研究发现，石墨炔在发生氟化反应时，可以将三键完全打开得到 sp^3 杂化的形式。在这种情况下，F 原子的两种稳定构象一种是 F 原子中心处于平面内[图 4-45(a)]，另一种是出于平面外[图 4-45(b)]，界定的方法是加成到同一 C 原子上的两个 F 原子的中心是在平面内[图 4-45(a)]，还是在平面外[图 4-45(b)]。与从 sp 杂化 C 原子到 sp^2 杂化不同，由于 F 原子之间的相互排斥力的影响，随着 F 原子数目的增加，F 原子的键合能逐渐降低，如图 4-45(c)所示。由于 F 原子中心处于平面外[图 4-45(b)]的构象 F 原子间排斥力小，所以平面外的构象较平面内的构象更为稳定。同时研究还发现，氟化反应可以较为广泛地调节石墨炔的带隙，如图 4-45(d)所示，其带隙的能量调节范围约为 4 eV。

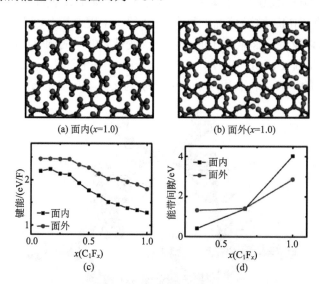

(a) 面内(x=1.0)　　　　(b) 面外(x=1.0)

(c)　　　　(d)

图 4-45　石墨炔每个炔键 C 原子键合两个 F 原子的面内(a)和面外(b)优势原子构象图，以及石墨炔键合 F 原子的键能(c)及带隙(d)理论计算值[100]

　　石墨炔(石墨二炔)片中不同含量的 sp^2/sp 碳原子可以分别与一个或两个氟原子共价结合转化成 sp^3 碳原子，这为我们构建具有不同化学计量 F/C 比例及独特性质的氟化石墨炔(石墨二炔)提供了可能性。 最近，Enyashin 和 Ivanovskii 等人[101]尝试了解氟化石墨炔(FGY)的稳定性趋势、结构和电子性质，这可能是构建新型 2D 材料的候选者。使用包含 sp/sp^2 原子的各种组合的三个 GY 网络(图 4-46)来模拟化学计量比分别为 C$_2$F$_3$(F/C=1.5)、C$_3$F$_5$(F/C=1.66)和 C$_4$F$_7$(F/C =1.75)的"完全氟化"石墨炔的一系列 21 种可能的异构体，其中所有 sp^2 和 sp 碳原子分别通过与一个或两个氟原子的结合而转变成 sp^3 杂化态。计算结果[101]显示，对于含较高 F/C 比例的体系，FGY 的稳定性增加，而它们可能的异构体之间的稳定性差异减小。石墨炔片中 sp 原子数量的增加以相反的方式影响原生石墨炔及其氟化衍生物的稳定性，分别使其稳定性降低或增长。此外，独立于原生 GY 的电子光谱的类型，其氟化衍生物转变为具有直接 Γ-Γ 带间跃迁的宽带隙半导体(图 4-46)，并且带隙随着 F/C 比增加而增加。因此，与石墨片中 sp^1/sp^2 原子的实际比例密切相关的氟化程度，是稳定 FGY 并调节这些材料的介电性能的主要因素。

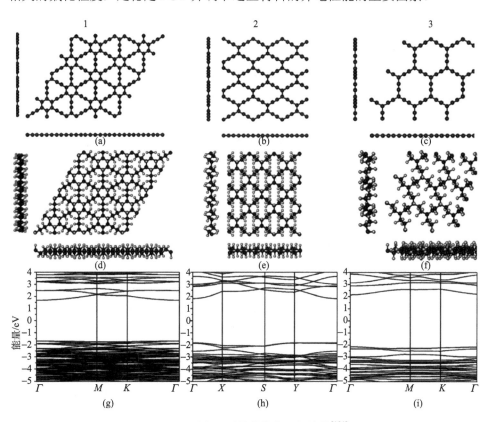

图 4-46 原生石墨炔的优化几何结构[101]

(a) γ-石墨炔；(b) β-石墨炔；(c) α-石墨炔；(d) 氟化 γ-石墨炔 C$_2$F$_3$；(e) 氟化 β-石墨炔 C$_3$F$_5$；(f) 氟化 α-石墨炔 C$_4$F$_7$；(d)～(f)氧化石墨炔的优化原子结构；(g)～(i)最稳定异构体的能带结构

Bhattacharya 等[102]进行了氟化石墨炔和石墨二炔的密度泛函理论计算，以研究其电子性质。已经发现，根据其功能化位点，氟化拓宽了石墨炔和石墨二炔的带隙，并遵循以下趋势：原生石墨炔(0.454 eV)<链 F 取代(1.647 eV)<链和环 F 取代(3.318 eV)<环 F 取代(3.750 eV)。在链或环位置氟化的石墨炔仍然是直接带隙半导体，但是全氟化石墨炔成了间接带隙半导体。再次，氟化降低了这些体系的稳定性，并且与其他氟化体系(链氟化或环氟化的体系)相比，全氟化体系的稳定性较低。氟原子主要对价带有贡献，并且在这些基本结构的不同位置处的氟化激活了费米能级附近的 p_x、p_y 和 s 轨道。研究结果表明，相邻碳的 C—C 相互作用基本上有助于成键状态，而 C—F 相互作用总是在费米能级附近导致反键状态。

4.4.4 金属修饰的石墨炔

最近，人们通过理论计算的方式认清了金属原子-石墨烯和金属原子-石墨炔之间的相互作用区别，指出金属原子-石墨炔是一种较强的化学吸附作用，而金属原子-石墨烯是经典的物理吸附作用[103-105]，意味着金属原子和石墨炔之前存在较强的电荷转移行为，金属原子的掺杂能够有效地调控其电子、磁性性能，从而改善或赋予石墨炔新的性能，为其在电子学器件中的应用提供了基础。

在理论上预测了单一 3d 原子(M= V、Cr、Mn、Fe、Co 和 Ni)吸附在石墨炔和石墨二炔片上可作为另一种调节电子和磁性能的方法[103]。主要的发现是，由于形成相当高的磁矩，这些吸附原子(Ni 除外)促进了 M / 石墨炔(石墨二炔)体系的磁化。对于 Cr /石墨二炔体系，这些吸附原子促进了 4.8 μB 的磁化。对于大多数的吸附原子体系，磁矩位于 M 原子上；但是对于其中一些(如 Cr /石墨二炔)也发现了碳原子的磁化。另外，M /石墨炔(石墨二炔)的磁矩值比 M /石墨烯[106]小。M 原子和石墨炔(石墨二炔)片材之间的强键合以及从原子到这些片材的电荷转移导致母体材料电子性质的巨大转变，如 V /石墨炔、Mn /石墨炔、Fe /石墨炔和 Ni / 石墨炔分别表现为磁性半金属、自旋选择半导体、磁性金属和非磁性窄带隙半导体。因此， M/石墨炔(石墨二炔)体系是自旋电子学可能的候选材料。另外，研究原子修饰的碳纳米管的经验[107]提示，可以预期过渡金属原子在石墨炔(石墨二炔)表面上的聚集并形成金属团簇，而不是孤立原子的吸附。今天这个问题依然不清楚。

Lin 等[108]通过密度泛函理论计算中的 Perdew-Burke-Ernzerhof (PBE) exchange-correlation functional 方法系统地研究了 Au、Cu、Fe、Ni 和 Pt 吸附原子在石墨二炔纳米带上的吸附和扩散行为。他们发现金属原子在石墨二炔纳米带具有很好的热稳定性，即使 900 K 的温度下金属原子在石墨二炔纳米带上也只有非常小的溢出速率；指出 Fe、Ni 和 Pt 吸附的石墨炔为 n 型掺杂，而 Cu 和 Au 的掺杂则具有金属特性。Alaei[109]研究组采用相同的方法研究了 Fe、Co 和 Ni 在 γ-石墨炔纳米管的吸附行为，指出所有的金属掺杂石墨炔都是 n 型掺杂，同时 Fe 和 Co 原子的吸附能够显著影响石墨炔纳米管的磁性。Kim 等[105]的研究进一步指出除了 d^{10} 第Ⅻ族过渡金属(TM)在 γ-石墨炔炔环上是物理吸附之外，其他 TM 在 γ-石墨炔炔环上强的化学吸附，扩散原子迁移须跨越 0.5～3.5 eV 的能垒，同时吸附原子相对 γ-石墨炔的高度受 TM 原子半径的影响[图 4-47(a)]。他们的实验结果也证明所有 TM 原子掺杂 γ-石墨炔都属于 n 型掺杂，其中由于 TM 电负性的增加，电荷转移沿 d 系列衰变[图 4-47(b)]。接近于 TM 本体内聚能的大吸附能、高迁移能垒以及带正电荷 TM 吸附原子之间的库仑排斥为 TM 分散在 γ-石墨炔提供了良好的环境。

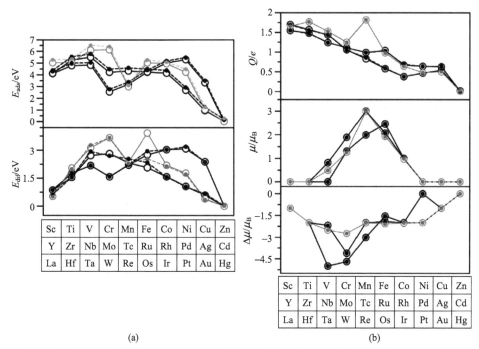

图 4-47　(a)3d、4d 和 5d 过渡金属原子在 γ-石墨炔上的吸附能(E_{ads})，以及扩散能垒 E_{dif}；图中给出 PBE(空心圆和实线)和 PBE-D2(实心圆和虚线)水平计算结果；(b)吸附原子在 γ-石墨炔上的 3d、4d 和 5d 过渡金属原子的氧化态(Q)，局部磁矩(μ)和原子磁矩变化($\Delta\mu$)；图中给出 PBE(空心圆和实线)和 PBE-D2(实心圆和虚线)水平计算结果[105]

此外，Ma 等和 Lu 等[110,111]从理论上系统地研究了贵金属原子(Au、Pt、Ir、Pd、Rh 和 Ru)分别在石墨炔和石墨二炔表面的吸附行为、形貌和电子结构等，结果显示贵金属原子能够非常牢固地吸附于石墨炔炔环空位。指出贵金属原子修饰的石墨炔材料在气体探测方面具有非常大潜力的应用价值。

　　金属原子修饰的石墨炔/石墨二炔因其易于调控的电学性质、较好的化学稳定性、大的比表面积和优秀的导电性能等被越来越多的应用于能源存储、催化等方面。例如，人们已经从理论上成功地预测 Ca[112,113]、Li[114,115]、Na[116,117]、Ti[37,118]等金属原子修饰的石墨炔会是非常好的氢存储材料。

　　当代社会中人们对锂离子电池(LIB)的需求不断增加。理论和计算都已经证明了石墨二炔可作为 LIB 的阳极材料。Sun 和 Searles[119]使用密度泛函理论(DFT)计算研究了石墨二炔层之间 Li 插层和 Li 迁移能力，他们发现最利于 Li 原子吸附的位置是 18 碳形成的孔区域内偏心和靠近孔的角的位置[图 4-48(a)]。锂离子在 18 碳孔面内(角落到角落)从 18 孔到 6 原子环、从一个孔到邻近的孔以及面外(即穿过石墨二炔平面)的迁移能垒分别为 0.18 eV、0.84 eV、0.70 eV 和 0.27 eV，这些均低于石墨烯中锂离子从一个六元环移动到另一个六元环的能量势垒，意味着锂离子在石墨炔中具备更好的流动性。他们还发现石墨二炔的最大吸附容量为 LiC$_3$[相当于 624 mAh/g]，高于石墨炔的 LiC$_4$[相当于 487 mAh/g]和石墨烯的 LiC$_6$[相当于 372 mAh/g][图 4-48(b)]。

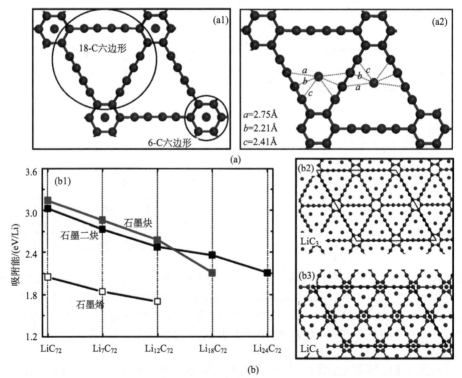

图 4-48　(a)用于在 GD 上吸附两个 Li 原子的优化几何形状(Li 和 C 显示为紫色和灰色球体)：(a1)6-C 六边形中的 Li(两个 Li 原子分布在碳网络的两侧)，(a2)在 18-C 六边形(两个 Li 原子都在碳网络的同一侧)上的 Li；(b)石墨烯、GD 和 GP 中的 Li 吸附比较：(b1)吸附能，(b2)GD 吸附 Li 最大容量时的几何结构(LiC$_3$)，(b3)GP 的最大容量 LiC$_4$ 的几何结构

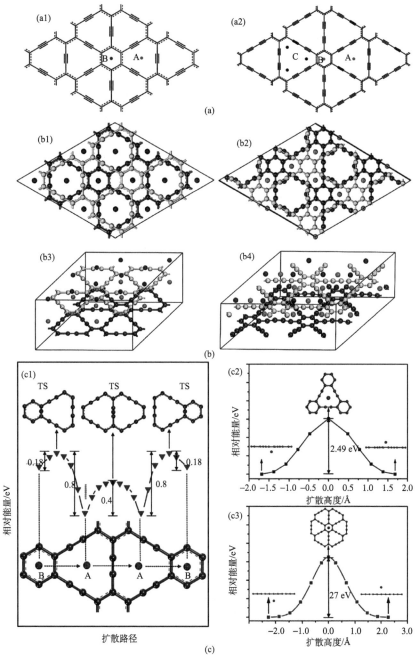

图 4-49 (a)：(a1) 单层 GY 和 (a2) GDY（2 × 2）超晶胞结构以及可能的 Na 吸附位点的示意图；
(b)：分别为 2 × 2 优化的 Na-插层双层 GY 和 GDY 化合物 NaC₄［(b1) 和 (b3)］和 NaC₆［(b2) 和
(b4)］的俯视图和 3D 视图；(c)：(c1) 扩散路径 (底部) 和相应能量与 Na 在 GY 单层上的吸附位
点的关系曲线 (中部) 以及相应的过渡态 (TS)(顶部)；Na 穿过 GY 中大三角形 (c2) 和小六边形
(c3) 所需能量与吸附高度的关系曲线 (平衡吸附结构的能量全部设置为零)[121]

　　然而锂的供应可能会被耗尽，为了摆脱这一困扰，研究者们对钠离子电池（NIB）的研究兴趣加剧。然而，人们用钠替代锂时遇到的一个关键问题就是钠的原子半径（1.86 Å）大于锂离子的原子半径（1.52 Å）。石墨的层间距（3.35 Å）严重抑制了钠的嵌入和运动[120]。因此，急需寻求合适的具有制备高性能电池潜力的 NIB 材料。Xu 等[121]采用 DFT 的方法对钠吸附的石墨炔体系（NaGDY）进行了研究，结果显示 NaGDY 是一种很好的 NIB 阳极材料，六个钠原子在石墨二炔中孔的一个角排布形成稳定的结构（NaC_3）（图 4-49）。在双层 GDY 体系中，GY/GDY 的最大存储容量分别是 NaC_4 和 NaC_3，远超钠离子嵌入石墨中的 NaC_{12} 和锂离子嵌入石墨中的 LiC_6[122]。然而，他们计算了 Na 从三角形孔附近扩散到六碳六角形、从直接通路中的一个孔到相邻的孔（平面内）和从垂直方向（外侧面）到另一侧时所需克服的能垒分别为 1.09 eV、0.64 eV 和 4.5 eV。正如预期的那样，与 Li 的扩散障碍相比，这些值是很大的。基于此，Niaei 等系统的计算了钠原子穿过石墨二炔片层以及在面内和面外迁移过程中的能垒，指出钠原子在石墨二炔上的面内和面外迁移都是可行的。这些都证明了 Na 修饰的石墨二炔作为可充电电池的负极材料的潜力。

　　过渡金属的掺杂还可以用于构建基于石墨炔的氧还原催化剂，下一章中将具体描述。

参 考 文 献

[1] Okamura W H, Sondheimer F. 1,3,7,9,13,15-Hexadehydro[18]annulene. Journal of American Chemical Society, 1967, 89(23): 5991-5992.

[2] Juselius J, Sundholm D. The aromaticity and antiaromaticity of dehydroannulenes. Physical Chemistry Chemical Physics 2001, 3(3): 2433-2437.

[3] Nishinaga T, Kawamura T, Komatsu K. Synthesis, Structure, and Redox Behavior of the Dehydroannulenes Fused with Bicyclo[2.2.2]octene Frameworks. The Journal of Organic Chemistry, 1997, 62: 5354-5362.

[4] Tobe Y, Fujii T, Matsumoto H et al. A new entry into cyclo[n]carbons: [2+2] cycloreversion of propellane-annelated dehydroannulenes. Journal of American Chemical Society, 1996, 118: 2758-2759.

[5] Diederich F, Rubin Y, Knobler C B, et al. All-carbon molecules: evidence for the generation of cyclo[18]carbon from a Stable Organic Precursor. Science, 1989, 245: 1088-1090.

[6] Rubin Y, Knobler C B, Diederich F. Precursors to the cyclo[n]carbons: from 3,4-dialkynyl-3-cyclobutene-1,2-diones and 3,4-dialkynyl-3-cyclobutene-1,2-diols to cyclobutenodehydroannulenes and higher oxides of carbon. Journal of American Chemical Society, 1990, 21(23): 1607-1617.

[7] Rubin Y, Knobler C B, Diederich F. Synthesis and crystal-structure of a stable hexacobalt complex of cyclo 18 carbon. Journal of American Chemical Society, 1990, 112(12): 4966-4968.

[8] Diederich F, Rubin Y, Chapman O L, et al. Synthetic routes to the cyclo[n]carbons. Helvetica Chimica Acta, 1994, 77(5): 1441.

[9] Suzuki R, Tsukuda H, Watanabe N, et al. Synthesis, structure and properties of 3,9,15-tri-and 3,6,9,12,15,18-hexasubstituted dodecadehydro 18 annulenes ($C_{18}H_3R_3$ and $C_{18}R_6$) with D-6h-symmetry.

Tetrahedron, 1998, 54: 2477-2496.

[10] Sworski T J. Cyclic acetylenic compounds. Journal of Chemical Physics, 1948, 16: 550.

[11] Haley M M, Wan W B. Natural and Non-Natural Planar Carbon Networks: From Monomeric Models to Oligomeric Substructures. In: Halton B. Advances in Strained and Interesting Organic Molecules. Stamford, Connecticut: JAI Press, 2000. 17-40.

[12] Behr O M, Eglinton G, Galbraith A R, et al. 722. Macrocyclic acetylenic compounds. Part Ⅱ. 1,2:7,8-Dibenzocyclododeca-1,7-diene-3,5,9,11-tetrayne. Journal of Chemical Society, 1960: 3614-3625.

[13] Campbell I D, Eglinton G, Henderson W et al. 1,2;5,6;9,10-Tribenzocyclododeca-1,5,9-triene-3,7,11-triyne and 1,2;5,6;9,10;13,14-tetrabenzocyclohexadeca-1,5,9,13-tetraene-3,7,11,15-tetrayne.Chemical Communications (London), 1966, 4(4): 87-89.

[14] Staab H A, Graf F. Zur konjugation in makrocyclischen bindungssystemen IV: synthese und eigenschaften von 1:2, 5:6, 9:10-tribenzo-cyclododeka-1. 5. 9-trien-3. 7. 11-triin. Tetrahedron Letter, 1966, 7: 751-757.

[15] Tobe Y, Ohki I, Sonoda M, et al. Generation and characterization of highly strained dibenzotetrakisdehydro[12] annulene. Journal of American Chemical Society, 2003, 125(19): 5614-5615.

[16] Tovar J D, Jux N, Jarrosson T, et al. Synthesis and x-ray characterization of an octaalkynyldibenzooctadehydro [12]-annulene. The Journal of Organic Chemistry, 1997, 28(42): 3432-3433.

[17] Gallagher M E, Anthony J E. Synthesis of linearly-fused benzodehydro[12]annulenes. Tetrahedron Letters, 2001, 42: 7533-7536.

[18] Ott S, Faust R. Quinoxalinodehydroannulenes: a novel class of carbon-rich materials. Synlett, 2004, 2004(9): 1509-1512.

[19] Zhou Q, Carroll P J, Swager T M. Synthesis of diacetylene macrocycles derived from 1,2-diethynyl benzene derivatives: structure and reactivity of the strained cyclic dimer. Journal of Organic Chemistry, 1994, 59: 1294-1301.

[20] Ott S, Faust R. A (bpy)₂Ru-coordinated dehydro[12]annulene with exotopically fused diimine binding sites. Chemical Communications, 2004(4): 388-389.

[21] Cook M J, Heeney M J. A diphthalocyanino-dehydro[12]annulene. Chemical Communications, 2000, 11(11): 969-970.

[22] Cook M J, Heeney M J. Phthalocyaninodehydroannulenes. Chemistry-a European Journal, 2000, 6: 3958.

[23] García-Frutos E M, Fernández-Lázaro F, Maya E M, et al. Copper-mediated synthesis of phthalocyanino-fused dehydro[12]- and [18]annulenes. Journal of Organic Chemistry, 2000, 65: 6841-6846.

[24] Haley M M, Brand S C, Pak J J. Carbon networks based on dehydrobenzoannulenes: synthesis of graphdiyne substructures. Angewandte Chemie International Edition English, 1997, 36: 836-838.

[25] Wan W B, Brand S C, Pak J J, et al. Synthesis of expanded graphdiyne substructures. Chemistry-A European Journal, 2000, 6: 2044-2052.

[26] Bell M L, Chiechi R C, Johnson C A, et al. A versatile synthetic route to dehydrobenzoannulenes via in situ generation of reactive alkynes. Tetrahedron, 2001, 57: 3507-3520.

[27] Haley M M, Bell M L, English J J, et al. Versatile synthetic route to and DSC analysis of dehydrobenzoannulenes: crystal structure of a heretofore inaccessible [20]annulene derivative. Journal of the American Chemical Society, 1997, 119: 2956-2957.

[28] Marsden J A, Haley M M. Carbon networks based on dehydrobenzoannulenes. 5. Extension of two-dimensional conjugation in graphdiyne nanoarchitectures. Journal of Organic Chemistry, 2005, 70(25): 10213-10226.

[29] Wan W B, Haley M M. Carbon networks based on dehydrobenzoannulenes. 4. Synthesis of "star" and "trefoil" graphdiyne substructures via sixfold cross-coupling of hexaiodobenzene. Journal of Organic Chemistry, 2001, 66: 3893-3901.

[30] Pak J J, Weakley T J R, Haley M M. Stepwise assembly of site specifically functionalized dehydrobenzo[18]annulenes. Journal of the American Chemical Society, 1999, 121: 8182-8192.

[31] Sarkar A, Pak J J, Rayfield G W, et al. Nonlinear optical properties of dehydrobenzo[18]annulenes: expanded

two-dimensional dipolar and octupolar NLO chromophores. Journal of Materials Chemistry, 2001, 11: 2943-2945.

[32] Nishinaga T, Miyata Y, Nodera N, et al. Synthesis and properties of p-benzoquinone-fused hexadehydro[18]annulenes. Tetrahedron, 2004, 60: 3375-3382.

[33] Laskoski M, Roidl G, Ricks H L, et al. Butterfly topologies: new expanded carbon-rich organometallic scaffolds. Journal of Organometallic Chemistry, 2003, 673: 13-24.

[34] Laskoski M, Steffen W, Morton J G M, et al. Synthesis and structural characterization of organometallic cyclynes: novel nanoscale, carbon-rich topologies. Journal of Organometallic Chemistry, 2003, 673: 25-39.

[35] Laskoski M, Steffen W, Morton J G M, et al. Synthesis and explosive decomposition of organometallic dehydro[18]annulenes: an access to carbon nanostructures. Journal of the American Chemical Society, 2002, 124: 13814-13818.

[36] Boldi A M, Diederich F. Expanded radialenes-a novel class of cross-conjugated macrocycles. Angewandte Chemne Znternational Edition English, 1994, 33: 482-485.

[37] Nicolaou K C, Dai W M. Chemistry and biology of the enediyne anticancer antibiotics. Angewandte Chemie International Edition English, 1991, 30: 1387-1416.

[38] Nicolaou K C, Dai W M. The Battle of Calicheamicin γ. Angewandte Chemie International Edition English, 1993, 32: 1377-1385.

[39] Maas G, Hopf H. Preparation and properties, reactions, and applications of radialenes. Angewandte Chemie International Edition, 1992, 31(8): 931-654.

[40] Hirsch A, Soi A, Karfunhel H R. Titration of C_{60}: A Method for the Synthesis of Organofullerenes. Angewandte Chemie International Edition in English, 1992, 31: 766-768.

[41] Klein J. Directive effects in allylic and benzylic polymetalations: the question of U-stabilization, y-aromaticity and cross-conjugation. Tetrahedron, 1983, 39: 2733-2759.

[42] Anthony J, Boudon C, Diederich F, et al. Stable soluble conjugated carbon rods with a persilylethynylated polytriacetylene backbone. Angewandte Chemie International Edition English, 1994, 33: 763-766.

[43] Heeger A J, MacDiarmid A G.//The Physics and Chemistry of Low Dimensional Solids. Alcaver L. Reidel: Dordrecht, 1980: 353-391.

[44] Wegner G. Polymers with metal-like conductivity-a review of their synthesis, structure and properties. Angewandte Chemie International Edition in English, 1981, 20: 361-381.

[45] B Chance R R, Elsenbaumer R L, Shacklette L W, et al. Structural basis for semiconducting and metallic polymer dopant systems. Chemical Reviews, 1982, 82: 209-222.

[46] Xie Q, Arias F, Echegoyen L. Electrochemically-reversible, single-electron oxidation of C_{60} and C_{70}. Journal of the American Chemical Society, 1993, 115.

[47] Trofimenko S. Boron-pyrazole chemistry. Ⅳ. Carbon- and boron-substituted poly[（1-pyrazolyl）borates]. Journal of the American Chemical Society, 1967, 89: 6288-6294.

[48] Li G X, Li Y L, Liu H B, et al. Architecture of graphdiyne nanoscale films. Chemical Communications, 2010, 46(19): 3256-3258.

[49] Jia Z, Zuo Z, Yi Y, et al. Low temperature, atmospheric pressure for synthesis of a new carbon Eneyne and application in Li storage. Nano Energy, 2017, 33: 343-349.

[50] Qian X M, Liu H B, Huang C S, et al. Self-catalyzed growth of large-area nanofilms of two-dimensional carbon. Scientific Reports, 2015, 5: 7756.

[51] Matsuoka R, Sakamoto R, Hoshiko K, et al. Crystalline graphdiyne nanosheets produced at a gas/liquid or liquid/liquid interface. Journal of the American Chemical Society, 2017, 139: 3145-3152.

[52] Zhang S Q, Wang J Y, Li Z Z, et al. Raman spectra and corresponding strain effects in graphyne and graphdiyne. Journal of Physical Chemistry, 2016, 120: 10605-10613.

[53] 李斗星. 透射电子显微学的新进展 I 透射电子显微镜及相关部件的发展及应用. 电子显微学报, 2004, 23(3): 269-277.

[54] Li C, Lu X, Han Y, et al. Direct imaging and determination of the crystal structure of six-layered graphdiyne. Nano Research, 2017: 1-8.

[55] Hirsch A. The era of carbon allotropes. Nature materials, 2010, 9: 868-871.

[56] Narita N, Nagai S, Suzuki S, et al. Optimized geometries and electronic structures of graphyne and its family. Physical Review B, 1998, 58: 11009-11014.

[57] Zhong J, Wang J, Zhou J G, et al. Electronic structure of graphdiyne probed by x-ray absorption spectroscopy and scanning transmission X-ray microscopy. Journal of Physical Chemistry C, 2013, 117: 5931-5936.

[58] Kim B G, Choi H J. Graphyne: hexagonal network of carbon with versatile Dirac cones. Physical Review B, 2012, 86: 5.

[59] Zheng J J, Zhao X, Zhao Y L, et al. Two-dimensional carbon compounds derived from graphyne with chemical properties superior to those of graphene. Scientific Reports, 2013, 3: 1271.

[60] Ivanovskii A L, Enyashin A N. Graphene-like transition-metal nanocarbides and nanonitrides. Russian Chemical Reviews, 2013, 82: 735.

[61] Singh V, Joung D, Zhai L, et al. Graphene based materials: past, present and future. Progress in Materials Science, 2011, 56: 1178-1271.

[62] Yan L, Zheng Y B, Zhao F, et al. Chemistry and physics of a single atomic layer: strategies and challenges for functionalization of graphene and graphene-based materials. Chemical Society Reviews, 2012, 41: 97-114.

[63] Gong K, Du F, Xia Z, et al. Nitrogen-doped carbon nanotube arrays with high electrocatalytic activity for oxygen reduction. Science, 2009, 323: 760-764.

[64] Zheng Y, Jiao Y, Ge L, et al. Two-step boron and nitrogen doping in graphene for enhanced synergistic catalysis. Angewandte Chemie, 2013, 125: 3192-3198.

[65] Gong X, Liu S, Ouyang C, et al. Nitrogen-and phosphorus-doped biocarbon with enhanced electrocatalytic activity for oxygen reduction. ACS Catalysis, 2015, 5: 920-927.

[66] Meng Y, Voiry D, Goswami A, et al. N-, O-, and S-tridoped nanoporous carbons as selective catalysts for oxygen reduction and alcohol oxidation reactions. Journal of the American Chemical, 2014, 136: 13554-13557.

[67] Hao L, Zhang S, Liu R, et al. Bottom-up construction of triazine-based frameworks as metal‐free electrocatalysts for oxygen reduction reaction. Advanced Materials, 2015, 27: 3190-3195.

[68] Li Y, Dai H. Recent advances in zinc-air batteries. Chemical Society Reviews, 2014, 43: 5257-5275.

[69] Cao R, Lee J S, Liu M, et al. Recent progress in non-precious catalysts for metal-air batteries. Advanced Energy Materials, 2012, 2: 816-829.

[70] Dai L, Xue Y, Qu L, et al. Metal-free catalysts for oxygen reduction reaction. Chemical Reviews, 2015, 115: 4823-4892.

[71] Liang Y, Li Y, Wang H, et al. Strongly coupled inorganic/nanocarbon hybrid materials for advanced electrocatalysis. Journal of the American Chemical Society, 2013, 135: 2013-2036.

[72] Zheng Y, Jiao Y, Jaroniec M, et al. Nanostructured metal-free electrochemical catalysts for highly efficient oxygen reduction. Small, 2012, 8: 3550-3566.

[73] Liu J, Song P, Ning Z, et al. Recent advances in heteroatom-doped metal-free electrocatalysts for highly efficient oxygen reduction reaction. Electrocatalysis, 2015, 6: 132-147.

[74] Zhang S, Du H, He J, et al. Nitrogen-doped graphdiyne applied for lithium-ion storage. ACS Applied Materials & Interfaces, 2016, 8: 8467-8473.

[75] Bu H X, Zhao M W, Zhang H Y, et al. Isoelectronic doping of graphdiyne with boron and nitrogen: stable configurations and band gap modification. Journal of Physical Chemistry A, 2012, 116: 3934-3939.

[76] Das B K, Sen D, Chattopadhyay K K. Implications of boron doping on electrocatalytic activities of graphyne and graphdiyne families: a first principles study. Physical Chemistry Chemical Physics, 2016, 18: 2949-2958.

[77] Lu R, Rao D, Meng Z, et al. Boron-substituted graphyne as a versatile material with high storage capacities of Li and H_2: a multiscale theoretical study. Physical Chemistry Chemical Physics, 2013, 15: 16120-16126.

[78] Kang B T, Shi H, Wang F F, et al. Importance of doping site of B, N, and O in tuning electronic structure of graphynes. Carbon, 2016, 105: 156-162.

[79] Bhattacharya B, Singh N B, Sarkar U. Pristine and BN doped graphyne derivatives for UV light protection. International Journal of Quantum Chemistry, 2015, 115: 820-829.

[80] Mohajeri A, Shahsavar A. Tailoring the optoelectronic properties of graphyne and graphdiyne: nitrogen/sulfur dual doping versus oxygen containing functional groups. Journal of Materials Science, 2017, 52: 5366-5379.

[81] Yun J, Zhang Y, Xu M, et al. Effect of single vacancy on the structural, electronic structure and magnetic properties of monolayer graphyne by first-principles. Materials Chemistry and Physics, 2016, 182: 439-444.

[82] Kim S, Lee J Y. Doping and vacancy effects of graphyne on SO₂ adsorption. Journal of Colloid Interface Science, 2017, 493: 123-129.

[83] Mirnezhad M, Ansari R, Rouhi H, et al. Mechanical properties of two-dimensional graphyne sheet under hydrogen adsorption. Solid State Communicafions, 2012, 152: 1885-1889.

[84] Tan J, He X, Zhao M. First-principles study of hydrogenated graphyne and its family: table configurations and electronic structures. Diamond and Related Materials, 2012, 29: 42-47.

[85] Ma S, Zhang C X, He J, et al. Stable configurations and electronic structures of hydrogenated graphyne. Computational Materials Science, 2014, 91: 274-278.

[86] Autreto P A S, de Sousa J M, Galvao D S. Site-dependent hydrogenation on graphdiyne. Carbon, 2014, 77: 829-834.

[87] Hornekær L, Rauls E, Xu W, et al. Clustering of chemisorbed H(D) atoms on the graphite (0001) surface due to preferential sticking. Physical Review Letter, 2006, 97: 186102.

[88] Zhang H, Pan H, Zhang M, et al. First-principles prediction of a new planar hydrocarbon material: half-hydrogenated 14,14,14-graphyne. Physical Chemistry Chemical Physics, 2016, 18: 23954-23960.

[89] Sofo J O, Chaudhari A S, Barber G D. Graphane: a two-dimensional hydrocarbon. Physical Review B, 2007, 75: 153401.

[90] Psofogiannakis G M, Froudakis G E. Computational prediction of new hydrocarbon materials: the hydrogenated forms of graphdiyne. Journal of Physical Chemistry C, 2012, 116: 19211-19214.

[91] Psofogiannakis G M, Froudakis G E. Fundamental studies and perceptions on the spillover mechanism for hydrogen storage. Chemical Communications, 2011, 47: 7933-7943.

[92] Koo J, Hwang H J, Huang B, et al. Exotic geometrical and electronic properties in hydrogenated graphyne. Journal of Physical Chemistry C, 2013, 117: 11960-11967.

[93] Kang B, Liu H, Lee J Y. Oxygen adsorption on single layer graphyne: a DFT study. Physical Chemistry Chemical Physics, 2014, 16: 974-980.

[94] Yan J A, Xian L, Chou M Y. Structural and electronic properties of oxidized graphene. Physical Review Letters, 2009, 103: 086802.

[95] Yan J A, Chou M Y. Oxidation functional groups on graphene: structural and electronic properties. Physical Review B, 2010, 82: 125403.

[96] Mohajeri A, Shahsavar A. Tailoring the optoelectronic properties of graphyne and graphdiyne: nitrogen/sulfur dual doping versus oxygen containing functional groups. Journal of Materials Science, 2017, 52: 5366-5379.

[97] Zhang P R, Ma S Y, Sun L Z. Hydroxylated graphyne and graphdiyne: first-principles study. Applied Surface Science, 2016, 361: 206-212.

[98] Li W, Zhao M, Xia Y, et al. Covalent-adsorption induced magnetism in graphene. Journal of Materials Chemistry, 2009, 19: 9274-9282.

[99] Nair R R, Ren W, Jalil R, et al. Fluorographene: a two-dimensional counterpart of teflon. Small, 2010, 6: 2877-2884.

[100] Koo J, Huang B, Lee H, et al. Tailoring the electronic band gap of graphyne. Journal of Physical Chemistry C, 2014, 118: 2463-2468.

[101] Enyashin A N, Ivanovskii A L. Fluorographynes: Stability, structural and electronic properties. Superlattices Microstruct., 2013, 55: 75-82.

[102] Bhattacharya B, Singh N B, Sarkar U. Tuning of band gap due to fluorination of graphyne and graphdiyne. Journal of Physics: Conference Series, 2014, 566: 012014.

[103] He J J, Ma S Y, Zhou P, et al. Magnetic properties of single transition-metal atom absorbed graphdiyne and graphyne sheet from DFT plus U calculations. Journal of Physical Chemistry C, 2012, 116: 26313-26321.

[104] Mashhadzadeh A H, Vahedi A M, Ardjmand M, et al. Investigation of heavy metal atoms adsorption onto graphene and graphdiyne surface: a density functional theory study. Superlattices Microstruct, 2016, 100: 1094-1102.

[105] Kim S, Ruiz Puigdollers A, Gamallo P, et al. Functionalization of gamma-graphyne by transition metal adatoms. Carbon, 2017, 120: 63-70.

[106] Wehling T O, Lichtenstein A I, Katsnelson M I. Transition-metal adatoms on graphene: influence of local Coulomb interactions on chemical bonding and magnetic moments. Physical Review B, 2011, 84: 235110.

[107] Ivanovskaya V V, Ivanovskii A L. Atom-decorated nanotubes. Russian Chemical Reviews, 2011, 80: 727-749.

[108] Lin Z Z, Wei Q, Zhu X M. Modulating the electronic properties of graphdiyne nanoribbons. Carbon, 2014, 66: 504-510.

[109] Alaei S, Jalili S, Erkoc S. Study of the influence of transition metal atoms on electronic and magnetic properties of graphyne nanotubes using density functional theory. Fullerenes Nanotubes and Carbon Nanostructures, 2015, 23: 494-499.

[110] Ma D W, Li T, Wang Q, et al. Graphyne as a promising substrate for the noble-metal single-atom catalysts. Carbon, 2015, 95: 756-765.

[111] Lu Z, Li S, Lv P, et al. First principles study on the interfacial properties of NM/graphdiyne (NM=Pd, Pt, Rh and Ir): The implications for NM growing. Applied Surface Science, 2016, 360: 1-7.

[112] Li C, Li J, Wu F, et al. High capacity hydrogen storage in ca decorated graphyne: a first-principles study. Journal of Physical Chemistry C, 2011, 115: 23221-23225.

[113] Hwang H J, Kwon Y, Lee H. Thermodynamically stable calcium-decorated graphyne as a hydrogen storage medium. Journal of Physical Chemistry C, 2012, 116: 20220-20224.

[114] Guo Y, Lan X, Cao J, et al. A comparative study of the reversible hydrogen storage behavior in several metal decorated graphyne. International Journal of Hydrogen Energy, 2013, 38: 3987-3993.

[115] Xu B, Lei X L, Liu G, et al. Li-decorated graphyne as high-capacity hydrogen storage media: first-principles plane wave calculations. International Journal of Hydrogen Energy, 2014, 39: 17104-17111.

[116] Lee S H, Jhi S H. A first-principles study of alkali-metal-decorated graphyne as oxygen-tolerant hydrogen storage media. Carbon, 2015, 81: 418-425.

[117] Liu Y, Liu W, Wang R, et al. Hydrogen storage using Na-decorated graphyne and its boron nitride analog. International Journal of Hydrogen Energy, 2014, 39: 12757-12764.

[118] Zhang L, Zhang S, Wang P, et al. The effect of electric field on Ti-decorated graphyne for hydrogen storage. Computational and Theoretical Chemistry, 2014, 1035: 68-75.

[119] Sun C H, Searles D J. Lithium storage on graphdiyne predicted by DFT calculations. Journal of Physical Chemistry C, 2012, 116: 26222-26226.

[120] Cao Y, Xiao L, Sushko M L, et al. Sodium ion insertion in hollow carbon nanowires for battery applications. Nano Letters, 2012, 12: 3783-3787.

[121] Xu Z M, Lv X, Li J, et al. A promising anode material for sodium-ion battery with high capacity and high diffusion ability: graphyne and graphdiyne. RSC Advances, 2016, 6: 25594-25600.

[122] Thinius S, Islam M M, Heitjans P, et al. Theoretical study of Li migration in lithium–graphite intercalation compounds with dispersion-corrected DFT methods. Journal of Physical Chemistry C, 2014, 118: 2273-2280.

第5章

石墨炔的聚集态结构

5.1 石墨炔量子点

5.1.1 笼状分子: 富勒炔

石墨单炔(石墨二炔)片可用于构建一大类零维(0D)碳空心笼状(类富勒烯)分子, 其含$(sp + sp^2)$杂化原子。Baughman 等[1]首次提出了基于 GY 的富勒烯样笼状分子的原子模型, 其包含三键, 因此称为富勒炔。这些笼子具有高的孔隙率, 可能表现出不同寻常的光学和磁性性质, 被视为富勒炔最有趣的特征之一。此外, 与 GY(GDY)平面网络类似, 通过碳炔链连接 sp^2 碳原子 C_n 环, sp^2 碳原子对或单个 sp^2 碳原子可以构成几种类型的碳笼(图 5-1)。还有一系列假想的 0D 结构(称为

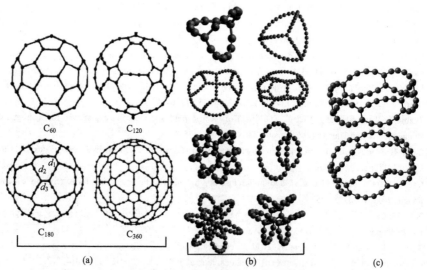

图 5-1   以前开创性的工作中提出的与 "经典" 富勒烯 C_{60} 相对应的 (a) 富勒炔 C_{120}、C_{180} 和 C_{360}(其包含 sp^2 原子的 C_n 环-C_{120} 和 C_{360} 以及 sp^2 原子对-C_{180})的原子结构[1]; (b) 一系列假设的 0D 结构(称为碳炔富勒烯)[2]和 (c) 带状分子(称为埃舍尔炔)[3], 其包含通过单个 sp^2 原子或成对的 sp^2 原子互相连接的碳炔链

碳炔富勒烯)，其包含通过单个 sp^2 碳原子[2]相互连接的碳炔链，以及 $sp + sp^2$ 杂化的带状分子[称为埃舍尔炔(Escher ynes)][3]。

文献[4-6]预测了另一组新的富勒炔，并在理论上研究了影响其稳定性和电子性质的因素。Sebastiani 和 Parker[6]已经研究了一系列具有柏拉图式和阿基米德式多面体拓扑结构的桥联苯乙炔大环化合物，见图 5-2，这很好地展示了这种 0D 结构的可能设计原理。可以将多炔(和其他大环)的环化过程[7-9]视为未来合成上述笼状分子的可能实验方法。

5.1.2　纳米片

类似于石墨烯纳米片(Nano-flakes)[10-14]，我们可以定义另一类 0D 石墨炔纳米体系：GY 和 GDY 纳米片(或纳米团簇)，其边缘原子的大量悬键决定了其性能与 2D 片层或 1D 管或线的差异。因此，这种体系相当不稳定，它们具有各种结构自由度，并且可以转化为各种形式，它们的稳定性取决于氢原子封端的边缘结构。此外，这种纳米薄片的尺寸可以在分子尺寸到纳米带尺寸的宽范围内变化，确保了它们性质可在非常宽的范围变化[15,16]。在这个意义上，大多数石墨炔和石墨二炔的片段(综述[17])通常可以被认为是 GY 和 GDY 片，而它们的氢钝化边缘提示其还是多环芳烃[18]。最后，考虑到已知的石墨烯样 0D 纳米形式，可以基于石墨炔(石墨二炔)原子图案设计，如 GY(GDY)洋葱、纳米锥(或纳米角)、纳米环等类似体系。

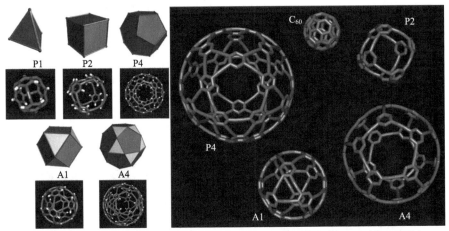

图 5-2　与各自多面体配对的多面体苯乙炔：P1(四面体)，P2(立方体)，P4(十二面体)，A1(立方八面体)和 A4(三十二面体)，以及与富勒烯 C_{60} 相对应的一些笼子的尺寸[6]

5.2　石墨炔纳米管与纳米线

二维石墨炔及石墨二炔的深入研究已经为这些 sp-sp^2 杂化碳材料的低维聚焦

态结构的进化发展打下了基础：1D(纳米管 NT 和纳米线 NW)和 0D(类富勒烯分子，有时称为富勒炔[1,4])，见图 5-3。2003～2004 年设计了石墨炔样纳米管(GY-NT)的第一个原子模型，采用"传统"石墨烯碳纳米管(CNT)的设计原则，即通过将石墨炔(石墨二炔)片卷曲而成无缝管状结构[19-22]。图 5-4 示出了石墨炔纳米管的几个实例。最近还设计了一个由 sp-sp² 杂化的带封端的石墨炔纳米管[23]。

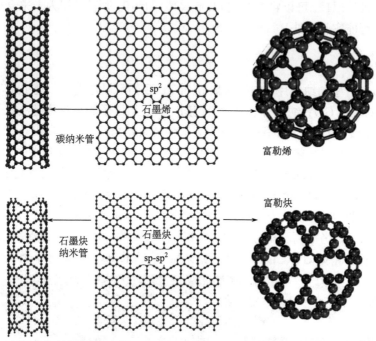

图 5-3   与"常规"石墨烯基纳米管和富勒烯相对应的基于石墨炔的 1D(纳米管)和 0D(富勒烯，有时称为富勒炔[1,4])材料的设计方案

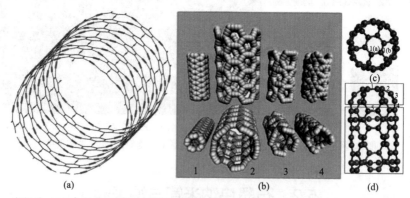

图 5-4   直径为 18.9 Å 的 (5,5) 锯齿形纳米管的视图 (a) 和基于石墨烯片 (1) 和石墨炔片的纳米管尺寸比较 (b)：α-石墨炔 (2)、β-石墨炔 (3) 和 γ-石墨炔 (4)[21]；具有 sp-sp² 杂化的封闭石墨炔纳米管的顶视图 (c) 和侧视图 (d)

5.2.1 石墨炔纳米管

类似于由石墨片卷曲成碳纳米管[22]，石墨炔管可以看成是由石墨炔片[1,24]卷曲而成。为此，我们先考察石墨炔片的几何结构[15,25,26]特征。如图 5-5(a)所示，石墨炔片可以看成由炔链(—C≡C—)连接六边形碳环而形成平面网状结构，不同长度的炔链形成不同的石墨炔片(本文仅考察长度为 1 的情形)。和石墨烯类似，石墨炔片具有 p6m 空间群的几何结构。如图 5-5(a)所示，我们采用一组矢量(a_1, a_2)来标记石墨炔的单胞。这里

$$a_1 = ae_x, a_2 = \left(\frac{1}{2}e_x + \frac{\sqrt{3}}{2}e_y\right)a \tag{5-1}$$

式中，e_x、e_y 分别为 x 和 y 方向的单位长度。通过结构优化，我们选取 a=6.83 Å，该结果与已有文献吻合较好[19,27]。理想的无限长石墨炔管可以看成石墨炔片沿特定方向的手性矢量(chiral vector) C_h=na_1+ma_2 卷曲而成。螺旋矢量 C_h 与 a_1 的夹角定义为手性角(chiral angle)θ。因此，手性角 θ 和理想管径 d 可表示

$$\cos\theta = \frac{C_h \cdot a_1}{|C_h||a_{11}|} = \frac{2n+m}{2\sqrt{n^2+nm+m^2}}, \quad d = \frac{\sqrt{3(n^2+nm+m^2)}}{\pi}a \tag{5-2}$$

石墨炔管沿管轴方向具有周期性，其周期长度由垂直与手性矢量的矢量 T=$t_1a_1 + t_2a_2$ 确定。根据 $C_h \cdot T$=0 我们可以得到

$$t_1 = \frac{2m+n}{d_R}, \quad t_2 = -\frac{2n+m}{d_R} \tag{5-3}$$

这里 d_R 为 $2n+m$ 和 $2m+n$ 的最大公约数。而石墨炔管一个周期单胞的原子数为

$$N = \frac{24(n^2+nm+m^2)}{d_R} \tag{5-4}$$

根据手性角，将石墨炔管分成三类：①扶手椅形管，θ=0，m=0；②锯齿形管，θ=30°，n=m；③手性管。特别值得注意的是，石墨炔管的定义与碳纳米管稍有差别。在图 5-5(b)和(c)中，分别给出了(4,4)锯齿形管和(3,0)扶手椅形管作为示例。

此处主要研究扶手椅形石墨炔管(n, 0)和锯齿形(n, n)石墨炔管的性质，这里 n 分别取 2～5。与碳纳米管类似，由于卷曲效应，相对于理想石墨炔管而言，石墨炔管的管径有一定的收缩且管长增长。图 5-6(a)分别给出了弛豫后石墨炔管周期长度随管径的变化关系。从图中可以发现随着扶手椅形管径的增大，伸长率逐渐变小。这主要是由于石墨炔管的管径增大、曲率变小、卷曲效应变小而导致

的。而锯齿形管基本保持不变。图 5-6 (b)给出了结合能随石墨炔管半径变化的关系。研究表明，石墨炔管的结合能随管径的增大而变小，且逐渐趋于石墨炔片的结合能[28]。

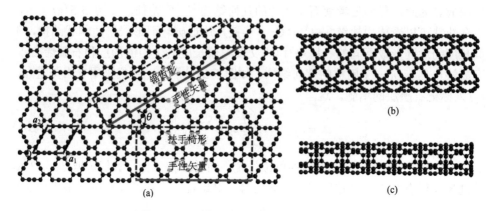

图 5-5　石墨炔片卷曲成石墨炔管示意图

(a)石墨炔片结构及其单胞；(b)石墨炔锯齿形(4,4)管的侧视图；(c)石墨炔扶手椅形(3,0)管的侧视图

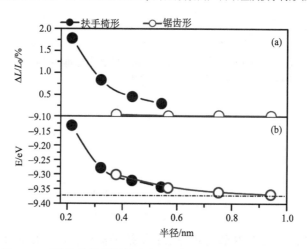

图 5-6　石墨炔管的周期长度(a)与结合能(b)随管径变化关系

(b)中的点划线表示石墨炔片的结合能

石墨炔管的杨氏模量在 0.44～0.50 TPa 范围内变化[28]，其杨氏模量相比碳纳米管[29](1.0 TPa)而言要小得多。这主要是相对于碳纳米管而言单位面积的 C—C 键要少得多导致的。de Sousa 等[30]通过反应性分子动力学模拟研究了扭转应变下石墨炔纳米管的力学性能。发现石墨炔纳米管比碳纳米管更灵活，具有"超塑性"，断裂角高达碳纳米管报道值的 35 倍。这种石墨炔纳米管"超塑性"行为可以用扭转应变中发生的不可逆重建过程(主要与三键相关)来解释。

石墨炔纳米管[19-22]的关键结构和电子性能与手性(扶手椅形、锯齿形或手性类型)和管直径(D)以及形成纳米管的石墨炔片的类型强烈相关。扶手椅形 α-石墨炔管表现金属行为,而对于锯齿形的 NT,经预测具有金属或半导体行为。

邓运发和曹觉先[28]计算了 γ-石墨炔片的能带结构。与石墨烯不同,二维石墨炔片的带隙为 0.42 eV,且其价带顶和导带底均在 M 点,该结果与文献[27]基本一致。图 5-7(a)和(b)分别给出了锯齿形和扶手椅形 γ-石墨炔管的能带结构。计算表明,无论是锯齿形管还是扶手椅形管都是具有一定带隙的直接带隙半导体管。对于锯齿形(n, n)管,n 为偶数时,其价带顶和导带底均在 Z 点,而 n 为奇数时,价带顶和导带底均在 Γ 点[19]。图 5-7(b)中,扶手椅形$(n, 0)$管也呈现类似的规律,即价带顶和导带底随 n 的奇偶变化而在 Γ 点和 Z 点交叠变化。这种变化规律,主要由费米面附近的电子性质所决定。为此,在图 5-7(c)中分别给出了$(3, 0)$、$(4, 0)$扶手椅形管在价带顶和导带底的电荷密度分布。在石墨炔片中,主要存在 3 种类型的碳碳键,即六边形碳环中的 σ 键和 π 键、连接六边形碳环和炔烃的 σ 键以及炔烃中的 σ 键和 π 键[1,31]。与石墨烯类似,石墨炔片在费米面附近的电子态由 π 键决定。与石墨烯不同的是石墨炔片中 π 键的成键态与反键态在 M 点分裂而产生直接带隙。当石墨炔片卷曲成管后,这些 π 键分解成两类[1,31]。一类主要集中在垂直于管轴的炔键及其连接的六边形碳环上,一类主要集中在近平行于管轴的炔键及其连接的六边形碳环上,如图 5-7(c)所示。由于 n 为奇偶不同时,石墨炔管的对称性不同,因而导致了当 n 为奇数时,费米面附近的电子态由近平行于管轴的炔键及其连接的六边形碳环上的 π 键决定;而为偶数时则由垂直于管轴的炔键及其连接的六边形碳环的 π 键决定。这就导致了石墨炔管的价带顶和导带底随 n 的奇偶变化而在 Γ 点和 Z 点交叠变化。图 5-7(d)中给出了带隙随石墨炔管半径的变化关系。从图中我们可以发现其带隙在 0.4~1.3 eV[19,31],且随着石墨炔管半径的增大而减小,同样呈现以 2 为周期的变化规律,并逐渐趋向于石墨炔片的带隙。

与石墨炔薄膜类似,掺杂、应力、吸附客体分子和原子均可用于调控石墨炔纳米管的电子结构与能带。

Coluci 等[19]利用应力对 γ-GNT 的带隙进行调制,结果表明 γ-GNT 的带隙(0.4~0.5 eV)与管直径和手性无关。然而,Wang 和 Lu[32]对 γ-GNT 的进一步研究中表明,γ-GNT 的带隙与管径无关。带隙和热电特性值显示依赖管径的阻尼振荡,这可提供控制 GNT 的热电性能的手段。电-机械效应的研究[19,21]表明,尽管纳米管结构对带隙影响不大,应力诱导的带隙变化强烈地取决于纳米管类型和应变-拉伸或压缩。

利用广义梯度近似的第一性原理计算分析扶手椅和锯齿形石墨炔纳米管(GNT)的电子和光学性质,并研究掺杂对对光学性质的调控[33]。硼(B)和氮(N)

原子在 GNT 上掺杂的位置和纳米管管径的增加可用于调控带隙。随着纳米管直径的增加，光学响应呈下降趋势。研究的体系在低能区显示各向异性行为。由于大带隙、低反射率和低折射率，B/N GNT 体系可作为新型光电器件材料。紫外光区域的强吸收峰值意味着它们是紫外光保护的良好材料。

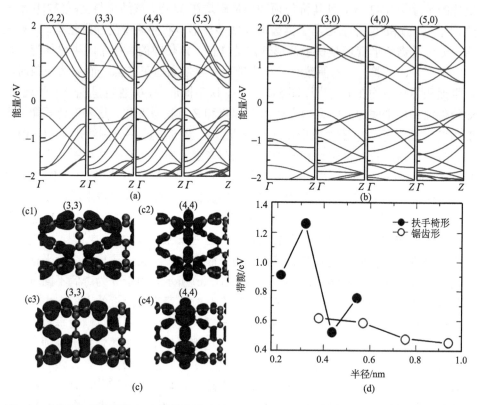

图 5-7　(a)锯齿形石墨炔(n,n)管的能带结构(n=2～5)；(b)扶手椅形石墨炔(n,0)管的能带结构(n=2～5)；(c)石墨炔锯齿椅形管(3，3)和(4，4)的价带顶和导带底对应的电荷密度分布：(c1)、(c2)分别为(3，3)和(4，4)管导带底对应的电荷密度分布，而(c3)、(c4)则对应这两种管价带顶的电荷密度分布；(d)石墨炔管的带隙随管径的变化关系

　　基于密度泛函理论(DFT)计算，研究了掺杂单壁 γ-石墨炔纳米管(GNT)的氧化还原反应(ORR)活性和机理。利用四种最常用的掺杂元素 N、B、P 和 S 原子来研究掺杂效应。计算结果表明掺杂不同元素的 GNT 可能导致不同的 ORR 催化机制。由 N 和 B-GNT 催化的 ORR 通过 O_2 的最终吸附引发，并通过 O-H_2O 解离机理完成，而 P-GNT 上的 ORR 由 O_2 的桥吸附引发，并且是通过 O_2 解离机制完成的。基于 ORR 物种的吸附能量和 ORR 反应路径分析，预测掺杂 GNT 的催化性能将以 N-GNT> 4 B-GNT >4 P-GNT> 4 S-GNT 的顺序逐渐降低。电子结构分析表明掺

杂 GNT 的高 ORR 活性与合适的 HOMO 能级和 HOMO-LUMO 带隙直接相关[34]。

使用密度泛函理论计算研究了三个过渡金属原子(Fe、Co 和 Ni)在两个锯齿形和两个扶手椅石墨炔纳米管的外表面上的吸附[35]。三种金属原子在所研究的纳米管上吸附的最稳定位置位于炔环上。金属原子保留在炔环的平面内,与邻近的碳原子形成六个键。Fe 和 Co 络合物是磁性的并且具有不同的性质,如金属、半金属、半半金属和半半导体。Ni 络合物是非磁性和半导体,与裸管相比具有较窄的带隙。

通过使用自旋极化密度泛函理论、Boltzmann 传输方程及松弛时间近似系统地研究了碳纳米管家族的新成员——石墨二炔纳米管(GDNT)的传输特性。预测了 GDNT 的电荷迁移率,室温下固有电子迁移率可以达到 $10^4 \ \mathrm{cm^2/(V \cdot s)}$ 的数量级。另外,空穴迁移率大小约为 $10^2 \ \mathrm{cm^2/(V \cdot s)}$。DFT 结果还表明 GDNT 是直接带隙半导体。计算的 GDNT 的内聚和应变能表明,这种新型纳米材料比常规碳纳米管更稳定。已经通过 DFT 方法以及密度泛函理论加上有效的现场库仑排斥参数 U、Hubbard 校正来研究过渡金属原子(Fe)在 GDNT 外表面的吸附。过渡金属(TM)吸附的 GDNT 是磁性的并且显示半金属性质。TM 吸附原子和 GDNT 之间的电荷转移以及 TM 原子内 s、p 和 d 轨道的电子再分布表明 TM 吸附的单壁 γ-石墨二炔在自旋电子学和光电子学领域具有很高的应用潜力。单层石墨二炔纳米结构(pGD)和 TM 吸收的 pGD 的电子性质进一步证实了这些纳米结构先前的结果。此外,稳定的 TM-pGD 纳米结构以及 TM-GDNT 的输运性能值得关注,发现这两种纳米结构的带隙对 TM d 轨道的局部库仑相互作用 U 具有强烈的敏感性[36]。

与 γ-GyNT 相比,α-石墨炔纳米管(αGyNT)受到实验或理论的关注很少。早期研究通过使用紧密结合(TB)方法预测了 Z-αGyNT 和 A-αGyNT 的电子性质,但所报告的结果是互相冲突的[19,21,22]。据文献[20,22]报道 Z-αGyNT 是半导体还是金属要取决于管直径,而 A-αGyNT 被预测为金属。但是,文献[22]认为所有 αGyNT 都具有半导体特性,A-αGyNT 的带隙远远大于 Z-αGyNT 的带隙。在他们所用 TB 方法中忽略了两个非常重要的参数:①σ-π 杂交效应对小直径 SWNT 非常重要[37],②石墨炔体系中存在两种碳(sp 和 sp^2 杂交)。因此非常有必要从头计算来深入了解 αGyNT。为此,Kong 和 Lee[38]进行了密度泛函理论(DFT)计算,并研究了锯齿形 αGyNT(Z-αGyNT)和扶手椅 αGyNT(A-αGyNT)的内聚能、密立根电荷分布和能带结构。电荷再分配由于卷曲而发生,并随着管尺寸的增加而逐渐收敛于二维石墨炔片的这一极端状态。所有 Z-αGyNT 都是半导体,并且通过不同的 DFT 方法证实,其对管尺寸的依赖性很强。N_z-Z-αGyNT 可以根据带隙变化分为三类:$N_z = 3m-1$、$N_z = 3m$、$N_z = 3m + 1$,其中 m 为正整数,导致带隙以下列顺序序排列: $3m-1 > 3m + 1 > 3m$(图 5-8)。在计算中,$N_z = 3m$ 这类结构的带隙从未达到零,但是当 m 变得足够大时,它将接近零。对于具有类似六方碳环的锯齿形碳纳米管,也观察到这种振荡行为。此外，当管尺寸足够小时，A-αGyNT 也是具有非常小的带隙的半导体，尽管当 $N_z \geqslant 9$ 时带隙进一步减小，最终导致金属性质。基于它们的电子性质，锯齿形石墨炔纳米管是潜在的半导体，其带隙可以通过管径来调节[38]。另外，α-GNT 中的硼/氮（B / N）掺杂导致 α-GNT 的 p 型和 n 型中半导体行为[39]，这也增强了它们在电子器件中的应用前景。

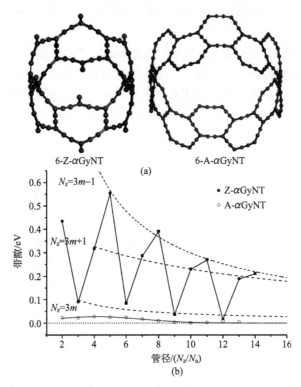

图 5-8　(a) 6-Z-αGyNT 和 6-A-αGyNT 中的两种 sp 碳原子（C_1）；(b) α-石墨炔纳米管的带隙随管径的变化关系

　　使用具有广义梯度近似的密度泛函理论（DFT）计算，研究了 H_2O 分子与（2, 2）石墨炔纳米管（GNT）之间的相互作用。基于结合能确定了在（2, 2）GNT 内部插入 H_2O 分子的稳定构型。由于管内限域 H_2O 分子的存在，GNT 的带隙降低。电荷分析显示电子从 H_2O 分子转移到 GNT。GNT 的电子性质受到 H_2O 分子的高度影响，因此，可以设计一种基于 GNT 的水分子传感器[40]。其他研究表明，类似于碳纳米管和石墨炔的功能化，钙修饰的 GNT 是储氢的有效介质[41]。更重要的是，这些研究结果[19,20]表明这些 GY 样纳米管显示出比传统单壁碳纳米管更加丰富的电子性能变化。

　　在预测石墨炔纳米管的理论出现近 10 年后[19-21]，Li 等[42]利用阳极氧化铝模板在铜箔催化下制备了石墨二炔纳米管（GDNT）阵列。新制纳米管表面光滑，壁厚约 40 nm，退火后，GDNT 的壁厚约为 15 nm。测量了石墨炔纳米管阵列形貌依赖的场发射性质，这些材料具有高效的场致发射性质。退火 GDNT 的开启电场和阈值电场分别为–4.20 V/μm 和 8.83 V/μm，其场发射开启电场和阈值电场的都低，优于许多半导体纳米材料。GDNT 比碳纳米管的功函数低，稳定性更好。在硅片为基底的 ZnO 纳米棒阵列上通过气–液-固生长过程制备了石墨炔纳米线（GDNW）[43]，其品质非常高，表面无缺陷。获得的 GDNW 半导体性质优异，其导电率为 $1.9×10^3$ S/m，迁移率为 $7.1×10^2$ cm^2/(V·s)。

5.2.2　碳炔纳米带

碳炔纳米带阵列的生长过程如图 5-9 所示。80℃时，铜箔在吡啶溶液中会产生铜离子，铜离子随即与吡啶形成铜-吡啶络合物，在反应中催化四炔基乙烯发生炔炔偶联反应。当溶于吡啶的四炔基乙烯加入到反应体系中时，氧化铝模板的 Al—O 键会与四炔基乙烯的炔氢之间产生氢键，使四炔基乙烯紧贴在氧化铝模板的内壁上，然后在铜离子的催化下偶联反应，并先在贴近模板内壁区域生成碳炔，随着反应的进行，活性中心（模板底部的铜片）被生成的碳炔覆盖，阻断了其与吡啶的接触，因而反应体系中不再生成铜离子。缺少了反应"驱动力"——铜离子，反应也最终停止。通过优化自组装的化学反应条件，可以获得一系列不同形貌的纳米结构如纳米带、纳米线、纳米管。通过理论计算获知石墨炔纳米带的杨氏模量小于碳纳米管，石墨炔纳米带将是优异的软性半导体纳米材料，这种优质的物理特性将扩大其应用的领域。该有趣的实验现象可以解释为一个多层碳炔纳米管没有完成最后的闭合阶段，这意味着碳炔纳米带的宽度应该接近 AAO 模板的内径周长[44]。

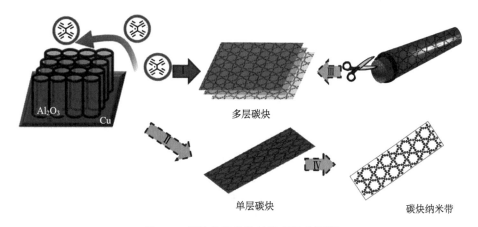

图 5-9　碳炔纳米带生长机理示意图[44]

我们用扫描电子显微镜(SEM)和透射电子显微镜(TEM)对碳炔的结构进行分析。图 5-10(a)~(c)展示了碳炔纳米带的扫描电镜图。首先,通过氢氧化钠(3M)选择性地蚀刻 AAO 模板。图 5-10(a)展示了碳炔纳米带阵列的俯视图。蚀刻的 AAO 模板将用 Keithley Modle 4200 SCS 系统测量以获得 I-V 曲线。然后,通过氢氧化钠(6 mol/L)完全溶解 AAO 模板后,我们获得大量的碳炔纳米带。图 5-10(b)展示出大面积的碳炔纳米带,图像显示碳炔纳米带是均匀的,纳米带的边缘是平滑的。从放大图像[图 5-10(c)],我们可以粗略地测量碳炔纳米带的宽度是 400 nm,与 AAO 模板的周长接近。同时,碳炔纳米带表现出优质的软性特质,白色箭头的位置表示它可以折叠。

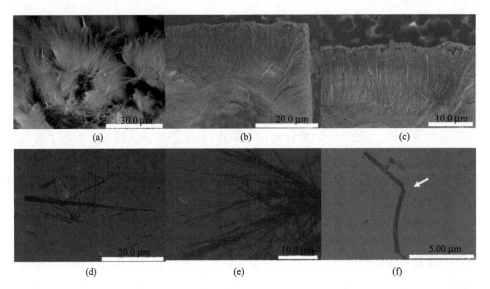

图 5-10 碳炔纳米带的扫描电镜图(SEM)[(a)~(c)]和透射电镜图(TEM)[(d)~(f)][44]

(a) 碳炔纳米带簇的顶视图；(b)、(c) 碳炔纳米带平铺图；(d)、(e)大面积碳炔纳米带；(f) 放大倍数下的单根碳炔纳米带

图 5-11 展示了碳炔纳米带的透射电镜图。我们使用透射电子显微镜进一步对碳炔纳米带的结构进行表征。图 5-11(c)展示了两根纳米带重叠的形貌,我们可以看到它们软性的部分。在纳米带的末端,它们相互扭转在一起(白色箭头位置)。这一典型的物理特性与石墨炔纳米带的理论计算结果相匹配。图 5-11(e)是碳炔纳米带放大 TEM 图像,从中可以观察到多层膜结构。选区电子衍射(SAED)图显示碳炔材料在某些区域的结晶度。从高分辨率透射电镜图(HRTEM)表征[图 5-11(f)]可以清晰地观察到碳炔的逐层结构,其层间距是 0.45 nm,明显大于石墨的层间距(0.335 nm)。碳炔中扩展的层间距可能加快层状纳米片之间的锂离子传输,可以提高锂离子存储应用中的性能,这将扩展碳炔纳米带的应用。

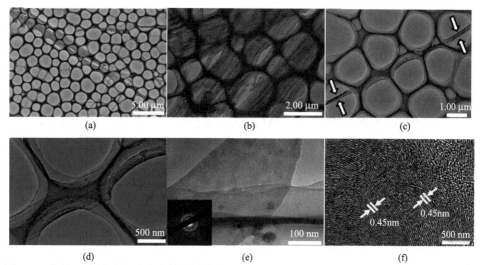

图 5-11　〔(a)～(d)〕碳炔纳米带的透射电镜图；(e) 放大倍数下碳炔纳米带的透射电镜图，左下角插入图片为选区衍射图(SAED)；(f) 碳炔纳米带的高分辨透射电镜图[44]

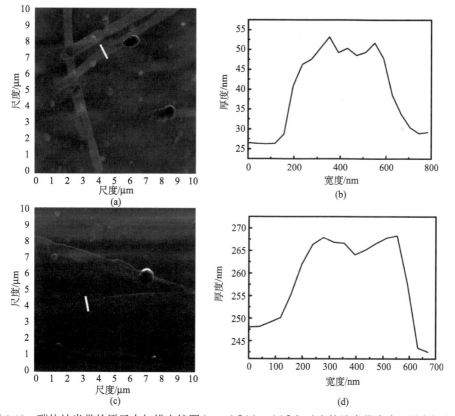

图 5-12　碳炔纳米带的原子力扫描电镜图(AFM)〔(a)、(c)〕和对应的纳米带宽度、厚度拟合曲线〔(b)、(d)〕[44]

使用原子力显微镜（AFM）对碳炔纳米带的形貌进行进一步的研究。首先使用乙醇将纳米带均匀地分散在硅片上。在显微镜下可以正视纳米带的平面状态，我们测量了它不同位置的厚度和宽度。纳米带的平均厚度为 30 nm，宽度为 400 nm［图 5-12（b）、（c）］，这与扫描电镜的测量值基本一致，宽度接近氧化铝模板的周长，这表明纳米带可能衍生自纳米管。

元素能量损失谱（EDS）［图 5-13（a）］显示碳炔纳米带主要由碳元素组成。通过拉曼光谱我们对碳炔纳米带的结构进行了分析，如图 5-13（b）所示，碳炔纳米带在拉曼光谱上显示了四个吸收峰，分别为 1473.0 cm^{-1}、1572.0 cm^{-1}、1915.1 cm^{-1}、2183.2 cm^{-1}。1473.0 cm^{-1} 处的吸收峰对应苯环 sp^2 杂化碳原子的呼吸振动，为碳炔的 D 带，相对于石墨的 D 带发生蓝移。D 带是碳炔的无序带，与碳炔的结构缺陷相关，1572.0 cm^{-1} 处的吸收峰对应苯环 sp^2 杂化碳原子的面内伸缩振动，为碳炔的 G 带，相对于石墨的 G 带发生红移。因此碳炔 D 带与 G 带的比值可以用来衡量碳炔膜的优劣程度，D 带与 G 带的比值越小，所制备膜的缺陷越少、晶态越好。从碳炔膜的拉曼光谱中我们可以得到碳炔膜 D 带与 G 带的强度比值约为 0.729，这说

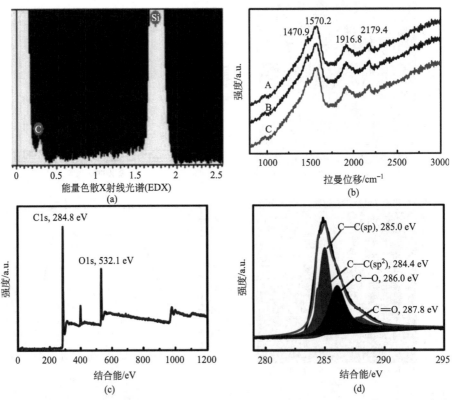

图 5-13　（a）碳炔纳米带的能量色散 X 射线光谱；（b）碳炔纳米带在 A、B、C 位置的拉曼光谱;碳炔纳米带的 X 射线电子能谱（XPS）；（c）碳炔薄膜的全元素扫描图；（d）碳元素的窄幅扫描图[44]

明碳炔膜高度有序、缺陷较少，也表明所制备的碳炔膜为多层碳炔膜。1915.1 cm^{-1} 和 2183.2 cm^{-1} 对应于碳炔中共轭二炔（—C≡C—C≡C—）的伸缩振动。我们利用 X 射线光电子能谱仪对碳炔膜的元素组成进行了分析，图 5-13（c）、（d）是碳炔膜的 X 射线光电子能谱（XPS）。如图 5-13（c）所示，碳炔膜由碳元素组成，284.8 eV 的 C 1s 峰对应碳元素的 C 1s 轨道。O 1s（532 eV）峰说明有少量的氧元素存在，这主要是由于碳炔本身吸附少量空气所带来的。XPS 分析结果与元素能量损失谱（EDS）的分析结果相符，进一步说明碳炔仅由碳元素组成。图 5-13（d）对碳元素的峰进行更深一步的分析，通过 XPS 分峰软件可以将 C 1s 峰分成四个次峰，分别为 284.4 eV、285.0 eV、286.0 eV 和 287.8 eV，这四个峰分别对应 C—C（sp^2）、C—C（sp）、C—O 和 C≡O[45]，其中 C—C（sp^2）和 C—C（sp）的积分比为 1/4，这也说明了碳炔的化学键结构，即各苯环间有两个炔键相连，sp^2 与 sp 杂化碳原子比例为 1/4。

5.3　石墨炔薄膜

　　液-液界面制备得到的石墨炔多层膜[46]在光学显微镜下可以清晰地观察到，该石墨炔膜是水平方向尺寸为 25～100 μm 的薄片［图 5-14（c）］。另外，原子力显微镜结果显示该膜在纳米级水平上仍然是平整的薄膜，厚度为 24 nm，阶梯部分更薄，为 6 nm，膜纵横比超过 1000，而且呈现星状高度剖面图，这同样反映了它的层状结构［图 5-14（d）］。

图 5-14　多层石墨二炔的液/液界面合成和表征。液体/液体界面合成过程的示意图（a）和照片（b）。（c）在 HMDS / Si（100）衬底上的光学显微镜图像。（d）HMDS / Si（100）上的原子力显微镜图像以及沿蓝线的横截面分析。在多孔弹性碳膜上的 TEM 图像（e）和选区衍射 SAED 图案（f）。（f）中的数值表示米勒指数。（g）通过 TEM / SAED 确定的石墨二炔的 ABC 堆叠构型（顶视图）。（h）高分辨率 TEM 图像[46]

(1) 石墨炔多层膜的平面周期性。透射电子显微镜及其电子衍射结果证实了从液-液相界面得到的石墨炔膜具有平面内周期性。图 5-14(e) 为附在多孔碳膜上的石墨炔薄膜在低倍透射电镜下的代表图像，由图可见该膜足以覆盖碳膜上的孔洞。选区电子衍射结果为六边形花样，表明石墨炔多层膜具有结晶度。进一步对 SAED 的拟合结果显示观察到的衍射花样只能与 A-B-C…堆积模式相匹配，而非 A-A…或 A-B…堆积模式 [图 5-14(f) 和 (g)]。在以上匹配中，最内侧六角形斑点对应一组平面六边形晶格的 110 衍射面，晶胞参数为 $a=b=0.96$ nm，数值与理论计算结果相一致。高分辨透射电镜拍摄到晶格条纹间隔为 0.82 nm，对应 (100) 间距 [图 5-14(h)]。

(2) 石墨炔多层膜的光谱表征。利用扫描电子显微镜及其元素损失谱，X 射线光电子能谱和拉曼光谱表征了石墨炔多层膜的元素组成和化学成键。将悬浮在乙醇中的石墨炔膜滴涂在网眼尺寸为 100 μm 的钼微栅上进行 SEM/EDS 观察，EDS 点分析发现了三种元素（碳、氧、钼），但是未找到铜元素的存在 [图 5-15(a)]；元素面能谱显示碳元素主要分布在膜上，而氧和钼元素集中在微栅上，这表明石墨炔膜主要含有碳元素 [图 5-15(b)～(e)]。而且碳元素在整片膜上均匀分布，反映出该薄膜的化学组成同样是均匀的。图 5-15(f) 中 XPS 全谱图显示只有 C 1s 峰，Si 和 O 信号峰来自于基底 Si(100) 上的 SiO$_2$ 片层，并没有发现铜信号峰，XPS 高分辨谱在 Cu 2p 区域同样未发现信号。XPS 高分辨谱可以辨明一种元素的化学环境。在此，C 1s 峰去卷积得到四种信号，其中碳碳三键和碳碳双键占主要部分 [图 5-15(g)]。sp 与 sp^2 杂化碳的比例为 2.0，与石墨炔的化学组成相一致。C 1s 中的小峰来自于碳氧单键和碳氧双键。经计算，氧/碳比例为 0.21，与已报道其他方法合成的石墨炔（约 0.2）相当，与其他碳纳米材料如化学沉积法制备的石墨烯（约 0.2）也大致相等。拉曼光谱 [图 5-15(h)] 的四个特征信号峰也可以证实 sp 杂化碳的存在：D 带 (1365 cm^{-1})、G 带 (1534 cm^{-1}) 和由共轭双炔键振动产生的两个峰 (1929 cm^{-1}、2167 cm^{-1})。末端炔键伸缩振动峰 (2100～2120 cm^{-1}) 并未出现，表明所有末端炔均参与了 π 共轭二炔的成键。

(3) 石墨炔纳米片层的显微观察。通过多种显微手段观察了气-液相界面合成的石墨炔纳米片层。负载在己烷二胺 (HMDA)/Si(100) 上的纳米片层在光学显微镜下为蓝色点状物。图 5-16(a) 为扫描电镜图，图 5-16(b) 是负载在碳膜上的透射电镜图。该纳米片层为规则的正六边形，对角线长度在 1～2 μm 之间，推测与石墨炔的六角形晶格有关。原子力显微镜 (AFM) 可以测量六角形片层的厚度，水平向尺寸和表面纹理。从图 5-16(c) 中可以看出六角形片层的平整性和光滑性，厚度为 3.0 nm，是迄今已知的最薄石墨炔片层，且大部分纳米片层为整齐的六边形结构。从 126 片独立的纳米片层中获得了石墨炔少数层膜的厚度统计数据 [图 5-16(d) 和 (e)]：大部分集中在 (2.97±0.03) nm，少部分集中在 (3.94±0.05) nm。

两种集中度之间差 (0.97±0.08) nm，大约为三层石墨炔 (0.34 nm×3) 即一个 A-B-C ⋯ 堆积单元的高度。六角形的石墨炔少数层膜的对角线长度为 (1.51±0.30) μm，平均面积范围为 (1.55±0.57) μm²。以上数据表明，一个石墨炔二维平面晶格平均由 2000000 个前体分子组成。

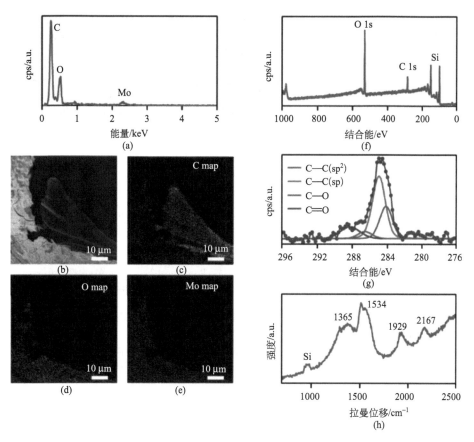

图 5-15　多层石墨二炔的光谱表征[46]

(a) Mo 网上的 SEM／EDS 结果；SEM 图像 (b) 和 C (c)、O (d) 和 Mo (e) 元素面能谱；Si (100) 上的石墨二炔的 XPS 扫描 (f) 和高分辨率 C 1s 谱 (g)；(h) 拉曼光谱

（4）石墨炔纳米片层的平面周期性。利用二维斜射广角 X 射线扫描 (2D GIWAXS) 研究了石墨炔少数层膜的结晶性和堆积模式。图 5-17 (a) 为 3 nm 厚石墨炔膜的 2D GIWAXS 图，从图中可以看到平面及对角线方向上有三个衍射斑。其中单独出现的衍射斑体现了石墨炔膜的面内周期性，将其指定为 110 衍射面，其他面内衍射面如 100 和 200 则缩小了。在前文提到的三种堆积结构中，只有 A-B-C⋯结构可以产生以上衍射面，并且该结果也与液–液界面得到的膜的透射电镜及电子衍射结果相一致。在 ABC 堆积结构的基础上，对角线方向上光斑指定

为 111 和 201 衍射面，这两个衍射面来自于立体的平行六边形晶格，晶胞参数分别是 $a=b=0.96$ nm、$c=1.02$ nm，这同样与透射电镜及电子衍射结果相一致，并且由 c 值计算出的层间距数值 0.34 nm 也与之前关于交错晶格的理论计算结果相一致。

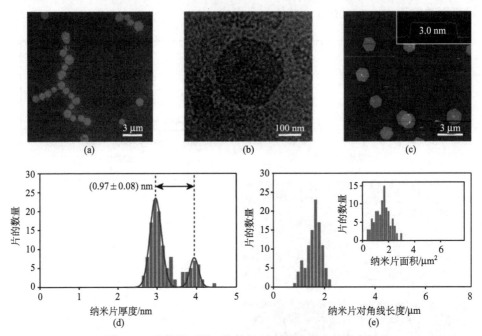

图 5-16   少数层石墨二炔的气/液界面合成和显微表征

(a) HMDS / Si (100) 的 SEM 显微照片；(b) 弹性碳膜上的 TEM 显微照片；(c) HMDS / Si (100) 上的显微镜图像以及沿蓝线的横截面分析；(d) AFM 厚度直方图（橙色条）及其高斯拟合（蓝线），在直方图中总共考虑了 126 个独立的六边形片层；(e) AFM 片层大小（对角线长度）和片层面积（插图）直方图，在直方图中考虑共有 101 个独立的六边形片层[46]

(5) 石墨炔纳米片层的光谱表征。图 5-18 (a) 为负载在 Si (100) 上的石墨炔六角形膜的 XPS 全扫描图，图中的 C 1s 信号来自于石墨炔，O 和 Si 来自于基底表面的 SiO₂，但是未发现铜原子的信号，该结果与石墨炔多层膜的 XPS 结果相一致。然而在 C 1s 的高分辨图中，该信号峰去卷积得到三个拟合峰：碳氧键、碳碳三键和碳碳双键[图 5-18 (b)]。sp 与 sp² 碳原子比例为 2.0，符合石墨炔的化学组成。但是氧原子与碳原子的比例为 0.092，远小于之前报道过的与石墨炔多层膜的数值。氧钝化是影响碳材料的重要因素，氧含量越少意味着材料缺陷越少。从拉曼光谱上同样可以看到四条谱带：D 带（1376 cm⁻¹）、G 带（1531 cm⁻¹）和两条共轭双炔带（1932 cm⁻¹、2171 cm⁻¹），而且这四条谱带的位移与多层膜大致相同[图 5-18 (c)]。总而言之，2D GIWAXS 和 XPS 等分析表征手段证实了石墨炔纳米片层具有良好的结晶性和较低的氧致缺陷水平，这与其规则的六边形轮廓、微观尺寸以及厚度分布都是相符合的。

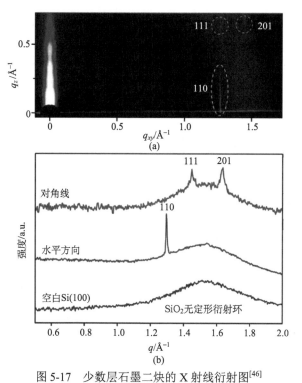

图 5-17 少数层石墨二炔的 X 射线衍射图[46]

(a) Si(100)上的二维掠入射广角 X 射线散射(2D GIWAXS)图案;(b) 图(a)所示的 2D GIWAXS 图案的水平(蓝色)
和对角线(橙色)曲线,数值表示米勒指数

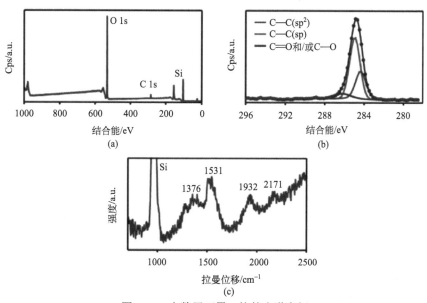

图 5-18 少数层石墨二炔的光谱表征

Si(100)上的 XPS 扫描图(a)和高分辨率 C 1(b)谱图;(c)拉曼光谱

Liu 等[47]利用六乙炔基苯的化学气相沉积（CVD），在 Ag 基底上制备了石墨二炔单层和多层薄膜（图 5-19）。该 CVD 方法提供了用于制备少数层 GDY 的另一种简单可行的方式。电传输测量显示该方法生长的石墨炔膜导电率为 6.72 S/cm，具有半导体特征。此外，该膜也被认为是抑制荧光和增强吸附分子的拉曼信号的良好底物。

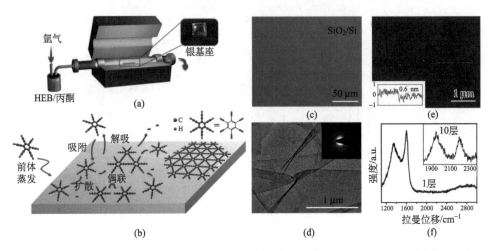

图 5-19 （a）HEB 为前体，用于在银表面上生长连接碳单层膜的 CVD 系统装置示意图；（b）表面生长过程（利用 HEB 生长的连接碳膜的形貌和光谱表征）的示意图；（c）转移到 SiO₂/Si 衬底上的薄膜光学图像；（d）悬浮在 TEM 铜网上的薄膜低分辨 TEM 图像，插图为相应的 SAED 模式；（e）转移到 SiO₂/Si 上的薄膜 AFM 图像，插图：沿虚线红线的高度剖面；（f）转移到 SiO₂/Si 上的薄膜拉曼光谱，插图：在银衬底上的 10 层转移膜的拉曼光谱[47]

四乙炔基烯在铜片作模板和催化剂条件下，也能获得高质量的碳炔薄膜[48]。利用扫描电子显微镜（SEM）对碳炔膜的形貌及结构进行了分析，如图 5-20 所示。从图 5-20（a）可以看到生长在铜片表面上的膜比较均匀而且是连续的大面积薄膜。所形成的膜韧性较好，表面较为光滑。在合成过程中，通过控制反应物的量，可以很明显地控制所得碳炔薄膜的厚度。

通过透射电镜可以得到更加丰富的结构信息。透射电镜表征如图 5-20（b）和（c）所示。图 5-20（b）为一片典型的碳炔膜，从图中可以看到膜表面较为光滑，并呈现出多层状。薄膜边缘的高倍数透射电镜［图 5-20（b）］可以清晰地看到碳炔膜舒展的网状结构。碳炔膜的高分辨透射图如图 5-20（c）所示，碳炔薄膜是多层层状结构，层间距是 0.45 nm。利用原子力扫描电镜（AFM）对碳炔膜的厚度进行了测试分析。图 5-20（d）～（f）所示为石墨炔原子力扫描电镜图，碳炔膜的厚度分别为 1 μm、500 nm、200 nm，这与扫描电镜图的结果相符。

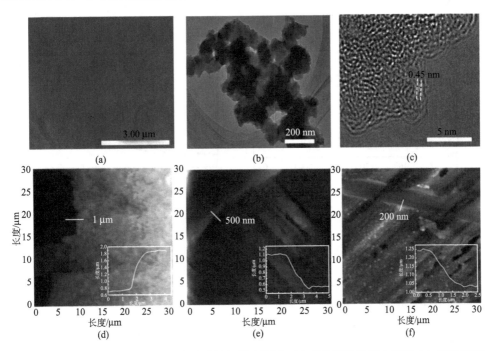

图 5-20　(a)生长在铜片表面上的碳炔膜的扫描电镜图;(b)碳炔膜的透射电镜图;(c) 碳炔膜的
高分辨透射图;铜片上 1 μm(d)、500 nm(e)、200 nm(f)碳炔膜的原子力扫描电镜图[48]

同时,通过固体核磁技术研究了碳炔的特性。图 5-21(a)显示碳炔的固态 ^{13}C NMR 谱。该光谱显示两组共振:一个在 130.55 ppm,另一个在 50.97 ppm。在 130.55 ppm 的宽峰来自 sp^2 杂化碳。sp 杂化碳的信号是中值为 50.97 ppm 的宽峰,这与炔的典型化学位移(65～90 ppm)不同。由于共轭效应影响碳碳三键的π电子云结构,系统的电子密度越大,炔键的化学位移向高场方向移动。如 Tykwinski[49,50]所报道的,碳炔的 ^{13}C NMR 信号(宽信号集中在 63.7 ppm)小于理论化学位移。当卡宾单位数增加时,化学位移变小。这些发现强烈支持碳炔具有多炔键结构[48]。

我们利用 X 射线光电子能谱仪对碳炔膜的元素组成进行了分析,图 5-21(b)是碳炔膜的 X 射线光电子能谱(XPS)。碳炔膜由碳元素组成,284.8 eV 的 C 1s 峰对应碳元素的 C 1s 轨道。XPS 分析结果与元素能量损失谱(EDS)的分析结果相符,进一步说明碳炔仅由碳元素组成。图 5-21(b)对碳元素的峰进行更深一步的分析,可以将 C 1s 峰分成四个次峰,分别为 284.4 eV、285.0 eV、286.0 eV 和 287.8 eV,这四个峰分别对应 C—C(sp^2)、C—C(sp)、C—O 和 C=O[51],其中 C—C(sp^2)和 C—C(sp)的积分比为 1/4,这也说明了碳炔的化学键结构,即各苯环间有两个炔键相连,sp^2 与 sp 杂化碳原子比例为 1/4。

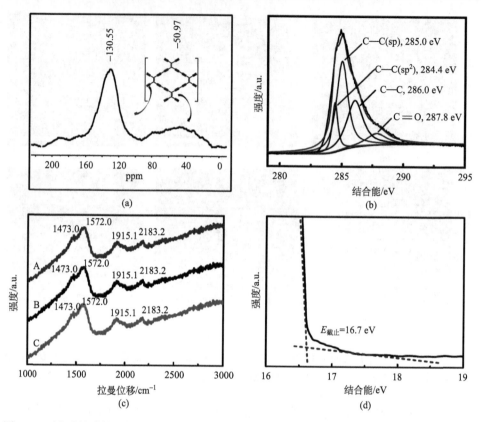

图 5-21 (a)碳炔膜的固体核磁谱图；(b)碳炔膜的 X 射线光电子能谱(XPS)；(c)拉曼光谱(A、B、C 显示不同位置的谱图)；(d)碳炔薄膜的紫外光电子光谱(UPS)[48]

通过拉曼光谱可以对碳炔膜的优劣以及膜的均匀性进行研究。图 5-21(c)为同一碳炔膜上不同位置的拉曼光谱，从图中可以看出碳炔膜在 1473.0 cm^{-1}、1572.0 cm^{-1}、1915.1 cm^{-1} 和 2183.2 cm^{-1} 处有较强的吸收，而且膜上不同位置均具有相同的拉曼吸收峰，这说明所制备的碳炔膜非常均匀。1572.0 cm^{-1} 处的吸收峰对应苯环 sp^2 杂化碳原子的面内伸缩振动，为碳炔的 G 带，相对于石墨的 G 带[52]发生红移。1473.0 cm^{-1} 处的吸收峰对应苯环 sp^2 杂化碳原子的呼吸振动，为碳炔的 D 带，相对于石墨的 D 带[53]发生蓝移。D 带是碳炔的无序带，与碳炔的结构缺陷相关，因此碳炔 D 带与 G 带的比值可以用来衡量碳炔膜的优劣程度，D 带与 G 带的比值越小，则所制备膜的缺陷越少，晶态越好[54]。从碳炔膜的拉曼光谱中我们可以得到碳炔膜 D 带与 G 带的强度比值约为 0.729，说明碳炔膜高度有序，缺陷较少，也表明所制备的碳炔膜为多层碳炔膜。1915.1 cm^{-1} 和 2183.2 cm^{-1} 对应于碳炔中共轭二炔(—C≡C—C≡C—)的伸缩振动[17]。

还使用紫外光电子光谱检测碳炔薄膜的 E_{cutoff}，用于探究碳炔的还原性能

［图 5-21（d）］。采用公式 $\Phi = h\upsilon - E_{Femi} - E_{cutoff}$ 计算功函数[55,56]，其中 $h\upsilon$、E_{Femi} 和 E_{cutoff} 分别是激发光的结合能（21.22 eV）、费米边缘能级（0 eV）和非弹性二次终止电子能级。通过计算可得碳炔的功函数是 4.52 eV。再通过公式 $\Phi/e = E_{(vs.\ SHE)} + 4.44$ V 计算碳炔的还原电势[57-59]，其中 Φ 就是功函数。最终，碳炔的还原电势是 0.08 V vs. SHE，低于其他碳的同素异形体（如碳纳米管的+0.50 V vs. SHE 和氧化石墨烯的+0.48 V vs. SCE）[60]。这说明碳炔材料具有优异的还原性能[48]。

　　碳炔的优化几何和能带结构从 DFT 计算获得[129]。碳炔片材结构如图 5-22（a）所示。其中单元格以红线绘制。晶格的 a 轴和 b 轴彼此正交，它们的优化的晶格参数分别为 11.289 Å 和 9.679 Å。采用基于广义梯度近似的投影缀加平面波（projector augmentedwave）赝势和具有三维周期性边界条件的超晶胞模型，使用维也纳从头计算模拟包（VASP）进行第一性原理计算，研究了其电子和能带结构。从能带结构［图 5-22（b）］可以预测碳炔为半导体材料，在 Γ 点处具有 0.05 eV 的带隙[48]。

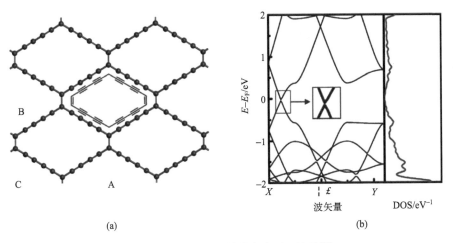

(a)　　　　　　(b)

图 5-22　碳炔能带结构的密度泛函计算[48]

　　对碳炔膜的电学性质进行了研究，如图 5-23 所示，对不同厚度的碳炔膜的电导率进行测试，样品 a、b、c 分别是厚度为 1 μm、500 nm 和 200 nm 的薄膜，它们的导电性通过 Keithley semiconductor characterization system（SCS-4200）测得，碳炔膜的 I-V 曲线为一直线，遵循欧姆定律，并通过公式 $\kappa = dIdL/\pi r^2 dV$ 计算其电导率［dI 和 dV 为中 I-V 曲线直线部分的电流变化和相应的电压变化，dL 为相应的碳炔薄膜厚度，r 为与碳炔薄膜接触的铝触点半径（2 mm）］。图 5-23 表明样品 a、b、c 的电导率依次为 1.4×10^{-2} S/m、1.6×10^{-2} S/m 和 1.1×10^{-2} S/m。不同厚度的碳炔薄膜表现出接近的电导率，这表明了碳炔材料本征的电学性质。同时，碳炔材料的高电导率与理论计算的结果相符，均表明碳炔材料是一种优异的半导体材料，可以作为电极材料应用于电池中[48]。

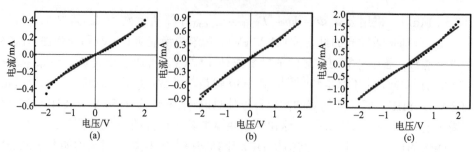

图 5-23　不同厚度碳炔薄膜的 *I-V* 曲线[48]

(a) 1 μm；　(b) 500 nm；　(c) 200 nm

5.4　石墨炔纳米墙

众所周知，纳米材料的性能与其形貌充满了千丝万缕的联系，不同纳米结构的同一物质在应用方面的性质千差万别。目前，合成具有特定形貌的石墨炔在目前仍然充满了挑战，而催化剂的选择和单体浓度的控制对于纳米材料的结构控制至关重要[61]。2015 年，Zhou 等[62]采用改性的 Glaser-Hay 偶联反应成功地合成了石墨二炔纳米墙。反应过程中依然采用六炔基苯为单体和铜箔为基底，通过调节反应体系中有机碱和单体的比例控制铜箔表面在溶液中的溶解速度，进而在铜箔表面形成催化反应位点，石墨二炔在这些位点率先垂直生长，然后伴随着更多的铜离子溶解形成均匀的纳米墙结构［图 5-24(a)］。石墨二炔纳米墙的 TEM 图像［图 5-24(b)］显示纳米墙的结构是均匀和连续的。纳米墙的电子衍射图显示其具有高度的晶态结构［图 5-24(c)］，晶格的条纹间距(0.466 nm)与理论是完全一致[63]。图 5-24(d)的高分辨 TEM 图中的弯曲条纹间的距离是 0.365 nm，这可以归属为碳层间的间距[64]。这说明纳米墙是由弯曲的石墨二炔纳米片构成。

石墨二炔纳米墙可行的生长机制，可以分为三个步骤［图 5-25(a)］：首先，在吡啶分子作用下，铜箔表面产生少量的铜离子并溶解在溶液中，在反应的初始阶段作为催化剂；其次，Glaser-Hay 偶联反应在这些催化活性位点立即发生，刚开始单体通过缓慢滴加加入，因此溶液中单体的浓度非常低，只有少量的单体在这些位点反应，形成一些单一的垂直图形的纳米片；最后，随着反应进行，更多的铜离子溶解在溶液中，并且形成紧致的纳米壁。图 5-25(b)展示了如上所述的过程。

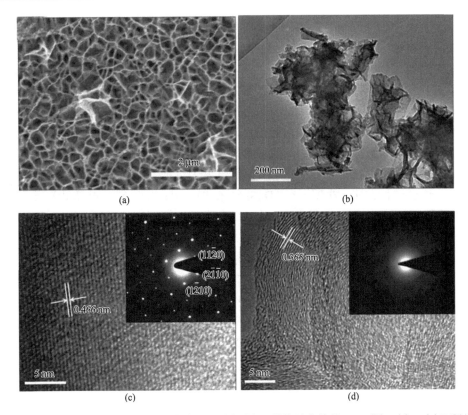

图 5-24　（a）铜箔表面的石墨炔纳米墙 SEM 图；（b）石墨炔纳米墙的 TEM 图；（c）、（d）石墨炔
纳米墙的高分辨 TEM 图[62]

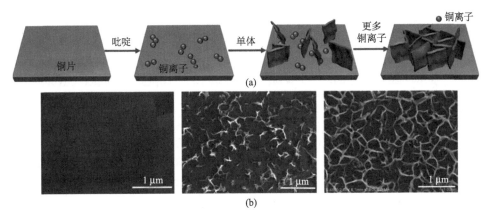

图 5-25　（a）石墨炔纳米墙生长机理；（b）石墨炔纳米墙按照时间顺序（从左至右）生长过程的
SEM 图[62]

北京大学张锦课题组开发了一种通过采用铜包层催化策略合成结构可控石墨二炔的新途径，该方法可在任意基底上制造石墨二炔纳米墙[65]。借鉴石墨烯 CVD 生长中的铜箔包封概念，将目标基底封装入铜箔中[66]，其确保足够浓度的催化剂可以扩散到目标基底和溶液之间的界面中以诱导原位生长石墨二炔。详细地说，在碱性溶液中，铜可转变成铜-吡啶络合物[67,68]，作为炔基偶联反应的 "running catalyst 运行催化剂"。通过浓度梯度驱动， "运行催化剂" 从铜包膜扩散到发生炔基偶联反应的目标基底表面。所制包膜不仅用作催化剂储层，而且用作任意基材的容器，为实现在具有多种化学成分和维度的目标基底上生长石墨二炔铺平了道路。通过这种方法，实现了在 1D（Si 纳米线）、2D（Au、Ni、W 箔和石英），甚至 3D 基底[不锈钢网和石墨烯泡沫（GF）]上生长结构可控的石墨二炔。

在任意基板上合成石墨二炔纳米墙的过程和提出的机理如图 5-26（a）所示。首先，将目标基板放置在预处理过的铜箔表面上，然后通过该弯曲预处理的铜箔并卷曲三个剩余的侧面，形成铜包膜，其中目标基板足够接近铜箔以生长石墨二炔[图 5-26（a），插图]。将包裹在铜壳中的目标基板浸入 N, N, N', N'-四甲基乙二胺（TMEDA）、吡啶和丙酮的混合溶液中。在上述碱性溶液中，存在催化量的碱（吡啶和 TMEDA）时，铜易于转化为 Cu 离子。 TMEDA 与 Cu 离子的配位形成 Cu-N 配体复合物，其作为炔基偶联反应的 "运行催化剂"。 "运行催化剂" 可以通过浓度梯度驱动从铜包膜（copper envelope）扩散到目标衬底。同时，滴加作为石墨二炔合成的前体——六乙炔基苯（HEB）的丙酮溶液。在氩气氛下，在 50℃ 下加热混合物 12 h，在目标基底上合成了石墨二炔，其中，炔基偶联反应是在目标基底和溶液之间的界面上进行的。使用该方法，在不同维度的基板上制备了结构明确的石墨二炔微结构，包括 1D 纳米线，2D 箔和 3D 泡沫或网格。如图 5-26（b）、（e）所示，在硅纳米线上成功制备了石墨二炔纳米墙。图 5-26（b）是在 Si/SiO₂ 衬底上生长的硅纳米线的扫描电子显微镜（SEM）图像，其直径为 20～50 nm，长度为几十微米，显示很好的均匀性。将包裹硅纳米线的铜包膜（copper envelope）插入到反应器中，使用铜包膜催化剂合成石墨二炔后，硅纳米线表面被石墨炔纳米墙完全覆盖，其直径增加到 100～130 nm[图 5-26（e）]。石墨二炔也可生长在导电（Au、Ni、W 箔）和绝缘（SiO₂）2D 基板上，并且在 3D 不锈钢网格和石墨烯泡沫上也能生长。图 5-26（c）、（f）中金箔的局部放大图显示，石墨二炔的合成导致金箔的表面均匀地覆盖一层有序多孔纳米结构，平均孔径为 150 nm。图 5-26（d）、（g）显示在石墨二炔合成后，多孔纳米结构均匀覆盖在石墨烯泡沫的整个互连 3D 支架上。

为了证明该方法的价值，将石墨二炔引入到光电化学分解水电池中，实现太阳能的有效转化和储存[69-71]。通过在 BiVO₄ 电极上直接合成石墨二炔纳米墙制备了石墨二炔/BiVO₄ 光阳极。 BiVO₄ 被认为是最有希望的光阳极材料之一[71-73]，但是受制于高的电子-空穴复合速率和较差的水氧化动力学。 已经有报道尝试建立解决这些问题的可行途径[74-76]，但仍然是一个颇具挑战的课题。在该新系统中，结构可控的石墨二炔可以有效提取光生空穴以参与水氧化。与单独的 $BiVO_4$ 电极相比，可显著提高光电化学活性和稳定性。

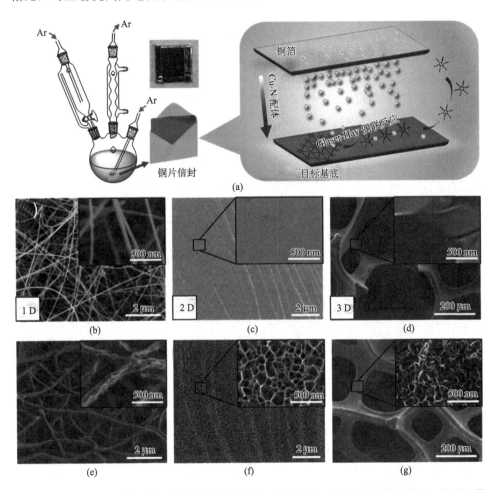

图 5-26　通过铜包膜催化在任意基底上生长石墨二炔纳米墙：(a)实验装置示意图；生长石墨二炔纳米墙之前和之后的典型基底的 SEM 图像：(b)、(e)一维硅纳米线；(c)、(f)二维 Au 箔；以及(d)、(g)Ni 泡沫上的三维石墨烯；插图为局部放大图[65]

5.5　超薄石墨炔纳米片

2017 年，Shang 等探索了一种生长石墨炔纳米管和超薄石墨炔纳米片的新方法[77]。与之前报道的以铜箔为催化剂和基底不同的是，此方法用六炔基苯为单体在铜纳米线（直径约 100 nm）上进行石墨炔的原位生长。铜纳米线作为基底可以提供更多的活性位点，能够提高石墨炔的质量和比表面等。根据六炔基苯用量的不同，从扫描电镜图可以看到，生长过程可以分为两个阶段：首先，六炔基苯在铜纳米线表面的活性位点上偶联反应形成有很多突起的不光滑的石墨炔纳米管[图 5-27（a）、（b）]；其次，过量的六炔基苯在石墨炔纳米管上继续反应生成石墨炔纳米片，厚度仅为 2 nm[图 5-27（d）、（e）]；继续增加六炔基苯量，铜纳米线表面的石墨炔纳米片更加浓密[图 5-27（g）、（h）]。除去铜纳米线，石墨炔呈现中空结构，但仍然保持初始的形貌，这说明此方法制备的石墨炔有很好的连续性[图 5-27（c）、（f）、（i）]。

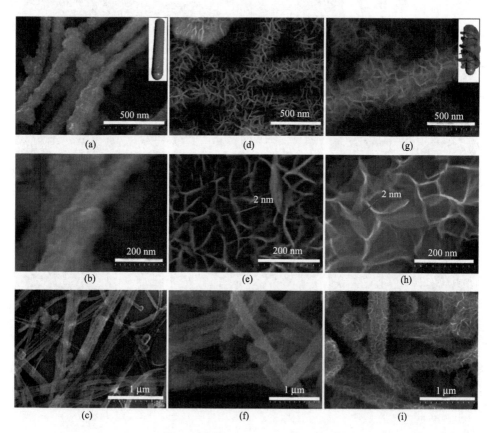

图 5-27　用不同含量的六炔基苯在铜纳米线上生长的石墨炔扫描电镜图[（a）、（b）、（c）]1 mg；[（d）、（e）、（f）]2.5 mg；[（g）、（h）、（i）]5 mg 和相应去除铜纳米线之后的扫描电镜图[（c）、（f）、（i）][77]

此方法能很好地研究石墨炔和铜纳米线之间的相互作用。从图 5-28（a）可以看出，石墨炔原位生长之后铜纳米线出现了很多折断。与位置 1 相比[图 5-28（b）]，位置 2[图 5-28(c)]很明显的有更多的铜纳米颗粒，这说明了在反应过程中，折断处能够产生更多的铜纳米颗粒。根据图 5-28(d)的高分辨透射电镜图得知，石墨炔纳米片更容易在铜晶界处生长，证实了这个区域的铜原子有更高的反应活性。石墨炔的原位生长使铜纳米线膨胀并碎裂，得到更多的铜纳米颗粒，就像植物破土而出[图 5-28(f)]。嵌入的铜纳米粒子进一步增强了石墨炔纳米片和铜纳米线之间的传导性，提高了在高强度电流下的电化学响应。

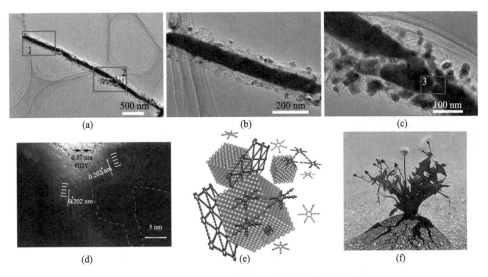

图 5-28　石墨炔纳米片在铜纳米线上的生长过程

(a) 微尺度透射电镜图；(b)、(c)为(a)图中局部位置 1 和 2 放大的透射电镜图；(d)为(c)图中局部位置 3 的高分辨透射电镜图；(e) 石墨炔纳米片在铜纳米颗粒之间晶界处的生长示意图；(f) 植物破土而出[77]

5.6　有序石墨炔条纹阵列

　　Wang 等[78]报道了由超亲油开槽模板主导的图案化石墨二炔条纹阵列的直接原位合成。带槽的模板在微尺度上为原位合成石墨二炔提供了许多规则的限域空间，而凹槽模板的润湿性在控制反应物原料的连续传质方面起关键作用。在微尺寸空间内完成交叉耦联反应后，可以相应地生成精确图案化的石墨二炔条纹。优化限域空间的几何形状、反应物的数量和反应温度，最终获得最优的石墨二炔图案。此外，利用这些石墨二炔条纹阵列制备可伸缩传感器，构建了监测人手指运动的原理性器件。预计这种润湿性辅助策略将为石墨炔的可控合成及其在柔性电子和其他光电子应用方面提供新的思路。

　　与碳纳米管[79-81]或石墨烯[82-85]相比，石墨二炔由于其固有的溶液合成特性，导致其精确定位仍然是一个悬而未决的问题。为了严格控制反应的空间，采用了一个开槽模板，以便在与一个扁平铜箔紧密接触时获得许多反应微通道 [图 5-29(a)]。然后，将模板/铜箔集成体系置于装有六乙炔基苯的吡啶液中。由于模板上的线形柱结构，有机前体溶液被分成许多规则的片段，允许溶液渗透进线形通道中。由于六乙炔基苯的交叉偶联反应仅在铜的参与下发生，石墨二炔条纹有序阵列将在铜/柱间隙区域原位生长。

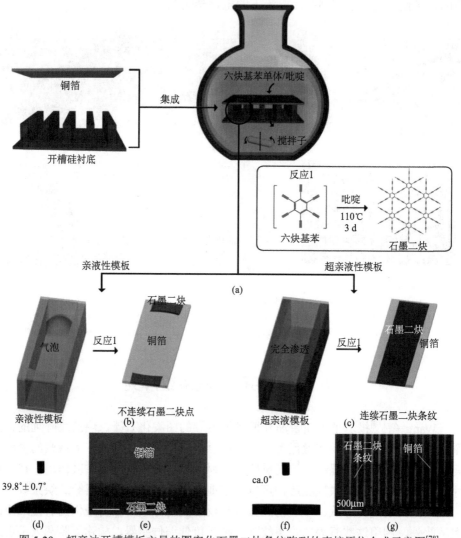

图 5-29 超亲油开槽模板主导的图案化石墨二炔条纹阵列的直接原位合成示意图[78]

(a)石墨二炔线型图案的原位合成示意图，将开槽模板和平整铜箔紧密接触，整合并置于六乙炔基苯的吡啶溶液中；(b)使用亲水性模板控制石墨二炔的生长时，线性限域空间的中间部分通常存在气泡，仅在柱间隙区域的两端产生几个石墨二炔点；(c)当使用超亲油性模板时，六乙炔基苯的吡啶溶液可以完全湿润并通过线性限域空间，从而产生精确图案化的石墨二炔条纹；吡啶(γ= 39.82 mN/m)在(d)亲油性和(f)超亲油性沟槽模板上的接触角；(e)、(g)铜箔上生长的石墨二炔的扫描电子显微镜图像，黑色区域是石墨二炔，而灰色区域是铜箔应该注意的是，限制反应通道的长径比约为 375（通道宽度为 40 μm，通道长度为 1.5 cm），为使有机前体能连续通过，应仔细考虑模板的润湿性。当具有 39.8°±0.7° 的吡啶接触角（CA）的亲液性模板［图 5-29（d）］用于石墨炔生长时，线性限域空间的中间通常存在气泡［图 5-29（b）］。结果，六乙炔基苯的吡啶溶液不能完全润湿铜箔，仅在柱间隙区域的两端产生几个石墨二炔点［图 5-29（e）］。通过使用接触角约 0° 的超亲液模板来控制模板的润湿性可以规避气泡问题［图 5-29（f）］。由于模板表面吸引力的增加，六乙炔基苯的吡啶溶液可以完全浸润并通过反应通道［图 5-29（c）］。图 5-29（g）表明暴露在柱间隙（pillar gaps）的铜箔表面上可以原位生成石墨二炔条纹。

Wang 等[78]详细研究了石墨二炔的限域生长。图 5-30（a）显示出了所制备的石墨二炔条纹阵列的扫描电子显微镜（SEM）结果。该研究中使用的开槽硅衬底的宽度为 50 μm、间隙为 100 μm、高度为 30 μm。由于有机前体溶液仅沿着间隙区域

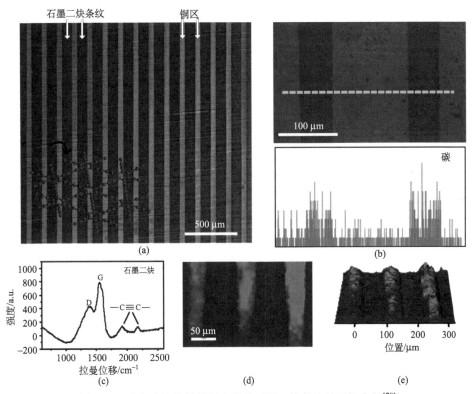

图 5-30 由超亲油沟槽模板主导的石墨二炔条纹的可控生长[78]

（a）条纹石墨二炔图案的大面积 SEM 图像，石墨二炔和铜箔区域已标记；（b）SEM 放大图像清楚地显示了两个石墨二炔条纹和对应的线性 EDX 分析扫描，表明 C 元素的分布与石墨二炔形状完全吻合；（c）具有四个特征振动峰的石墨二炔拉曼光谱；条纹石墨二炔图案的（d）顶视图和（e）三维拉曼成像（G 带）；规整的绿色条纹与石墨二炔条纹的形貌一致，在它们之间的间隙（蓝色区域）没有检测到石墨二炔

渗透，所以可以发现黑色区域为石墨二炔条纹阵列，而在白色区域为裸铜表面[图 5-30(a)中的标记]。石墨二炔条纹的宽度与柱间隙完全一致，这表明完全润湿和限域反应是由模板的超亲油性主导的。图 5-30(b)中的 SEM 放大图像显示了石墨二炔条纹有清晰的边缘。使用能量色散 X 射线(EDX)元素分析的线扫描模型研究两条石墨二炔条纹，发现碳元素在基底上的信号强度分布与 SEM 观察一致。图 5-30(c)显示了所制备的石墨二炔条纹的拉曼光谱，其具有四个特征振动峰。在 1552.9 cm^{-1}(同相拉伸振动)出现的 G 带和 1376.4 cm^{-1} 处的 D 带(呼吸振动)可以归属于芳环中的 sp^2 杂化碳[52]。其他两个在 2177.3 cm^{-1} 和 1923.6 cm^{-1} 的弱振动峰是由共轭二炔的振动贡献的。除了 EDX 分析之外，还可以通过拉曼成像证实石墨二炔的限域生长。图 5-30(d)、(e)示出了转移到硅片上的石墨二炔条纹的 G 带拉曼成像图。强烈的 G 带信号呈现规则的绿色条纹，并且与石墨二炔条纹的 SEM 观察结果吻合良好，而在绿色条纹之间几乎检测不到信号。拉曼成像进一步证实了石墨二炔的定位是可控的。

5.7　三维石墨炔

第一个模拟双层和三层石墨二炔[86]的工作可视作 2D 和 3D 石墨炔二炔的"中间"体系。结果表明，对于最稳定的双层和三层 GDY，C6 六边形以 Bernal 型(AB 和 ABA)堆叠，两种材料分别为间隙为 0.35 eV 和 0.18 eV 的半导体。就像纳米带[87]一样，不管堆叠类型如何，双层和三层 GDY 的带隙一般随着外部垂直电场的增加而减小。Narita 等已经提出了利用 GY 片的各种堆叠方式构建石墨炔可能的 3D 模型(3D-GY)中的第一个例子[88]。3D-GY 的结合能估计约为石墨的 90%，故 3D 石墨炔预计将是稳定的。因此，ABA 类型(相对于 AAA 类型)的堆叠将是最稳定的。3D-GY 将呈现出类似金属或半导体电性质，其取决于堆叠方式。预计最稳定的多晶型 3D-GY 是一个半导体。研究表明嵌入钾原子的 3D-GY 晶体[24]可作为基于石墨炔的材料，预计其具有如存储原子和分子或各向异性导电性(由于层状结构)的功能。钾插层的 3D-GY 具有金属性，并且很稳定。预测的晶态 3D-GY 仍然是假设的体系[24,88]。到目前为止，尚没有关于这些结构材料的实验结果。但是最近 Ravagnan 等 [89]报道了 sp-sp^2 杂化的新型块状无定形碳的合成和表征，其中 sp 碳原子的占比约为 20%。最后，还有一种可能的相关 3D 碳同素异形体(图 5-31)，其含有 sp 和 sp^3 杂化的碳原子，称为 sp-sp^3-炔金刚石，但其至今仍然停留在理论上，是一种"难以捉摸的"碳同素异形体[90]。

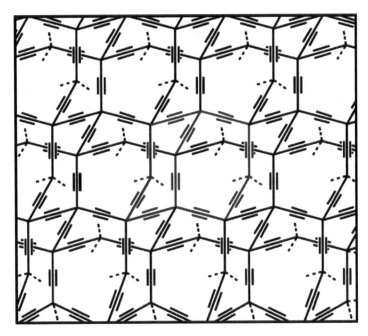

图 5-31 3D sp-sp^3-炔金刚石的假设结构,其包含通过—C≡C—键互连的 sp^3 杂化的碳原子[90]

受到溶液中和贵金属表面 Glaser-Hay 炔炔偶联反应的启发,Zuo 等[91]进一步发展了从六乙炔基苯(HEB)在大气中大量制备石墨二炔的热处理方法。如图 5-32 所示,通过三种不同热处理方式以控制 HEB 的交叉偶联反应。如果在氮气中逐渐加热(10℃/ min)至 120℃,则浅黄色 HEB 变成深黑色而没有体积变化。当在空气中进行这种处理时,一旦温度达到 90℃,就会产生爆米花状爆炸现象,导致初始材料体积增加 6 倍。这种现象被认为是氧催化反应,促进偶联反应的脱氢。当 HEB 直接添加到空气(120℃)的预热环境中时,立即启动更剧烈的爆炸,从而与原料 HEB 相比,GDY 产生的体积增加了 48 倍。

将上述爆炸法应用于氮杂石墨炔的制备,可以对氮含量、孔径大小等实现有效控制。如图 5-33 所示,反应过程中采用六炔基苯、五炔基吡啶、三炔基三嗪为单体,没有催化剂和溶液的条件下,120℃发生反应,得到相应的氮杂石墨炔 N0-GDY、N1-GDY、N3-GDY[92]。反应过程中伴随爆炸现象,尤其是六炔基苯尤为剧烈,证明了氧气的存在可能加剧了末端氢的离去及炔炔之间的交叉偶联反应。反应结束后,体积发生了剧烈变化。通过拉曼光谱测试证实了炔炔键—C≡C—C≡C—的存在,通过 XPS 测试,得到石墨炔中氮的含量分别为 0.00%、3.67%和 16.55%,为了证实此方法的可控性和有效性,将五炔基苯和三炔基苯等比例反应,得到氮杂石墨炔 N2-GDY,其中氮含量 5.73%,在 N1-GDY 和 N3-GDY 之间。

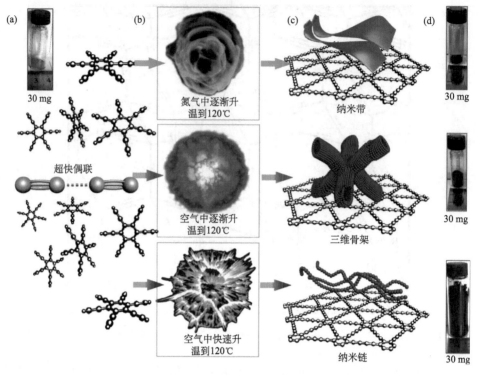

图 5-32 制备过程示意图[91]

(a)反应前的六乙炔基苯的照片; (b)三种热处理方式; (c)石墨二炔形貌示意图; (d)显示反应后体积变化的
样品照片

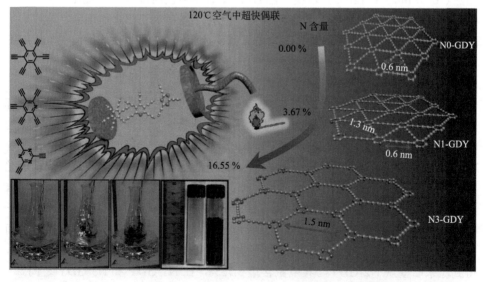

图 5-33 氮杂石墨炔的可控制备示意图及三种石墨炔的结构图[92]

从扫描电镜图中显示此方法制备的石墨炔由连续的颗粒构成，N0-GDY、N1-GDY、N3-GDY 纳米颗粒的直径分别为 10 nm、20 nm 和 80 nm，颗粒的直径大小很大程度上取决于末端炔基的数量和氮的含量所引发的反应的爆炸程度。具体地说，炔基越多，反应活性就越大，就越容易形成尺度更小的纳米颗粒，比表面也随之增大。通过扫描电镜结果证实了石墨炔的形貌可调控性。这种具有连续 3D 孔道的石墨炔可以提供更多的活性表面和离子电子通道。如图 5-34 所示，透射电镜进一步证实了所制备氮杂石墨炔完美的连续性。高分辨透射电镜显示了石墨均匀连续的层状条纹结构，条纹间距分别为 0.365 nm、0.374 nm 和 0.385 nm，归属为碳层层间距，与 XRD 结果一致。层间距的增大是由于氮的引入，电子离域现象的减弱以及逐渐减弱的π-π相互作用引起的。石墨炔的比表面测试得到三种氮杂石墨炔的比表面分别为 481（N3-GDY）、679 m^2/g（N1-GDY）、550 m^2/g（N0-GDY），且孔径均在 5 nm 以下，这有利于其在电化学中的应用。

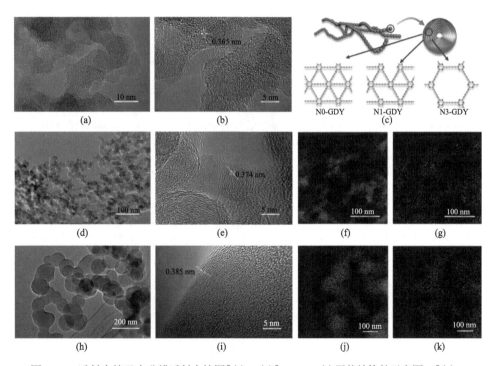

图 5-34　透射电镜及高分辨透射电镜图[(a)、(b)] GDY；(c)层状结构的示意图；[(d)、(e)]N1-GDY；[(h)、(i)]N3-GDY；碳和氮元素分布图[(f)、(g)]N1-GDY；[(j)、(k)]N3-GDY[92]

参 考 文 献

[1] Baughman R H, Galvao D S, Cui C X, et al. Fullereneynes-a new family of porous fullerenes. Chemical Physics Letters, 1993, 204: 8-14.

[2] Belenkov E A, Shakhova I V. Structure of carbinoid nanotubes and carbinofullerenes. Physics of the Solid State, 2011, 53: 2385-2392.

[3] Estrada E, Simon-Manso Y. Escherynes: novel carbon allotropes with belt shapes. Chemical Physics Letters, 2012, 548: 80-84.

[4] Zhang S L, Zhang Y H, Huang S P, et al. Theoretical investigations of sp-sp^2 hybridized zero-dimensional fullerenynes. Nanoscale, 2012, 4: 2839-2842.

[5] Enyashin A N, Sofronov A A, Makurin Y N, et al. Structural and electronic properties of new alpha-graphyne-based carbon fullerenes. Journal of Molecular Structure, 2004, 684: 29-33.

[6] Sebastiani D, Parker M A. Polyhedral Phenylacetylenes: The interplay of aromaticity and antiaromaticity in convex graphyne substructures. Symmetry-Basel, 2009, 1: 226-239.

[7] Iyoda M, Yamakawa J, Rahman M J. Conjugated macrocycles: concepts and applications. Angewandte Chemie International in Edition, 2011, 50: 10522-10553.

[8] Tobe Y, Furukawa R, Sonoda M, et al. 12.12 Paracyclophanedodecaynes $C_{36}H_8$ and $C_{36}Cl_8$: the smallest paracyclophynes and their transformation into the carbon cluster ion C_{36}^-. Angewandte Chemie International Edition, 2001, 40: 4072-4074.

[9] Tobe Y, Umeda R, Sonoda M, et al. Size-selective formation of C-78 fullerene from a three-dimensional polyyne precursor. Chemistry-a European Journal, 2005, 11: 1603-1609.

[10] Ivanovskii A L. Graphene-based and graphene-like materials. Russian Chemical Reviews, 2012, 81: 571-605.

[11] Terrones M, Botello-Mendez A R, Campos-Delgado J, et al. Graphene and graphite nanoribbons: morphology, properties, synthesis, defects and applications. Nano Today, 2010, 5: 351-372.

[12] Levchenko I, Volotskova O, Shashurin A, et al. The large-scale production of graphene flakes using magnetically-enhanced arc discharge between carbon electrodes. Carbon, 2010, 48: 4570-4574.

[13] Barnard A S, Snook I K. Modelling the role of size, edge structure and terminations on the electronic properties of graphene nano-flakes. Modelling and Simulation in Materials Science and Engineering, 2011, 19(5): 054001.

[14] Khan U, O'Neill A, Porwal H, et al. Size selection of dispersed, exfoliated graphene flakes by controlled centrifugation. Carbon, 2012, 50: 470-475.

[15] Tahara K, Yoshimura T, Sonoda M, et al. Theoretical studies on graphyne substructures: geometry, aromaticity, and electronic properties of the multiply fused dehydrobenzo 12 annulenes. Journal of Organic Chemistry, 2007, 72: 1437-1442.

[16] Toyota S. Construction of novel molecular architectures from anthracene units and acetylene linkers. Pure and Applied Chemistry, 2012, 84: 917-929.

[17] Haley M M. Synthesis and properties of annulenic subunits of graphyne and graphdiyne nanoarchitectures. Pure and Applied Chemistry, 2008, 80: 519-532.

[18] Juselius J, Sundholm D. Polycyclic antiaromatic hydrocarbons. Physical Chemistry Chemical Physics, 2008, 10: 6630-6634.

[19] Coluci V R, Braga S F, Legoas S B, et al. Families of carbon nanotubes: graphyne-based nanotubes. Physical Review B, 2003, 68: 035430.

[20] Coluci V R, Galvao D S, Baughman R H. Theoretical investigation of electromechanical effects for graphyne carbon nanotubes. Journal of Chemical Physics, 2004, 121: 3228-3237.

[21] Coluci V R, Braga S F, Legoas S B, et al. New families of carbon nanotubes based on graphyne motifs. Nanotechnology, 2004, 15: S142-S149.

[22] Enyashin A N, Makurin Y N, Ivanovskii A L. Quantum chemical study of the electronic structure of new nanotubular systems: alpha-graphyne-like carbon, boron-nitrogen and boron-carbon-nitrogen nanotubes. Carbon, 2004, 42: 2081-2089.

[23] Gong J, Tang Y Q, Yang H Y, et al. Theoretical investigations of sp-sp^2 hybridized capped graphyne nanotubes. Chemical Engineering Science, 2015, 134: 217-221.

[24] Narita N, Nagai S, Suzuki S. Potassium intercalated graphyne. Physical Review B, 2001, 64: 245408.

[25] Du H, Deng Z, Lu Z, et al. The effect of graphdiyne doping on the performance of polymer solar cells. Synthetic Metals, 2011, 161: 2055-2057.

[26] Zhang H, Zhao M, He X, et al. High mobility and high storage capacity of lithium in sp-sp^2 hybridized carbon network: the case of graphyne. Journal of Physical Chemistry C, 2011, 115: 8845-8850.

[27] Narita N, Nagai S, Suzuki S, et al. Optimized geometries and electronic structures of graphyne and its family. Physical Review B, 1998, 58: 11009-11014.

[28] 邓运发, 曹觉先. 石墨炔管能带和力学性质的第一性原理研究. 原子与分子物理学报, 2013, 30: 000812-000818.

[29] Treacy M M J, Ebbesen T W, Gibson J M. Exceptionally high Young's modulus observed for individual carbon nanotubes. Nature, 1996, 381: 678-680.

[30] de Sousa J M, Brunetto G, Coluci V R, et al. Torsional "superplasticity" of graphyne nanotubes. Carbon, 2016, 96: 14-19.

[31] Kang J, Li J, Wu F, et al. Elastic, electronic, and optical properties of two-dimensional graphyne sheet. Journal of Physical Chemistry, 2011, 115: 20466-20470.

[32] Wang X M, Lu S S. Thermoelectric transport in graphyne nanotubes. Journal of Physical Chemistry C, 2013, 117: 19740-19745.

[33] Bhattacharya B, Singh N B, Mondal R, et al. Electronic and optical properties of pristine and boron-nitrogen doped graphyne nanotubes. Physical Chemistry Chemical Physics, 2015, 17: 19325-19341.

[34] Chen X. Graphyne nanotubes as electrocatalysts for oxygen reduction reaction: the effect of doping elements on the catalytic mechanisms. Physical Chemistry Chemical Physics, 2015, 17: 29340-29343.

[35] Alaei S, Jalili S, Erkoc S. Study of the influence of transition metal atoms on electronic and magnetic properties of graphyne nanotubes using density functional theory. Fullerenes Nanotubes and Carbon Manostructures, 2015, 23: 494-499.

[36] Jalili S, Houshmand F, Schofield J. Study of carrier mobility of tubular and planar graphdiyne. Applied Physics A-Materials Science & Processing, 2015, 119: 571-579.

[37] Blase X, Benedict L X, Shirley E L, et al. Hybridization effects and metallicity in small radius carbon nanotubes. Physical Review Letter, 1994, 72: 1878-1881.

[38] Kong B, Lee J Y. Electronic properties of alpha-graphyne nanotubes. Carbon, 2015, 84: 246-253.

[39] Majidi R, Karami A R. Electronic properties of B- and N-doped graphyne nanotubes. Computational Materials Science, 2015, 97: 227-230.

[40] Deb J, Bhattacharya B, Sarkar U. Confinement of Water Molecule Inside (2,2) Graphyne Nanotube. // Chitra R, Bhattacharya S, Sahoo N K. *Dae Solid State Physics Symposium 2015*; AIP Conference Proceedings; Amer Inst Physics: Melville, 2016, 1731(1): 56.

[41] Wang Y S, Yuan P F, Li M, et al. Calcium-decorated graphyne nanotubes as promising hydrogen storage media: a first-principles study. Journal of Solid State Chemistry, 2013, 197: 323-328.

[42] Li G, Li Y, Qian X, et al. Construction of tubular molecule aggregations of graphdiyne for highly efficient field emission. The Journal of Physical Chemistry C, 2011, 115: 2611-2615.

[43] Qian X M, Ning Z Y, Li Y L, et al. Construction of graphdiyne nanowires with high-conductivity and mobility. Dalton Transactions, 2012, 41: 730-733.

[44] Jia Z, Li Y, Zuo Z, et al. Fabrication and electroproperties of nanoribbons: carbon ene–yne. Advanced Electronic Materials, 2017: 1700133.

[45] Ihm K, Kang T-H, Lee D H, et al. Oxygen contaminants affecting on the electronic structures of the carbon nano tubes grown by rapid thermal chemical vapor deposition. Surface Science, 2006, 600: 3729-3733.

[46] Matsuoka R, Sakamoto R, Hoshiko K, et al. Crystalline graphdiyne nanosheets produced at a gas/liquid or liquid/liquid interface. Journal of the American Chemical Society, 2017, 139(8): 3145-3152.

[47] Liu R, Gao X, Zhou J, et al. Chemical vapor deposition growth of linked carbon monolayers with acetylenic scaffoldings on silver foil. Advanced Materials, 2017, 29 (18): 1604665.

[48] Jia Z, Zuo Z, Yi Y, et al. Low temperature, atmospheric pressure for synthesis of a new carbon Eneyne and application in Li storage. Nano Energy, 2017, 33: 343-349.

[49] Chalifoux W A, McDonald R, Ferguson M J, et al. Tert-butyl-end-capped polyynes: crystallographic evidence of reduced bond-length alternation. Angewandte Chemie International Edition, 2009, 48: 7915-7919.

[50] Chalifoux W A, Tykwinski R R. Synthesis of polyynes to model the sp-carbon allotrope carbyne. Nature Chemistry, 2010, 2: 967-971.

[51] Spitler E L, Li C A, Haley M M. Renaissance of annulene chemistry. Chemical Reviews, 2006, 106(12): 5344-5386.

[52] Tuinstra F, Koenig J L. Raman spectrum of graphite. Journal of Chemical Physics, 1970, 53: 1126-1130.

[53] Estrade-Szwarckopf H. XPS photoemission in carbonaceous materials: a "defect" peak beside the graphitic asymmetric peak. Carbon, 2004, 42: 1713-1721.

[54] Ferrari A C, Meyer J C, Scardaci V, et al. Raman spectrum of graphene and graphene layers. Physical Review Letter, 2006, 97: 187401.

[55] Shin H-J, Choi W M, Choi D, et al. Control of electronic structure of graphene by various dopants and their effects on a nanogenerator. Journal of the American Chemical Society, 2010, 132: 15603-15609.

[56] Kim K K, Bae J J, Park H K, et al. Fermi level engineering of single-walled carbon nanotubes by $AuCl_3$ doping. Journal of the American Chemical Society, 2008, 130: 12757-12761.

[57] Choi H C, Shim M, Bangsaruntip S, et al. Spontaneous reduction of metal ions on the sidewalls of carbon nanotubes. Journal of the American Chemical Society, 2002, 124: 9058-9059.

[58] Reiss H, Heller A. The absolute potential of the standard hydrogen electrode -a new estimate. Journal of Physical Chemistry, 1985, 89: 4207-4213.

[59] Memming R. Photoinduced charge-transfer processes at semiconductor electrodes and particles. //Mattay J. *Electron Transfer I*. Topics in Current Chemistry, 1994, 169: 105-181.

[60] Chen X, Wu G, Chen J, et al. Synthesis of "clean" and well-dispersive Pd nanoparticles with excellent electrocatalytic property on graphene oxide. Journal of the American Chemical Society, 2011, 133: 3693-3695.

[61] Kumar B, Lee K Y, Park H K, et al. Controlled growth of semiconducting nanowire, nanowall, and hybrid nanostructures on graphene for piezoelectric nanogenerators. ACS Nano, 2011, 5: 4197-4204.

[62] Zhou J, Gao X, Liu R, et al. Synthesis of graphdiyne nanowalls using acetylenic coupling reaction. Journal of the American Chemical Society, 2015, 137(24): 7596-7599.

[63] Long M, Tang L, Wang D, et al. Electronic structure and carrier mobility in graphdiyne sheet and nanoribbons: theoretical predictions. ACS Nano, 2011, 5: 2593-2600.

[64] Alexandrou I, Scheibe H J, Kiely C J, et al. Carbon films with an sp^2 network structure. Physical Review B, 1999, 60: 10903-10907.

[65] Gao X, Li J, Du R, et al. Direct synthesis of graphdiyne nanowalls on arbitrary substrates and its application for photoelectrochemical water splitting cell. Angewondte Chemie, 2017, 29(9).

[66] Fang W, Hsu A L, Song Y, et al. Asymmetric growth of bilayer graphene on copper enclosures using low-pressure chemical vapor deposition. ACS Nano, 2014, 8: 6491-6499.

[67] Liu H, Xu J, Li Y, et al. Aggregate nanostructures of organic molecular materials. Accounts of Chemical Research, 2010, 43: 1496-1508.

[68] Hebert N, Beck A, Lennox R B, et al. A new reagent for the removal of the 4-methoxybenzyl ether-application to the synthesis of unusual macrocyclic and bolaform phosphatidylcholines. Journal of Organic Chemistry, 1992, 57: 1777-1783.

[69] Xu W, Wang J, Ding F, et al. Lithium metal anodes for rechargeable batteries. Energy & Environmental Science, 2014, 7: 513-537.

[70] Hou Y, Zuo F, Dagg A P, et al. Branched WO_3 nanosheet array with layered C_3N_4 heterojunctions and CoO_x nanoparticles as a flexible photoanode for efficient photoelectron chemical water oxidation. Advanced Materials, 2014, 26: 5043-5049.

[71] Huang Y, Liu Y, Zhu D, et al. Mediator-free Z-scheme photocatalytic system based on ultrathin CdS nanosheets for efficient hydrogen evolution. Journal of Materials Chemistry A, 2016, 4: 13626-13635.

[72] Chen H M, Chen C K, Liu R S, et al. Nano-architecture and material designs for water splitting photoelectrodes. Chemical Society Reviews, 2012, 41: 5654-5671.

[73] Ozcelik V O, Ciraci S. Size dependence in the stabilities and electronic properties of alpha-graphyne and its boron nitride analogue. Journal of Physical Chemistry C, 2013, 117: 2175-2182.

[74] Ma M, Kim J K, Zhang K, et al. Double-deck inverse opal photoanodes: efficient light absorption and charge separation in heterojunction. Chemistry of Materials, 2014, 26: 5592-5597.

[75] Moniz S J A, Zhu J, Tang J. 1D Co-Pi modified $BiVO_4$/ZnO junction cascade for efficient photoelectrochemical water cleavage. Advanced Energy Materials, 2014, 4: 1301590.

[76] Liu B, Li J, Wu H L, et al. Improved photoelectrocatalytic performance for water oxidation by earth-abundant cobalt molecular porphyrin complex-integrated bivo4 photoanode. ACS Applied Materials & Interfaces, 2016, 8: 18577-18583.

[77] Shang H, Zuo Z, Li L, et al. Ultrathin graphdiyne nanosheets grown in situ on copper nanowires and their performance as lithium-ion battery anodes. Angewondte Chemie, 2018, 130(3): 782-786.

[78] Wang S S, Liu H B, Kan X N, et al. Superlyophilicity-facilitated synthesis reaction at the microscale: ordered graphdiyne stripe arrays. Small, 2017, 13: 1602265.

[79] Zhou X, Boey F, Zhang H. Controlled growth of single-walled carbon nanotubes on patterned substrates. Chemical Society Reviews, 2011, 40: 5221-5231.

[80] Park S, Pitner G, Giri G, et al. Large-area assembly of densely aligned single-walled carbon nanotubes using solution shearing and their application to field-effect transistors. Advanced Materials, 2015, 27: 2656-2662.

[81] Gu G, Philipp G, Wu X C, et al. Growth of single-walled carbon nanotubes from microcontact-printed catalyst patterns on thin Si_3N_4 membranes. Advanced Functional Materials, 2001, 11: 295-298.

[82] Zhou Y, Loh K P. Making patterns on graphene. Advanced Materials, 2010, 22: 3615-3620.

[83] Hong J Y, Jang J. Micropatterning of graphene sheets: recent advances in techniques and applications. Journal of Materials Chemistry, 2012, 22: 8179-8191.

[84] Liu W, Jackson B L, Zhu J, et al. Large scale pattern graphene electrode for high performance in transparent organic single crystal field-effect transistors. ACS Nano, 2010, 4: 3927-3932.

[85] El-Kady M F, Kaner R B. Scalable fabrication of high-power graphene micro-supercapacitors for flexible and on-chip energy storage. Nature Communications, 2013, 4: 1475.

[86] Zheng Q, Luo G, Liu Q, et al. Structural and electronic properties of bilayer and trilayer graphdiyne. Nanoscale, 2012, 4: 3990-3996.

[87] Kang J, Wu F, Li J. Modulating the bandgaps of graphdiyne nanoribbons by transverse electric fields. Journal of Physics Condensed Matter, 2012, 24(16): 165301.

[88] Narita N, Nagai S, Suzuki S, et al. Electronic structure of three-dimensional graphyne. Physical Review B, 2000, 62: 11146-11151.

[89] Ravagnan L, Piseri P, Bruzzi M, et al. Influence of cumulenic chains on the vibrational and electronic properties of sp-sp^2 amorphous carbon. Physical Review Letter, 2007, 98: 216103.

[90] Hirsch A. The era of carbon allotropes. Nature Materials, 2010, 9: 868-871.

[91] Zuo Z, Shang H, Chen Y, et al. A facile approach for graphdiyne preparation under atmosphere for an advanced battery anode. Chemical Communications, 2017, 53: 8074-8077.

[92] Shang H, Zuo Z, Zheng H, et al. N-doped graphdiyne for high-performance electrochemical electrodes. Nano Energy, 2018, 44: 144-154.

第6章

石墨炔的应用

6.1 电 子 信 息

随着碳材料制备技术的不断发展，碳科学已成为目前最具活力和竞争力的研究领域之一。具有 sp^3、sp^2 和 sp 三种杂化态的碳原子之间的相互结合，可以形成多种碳的同素异形体，并表现出一系列丰富而不同的物理特性。例如，自然界中主要存在的 sp^3 杂化态的金刚石和 sp^2 杂化态的石墨两种碳的同素异形体分别为绝缘体和导体，人工制备的碳的同素异形体如富勒烯、碳纳米管和石墨烯等均为优良导体，但由于能带及电子结构的不同其导电特性及迁移率各有差异。石墨炔，作为一种由 sp 杂化碳与 sp^2 杂化碳共同结合而成的具有二维平面网络结构的全碳分子，其独特分子构型决定了材料本身具有丰富的碳化学键、高 π-共轭性、宽面间距、均匀分散的孔道构型以及可调控的电子结构，表现出独特的半导体输运性质，在信息存储、电子、光电等半导体领域具有重要应用前景。

6.1.1 半导体材料

在石墨炔材料的首次化学合成前后，人们已通过第一性原理计算，对该体系进行了一系列的研究，发现石墨炔具有天然的带隙，属于本征半导体，计算结果表明其带隙在 1 eV 左右，因此石墨炔中存在特别的电荷输运性能。石墨炔在费米能级上下附近具有两个不同的狄拉克锥，这表明石墨炔为自掺杂(self-doped)半导体，原本就具有电荷载流子，不需要像石墨烯一样需通过额外掺杂来实现。同时，多尺度计算结果也表明石墨炔在具有天然带隙的同时，还表现出高的导电性、大的泽贝克系数和低的热导率等特点。本节重点讨论石墨炔的电输运等半导体性质。

与石墨烯具有狄拉克点的零带隙特征不同，第一性原理计算表明石墨炔具有非零的本征直接带隙。不同的计算结果得到的石墨炔带隙值预测在 0.46 eV 到 1.22 eV 范围内，主要取决于所采用的方法和交换关联泛函。例如，清华大学的帅志刚等基于分子动力学模拟软件包(Vienna ab-initio simulation package，VASP)采

用密度泛函理论计算了石墨炔的电子结构[1]，如图 6-1 与表 6-1 所示。其中图 6-1(a)
中虚线所示的即为计算过程中所用到的石墨炔的单胞，图 6-1(c)展示的则是单个
石墨炔片层的电子能带结构。石墨炔的能带色散主要源自于碳 $2p_z$ 轨道的重叠，
并且，从图中可以看到石墨炔是一种在 Γ 点处具有 0.46 eV 带隙的半导体。而对于
其他计算方法研究石墨炔的带隙，在第 3 章已有具体阐述(3.3)，并均发现石墨炔
在硅基电子器件中有可能被用来取代硅材料。

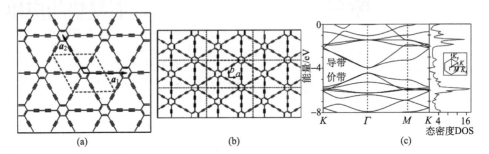

图 6-1   (a)单个石墨炔层典型示意图，其中 a_1 与 a_2 代表晶格矢量，虚线框表示的是单胞(b)包
含 36 个碳原子用于输运计算的结构模型(c)基于密度泛函理论计算得到的单石墨炔层的能带结
构和态密度[1]

表 6-1   单石墨炔层中电子和空穴的形变势 E_1、弹性常数 C、迁移率 μ 以及平均散射弛豫时间
τ 的计算值

载流子类型	形变势 E_1/eV	弹性常数 C/(J/m²)	迁移率 μ /(10⁴cm²/Vs)	平均散射弛豫时间 τ/ps
电子型①	2.09	158.57	20.81	19.11
空穴型①	6.30	158.57	1.97	1.94
电子型②	2.19	144.90	17.22	15.87
空穴型②	6.11	144.90	1.91	1.88

①伸展方向 a；②伸展方向 b。

尽管理论上对石墨炔体系的研究已经开展了较长的时间，但局限于合成方法
策略，一直到 2010 年中国科学院化学研究所的李玉良等在实验上首次利用铜基底
偶联反应制备了石墨炔薄膜以后，关于石墨炔本身物理性能及半导体特性的实验
测试才得以迅速发展。对于首次合成的均匀的、具有多层结构的石墨炔薄膜，以
铜箔基底为底电极，蒸镀 Al 膜为顶电极，通过构造两引线 I-V 测试方法，可以得
到石墨炔薄膜的电导率为 $2.516×10^{-4}$ S/m，与硅相当，展示了石墨炔薄膜优异的
半导体特性[2]。随后，通过建立一系列石墨炔薄膜可控生长的新方法，获得少数
层石墨炔，其薄膜厚度可以控制在 22～500 nm 之间，并且这些石墨炔薄膜表现

出良好的半导体性质，以及随着石墨炔厚度的减小而电导率逐渐增加的特征。特别是对于厚度为 15 nm 的石墨炔薄膜，其迁移率更是可以达到 100～500 cm/(V·s)，展示了石墨炔材料在电子及信息技术等半导体领域的广阔应用前景。

与石墨炔薄膜不同，具有如纳米线、纳米棒、纳米管等一定结构的低维纳米结构石墨炔材料，其往往具有薄膜中很难观测到的独特性质。Qian 等通过利用硅片上的 ZnO 纳米棒阵列的气-液-固相生长方法，成功获得了石墨炔纳米线的聚集结构并研究了其导电性及迁移率[3]，如图 6-2 所示。可以看到，基于不同长度单根石墨炔纳米线的器件均表现出了非线性的 *I-V* 特性，这说明石墨炔纳米线与电极 W 金属之间存在着接触电阻。假定石墨炔纳米线为半导体，该型非线性 *I-V* 曲线则可用金属-半导体-金属模型进行分析。基于 PKUMSM 程序的分析，可以得到长度分别为 515 nm、438 nm 及 700 nm 的石墨炔纳米线的平均电阻为 3.01×10^5 Ω、2.58×10^5 Ω 以及 4.3×10^5 Ω，并获得石墨炔纳米线的平均电导 1.9×10^3 S/m，大大超过石墨炔薄膜及大多数其他半导体材料。该结果也表明石墨炔纳米线是可以媲美碳纳米管和石墨烯输运性能的优异半导体。此外，通过 PKUMSM 程序分析，

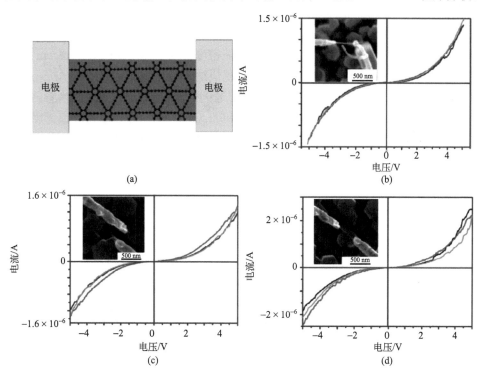

图 6-2　(a)石墨炔纳米线器件模型；(b)～(d)石墨炔纳米线典型的 *I-V* 曲线，其中左上插图为测量单元的 SEM 图，右下插图为实验测得 *I-V* 曲线以及基于金属-半导体-金属模型的拟合曲线[3]

还可以获得石墨炔纳米线的平均迁移率为 7.1×10^2 cm/(V·s)，其量级与石墨烯的迁移率相似，这可能是由于石墨炔纳米线是一种高度结晶化的一维纳米材料。以上结果表明，石墨炔纳米线在电子领域和光电领域均可被作为一种有前途的新型材料，实现潜在的应用。

6.1.2　场发射材料

纳米碳材料由于具有独特的结构和功能特性，被认为是较好的场发射冷阴极材料，与其他常规金属、半导体相比，具有稳定性好、易于制备、结构多样性、发射阈值电压低、发射电流大等优点。特别是以纳米碳管、石墨烯等为代表的纳米碳材料，具有优异的导电特性和导热性，以及机械强度高等特点，已成为场发射材料研究领域的热点。中国科学院化学研究所的 Li 等首次通过铜催化的氧化铝模板制备了石墨炔纳米管阵列，并成功地揭示了该材料的高效场发射特性[4]。其中，利用模板获得的石墨炔纳米管阵列的示意图如图 6-3(a)所示，该纳米管具有光滑的表面、约 200 nm 的直径以及约 40 nm 的壁厚。对石墨炔纳米管阵列的场发射测试结果如图 6-3(b)、(c)所示，场发射特征值开启电场 E_{t0} 与阈值电场 E_{thr} 的值取自电流密度-电场(J-V)曲线中的电流密度值为 10 μA/cm^2 及 1 mA/cm^2 所分别对应的电场值。对于退火处理前初始石墨炔纳米管，其所呈现的 E_{t0} 与 E_{thr} 值分别为 5.75 V/μm 和 12.66 V/μm；而在 650℃退火处理 6 h 后，石墨炔纳米管的场发射 E_{t0} 与 E_{thr} 也随之下降为 4.20 V/μm 和 8.83 V/μm，并且最大电流密度也从 1.5 mA/cm^2 增大至 2 mA/cm^2，这表明退火处理能够有效提高石墨炔材料的场发射性能。进一步地，结合 SEM 及 TEM 表征等手段，可以发现石墨炔纳米管在退火处理后其壁厚变薄为 15 nm 左右，并且结晶性也相应增加。由于壁厚是纳米管材料的场发射的关键影响因素，因此更薄的纳米管壁厚有利于增强场发射性能。退火后的石墨炔纳米管阵列所表现出的开启电压值不仅小于大多数的有机纳米材料，如石墨烯粉末、CuTCNQF4、聚乙二炔纳米线等，而且也小于许多无机纳米材料，如 ZnO、CdS、CuS 等。此外，石墨炔纳米管的场发射性能与过去人们在单壁碳纳米管及多壁碳纳米管中获得的低开启电压也是高度相当的。另外，从图 6-3(b)中也可以看出，原始的石墨炔薄膜表现出更高的开启电压(17.18 V/μm)及阈值电压(30.01 V/μm)，这也表明了石墨炔材料体系中的场发射性能与其形貌密切相关。为了进一步分析石墨炔纳米管阵列中的场发射性能，基于半无限平整金属表面的场发射性能的 Fowler-Nordheim 定律可以被用来描述发射极附近的临界电流密度与电场之间的关系，表达式为 $J = E_{loc}^2 \exp(-6.8 \times 10^7 \phi^{3/2} / E_{loc})$，其中 J 是发射端电流密度，E_{loc} 是局域电场，ϕ 是发射极材料的功函数。对于孤立的半球模型，有 $E_{loc} = V / (\alpha R_{tip})$，其中 V 是外加电压，R_{tip} 是尖端曲率半径，α

是修正因子。结合这两个方程，可以得到 $\ln(I/V^2)=1/V(-6.8\times\alpha R_{tip}\phi^{3/2})+\text{offset}$，即 F-N 图。如图 6-3(c)所示，F-N 图表现出线性变化特点，表明发射过程中的量子隧穿机制。为了评价石墨炔纳米管阵列用于场发射的稳定性，在不同起始电流密度下经过平均 4800 s 连续发射周期的电流密度均未发生明显的退化，这表明石墨炔纳米管阵列具有高的场发射稳定性，并且其所表现出来的稳定性还要优于诸多碳纳米管材料。这种稳定性目前被认为主要可能源于石墨炔材料的结构稳定性，因为石墨炔具有化学上和物理上稳定的结构且能够很好地承受离子轰击，所以电流密度不会发生显著退化。

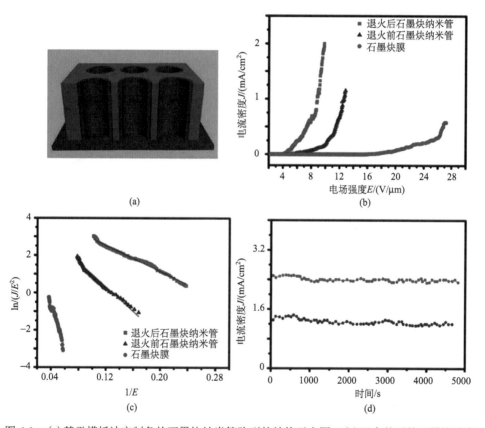

图 6-3　(a)基于模板法字制备的石墨炔纳米管阵列的结构示意图；(b)退火前后的石墨炔纳米管以及纯石墨炔薄膜的 J-E 曲线；(c)对应的 F-N 曲线；(d)石墨炔纳米管的场发射稳定性[4]

最近，Zhou 等[5]发展了一种制备了石墨炔纳米墙阵列的新方法，并发现以此为基础构造的石墨炔纳米墙阵列具有优良的场发射性能，其开启电场为 6.6 V/μm，阈值电场为 10.7 V/μm，仅次于石墨炔纳米管阵列。正是由于具有高度共轭的结构及均匀分布的锋利的墙，石墨炔纳米墙可展示出优异的场发射性能。图 6-4 中所示的即为石墨炔纳米墙的场发射特性的测量结果，可以看到，开启电场 E_{t0} 约为 6.6 V/μm，阈值电场 E_{thr} 为 10.7 V/μm。另外，通过对应的 Fowler-Nordheim 曲线变换及拟合，发现该曲线非常符合 Fowler-Nordheim 机制，表明电子从样品中的发射是电子隧穿的结果。尽管 E_{t0} 的值比垂直石墨烯纳米片中的要高（主要是因为石墨炔的迁移率仍远小于石墨烯），但该 E_{t0} 值相较于商业化的场发射器件仍然较低，石墨炔材料仍可被视为一种优秀的场发射材料。在场发射测试前后，SEM 观察到的纳米墙形貌变化，表明尽管部分墙结构在高电流下被摧毁，其他部分仍未改变。此外，作为对照，基于随机结构的石墨炔场发射器件，其由于缺少发射尖端使得 E_{t0} 与 E_{thr} 的值相对更高，分别为 12.6 V/μm 与 16.3 V/μm。基于以上结果，可以得到如下三点结论：首先，石墨炔纳米墙始终具有高密度的发射尖端，即垂直取向的薄墙边缘；其次，部分区域仅仅由于无定形化或低的聚合程度而无法承受强电流导致烧蚀；最后，具有规则结构的石墨炔纳米墙片由于共轭结构能够容忍高电流，进一步表明石墨炔材料在全碳电子器件中的应用潜力。

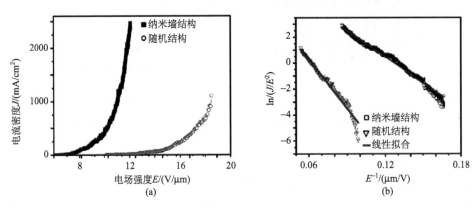

图 6-4   石墨炔纳米墙的场发射特性测量结果
(a)随外加电场变化的电子发射电流密度 J；(b)对应的 F-N 曲线及线性拟合[5]

6.1.3   电子器件

尽管二维碳材料家族中的石墨烯由于具有高的迁移率在纳米电子学领域展示了重大的应用潜力，但是石墨烯的本征零带隙特征限制了其在二极管、场效应晶体管等领域的应用。虽然目前可以通过对双层石墨烯施加外电场等调控手段实现石墨烯能带的改变以产生带隙，但是在不降低石墨烯的电学性质基础上诱导大的带隙的产生仍然是一个极大的挑战。而作为新兴二维碳材料同素异构体的石墨炔，既具有媲美石墨烯的高迁移率，超越了掺杂硅的电导率，又具有半导体工业中所需要的可调控的本征带隙，被视为有望在高性能逻辑器件中得到广泛应用的替补材料之一。而利用石墨炔材料制备器件，不可避免地涉及材料与金属电极之间的接触，并且这种界面处的良好接触也会显著提高器件性能。考虑到目前石墨炔多是在铜基底上合成的，因此有必要对石墨炔-金属间的接触进行理论上的研究。通过基于 VASP 的密度泛函理论计算，同时考虑石墨炔与金属之间的范德瓦耳斯力，人们发现石墨炔与 Al、Ag 及 Cu 之间形成的是 n 型欧姆接触或准欧姆接触，而石墨炔与 Pd、Au、Pt、Ni 及 Ir 之间则形成的是肖特基接触，并且对应的肖特基势垒高度分别为 0.21 eV、0.46 eV、0.30 eV、0.41 eV 以及 0.46 eV [6]。通过研究石墨炔与金属截面处碳原子与金属原子在实空间中总电子密度的分布，可以得到界面处的物理图像，如图 6-5 所示，其中(a)、(b)两图分别为 Ag 与石墨炔、Pd 与石墨炔界面处的总电子密度在实空间的分布情况。可以看到，Ag 与石墨炔表面之间并没有电子的积累，表明二者之间缺少共价结合；相反地，Pd 与石墨炔表面之间却存在着电子的积累，显示出二者之间存在共价结合。也就是说，这种差别证实了石墨炔在 Ag 上的吸附形式是能带结构完整不变的物理吸附作用，而石墨炔在 Pd 上的吸附形式则是伴随石墨炔能带结构扭曲的化学吸附作用。在此基础上，通过选取 Al 电极与石墨炔构造场效应晶体管(FET)器件，利用量子传输计算仿真，结果表明该 FET 器件具有高达 10^4 的开关比和非常大的开状态电流值 1.3×10^4 mA/mm(对应沟道长度 10 nm 情况下)，预示了石墨炔在应用于高性能纳米尺度 FET 器件的沟道层的极大的潜力。

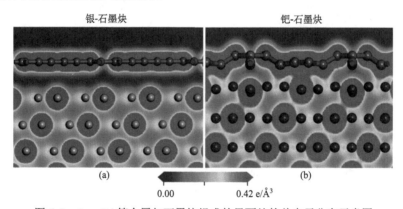

图 6-5 Ag、Pd 等金属与石墨炔组成的界面处的总电子分布示意图

与理论研究几乎同时进行的实验结果，也展示了基于高度有序和大面积制备的石墨炔薄膜组装的 FET 器件，能够表现出优良的导电特性及高速的载流子迁移特点。Qian 等[7]在前期发展的石墨炔制备方法的基础上，提出利用 ZnO 纳米棒阵列上的气相沉积方法制备石墨炔的新策略，合成了大面积、高度有序的不同层数的石墨炔薄膜，并以此为基础制备了高性能的 FET 器件。由于石墨炔薄膜是生长在 ZnO 纳米棒阵列之上，因此需要通过转移的方法实现器件的组装。在

OTS/SiO$_2$/Si 基底转移石墨炔薄膜后，直接在石墨炔薄膜之上热蒸镀 Au 电极获得底栅极薄膜场效应晶体管（TFT），如图 6-6 所示。其中，图 6-6(a) 给出的是石墨炔场效应管的示意图，图 6-6(b) 显示的则是沟道长度为 80 μm 的典型石墨炔基 TFT 器件的光学照片。通过对该器件进行系统地研究，可以很好地检验其作为微电子集成电路或显示电子装置中的基本元件的适用性。重复制备，多达 100 个器件的平均迁移率为 30 cm^2/(V·s)，最高迁移率为 100 cm^2/(V·s)，并且石墨炔薄膜的电导率测量值也高达 2800 S/cm。图 6-6(c) 和 6-6(d) 展示的即为晶体管的对应输出曲线与转移曲线，可以看到，由于石墨炔的电导率较高，器件输出曲线并未饱和。另外，在测量过程中，石墨炔薄膜表现出了双极性的特点，但是测量 n 型场效应行为仍然非常困难，因此 n 型场效应迁移率的获得对应着为数不多的数据点，如图 6-6(d) 所示，在这种情况下仍然可以获得平均迁移率的计算值。尽管这些迁移率的值远小于单层石墨炔薄膜中的理论计算值[>1000 cm^2/(V·s)]，但仍足以展现石墨炔材料优异的半导体特征及场效应迁移率。如果能够进一步优化器件组装及测试过程，例如，基于微纳加工工艺采用更短的沟道长度、选取合适的金属电极优化石墨炔与电极间的接触、在真空环境中测量以及对石墨炔薄膜本身进行氮气氛退火处理等，必将极大改善相关器件的输出性能。

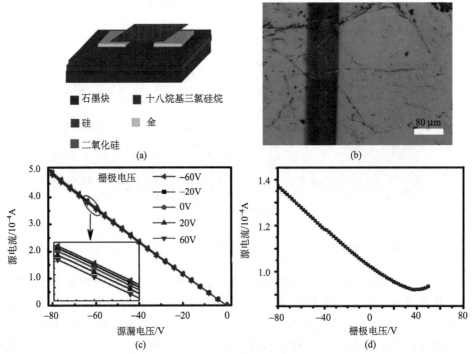

图 6-6 (a) 石墨炔晶体管的示意图；(b) 石墨炔 FET 器件的光学显微镜照片；(c) 器件的输出性能测试；(d) 器件对应的转移曲线[7]

基于石墨炔材料优异的半导体性能,通过其与其他半导体材料复合构造异质结可以实现新型光电器件。最近,通过自组装技术制备基于石墨炔与 ZnO 纳米粒子的杂化纳米薄膜,发现其可用来实现高性能的紫外光探测器件,这主要是由于石墨炔与 ZnO 纳米粒子之间形成的异质结能够极大地改善载流子的交换过程,显著提高光响应[8]。如图 6-7 所示,对于单纯的 ZnO 纳米颗粒,通常人们认为吸附在 ZnO 表面的氧气分子能够俘获自由电子从而造成表面附近低电导特性的损耗层。在紫外光照下,光生电子进入 ZnO 表面然后释放带负电荷的氧离子。由于光生电子增加了 ZnO 纳米颗粒的导电性,所以才产生光电流。在关掉紫外光后,氧分子重新吸附在 ZnO 纳米颗粒的表面,形成损耗层导致低的暗电流。然而,氧吸脱附的过程非常慢,不可避免导致器件的上升时间和衰减时间很长,不利于器件的实际应用。而对于石墨炔与 ZnO 纳米颗粒的复合,界面处自发形成的 p-n 异质结构扩大了 ZnO 表面的损耗区域,导致暗电流的降低。在紫外光照下,光生空穴漂移到石墨炔纳米颗粒并束缚在其中,并不形成连续的载流子传输,有效降低了载流子的复合,因此延长了电子寿命,导致更多的光生电子能够被电极收集。在

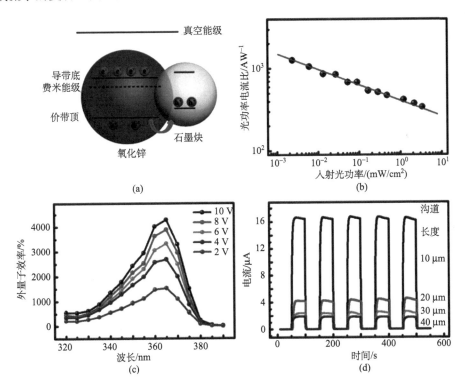

图 6-7　(a) ZnO 纳米颗粒与石墨炔纳米颗粒复合的异质薄膜能级示意图,其中空穴由 ZnO 传输至石墨炔纳米颗粒;(b) R 与光照强度之间的关系;(c) 不同偏压下的外量子效率 (EQE) 谱;(d) 器件在不同沟道长度下的开关转换特征[8]

关掉紫外光后，石墨炔/ZnO 异质结耗尽层形成，电流回到暗电流状态。由于降低或增加 p-n 结耗尽层宽度是随着光照开关响应非常迅速的过程，所以光电流上升和衰减时间也相应很短。从图 6-7 中可以看出，光功率相应电流比 $R = (I_{light} - I_{dark}) / P_{ill}$（其中 I_{light} 代表光电流，I_{dark} 代表暗电流，P_{ill} 则代表有效面积上的光辐照功率）在较低激发功率（$2.4\ \mu W/cm^2$）下就高达 1260 A/W，远大于只采用纯 ZnO 纳米颗粒的情况（174 A/W）。此外，不同偏压下的外量子效率谱表明复合薄膜的光响应特点与纯 ZnO 纳米颗粒非常接近。另外，石墨炔/ZnO 复合薄膜的开关转换特性也明显依赖于器件沟道长度。较长的沟道长度延长了载流子从一个电极到另一个电极因而降低了光电流。据此，可以相信随着微加工工艺的优化，在该体系中通过进一步缩短沟道长度至 10 μm 以下，必将实现光电性能的显著提高。同时，该研究为石墨炔未来在光电子领域的各种应用也提供了新思路，获得基于石墨炔材料的新型电子器件。

近年来，随着信息技术的不断发展，以及材料合成工艺的提高，低维碳材料在自旋电子学方面的应用也逐渐受到人们的重视，特别是碳材料具有的自旋扩散长度较长，自旋-轨道耦合作用较弱等特点，在新一代自旋电子学器件中表现出了诱人的应用前景。众所周知，组成石墨烯、碳纳米管、石墨等碳材料的碳原子共含有六个核外电子，其中三个电子的自旋向上，三个电子的自旋向下，所以原子的总磁矩为零，碳材料不表现出本征磁性。然而，在以石墨烯为代表的二维碳材料研究中，人们发现通过异原子掺杂、缺陷引入、特殊的边缘态（如 zigzag 边缘态）、过渡金属元素掺杂等手段，可以在该类材料中引入局域磁矩实现明显的顺磁性乃至铁磁性。另外，石墨烯、石墨炔等二维碳材料还具有载流子迁移率高、载流子浓度与带隙可调等特点，在纳米尺度的自旋电子学器件，如磁性随机存储器、硬盘磁头等应用方面，表现出了极大的应用潜力。

尽管人们对于石墨烯中铁磁性的引入开展了大量的研究工作，但对于石墨炔这种本征二维碳素半导体材料，无论是对于其本征磁性的研究，还是铁磁性引入的研究，目前仍处在起步阶段。与石墨烯相比，正因为石墨炔材料在保持极佳的电荷传输特性的同时，可以很容易地通过合成优化及掺杂等手段实现半导体能带的调控，同时有望实现局域磁矩的引入，因此对石墨炔磁性的研究也正在成为二维磁性碳材料研究领域中的热点之一。目前，国内多个研究小组通过变温磁测量手段，在实验上均发现纯石墨炔样品的磁性质表现为顺磁性特点，并且退火后处理可以有效调控磁性的变化。例如，在氩气保护环境中，通过改变退火温度，在 600℃ 的温度下热处理，可以在顺磁的基础上引入反铁磁有序，这是因为在热处理后，羟基基团之间产生了 1.73 eV 的势垒，阻碍了羟基基团从石墨炔苯环到炔链的迁移，阻止了羟基基团的聚集从而导致局域自旋之间的反铁磁有序。另外，考虑到异原子掺杂等化学修饰方法在过去也成功地被应用于石墨烯等二维材料中的铁磁有序的引入,人们目前也正在开展异原子掺杂石墨炔材料中的磁性研究。近期的研究结果表明,在氨气的环境下退火处理,引入 5%含量的 N 原子即可显著提高石墨炔饱和磁矩至两倍以上,如图 6-8 所示[9]。与石墨烯相比,纯石墨炔的单位质量本征顺磁磁矩也明显地高于石墨烯样品。石墨炔中的显著顺磁特征可能主要来源于三个方面:一是石墨炔炔链中的 sp 杂化碳引入局域磁矩,二是片状堆积样品中的 zigzag 边缘态引入的局域自旋,三是样品的炔链上存在的羟基基团也可能导致局域磁矩的存在。而在引入 N 原子掺杂后,由于 N 原子的核外电子数更多,且 C-N 成键后会有多余 C 原子吸附在石墨炔上,多余的电子以较大的概率占据在苯环上的 sp^2 轨道中的自旋极化率高的 p_z 轨道上,从而导致局域磁矩增加。虽然目前尚未实现铁磁有序,但相关研究结果仍然表明异原子掺杂手段能够很好地提高石墨炔材料中的局域磁矩,相信随着掺杂调控研究的深入开展,基于异原子掺杂方法实现半导体输运性质与铁磁性共存的石墨炔材料有望取得新的进展。

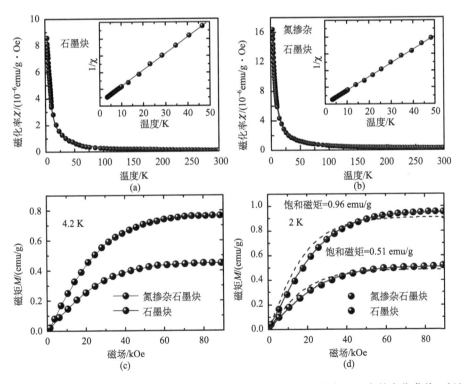

图 6-8　(a)、(b)分别为纯石墨炔材料、氮掺杂石墨炔材料的磁化率随温度的变化曲线,插图为低温下磁化率的顺磁拟合;(c)石墨炔、氮掺杂石墨炔在 4.2 K 温度下的磁化曲线;(d)石墨炔、氮掺杂石墨炔在 2 K 温度下的磁化曲线,其中,实线与虚线分别对应总角动量量子数为 1/2、1 的布里渊函数拟合[9]

此外，对于具有特殊碳原子网格结构的二维石墨炔材料，理论研究表明还有一种方法可以在该材料中引入较强的铁磁性甚至是室温铁磁性，即通过单个过渡金属原子的掺杂或吸附实现铁磁石墨炔。理论计算表明，Fe、Co、Ni 等过渡金属元素原子在石墨炔的炔链之间可以通过与相邻两条炔链上的 sp 杂化碳成键而形成稳定的结构，并且该过渡金属-石墨炔异质体系对于过渡金属的 3d 轨道库仑能量较为敏感，过渡原子的吸附不仅能够调节石墨炔体系的电子结构，而且能在石墨炔中引入优异的磁性质，实现自旋极化的半导体。这种调制既可能通过过渡金属吸附原子与石墨炔片层之间的电荷转移实现，也可能通过过渡金属原子间的 s、p、d 轨道的电子重新分配实现[10]。

为了进一步揭示石墨炔材料体系在自旋电子学器件中的应用潜力，理论工作者们利用第一性原理量子传输计算的方法，对具有不同磁结构的 zigzag 型石墨炔纳米带的电学和输运性质进行了研究。对于不同基态的 zigzag 型石墨炔纳米带，计算结果表明在非磁性态由于费米面的交叉是金属性的，其在铁磁态下仍为金属性但存在明显的自旋翻转，而在反铁磁态下，其能带结构打开一个微小的带隙而呈现半导体特征，并且不伴随自旋极化。这三种状态下的能量计算结果表明，反铁磁态的能量最低而铁磁态的能量最高，也就是说 zigzag 型石墨炔纳米带的基态是反铁磁态。在此基础上，通过自旋输运计算获得的不同基态及电极构型下的石墨炔纳米带的自旋传输特征如图 6-9 所示，其中图 6-9(a) 中的插图示意的是两电极构型下的石墨炔器件结构[11]。当整个器件处于极化态时，对于铁磁态 [图 6-9(a)]，*I-V* 曲线表现出显著的金属性传输特征并且电流随着偏压的增大而增加，此时，自旋向上和自旋向下的电流之间出现了自旋翻转，尽管在这种情况下由于有效磁矩较小导致自旋极化率较低；对于反铁磁态 [图 6-9(b)]，*I-V* 曲线则由于带隙的存在而出现一定的阈值电压，并且自旋极化相反的电流几乎重合而未出现自旋翻转效应。另外，当对应器件中间位置的散射区域为非磁性，而假定两个电极位置处的磁构型为自旋平行 [图 6-9(c)] 或反平行 [图 6-9(d)] 的情况下，计算结果表明自旋反平行构型下，自旋向上与自旋向下的电流表现出明显的自旋极化特征，如图 6-9(d) 中的插图所示，并且在低偏压下自旋极化值相对较大，也就是说，对于电极自旋反平行的构型，zigzag 型石墨炔纳米带可以被用来设计适用于低偏压的双重自旋过滤器或双重自旋二极管。可以预测，无论通过何种调控手段实现铁磁性与半导体输运特性的共存，都必将会对石墨炔在自旋电子学这一相对年轻的研究领域中的发展及应用奠定良好的基础。

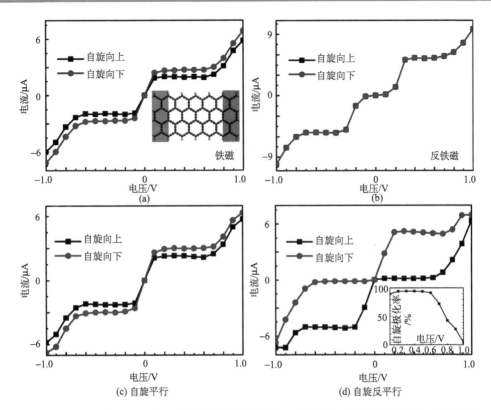

图 6-9 (a)、(b) 锯齿形边缘态石墨炔纳米带在铁磁态及反铁磁态下的自旋依赖的 *I-V* 曲线；(c)、(d) 电极自旋平行与反平行排列情况下石墨炔纳米带的 *I-V* 曲线，插图所示的为在电极自旋反平行排列构型下，随偏压变化的自旋极化[11]

6.1.4 光探测器

1. 光探测器简介

光探测器可以检测出入射到其面上的光功率，并把这个光功率的变化转化为相应的电流。其工作原理即是光信号转换为电信号的过程。对于半导体材料，当一束光子能量大于半导体的带隙时，半导体导带中的电子就会被激发成为光生载流子，载流子浓度的增加会导致探测器的电导率增大，在外电路偏压的作用下，自由电子定向移动产生了电流，从而以电信号的形式被检测到。由于光信号在光纤中有损耗和失真所以对光探测器的性能要求很高。其中最重要的要求是在所用的光源波长范围内有较高的灵敏度、较小的噪声，响应速度快，以适应速率传输。光探测器一般要满足以下要求：在系统工作要求的波长区域范围内，有高的量子效率、响应速度快、具有好的线性输入-输出性质、在通常条件下能可靠地工作。

因此，光探测器与太阳能电池一样，都是将光信号转化为电信号的器件装置，目前主要的研究目标是开发新型材料，并采用廉价技术加工具有高性能的器件。此外，光探测器与太阳能电池一样也面临着器件稳定性的问题。根据探测波段不同，光探测器可以分为紫外光探测器、可见光探测器及近红外光探测器。本节将重点介绍石墨炔在紫外光探测器中的应用[12,13]。

2. 石墨炔在紫外光探测器中的应用

紫外光探测器具有结构简单、制备成本低廉、可在室温下运行等特点，从而显示出其在商业及军事方面的广泛应用价值。氧化锌是一种环境友好且易于制备的半导体材料，室温下其带宽是 3.2 eV。目前，研究工作者们致力于提高基于氧化锌薄膜的光探测器的灵敏度。实验证明通过增大氧化锌材料的界面损耗是一个非常有效的制备方案。长期以来，氧化锌纳米结构常被用于制备光探测器器件。ZnO 纳米颗粒具有极大的比表面积，从而使得大量氧分子可以吸附在上面，从而导致形成大面积的低电导率缺损层。然而，氧气的吸附和解吸附过程较慢从而导致较长的上升和衰减时间。Adelung 等的实验结果显示了通过精细控制 ZnO 纳米线的生长并将其规则排列，器件的开关电流能通同过互相贯穿的两根纳米线边界所产生的电压势垒所控制从而有效提高器件响应和恢复时间。此外，通过对 ZnO 表面进行修饰制备纳米复合物也是一种提高紫外光探测器器件性能的有效方法。目前，已有通过其他无机材料如硫化锌(ZnS)、二氧化锡(SnO$_2$)，有机材料如聚乙烯醇，碳基材料如石墨烯、碳纳米管、碳纳米量子点，金属材料如金纳米粒子对氧化锌 ZnO 进行包附或表面修饰[14]。

2016 年，Jin 等首次将石墨炔用于光探测器领域[8]。基于石墨炔氧化锌纳米复合物的光探测器展现出优异的器件性能，其灵敏度达到 1260 A/W，上升时间为 6.1 S，衰减时间为 2.1 S，明显高于 ZnO 参比器件的性能，并与其他 ZnO 碳基复合材料性能相当。具体制备方法及器件性能如图 6-10 所示，将石墨炔纳米粒子加入有丙胺分子修饰的氧化锌纳米粒子分散体系中，继而通过静电相互作用使其在氧化锌纳米粒子表面进行组装，最终形成石墨炔、氧化锌纳米复合物。在实验中，共有四种结构的活性层结构用于光探测器件。包括氧化锌单层结构(仅包含 100 nm 的氧化锌纳米粒子)、氧化锌石墨炔双层结构(一层超薄的石墨炔纳米粒子层覆盖于 100 nm 厚的氧化锌纳米粒子层之上)、氧化锌石墨炔单层共混结构(一层 100 nm 厚的氧化锌石墨炔纳米复合物层)、氧化锌石墨炔双层共混结构(50 nm 后的氧化锌石墨炔纳米复合物层位于 50 nm 后的氧化锌纳米粒子层之上)。上述四种活性层结构分别用 ZnO 型探测器、GD/ZnO bilayer 型探测器、GD:ZnO 型探测器和 GD:ZnO/ZnO bilayer 型探测器表示。作为参比器件，ZnO 型探测器展现出的上升时间和衰减时间分别为 32.1 s 和 28.7 s。与之相比，GD/ZnO bilayer 型探测器不但具有较低的上升和衰减时间(分别为 18.3 s 和 10.4 s)，而且展现出较低的暗电流和较高的光电流响应。因为两者器件结构的差异仅为是否存在石墨炔纳米粒子层，所以实验结果表明了石墨炔的引入有助于提升探测器器件性能。进一步的，活性层为 GD:ZnO 型和 GD:ZnO/ZnO bilayer 型的光探测器均展现出比 ZnO 探测器更快的信号响应以及光开关比，并具有更快的上升和衰减时间(分别为 6.1 s 和 2.1 s)。与 ZnO 型探测器相比，GD:Zn 型探测器展现出较低的暗电流和光电流响应。这主要是因为其具有较低的电子迁移率。与 GD:ZnO 型探测器相比，GD:ZnO/ZnO bilayer 型光探测器具有较低的暗电流和显著升高的光电流响应，这主要归结于光电流主要在具有高迁移率的 ZnO 层传输。上述四种结构的器件在 10V 的偏压下均展现出可重复性的开关性能，这证明器件具有更好的稳定性能。

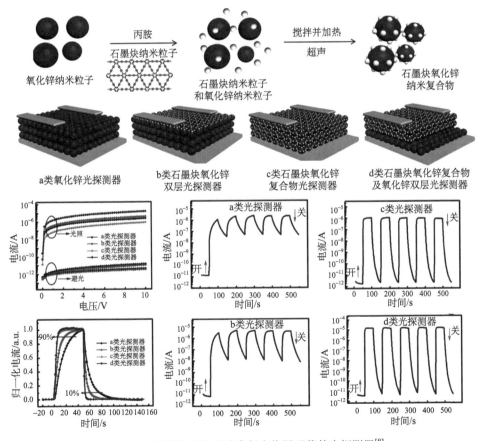

图 6-10　石墨炔氧化锌纳米复合物用于紫外光探测器[8]

3. 石墨炔在光探测器中的应用前景展望

本节内容主要介绍了石墨炔材料在紫外光探测器中的应用。由于石墨炔本身特殊的共轭结构以及优异的输运性能，以石墨炔纳米粒子与氧化锌复合物的紫外光探测器展现出优异的器件性能。同时由于石墨炔本身的光化学反应惰性，使得其在光探测器领域展现出极好的应用前景。例如，通过高温或化学掺杂修饰的方法，对石墨炔材料本身的结构进行系统优化，并与无机化合物相复合，将有望获得适合不同波段检测的光探测器器件的石墨炔类材料。再如，通过对器件活性层形貌的改善以及对器件结构的改进，将有助于进一步提高器件的各方面性能。虽然目前文献报道的该方面的工作还不是很多，但通过材料结构和器件工艺的不断改善，石墨炔在光探测器领域将能更加充分地发挥出其结构性能优势。

6.2   能源转化和存储

6.2.1   太阳能电池

伴随着人类社会经济的快速发展，石油、煤等化石能源的不断消耗以及环境污染的日趋严重，人们不得不寻找可以大规模应用的可再生能源。太阳能作为解决能源紧缺的重要潜在手段，由于其具有取之不尽、用之不竭、无污染、不受地域条件限制、应用范围较广等优点，被认为是 21 世纪最重要的新能源之一。早期的研究工作主要围绕无机半导体材料的开发利用，这些材料包括单晶硅、多晶硅，以及多元复合半导体材料，如硫化镉、碲化镉、铜铟镓锡等。这一类电池的优点是能量转换效率较高，然而无机太阳能电池对材料纯度要求高，成本昂贵，且生产过程对环境有一定的污染问题。相对于传统无机太阳能电池，新一代太阳能电池体系包括钙钛矿电池、染料敏化太阳能电池、量子点太阳能电池、有机薄膜太阳能电池等[15]。上述太阳能电池器件各有特点，其中染料敏化太阳能电池和有机薄膜太阳能电池是发展较早的两类电池。其中有机薄膜太阳能电池具有非常优异的成膜加工性能，可以通过旋涂、丝网印刷、喷墨打印等方式，制成大面积、轻质、柔性器件，从而彰显出其独特的魅力，近年来，有机薄膜太阳能电池取得了极大的发展，文献报道的光电转换效率已高于 12%[3]；再如近年来兴起的钙钛矿太阳能电池和量子点太阳能电池具有制备工艺简单、光吸收性能好的特点。基于钙钛矿优越的电子和空穴传输特性，该类材料不但可胜任多种类型的电池结构，并且能量转化效率快速提高。自 2012 年，首次报道的全固态钙钛矿电池的光电效率为 9.7%，在短短的数年时间内，通过对钙钛矿电池器件载流子传输和复合的深入研究和进一步优化，到现在为止多篇文献报道的该类电池的能量转化效率已经超过 20%[16]。

目前提高新一代光伏器件的主要手段是通过化学裁剪和结构优化来满足活性层材料对于激子产生、扩散、分离、电荷传输以及电荷的电极收集方面的要求。此外，光伏器件活性层与电极功函数不匹配以及器件各层之间存在的界面缺陷等问题，也是制约器件性能进一步提高的一个重要因素。因此开发高性能的界面层及活性层材料是目前提高光伏器件性能的重要手段。

在光伏器件界面层材料方面，由于新一代太阳能电池在活性层组成上具有结构多样性，而且其形貌可调控性强，因此理想的界面层材料需要具有能够通过改变化学结构系统调节光电性能的特点。此外，考虑到大规模商业制备方面的要求，可大面积制备、合成工艺简单也是目前选择界面层材料时需要考虑的重要因素。近年来人们在该类材料的制备方面做了很多努力，例如，通过蒸镀方式生长界面层来优化电极接触，提高器件载流子的收集能力。该方法制备的材料虽具有很高的规整性，能有效改善界面接触，进而提高器件性能，但由于要采用蒸镀工艺，其势必在未来大规模商业生产中受到制约。此外，通过简单溶液法制备界面层材料也受到人们的广泛关注，并取得了很多优异的结果。例如，研究表明聚电解质类材料可以有效优化器件的界面接触，使得以窄带隙聚合物为活性层给体材料制备的薄膜太阳能电池器件效率显著提高。此外，多种醇/水溶性的富勒烯衍生物，有机分子修饰的无机半导体材料，以及可以用溶液法制备的金属氧化物材料亦被应用于器件的界面层中。研究结果表明，界面层材料结构性能的系统调控及优化对于进一步提高该类电池器件的性能起着非常重要的作用。寻找一类结构性能可系统调控、制备工艺简单、廉价，并且环境友好的界面层材料是新一代薄膜太阳能电池进一步大规模商业应用所面临的一个重要挑战[17]。

在光伏器件活性层方面，用作活性层的材料对太阳光的吸收性能较弱是限制其光伏性能的主要因素，然而薄膜厚度的增加虽然能够提高材料的光学吸收性能，却会极大地影响电荷的传输和收集效率。因此，如何在有限薄膜厚度内增加其光学吸收性能是目前国际上的研究热点。此外通过引入大共轭基团以提高活性层分离电荷的传输效率，也是目前研究中努力探索的一个研究方向[18]。

本节内容将重点介绍石墨炔材料在新一代光伏器件界面层及活性层中的应用现状。

1. 石墨炔在钙钛矿太阳能电池中的应用

近期，含有有机铅卤钙钛矿结构的薄膜太阳能电池由于展现出极高的能量转化效率而备受人们的关注。此外，该类电池还具有制备工艺简单、廉价的特点。在器件结构上，该类电池通常制备于覆盖金属氧化物（如氟代氧化锡、氧化铟锡）的透明玻璃电极上。例如，在该电极之上生长一层致密的 TiO_2 薄膜后，继而在之上旋涂一层包含金属氧化物支架结构的钙钛矿活性层材料，然后在活性层上先后覆盖空穴传输层和金属电极。通常选用的空穴传输层具有抑制光生载流子复合以及加速空穴传输的作用。早在 2012 年，Kim 等[19]采用甲胺铅碘($CH_3NH_3PbI_3$)为吸光层，以 TiO_2 和具有螺环结构的化合物(spiro-OMeTAD)分别作为电子和空穴传输材料，制备了钙钛矿太阳电池，虽然当时工艺限制，其能量转化效率仅为 9.7%，但实验结果也证明了界面传输层在光伏器件中的作用。几乎同时，牛津大学的 H. J. Snaith 教授采用 $CH_3NH_3PbI_2Cl$ 型钙钛矿活性层，以 TiO_2/Al_2O_3 和 spiro-OMeTAD 分别作为电子和空穴传输材料，器件的转换效率也是达到了 10.9%[20]。随着器件工艺的不断进步，基于该螺环化合物的钙钛矿电池的能量转化效率不断升高[10]。然而，螺环有机化合物的使用受限于其烦琐的制备工艺和昂贵的制备成本，并且通常还需要对其进行 p 型掺杂以提高器件性能，这样就又额外提高了器件的制备成本。此外，研究表明以该类化合物为空穴传输层的器件稳定性也有待提高。因此，开发具有低成本、简单制备工艺的高性能空穴传输层材料成为提高钙钛矿电池器件能量转化效率和稳定性的关键技术瓶颈。到目前为止，多种空穴传输层的材料先后被用于钙钛矿电池器件中。包括无机半导体材料如碘化亚铜(CuI)、硫氰化亚铜(CuSCN)、氧化镍(NiO)等；共轭有机高分子化合物如聚 3-己基噻吩(P3HT)、聚 3-芳基胺(PTAA)；有机小分子空穴传输层如氮氮二甲氧基苯胺取代芘类化合物等。其中 P3HT 是一种常用的用于有机薄膜太阳能电池给体的聚合物类材料，具有良好的空穴传输性能。文献报道经过锂盐和吡啶掺杂后，以其为空穴传输层的钙钛矿太阳能电池能量转化效率可以达到 15.3%。然而这两种掺杂物向钙钛矿活性层的缓慢扩散都会对产生的光生激子有猝灭作用，从而影响器件的效率和稳定性。因此，寻找一种合适的掺杂材料或者添加剂用以控制 P3HT 形貌，并实现激子的有效链间跃迁，对于提高钙钛矿电池的效率和稳定性是至关重要的。

石墨炔作为一种新的碳的同素异形体，由其构成的材料具有高的共轭二维纳米结构，并且同时含有 sp^2 和 sp 两种杂化形式的碳，其具有合适的分子能级。不同于石墨烯，石墨炔具有的刚性纳米网格结构，并在其上平均分布着规整的分子孔径。特别需要强调的是，其可以和共轭聚合物有效分散，形成大面积的界面接触，从而有利于提供更多的电荷传输通道并提高器件层间激子的传输性能。此外，二维半导体石墨炔是由 1,3-二炔键将苯环共轭连接形成二维平面网络结构的全碳分子，具有丰富的碳化学键、大的共轭体系、宽面间距、优良的稳定性和半导体性能，因此能长期维持器件的稳定性[21]。基于上述结构性能特点，石墨炔类材料在光电器件方面具有潜在的应用价值。在早期的理论计算工作中，Malko 等[22]预测了石墨炔具有诸多超越石墨烯的电子性质，因此非常有潜力用作具有高载流子迁移率的材料。此外在前期的研究中，发现厚度为 15 nm 的石墨炔薄膜的迁移率可达到 $100\sim500$ $cm^2/(V\cdot s)$，石墨炔纳米线的导电率高达 1.9×10^3 S/m，迁移率

为 7.1×10^2 cm^2/(V·s)，这些数据证明石墨炔是典型的本征半导体，是有望大幅提高钙钛矿电池稳定性和综合性能的一类新型碳基材料。

2015 年，Xiao 等[23]首次成功将石墨炔与导电聚合物 P3HT 在溶剂中混合后并旋涂成膜，作为钙钛矿电池的空穴传输层材料(图 6-11)。在混合薄膜中，石墨炔与 P3HT 会产生很强的 π-π 堆积相互作用，有利于空穴的传输和电池性能的改善。这一论断在实验中得到了充分证实，微区拉曼光谱显示在 P3HT/石墨炔的复合薄膜中，石墨炔 sp^2 碳的 G 带峰位置发生了蓝移，而双炔特征峰的位置发生了红移。紫外光电子能谱测试结果表明，不同石墨炔掺杂量对复合膜的 HOMO 能级的影响，即石墨炔加入量越多，混合薄膜的 HOMO 能级就越低。这就表明石墨炔对于主体 P3HT 的净效果是来自于双炔键的吸电子作用，而这种作用有助于提高 P3HT 中载流子浓度，使得钙钛矿与 P3HT 之间的空穴转移更顺畅。这对于体空穴传输性能的提高，从而进一步提高器件性能是极为有利的。此外，分散在 P3HT 薄膜中的石墨炔纳米颗粒展现出良好的散射性能，并显著提高了器件的在长波长范围的光收集性能。时间分辨荧光光谱显示相比于 P3HT 聚合物薄膜，石墨炔与

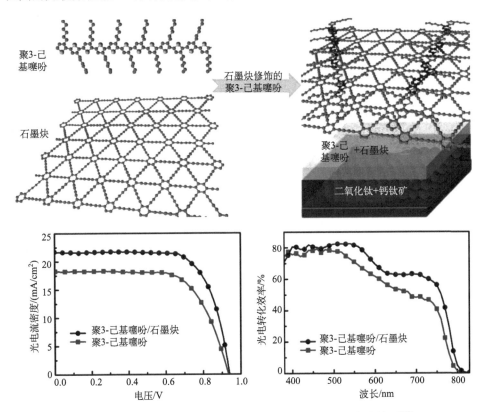

图 6-11　P3HT/石墨炔复合膜作为钙钛矿太阳能电池空穴传输层[23]

P3HT 的复合薄膜能够加快空穴的分离和传输特性。在同样的实验条件下，以石墨炔/P3HT 复合物为空穴传输层的太阳能电池展现出优于以 P3HT 为空穴传输层的器件的性能，其能量转化效率可以达到 14.58%。在该报道中还对石墨炔掺杂对薄膜稳定性影响进行了探讨。石墨炔本身与钙钛矿材料之间的化学反应惰性，导致制备电池器件的稳定性显著提高，实验结果显示保存 4 个月后电池效率仍然为初始效率的 90%以上。这一研究工作展示了石墨炔材料在太阳能领域潜在的应用前景。

在钙钛矿电池器件中，随着光生载流子的产生，是否能将其有效分离的一个重要影响因素是活性层与两侧的正负电极之间的界面接触情况。因此，在钙钛矿器件中，除了需要具有如上述工作中提到的高性能的空穴传输层以外，能够快速分离并传递电子的电子传输层材料也必不可少。众所周知，与空穴相比，电子的有效传输距离要短，这就对电子传输层的性能有更高的要求。2014 年，Zhou 等[24]通过电子传输层的界面工程，制备了能量转化效率为 19.3%的钙钛矿器件，同时也证明了电子传输层性能的提高对于改善钙钛矿电池器件性能的重要性。n 型的有机小分子如苯基－C_{61}－丁酸甲酯(PCBM)；金属氧化物如 ZnO、TiO_2 等材料也先后被用于该类电池电子传输层。此外，PCBM 还被应用于具有 P-I-N 结构的器件。然而，PCBM 具有如活性层表面覆盖率低、电流渗漏以及激子界面复合等缺点，这导致单独使用很难达到较高的光伏性能。因此，人们常对用于界面层的PCBM 材料进行掺杂或结构修饰，以获得高光电流响应，高覆盖率的高性能钙钛矿太阳能电池。另外，碳基材料包括石墨炔、石墨烯、氧化石墨烯、单壁碳纳米管都具有良好的光物理及光电性能，是理想的可用于电子传输层材料。例如，Habisreutinger 等[25]将石墨烯纳米附和物和碳纳米管作为电子传输层用于钙钛矿电池器件。

2015 年，Kuang 等[26]将石墨炔与 PCBM 的复合物薄膜首次应用于钙钛矿电池电子传输层(图 6-12)。与以 PCBM 为界面层的参比电池相比较，短路电流由22.3 mA/cm^2 提高到 23.4 mA/cm^2。能量转化效率由 13.5%提高到 14.8%。电流的提升主要来自于短路电流的提高，显示了石墨炔掺杂的 PCBM 电子传输层在改善界面接触，提高电子传输速率方面有显著的作用。实验表明，对 PCBM 掺杂石墨炔不仅提高了器件电导率、电子迁移率及界面层电荷分离能力，而且还使得电子传输层对钙钛矿活性层的覆盖率有明显的提高，从而改善活性层和金属电极间的界面接触。

2. 石墨炔在染料敏化太阳能电池中的应用

太阳能是可以持续利用的清洁能源。虽然传统的硅基太阳能电池具有高的光电转化效率，但由于其制作成本较高，在一定程度上限制了它的大规模应用。从

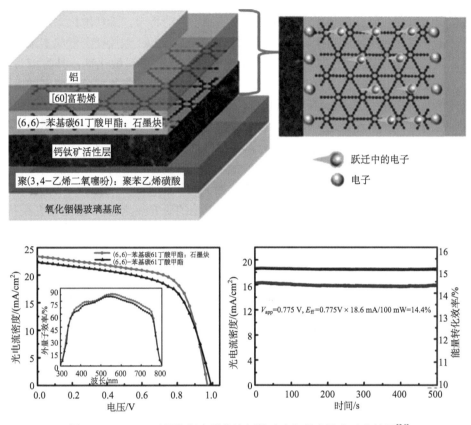

图 6-12　PCBM/石墨炔复合膜作为钙钛矿太阳能电池电子传输层[26]

广义上讲，新一代敏化太阳能电池包括染料敏化太阳能电池（DSC）和量子点敏化太阳能电池（QDSC），由于其制备工艺简单、成本低、理论转换效率较高，引起了科研工作者的广泛关注。其中染料敏化太阳电池主要是模仿光合作用原理，研制出来的一种新型太阳能电池。以低成本的纳米二氧化钛和光敏染料为主要原料，模拟自然界中植物利用太阳能进行光合作用，将太阳能转化为电能。与传统的太阳电池相比，染料敏化太阳能电池具有以下许多优势，包括寿命长、结构简单、易于制造、生产工艺简单、易于大规模工业化生产、制备电池耗能较少、能源回收周期短、生产成本较低，以及生产过程中无毒无污染等。经过短短十几年时间，染料敏化太阳能电池研究在染料、电极、电解质等各方面取得了很大进展。同时在高效率、稳定性、耐久性等方面还有很大的发展空间。但真正使之走向产业化，服务于人类，还需要全世界各国科研工作者的共同努力。此外，这一新型太阳能电池有着比硅电池更为广泛的用途，如可用塑料或金属薄板使之轻量化、薄膜化；可使用各种色彩鲜艳的染料使之多彩化；另外，还可设计成各种形状的太阳能电池使之多样化。总之染料敏化太阳能电池有着十分广阔的产业化前景，是具有相当广阔的应用前景的新型太阳能电池。相信在不久的将来，染料敏化太阳能电池将会走进我们的生活。自 1991 年瑞士联邦高工的 Grätzel 教授提出低成本染料敏化太阳能电池以来，金属钌基有机分子是人们首选的染料敏化剂，具有能带与 TiO_2 匹配、禁带宽度合适等特点，用它来修饰 TiO_2 电极通常能够获得较高的太阳能转换效率。其中以 N3、N719 和 N749 等金属钌基染料为代表的染料敏化太阳能电池的电池效率已经达到 11%。然而钌作为一种稀有金属元素，在自然界中的含量极为稀少。为了避免使用贵重金属钌和可持续性发展的需要，人们把研究重点转向各种非金属的有机合成染料。在非金属的有机合成染料中，苝系衍生物分子具有较高的稳定性和强的光捕获能力，受到极大的关注。近年来，研究电子-空穴如何有效分离传输是量子点敏化太阳能电池的研究热点之一。通过研究染料-量子点杂化之后的光致电荷转移发现，电荷转移速度比单个量子点的电荷转移快，证明染料的存在能有效提高光电器件的能量效率，这些杂化体系如 CdSe-多联吡啶络合物染料、CdS-罗丹明 B 染料、CdSe-二联吡啶络合物染料和 CdSe-苝系染料。这些工作的重要贡献是将具有电子给体(donor)-共轭 π 体系-电子受体(acceptor)，即 D-π-A 结构的染料分子体系能够在光诱导下产生电荷分离态，为提高电子转移速率和抑制复合反应开辟了一条新的途径[27]。

一个典型的染料敏化电池器件由敏化电极、电解液以及对电极构成。其中对电极在染料敏化电池中起到非常重要的作用，主要用于催化电解液中进行的氧化还原反应。通常选用的对电极为金属铂，因为它具有高电导率、优良的催化反应活性，以及在电化学反应中的抗腐蚀性。然而，由于铂属于稀有金属，在地壳中的储量极低，从而极大限制了其在染料敏化太阳能电池中的大规模应用。为此，科学工作者付出了极大的努力用于研制开发金属铂的替代物。其中一个可行的办法是使用碳基材料。碳基材料通常具有良好的电导率，以及非常大的比表面积，这些特点有利于该类材料用于染料敏化太阳能电池。然而，碳基材料的催化活性位点多位于材料中的缺陷和边缘，这使得其催化活性通常不是很高。因此，需要开发一种新型的碳基材料来满足对电极的要求。2015 年，Ren 等[28]采用将石墨炔纳米片与铂纳米粒子复合的方法，制备了基于两者的复合材料，并显现出了电解液中进行的氧化还原反应非常突出的催化活性。与其他碳材料体系如还原氧化石墨烯/铂纳米颗粒复合物、铂纳米颗粒和铂箔相比，石墨炔纳米片与金属铂纳米粒子复合物的催化活性有显著提高。这主要归结于铂和石墨炔的三键更容易发生化学反应，导致它们形成独特的 "p-n" 结的结构，从而有效改善了体系的催化活性，并具备了优秀的电子传输能力。最终结果显示，对比于纳米颗粒和还原氧化石墨烯/铂纳米颗粒复合物，利用石墨炔片/铂纳米颗粒复合物作为对电极的染料敏化太阳能电池能量转化效率具有极大的提高。如图 6-13 所示，理论计算及拉曼光谱实验结果均表明铂纳米粒子与石墨炔纳米片形成了稳定的化学键，从而有助于提高材料的电子传输能力和催化性能。在器件制备过程中，基于不同形貌的石墨炔铂复合电极的染料敏化太阳能电池器件展现出不同的光伏信号响应，主要归结于不同形貌石墨炔电导率和比表面积的差异。最终，通过优化器件制备条件，获得了能量转化效率为 6.35% 的染料敏化太阳能电池器件。

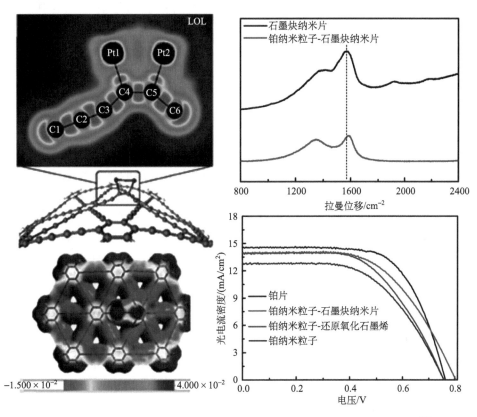

图 6-13　石墨炔纳米片/铂纳米粒子复合物用于染料敏化太阳能电池对电极[28]

3. 石墨炔在量子点太阳能电池中的应用

半导体量子点是一种典型的小量子体系，一般由少量的原子构成，可以看作一类半导体纳米超微粒，是一种准零维的纳米材料。由于量子点三个维度的尺寸一般都在几十纳米之间，其内部电子在各方向上的运动都有一定局限性，因而表现出不同于半导体体相材料的特性，其中与太阳能电池联系紧密的是量子尺寸效应、表面效应、多激子产生效应等。量子点太阳能电池，是一类新型太阳能光伏电池。与其他吸光材料相比，量子点具有独特的优势。例如，仅通过简单改变半导体量子点的大小，就可以达到调节其能级带宽的目的，从而使太阳能电池吸收特定波长的光线。一般来讲，粒径较小的量子点利于吸收短波长的光，反之则利于吸收长波长的光。因此，在太阳能电池活性层薄膜中，由量子点组成的材料具有多激子效应和光学带隙变化等许多优越特性，基于量子点的太阳能电池将为下一代太阳能电池的突破带来新希望。需要强调的是，基于全固态染料敏化太阳能电池的开发思路及量子点材料的特性，在有机/无机杂化薄膜太阳能电池中引入量子点材料对有机无机界面的合理调控，既可以优化杂化薄膜的致密性以提高有机/无机杂化薄膜的接触面积，又可以利用引入的量子点弥补光的吸收。而在这其中如何实现高性能薄膜的制备，是制备高性能器件的关键。除此之外，量子点器件还具有材料成本低、制备工艺简单、空气稳定性好等特点。目前，一类比较完善的高效率器件制备工艺是基于一种"亏损异质结"结构的活性层结构，即将 p 型的量子点和 n 型的二氧化钛（TiO_2）或氧化锌（ZnO）体相半导体复合从而形成内建电场，最终导致电荷空穴分离。另外，与其他类型的薄膜太阳能电池类似，对量子点太阳能电池界面层的修饰也是提高该类电池器件性能的一个关键所在。然而，迄今，可以用于该类器件的界面层材料为数不多。虽然三氧化钼（MO_3）被报道对于提高器件性能有所贡献，但它对水氧的敏感性导致器件稳定性有所下降[29]。

2016 年，Jin 等[30]首次将石墨炔纳米颗粒作为空穴传输层引入量子点太阳能电池中，并有效地提高了器件效率。在该报道中，研究工作者通过超声搅拌分散的方法，得到粒径大小为 3～5 nm 的石墨炔纳米颗粒，并通过光电子能谱、拉曼光谱及红外光谱对石墨炔纳米粒子进行了表征。然后将其置于如图 6-14 所示的量子点光伏器件中作为界面修饰层。器件测试结果表明，该器件短路电流为 22.83 mA/cm^2，开路电压为 0.654 V，填充因子为 72.14%，最终器件能量转化效率可以达到 10.64%，高于不加石墨炔修饰层的参比器件（短路电流为 21.74 mA/cm^2，开路电压为 0.650 V，填充因子为 67.34%，能量转化效率可以达到 9.49%）。通过原子力显微镜和接触角测试进一步对器件的结构进行表征。结果显示石墨炔纳米粒子层的加入，在一定范围内增加了器件的表面粗糙度，使其由参比器件的 3.7 nm 提高到 5.4 nm。需要指出的是，表面粗糙度的增加，虽然可能对活性层的平整度有一定影响，但在另一方面，却改变了活性层的表面能，使得量子点活性层表面的接触角由 72.2°± 3.1°降低到 50.9°±5.3°，从而使活性层与金属电极的界面接触得到改善。另外，石墨炔纳米粒子的引入还增高了活性层的功函数，紫外光电子能谱显示功函数由参比器件活性层的–5.6 eV 提高到–5.5 eV，更加接近与金电极所表现的–5.1 eV 的功函数。进一步的瞬态光谱等光物理测试表明，石墨炔纳米粒子的引入可以有效减少量子点活性层的表面缺陷，并且可以降低激子复合。综上所述，石墨炔纳米粒子界面层的引入，可以有效改善量子点活性层与金属电极的界面接触，加速光生载流子由活性层向电极的传递。实验结果显示石墨炔类材料在量子点电池界面层具有很好的应用前景。

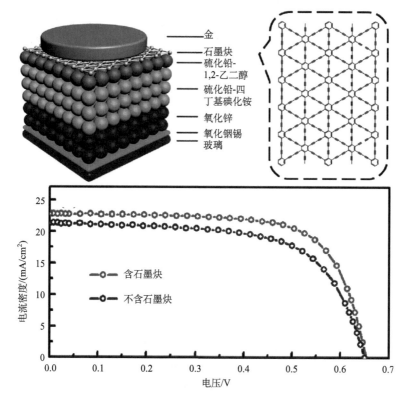

金
石墨炔
硫化铅-
1,2-乙二醇
硫化铅-四
丁基碘化铵
氧化锌
氧化铟锡
玻璃

图 6-14　石墨炔材料用于量子点太阳能电池空穴传输层

4. 石墨炔在有机薄膜太阳能电池中的应用

在能源日益枯竭、环境污染日渐严重的今天，开展将太阳能转换成电能的太阳能电池的研究显得尤为重要。目前基于半导体的光生伏打效应的太阳能电池是利用太阳能最有效的工具之一。在过去的几十年中，传统的无机半导体材料电池发展迅速，但无机太阳能电池存在制作工艺复杂、成本高等缺点，开发价廉物美、环保的新型太阳电池在科学上和产业上都非常有必要。而有机薄膜太阳能电池具有制备工艺简单、成本低、质量轻、柔性、可大面积制备及方便应用等优点，近年来成为人们研究的热点[31]。近年来国内外对于如何获得宽吸收的电子给体材料进行了深入的研究，最具代表性的当属聚 3-己基噻吩 (P3HT)。在过去的近 20 年中，P3HT 在整个体异质结太阳能电池的给体材料领域中有着不可或缺的地位。有序结构的 P3HT 通过不同的处理手段可以获得不同的自组装形貌，从而获得高效率的器件，基于 P3HT/PCBM 的活性层体系成为最为常用的标准器件体系。Du 等[32]将石墨炔掺杂于这一活性层体系 (图 6-15)，系统地研究了不同掺杂量对器件性能的影响[30]。由于石墨炔的高电荷传输能力，以及复合后在活性层可形成高效率的渗滤通路，当石墨炔在活性层的添加质量比达到 2.5%时，能够有效增加器件的短路电流，并且达到 3.53%的能量转化效率。值得一提的是，该能量转化效率比没有添加石墨炔的参比器件提高了 56%。该工作是目前唯一一篇文献报道的将石墨炔材料用于有机薄膜太阳能电池方面的工作。相信随着器件制备工艺的改进以及活性层材料结构的优化，含有石墨炔材料的该类电池的能量转化效率还将有极大的提升空间。

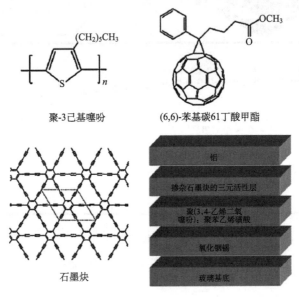

聚-3己基噻吩   (6,6)-苯基碳61丁酸甲酯

石墨炔

铝
掺杂石墨炔的三元活性层
聚(3,4-乙烯二氧噻吩)：聚苯乙烯磺酸
氧化铟锡
玻璃基底

图 6-15　石墨炔材料用于有机薄膜太阳能电池活性层[32]

5. 石墨炔在太阳能电池中的应用前景展望

本节主要介绍了近年来石墨炔类材料在太阳能电池中的应用情况。由于石墨炔优异的化学结构和性能，其在太阳能电池的空穴传输层和电子传输层中都已经发挥出其独特的改善作用。在包括钙钛矿、染料敏化、量子点、有机薄膜等太阳能电池中得到显著的应用效果。这些研究成果均显示出石墨炔材料在能源领域的巨大潜力和应用价值。需要指出的是，在材料制备工艺上，目前的研究主要集中在石墨炔本体材料聚集态形貌的调控以及不同复合掺杂体系的选择，从而达到优化石墨炔或其复合薄膜光电性能的目的。在今后的研究工作中，随着杂原子如氮、硫、卤素的引入，将能更为充分地发挥石墨炔材料富含 sp 碳的结构特点，从而在更大范围内调控石墨炔材料的性能，并有望进一步提高各类光伏器件的性能。通过石墨炔家族成员的不断丰富，石墨炔类材料将在太阳能电池领域更加充分地展现自己的结构性能优势。

6.2.2　气体存储

作为新型的二维碳素材料，石墨炔不仅具有类似石墨烯的大共轭平面，同时在石墨炔的平面内拥有众多均匀的大孔结构，并且，石墨炔具有大量的炔键骨架，致使其具备了与石墨烯相比更佳的性质，如更好的离子穿梭性能，以及更易于进行金属修饰等特性。随着研究的深入，近年来石墨炔在气体存储方面的研究取得了一定的进展。

1. 钙(Ca)原子修饰石墨炔的储氢性能

氢气被认为是能够在将来替代传统化石燃料，解决全球变暖的一种清洁能源，而氢气的高密度储存是将这一梦想变为现实的重要解决途径[33]。为了实现氢气可逆充放顺利应用于汽车能源，需要材料储存氢气的质量存储密度大于 9%，材料束缚氢气分子的结合能为 0.2～0.4 eV[34]。使用修饰的富勒烯如巴基球、碳纳米管或石墨烯[35]是一种很有希望的策略，修饰原子可以是过渡金属(TM)[36-38]、碱金属(AM)[39]或碱土金属(AEM)[40-44]。每个过渡金属或碱土金属原子(如 Ca、Sr)可以结合六个氢分子[40,42,45]，金属原子中空的 d 轨道与氢分子中占据的 s 轨道之间的配位键合作用，使其结合能处于 0.2～0.4 eV。每个金属原子与六个 H_2 分子结合能够提供足够的质量密度，特别是像 Ca 这样的轻金属，而这也使得 Ca 变成了最佳的修饰金属之一[40,41]。尽管如此，找到适合的骨架结构来稳定 Ca 作为单个原子，而不发生团聚是实现高效储氢的主要难题。对于 sp^2 杂化碳组成的富勒烯及石墨烯的装饰，主要依赖于 Ca 原子和碳原子之间相互作用的键合能。这样键合来自于 Ca 原子与富勒烯 π/π^* 轨道的相互作用，其中 Ca 原子将 4s 电子(Ca 原子的 4s 轨道与空 3d 轨道较大程度杂化，因此产生了一些电子的反馈作用)提供给空的 π^* 轨道。然而，由于 π/π^* 轨道垂直于碳环平面，不同 π/π^* 轨道之间没有一个空位能与 Ca 原子完全的洽合，从而与多个 π/π^* 键发生相互作用。因此，Ca 原子与富勒烯的最大键合能(发生在六边形碳环中心上方的一个位置)也相对较小，大约只有 0.9 eV[40-42]，而这一数值明显小于 Ca-Ca 之间的内聚能(1.84 eV)。这使得 Ca 与富勒烯结合不稳定，而 Ca 原子簇更容易形成[46]。将其他物质引入碳纳米管中，可以增强碳与 Ca 原子之间的相互作用，但是这种方式引入的物质的量却十分有限[42]。

Li 等通过理论计算研究发现，石墨炔可以作为稳定 Ca 原子的碳骨架材料[47]。在石墨炔骨架平面上，增加了许多 p_x-p_y 朝向的 π/π^* 轨道，同时由炔键(碳碳三键)构建的环的尺寸大小也更适于稳定 Ca 原子。Ca-石墨炔的键合能是 2.76 eV，这明显高于 Ca-Ca 之间的内聚能，这从理论上确定了 Ca-石墨炔的稳定性。同时，研究发现 Ca-石墨炔中的每个 Ca 原子结合 6 个 H_2 后，氢气的质量存储密度可以达到 9.6%，而 6 个 H_2 与 Ca 原子的结合能也约为 0.2 eV。这一计算结果表明，Ca-石墨炔是一种十分有希望的氢气存储材料。尽管理论预测的石墨炔材料尚未合成完善[47-51]，然而，2010 年李玉良团队使用 Glaser 偶联的方法，在铜箔表面实现了石墨二炔的大面积合成[52]。石墨二炔是由大量苯环通过丁二炔键连接形成的超大共轭平面，从分子骨架上进行计算分析可知，石墨二炔的生成能较石墨炔稍小（约 0.17 eV）[49]，也就是说，石墨炔的稳定性较石墨二炔更为稳定，从这一点我们完全可以相信，在不久的将来石墨炔也终将顺利实现大面积合成。

石墨炔分子骨架结构如图 6-16(a) 所示，虽然每个原子的生成能比石墨小 1 eV，被预测是可以稳定存在的，其带隙是 0.9 eV[47-49,51]，晶格间距是 0.688 nm[49]。如图 6-16(a) 所示，石墨炔中存在 4 个可以吸附 Ca 原子的位点，命名为 H1、H2、B1、B2，研究发现 H2 位点是吸附 Ca 原子最稳定的位点，而且按照一个晶胞吸附一个 Ca 原子计算，其键能可达到 2.76 eV，键能的增大主要是由于石墨炔中的 sp 杂化的炔碳提供的，相对于石墨烯中仅含有的 sp^2 杂化碳原子，炔键的引入无疑增强了其物理吸附性能。同时，这一结果显示，在 Ca 原子修饰的石墨炔中，Ca 原子更倾向于分散，而并不容易发生团聚，这一特点使得 Ca 原子修饰的石墨炔在存储氢气方面具有较大的潜力和应用价值。另外，研究还发现，B1 位点较 B2 位点更为稳定，同时也说明 Ca 原子与碳碳单键的键合力在 z 轴方向上较碳碳三键也更强一些。当 Ca 原子处于 H2 位点垂直碳环平面上方 1.42 Å 位置时，其结合能最小。一个石墨炔晶胞可以固定两个 Ca 原子，其位置在碳环两侧略微偏离 H2 位点处，这种情况下，每个 Ca 原子的结合能是 2.51 eV，而 Ca 原子与碳环平面的距离约为 1.45 Å。从 H2 位点扩散到 B1 位点在到另一 H2 位点是，是 Ca 原子扩散屏障最小的路径。如图 6-16(b) 所示，Ca 原子最小的扩散屏障是 0.82 eV，远大于石墨烯中的 0.15 eV。这种高扩散屏障归因于强 Ca—C 键以及石墨炔中炔键构成的大"孔"构造。同时，这种高扩散屏障可以有效阻止 Ca 原子在石墨炔中扩散作用，使得 Ca-石墨炔可以在室温条件下比较稳定的存在，这进一步的说明了，经过 Ca 修饰的石墨炔是十分有希望的储氢材料。

为了进一步的阐述 Ca 原子与石墨炔碳之间的键合作用，Ca—C 之间的电子转移计算研究显得十分必要[47]。图 6-16(c) 显示了 Ca 与石墨炔结合引起的电荷流向。总的来说，我们可以看到金属 Ca 的电子被转移到石墨炔中。与此同时，电子也积聚在 Ca 原子的顶部。在 Ca 和石墨炔之间电子转移过程中，Ca 变为自旋极化[图 6-16(d)]，并且具有小的局部磁性（约 0.25μB）。与之相反的是，在 Ca 修饰的石墨烯中并不存在这种自旋极化现象。

当一个 H_2 分子被吸附时，吸附的 H_2 倾向于朝向 Ca 原子倾斜，而不是与之平行，并趋向于定位在 C2 原子附近，这种最低能量配置是通过原子弛豫测试许多 H_2 初始位置之后计算测得的。经过仔细研究发现，H_2 占据的 σ 轨道（约低于费

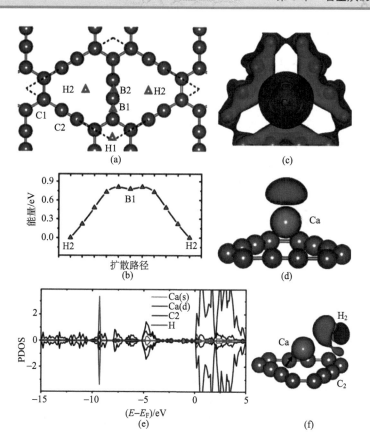

图 6-16　(a) 石墨炔的骨架结构及其吸附位点，虚线部分表示石墨炔的晶胞；(b) 单个 Ca 原子的扩散通道；(c) Ca 原子修饰石墨炔的电荷密度（$\rho_{sheet+metal}-\rho_{sheet}-\rho_{metal}$），红色和蓝色代表电荷的集聚和分散；(d) 自旋极化电荷密度（$\rho\uparrow-\rho\downarrow$）；(e) Ca 修饰石墨炔的分波态密度；(f) 吸收 H_2 的电荷密度差异[47]

米能量 10 eV）和 Ca 原子的空 3d 轨道以及 C2 原子的 σ 轨道之间存在着弱的杂化现象 [图 6-16(e)]，因此形成了一个弱的配位键。H_2 占据的 σ 轨道和 Ca 原子的空 3d 轨道之间的弱杂化作用，在 Ca 修饰的碳纳米管以及石墨烯中均有报道[41,42]。令人惊讶的是，在吸附 H_2 分子时 H_2 和 Ca 都变得非对称极化。图 6-16(f) 中的电子云密度偏差也进一步地说明了这种极化现象，其中 H_2 分子明显发生极化，在 H_2 分子和 C_2 原子之间发生电子的集聚，Ca 原子将自身的一些电子转移给 H_2 分子，同时，Ca 原子也从参与杂化的 d 轨道得到一小部分的电荷，结果致使 Ca 原子和 H_2 分子都变得极化并可以互相交流。因此 H_2 与 Ca 原子的键合作用起源于 H_2 与 Ca 原子的电场极化作用，而这种极化作用是由带电 Ca 原子以及 Ca 原子空 3d 轨道和 H_2 分子的 σ 轨道的相互杂化作用引起的。

　　基于物理直觉和随机的初始位置，以及原子弛豫，对许多可能吸附 H_2 的不同构象进行分析，用以研究 Ca 原子上稳定吸附 H_2 分子的数目。每个晶胞中一个 Ca 原子和两个 Ca 原子吸附不同数目 H_2 分子的稳定构型如图 6-17 所示，我们可以清楚地看到，吸附的 H_2 分子数目小于 4 时，H_2 分子全部倾向于从平行 Ca 原子的位置倾斜。而对于每个晶胞中一个 Ca 原子的情况，第五个 H_2 分子平行于 Ca 原子进行单面吸附，每个晶胞中两个 Ca 原子的五个 H_2 分子从平行位置倾斜进行双面吸附。六个 H_2 分子可以有效吸附在仅一面有 Ca 原子修饰和双面都 Ca 原子修饰的情况。在这种情况下，最大的 Ca 原子与 H_2 分子的间距存在于双面吸附中，其中 d_{Ca-H} 为 2.79 Å。总的来说，Ca 原子与 H_2 分子之间的距离，以及 Ca 原子与石墨炔 C 原子之间的距离，随着 H_2 数量的增加而略有增加。对于每一个构型，H_2 分子的键长范围为 0.76～0.78 Å，仅略高于分散状态的 H_2 分子(0.76 Å)。

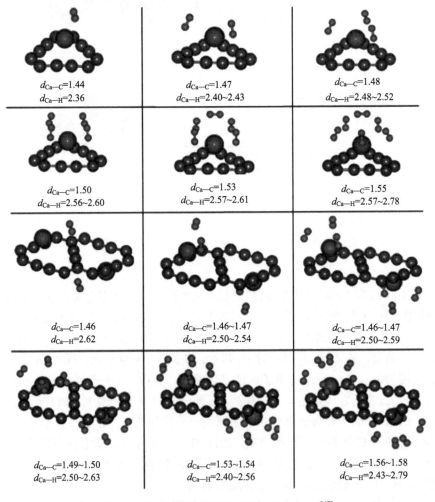

图 6-17　Ca 原子修饰石墨炔的 H_2 吸收位点[47]

分子的键能 E_b 可用公式 $E_b = -(E_{nH_2+(metal+sheet)} - E_{(metal+sheet)} - nE_{H_2})/n$ 计算得到。其中 $E_{nH_2+(metal+sheet)}$ 和 $E_{(metal+sheet)}$ 分别是指 Ca-石墨炔吸附 H_2 和不吸附 H_2 的总能量，E_{H_2} 是指分散状态的 H_2 分子的能量，不同 H_2 分子数量的键能 E_b 计算结果如表 6-2 所示[50]。对于单侧吸附，吸附一个 H_2 的 Ca-石墨炔键能为 0.23 eV，随着 H_2 吸附量的增加，键能逐渐增加。当一个 Ca 原子结合四个 H_2 时，达到最大 E_b，之后开始降低，在吸附六个 H_2 时而变为 0.19 eV。对于双面吸附的情况，E_b 的变化趋势与单侧吸附的情况非常相似。无论使用广义梯度近似(GGA)和范德瓦尔斯(vdW)计算，还是使用局域密度近似(LDA)计算，所得到的结论基本可以吻合。

表 6-2　Ca 修饰石墨炔的单面和双面吸附 H_2 的键能对比

			1H$_2$	2H$_2$	3H$_2$	4H$_2$	5H$_2$	6H$_2$
E_b	1Ca	LDA	0.34	0.35	0.36	0.32	0.30	0.27
		GGA+vdW	0.23	0.26	0.27	0.24	0.22	0.19
	2Ca	LDA	0.25	0.29	0.31	0.32	0.30	0.27
		GGA+vdW	0.16	0.19	0.22	0.24	0.22	0.18

对于其他类型的石墨炔，如 α-石墨炔和 β-石墨炔，也是可以进行 Ca 原子修饰并进行储氢[53]。理论计算表明，Ca 原子修饰的石墨炔在热力学上是稳定的，例如，α-石墨炔可以将 Ca 原子分散在其他的六边形之中，每个六边形容纳一个 Ca 原子，而每个 Ca 原子上可吸附 5 个 H_2 分子，其分子式可以理解为 $(C_8 \cdot Ca \cdot 5H_2)_n$，因此可以算出 H_2 的存储质量密度为 6.9 wt%，Ca 原子与 H_2 的键合能约为 0.2 eV，这使得 H_2 的吸附和转移变得更容易实现(图 6-18)。同时，该类型的 Ca-石墨炔在

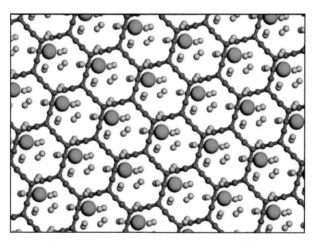

图 6-18　Ca 修饰 α-石墨炔的最大吸附 H_2 分子数目的优势原子几何构象[53]

H_2 分子的最大质量比容量为 6.9wt%

储氢方面并没有位阻现象，这就像单独的 Ca 原子吸附 H_2 分子一样[53]。这种特点一方面是由于 α-石墨炔的大环效应促使，另一方面 sp 杂环 C 原子丰富的电子云密度也对 H_2 分子的吸附起到了一定的促进作用。

2. 锂(Li)原子修饰石墨炔的储氢性能

高存储容量和中等键合强度是高效 H_2 储存材料在应用中必须满足的两个重要要求。美国能源部(United States Department of Energy，DOE)曾于 2006 年提出了 H_2 的质量比容量要在 2015 年超过 9.0% 的目标，H_2 分子在室温条件下的吸附能量控制在 $-0.70\sim-0.20$ eV。为了达到这个目的，储氢媒介只能由轻元素组成的表面积大的体系构成。最近，碳基纳米结构材料的金属原子官能化已经成为一个活跃的研究课题。金属原子(TM、AM、AEM)修饰的碳纳米管(CNT)以及富勒烯 C_{60}，已在理论和实验方面被证明是优秀的 H_2 吸附材料。Durgun 等研究发现 Ti 修饰的 CNT 具有良好的储氢效果，Ti/CNT 的 H_2 质量比容量可以达到 8.0%[54]。遗憾的是，由于 Ti 的团簇效应，使其不能在 Ti 修饰的富勒烯中发挥优良的 H_2 吸附作用，Sun 等[46]进一步研究了 Li 修饰的富勒烯体系。由于 Li 原子与富勒烯 C_{60} 的键合能大于 Li 原子团簇的内聚能，所以 Li 原子更趋向于分散在富勒烯的表面。而且，Cabria 等的进一步计算研究发现，Li 掺杂石墨烯以及 CNT 储氢能力大于纯碳体系[55]。在实验方面也得到了进一步的支持，研究发现 Li 修饰的碳纳米管的储氢能力大大增强[56-58]。Li 修饰的石墨烯的储氢能力可以达到质量比容量为 15.4%，并伴随着 10% 的拉伸应变[59]。显然，最近研究的新型 Li 掺杂表面改性技术，已经成为 H_2 储存的研究热点。

储氢材料中掺杂的金属原子越多，那么其储存 H_2 的能力也就越强。因此带有高的比表面积、大的孔隙体积以及与掺杂物有强作用力的材料，是有希望成为优秀储氢材料的。同时，许多研究工作发现高比表面积和孔隙率的储氢材料，如柱状石墨烯[60]、多孔纳米管网络状材料[61]、金属有机骨架化合物(MOF)[62,63]可以有效地提高储氢量。而石墨炔作为一种新颖的同素异形体碳，其表面具有大量的均匀大孔，是一种理想的储氢材料。通过第一原理计算可以知道，石墨炔的两侧都可以掺杂 Li 原子，而且每个 Li 原子都可以吸附 4 个 H_2 分子，储氢的质量比容量可以达到 18.6%，而 H_2 分子的平均吸附能约为 -0.27 eV。与石墨烯相比，石墨炔可以被认为是苯环通过碳碳三键连接在一起，而非碳碳双键。三个炔键围绕苯环形成一个三角形的空腔，根据计算发现，Li 原子出现的最稳定位置是该三角形空腔平面的上方。相对于其他储氢材料，Li 原子在 Li-石墨炔体系中失去的电荷更多，与石墨炔的碳原子的作用力也更强，因此也产生了更大的键能。而通过计算也发现，Li 与石墨炔的键合能约为 -1.35 eV(大于 Li 原子的内聚能)，这也说明了 Li 原子在石墨炔中是均匀分散存在的，而并不会发生金属的团聚。

如图 6-19 所示，最有利于 H_2 吸附的一种几何构型是 H_2 分子沿着红色虚线倾斜吸附于 Li 原子，并有些许倾斜于乙炔键 [图 6-19(a)]。另一个吸附 H_2 的稳定构型如图 6-19(b) 所示，H_2 分子位于 Li 原子的上方，其 H—H 键平行于石墨炔三角形碳环平面，其吸附能 E_{ad} 比构象 (a) 稍高 0.06 eV。 这里应当指出的是，在构象 (b) 中 H_2 分子的旋转没有能量差别。图 6-19(c)～(g) 是 4 个 H_2 分子在紧邻的两个三角形空腔内，与 Li 原子的吸附构象以及吸附能量转变图，从图中可以看出这 5 种构象之间的能量差别很小，仅仅只有几个毫电子伏。有趣的是，这 5 张图中的 H_2 分子几乎都与图 6-19(a) 一样，都是沿着两倍转动轴吸附于 Li 原子，这种趋势主要来自石墨炔薄片的 3 倍旋转对称势阱。同样，可以得到 3 个 H_2 分子在一个三角形空腔内的最有利构型，如图 6-19(h) 所示。对于图 6-19(i) 所示的高对称性情况，其吸附能较图 6-19(h) 稍高。另外的第四个 H_2 分子可以被 Li 原子捕获而处于其上方，最后的这个 H_2 分子既可以是平行于石墨炔的碳环，也可以垂直于碳环平面。然而，第四个 H_2 分子与 Li/石墨炔复合物之间存在着弱的相互作用(约 88 meV)。与 Li/石墨烯类似，Li/石墨炔复合物的 Li 原子吸附了四个 H_2 分子之后，就很难再吸附额外的 H_2 分子了[55,64]。所有吸附的 H_2 都是分子形式，同时 E_{ad} 处于最佳范

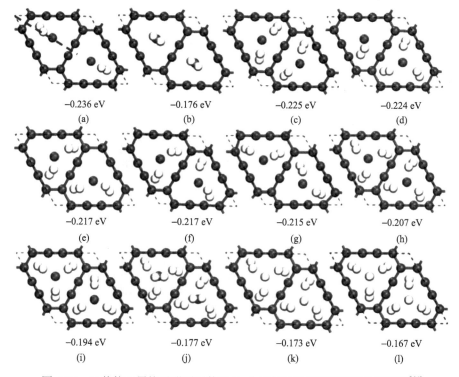

图 6-19　Li 修饰石墨炔吸附不同数目 H_2 分子的原子排列及其平均吸附能[64]

围，平均每个 H_2 分子为$-0.24\sim-0.17$ eV。进一步的理论计算研究证明，H_2 分子吸附在 Li 原子上位于石墨炔两侧的情况下，每个 H_2 分子的 E_{ad} 约为-0.27 eV，而在这种情况下，石墨炔的储氢能力可以高达 18.6%，进一步地说明了石墨炔是良好的储氢材料。

如图 6-20 所示，吸附在 Li/石墨炔络合物上的 H_2 分子的数量不同，由此引起的电荷密度变化也会有差异。蓝色和黄色分别表示正电荷和负电荷的分布，当 H_2 分子吸附在 Li 原子上时，其电荷从远离 Li 原子的位置转移到 Li 的附近。这清楚地说明了 Li 原子与 H_2 分子的键合作用起源于 Li 离子的静电场作用，而非杂化作用。电荷密度差异轮廓线进一步证明了 Li 原子与 H_2 分子键合作用的起源，如图 6-21 所示。从图 6-21 中可以看出，并没有电荷从 H_2 分子转移到 Li 原子，此外，可以发现更多的电荷密度在 Li 原子上方区域积聚。另外图 6-20 也表明，当吸收的 H_2 分子变多时，会有更多的电荷转移到 Li 原子的上方区域，这也暗示了吸附的 H_2 分子之间存在着相互作用，促使 H-H 复合物的形成。H_2 分子之间的相互作用主要是受 Li 离子诱导的电场调制，并进一步稳定在 Li/石墨炔复合物之上。从图 6-21(b) 可以清楚地发现，Li 离子顶部的第四个 H_2 分子，由于受到底部电荷向上转移的影响，也发生了极化现象。但是，这个极化并不是由 Li 离子的电场引起的，而是由极化的 H_2 分子的电场提供。Li 原子外部的极化电荷一方面可以屏蔽 Li 离子的电场，同时，这种弱极化作用又能导致 H_2 被稳定的吸附 Li 外部区域，其吸附能约为 88 meV。

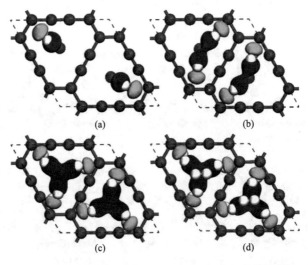

图 6-20 Li 修饰石墨炔吸附不同数目 H_2 分子的电荷密度差异等值面[64]

黄色和紫色分别代表电荷的集聚和分散

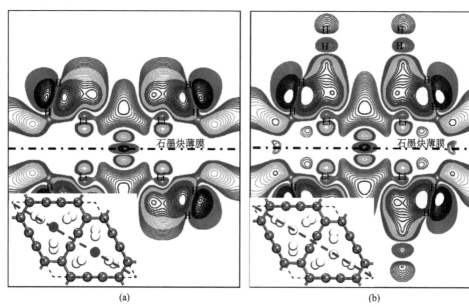

图 6-21　Li 修饰石墨炔双面吸附 H_2 分子的电荷密度差异轮廓线[64]

暖色和冷色分别代表电荷的集聚和分散

Zheng 等[65]使用局域密度近似的方法,对组成石墨炔的大六边形(炔和苯环碳 12 个原子组成)、小六边形(苯环)的吸附 H_2 分子方式,进行了理论计算和预测。小六边形的中心标记为 h,大六边形的中心标记为 H,Li 原子与 h、H 点的键合能分别为 2.45 eV、3.28 eV,两种键合能均大于 Li 的内聚能(1.63 eV),同样这也能说明 Li 原子在石墨炔中更倾向于分散状态,而不是聚合态存在,在实际的实验中,也未观测到 Li 原子的团簇物。从键合能的大小可以清楚地看出,H 点比 h 点更为适合 Li 原子的嵌入键合,这一结论与键合 Ca 原子一致,同时与键合 Ca 原子不同的是,h 点虽然不适于嵌入 Ca 原子,但是 Li 原子却是可以顺利地发生键合。h 位置的 Li 原子可以顺利地吸附 H_2 分子,如图 6-22 所示。第一个 H_2 分子的结合能理论计算值为 0.349 eV,H—H 之间的键长从 0.764 Å 略微延长到 0.774 Å,键长的伸长主要是由 Li 离子与 H_2 分子之间的极化作用造成。之后吸附的第二、第三和第四个 H_2 分子的结合能理论计算值分别为 0.346 eV、0.322 eV 和 0.235 eV。吸附的第五个 H_2 分子与石墨炔平面平行,处于 Li 原子的上方,其吸附能为 0.180 eV。随着 H_2 分子数目的增多,平均的键合能逐渐降低,这说明在吸附的 H_2 分子之间,还存在着较弱的分子间位阻排斥力。同样的,在 H 点的 Li 原子在最大数量的吸收 H_2 分子之后,每个 H_2 分子的键合能约为 0.219 eV。而普通未键合的石墨炔,虽然也可以存储一定量的 H_2,但是对于其最优构象,其 h 点的键合能只有 0.152 eV 和 0.135 eV,在 H 点的键合能约为 0.132 eV 和 0.155 eV,这也意味着 Li 原子修饰的石墨炔能够明显地改善石墨炔的储氢性能。

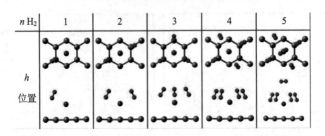

图 6-22　Li 原子修饰石墨炔吸附 H_2 分子的俯视图和侧视图[65]

6.2.3　锂/钠离子电池

1. 引言

火是人类文明的标志，人类社会的快速发展也是建立在燃烧反应基础上的。但现在，人们正在为此付出代价，自 18 世纪工业革命以来，化石燃料的大量燃烧造成了雾霾事件的频繁发生，给人们的身体健康造成了极大的伤害。而燃烧所产生的二氧化碳也是温室气体的主要成分，科学家预测，今后大气中二氧化碳每增加 1 倍，全球平均气温将上升 $1.5 \sim 4.5℃$，而两极地区的气温升幅要比平均值高 3 倍左右。气温升高不可避免地使极地冰层部分融解，引起海平面上升，进而对人类社会造成灾难性的影响。因此，发展可持续再生能源包括太阳能、风能、水能、生物能以及潮汐能等已经成为体现国家核心竞争力的重要领域。而储能装置是将这些新能源存储转化的重要组成部分，发展高性能的储能系统在能源和环境保护方面占有重要的地位。

随着科技的发展，化学电源的应用范围不断拓展，从电网调峰、电动汽车到智能手机、笔记本电脑，从人造卫星、航天飞船到机器人、无人机、水下潜艇，从而对化学电源在能量密度、功率密度、使用寿命和安全等诸多方面提出了更高要求，使得化学电源步入快速发展的阶段。近年来，对化学电源的研究也逐渐分化为两个方向，一方面，为了解决环境和能源问题，电池在朝着体积更大、能量密度更高、功率密度更高的动力电池方向发展。另一方面，随着社会的发展，人们对电子设备的要求也越来越高。谷歌公司于 2012 年 4 月发布的一款"拓展现实"眼镜（Google project glass）虽然以失败而告终，但其在市场中引起的轰动已经说明了人们对可穿戴智能设备的向往。诺基亚、三星、飞利浦也相继推出柔性电子产品，说明了可折叠的平板电脑和智能手机将成为下一代电子产品的主流。

2. 锂离子电池概述

化学电源是将化学能直接转变为电能的装置。主要部分是电解质溶液，浸在溶液中的正、负电极和连接电极的导线。根据工作性质可分为一次电池、二次电池以及燃料电池三类。一次电池就是指电池中的反应物质在进行一次电化学反应放电之后就不能再次使用了，我们生活中常用的一次电池有锌锰电池等。二次电池是指可以反复使用、放电后可以充电使活性物质复原，以便再重新放电的电池，我们生活中常用的二次电池有铅酸电池、镍镉电池、镍氢电池以及锂离子电池等。燃料电池与前两类电池的主要差别在于，它不是把还原剂、氧化剂物质全部储藏在电池内，而是在工作时不断从外界输入氧化剂和还原剂，同时将电极反应产物不断排出电池，燃料电池是直接将燃烧反应的化学能转化为电能的装置。

　　二次电池作为可循环利用的储能装置也是科学家的主要研究方向。其中，锂离子电池由于其电池电压高、能量密度大、循环寿命长、无记忆效应、自放电小以及工作范围宽等优点已经成为目前应用最广泛的二次电池。

　　1980 年，法国科学家 M.Armand 首次提出"摇椅式电池模型"的构想，是指采用锂嵌入化合物代替金属锂，正负极使用可逆脱嵌锂的电极材料。1991 年，日本索尼公司使用石墨负极首次实现了锂离子电池的商业化。基于石墨/钴酸锂体系的商品化锂离子电池，电池由负极材料石墨、非水系液体电解液以及正极材料钴酸锂组成。充电时，锂离子从层状的钴酸锂中脱出，穿过电解液后嵌入到负极的石墨层间，使两电极形成较大的电势差。放电时，锂离子从石墨层间脱出回到层状钴酸锂中去，电子从外电路穿过，形成电流。具体充电反应方程式如下：

　　正极：　　　　　　　　$LiCoO_2 - xLi^+ \Longrightarrow Li_{1-x}CoO_2 + xe^-$

　　负极：　　　　　　　　$C_6 + xLi + xe^- \Longrightarrow Li_xC_6$

　　锂离子电池的应用范围主要分为以下几类，消费类电子产品、电动交通工具和工业储能应用。其中前者称为小型锂离子电池，后两者称为动力锂离子电池。自 1991 年锂离子电池商业化以来，由于其高昂的价格，其应用一直局限在消费类电子产品行业,较少应用在市场经济规模更大的储能和动力电池(瞬间需要较大电流)市场，该市场涵盖纯电动车、电动手工具、电动摩托车、电动自行车、油电混合车、太阳能、大型储能电池、航空航天设备与飞机用电池等领域。

　　石墨作为首先被用来商业化的锂离子电池负极材料,其存在化学结构稳定(嵌入型)、理论容量高(372 mAh/g)、嵌锂电位低(0.2 V 相对于 Li^+/Li)、导电性好、价格低廉等优点，但其能量密度以及功率密度已经越来越不能满足当前社会发展的需求[66]。其他种类的碳材料，如石墨烯、碳纳米管等也展现了较为优异的电化学性能，但也都存在各自的问题而没有被商业化，这一部分工作我们会在下一节做详细讨论。钛酸锂($Li_4Ti_5O_{12}$)是锂电池负极材料中为数不多的嵌入型材料之一，与石墨类似，其结构在充放电过程中较稳定，而且由于其充放电平台较高(1.5 V相对于 Li^+/Li)，也使其与电解液发生的副反应较少。但钛酸锂的能量密度较低是制约其发展的主要原因。由于电位较低(-3.04 V 相对标准氢电极)、理论容量高(3860 mAh/g)、导电性好等优点，锂金属最先作为锂离子电池的理想负极材料被广泛研究[67]。但经过人们的长期研究，发现其存在两方面的缺点。一方面是锂金属在充放电过程中会产生锂枝晶，对电池造成极大的安全隐患；另一方面，由于锂具有极强的还原性，其与电解液会发生反应生成大量固态电解质膜，造成首圈库仑效率较低，不利于电池的长期循环使用。硅和锗是合金负极材料的代表单质，这类材料的最大优点就是理论容量较高，其中硅的理论容量达到 4200 mAh/g，锗也有 1600 mAh/g。硅负极也被认为是下一代高容量锂离子电池负极材料的重要选择，具有十分诱人的应用前景。但合金类负极材料由于容量过高也会发生较大的体积膨胀，导致电极材料粉化失活。另外，体积膨胀也会损坏固体电解质膜进而导致库仑效率较低。过渡金属氮化物、氧化物、氟化物以及硫化物作为负极材料的重要研究方向，主要是由于其较高的容量以及稳定的循环性能。其反应机理与硫正极相似，都属于转换反应，结构发生完全转变，存在形貌发生变化和化学反应过程复杂等问题。

锂离子电池的发展方向除了向高能量密度、高功率密度的动力电池发展外，还在向着与人体相协调统一的方向发展。随着科技的进步，人们对电子设备的要求也越来越高，从最初的功能性需求已经发展到现在的舒适度需求。另外，随着医学技术的发展，越来越多的医疗器械装置已经可以植入人体。柔性电池是这些设备的必要组成部分，它不仅可以支持设备的运行，还能与人体相兼容，因而成为锂离子电池发展的另一个重要方向。

3. 石墨炔在锂离子电池中的应用

石墨炔是一种最新发现的碳材料，它与石墨烯类似也是单原子层二维晶体。但与石墨烯不同的是，石墨炔中的碳并不都采取 sp^2 杂化，更多的是采取 sp 杂化，这也就使石墨炔中不仅含有苯环结构，还包含炔键。其苯环之间含有两个炔键，苯环与炔键围成了一个面积为 6.3 Å^2 的三角形孔洞，这也使其更有利于离子在其层间的扩散。虽然具有共轭结构，但石墨炔的导电性还是要比石墨烯差一些，其具有一定的带隙（0.46～1.22 eV）。自 2010 年石墨炔首次被合成出来之后，研究者们通过计算以及实验对石墨炔在电池中的应用进行了详细研究。首先，如图 6-23 所示，

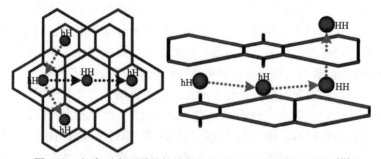

图 6-23　锂离子在石墨单炔块体中的面内以及面外扩散路径[68]

Zhang 等[68]通过第一性原理计算指出对于包含 sp 和 sp² 杂化的石墨单炔来讲，这种独一无二的原子排布方式不仅有利于锂离子的扩散还有利于锂离子的存储。与之相比，传统的石墨电极则要承受更多的空间阻力。如图 6-24 所示，通过计算得出，Li 离子的扩散势垒在 0.53～0.57 eV，锂的最大存储容量为 LiC₄。锂在两层石墨单炔之间的嵌入所受到的阻力极小，这也有利于离子的嵌入脱出。

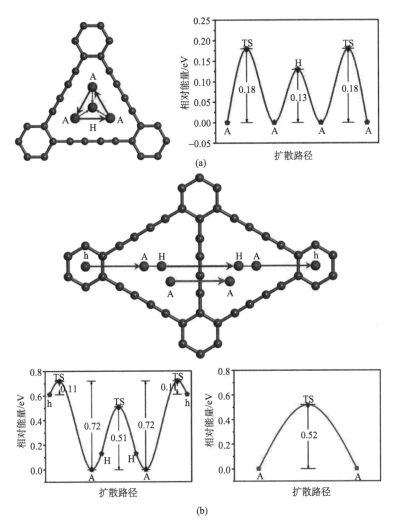

图 6-24　(a)锂原子在三角孔内的扩散路径及其对应的能量变化曲线；(b)锂原子在石墨炔层间的扩散路径及其能量变化曲线[69]

随后，Zhang 等[69]及 Jang 等[70]几乎在同一时间报道了石墨二炔可以作为负极材料在锂离子电池中展现优异的电化学性能。如图 6-24 所示，与石墨单炔类似，张等同样采用第一性原理计算揭示了锂原子在石墨二炔中的扩散与存储情况。如图 6-24 所示，计算结果表明，每个三角形的孔可以容纳 3 个锂原子。锂原子在单层的石墨二炔片层内的传输需要克服的能量势垒为 0.52 eV 而其穿过石墨二炔的能量势垒为 0.35 eV。这也使锂原子可以更好地分散在石墨二炔的两面，从而提高存储容量。通过计算得知，单层石墨二炔的最大储锂容量为 LiC_3，它的存储方式主要是三角形孔的两面各存储三个锂原子。这一理论存储容量也达到了石墨的两倍，又由于较小的扩散势垒，石墨二炔可以成为锂离子电池的理想负极材料。

与此同时，Jang 等[70]通过第一性原理密度泛函理论探索了 α-石墨二炔作为负极材料在锂离子电池中的应用，通过计算锂嵌入到多层 α-石墨二炔中的能量来判断存储的可行性。通过计算锂原子吸附时的电压得出结论，α-石墨二炔适合作为锂离子电池的负极材料。通过计算得知，α-石墨二炔的实际质量容量以及体积容量分别达到了 2700 mAh/g 以及 2000 mAh/cm^3，这一数值远远高于石墨的 372 mA/h 和 820 mAh/cm^3。另外，由于锂嵌入过程中的体积变化几乎可以忽略，α-石墨二炔比其他的 sp 以及 sp^2 杂化的碳材料展现了更好的优越性。这些结果表明了多层的 α-石墨二炔有潜力成为高容量的锂离子电池负极材料。Hwang 等[71]对 α-石墨单炔的储锂性能也进行了详细计算。作者采用与上文一致的计算方法得出结论，α-石墨单炔适合于做锂离子电池的负极。计算结果表明，多层 α-石墨单炔的储锂容量可以达到约 1000 mAh/g 以及 1500 mAh/cm^3。

石墨炔的储锂性能通过锂离子电池的测试，也得到了实验的证实。Huang 等[72]通过将石墨炔粉末作为负极材料用于锂离子电池内（图 6-25），将基于石墨炔粉末的电极组装成 2032 型扣式半电池对样品进行了电化学性能测试。通过测试结果可以看出，石墨炔展现了较高的容量，良好的循环稳定性以及较高的库仑效率。50 mA/g 电流密度下循环 200 圈后获得 552 mAh/g 的可逆容量，非常接近石墨炔的理论容量（744 mAh/g）；并且从第 10 圈以后，库仑效率高于 98%。由图 6-25（d）可以看出，第 10 圈的与第 200 圈的充放电曲线基本重合，表明石墨炔具有良好的循环稳定性。在 200 mA/g、500 mA/g 电流密度下循环 200 圈后分别获得 345 mAh/g 和 266 mAh/g 的容量，并且从第 10 圈以后基本上没有容量的损失。石墨炔较高的容量和良好的循环稳定性归因于多孔石墨炔较高的比表面积和良好的化学稳定性。同时，石墨炔粉末的多孔结构和较低的锂离子扩散阻力有利于石墨炔表面离子和电子的快速传输，进而适合在大电流密度下充放电。图 6-25（c）是石墨炔电极在 50～4000 mA/g 范围内的倍率性能曲线。由图可以看出在 1 A/g、2 A/g 和 4 A/g 下，仍然可以获得 210 mAh/g、158 mAh/g 和 105 mAh/g 的可逆容量。

如果对石墨炔的薄膜同样开展锂离子电池储锂性能的研究，则可以从一定程度上得到石墨炔储锂的内在机制。Huang 等[72]制备了三种不同厚度石墨炔膜，并将它们作为负极组装成扣式半电池，进行充放电测试。三种石墨炔薄膜 GDY-1、

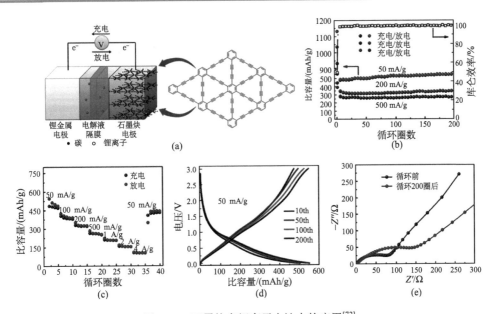

图 6-25　石墨炔在锂离子电池中的应用[72]

(a) 石墨炔电池的示意图；(b) 循环性能和库仑效率；(c) 倍率性能；(d) 充放曲线；(e) 阻抗谱图

GDY-2 和 GDY-3 的厚度分别为 10.9 μm、22.1 μm 和 30.9 μm。如图 6-26 所示，对 GDY-1 而言，在前 200 圈的充放电循环过程中，容量从 320 mAh/g 增加到 495 mAh/g（GDY-2 的容量从 185 mAh/g 增加到 260 mAh/g；GDY-3 的容量从 101 mAh/g 增加到 127 mAh/g），在随后的 200 圈中容量保持稳定，循环 400 圈后最终获得 520 mAh/g 的容量（GDY-2 为 285 mAh/g；GDY-3 为 136 mAh/g）。对于 GDY-1，即使在较大的电流密度下，如 2 A/g，在可逆循环 1000 圈以上，石墨炔的容量依然能稳定保持在 420 mAh/g。这不仅显示石墨炔可以作为一个很好的储锂材料，同时也可用于大电流的快速稳定充放电。为了将实验数据与理论数据进行对比，Huang 等定义面积容量 $C_s = C/S$，其中 C、S 分别为比容量、比表面积，三者的单位分别为 mAh/cm^2、mAh/g、cm^2/g。因此对应锂原子的三种可能的占据位点[图 6-26(b2)]，-Ⅰ、-Ⅱ、-Ⅲ的面积容量分别为 0.58×10^{-5} mAh/cm^2、1.71×10^{-5} mAh/cm^2、3.42×10^{-5} mAh/cm^2。由氮气吸脱附曲线测得 GDY-1 和 GDY-2 的比表面积分别为 1329 m^2/g 和 654 m^2/g，可以得到对应的面积容量为 3.91×10^{-5} mAh/cm^2（520 mAh/g）和 4.36×10^{-5} mAh/cm^2（285 mAh/g）。这两个数值都大于石墨炔储锂的最大的理论容量 3.42×10^{-5} mAh/cm^2，原因可能是在实际测试中除了表面吸附的容量外，还有一部分嵌入石墨炔层中的容量。对其充放电曲线进行微分，可以发现在电压低于 0.4 V 以下的容量为嵌入的容量，0.4 V 以上为吸附的容量。因此对于 GDY-1 和 GDY-2 的对应吸附容量分别为 2.99×10^{-5} mAh/cm^2

（398 mAh/g）和 3.03×10^{-5} mAh/cm^2（198 mAh/g）。这两个数值都大于 I 和 II 的理论吸附容量，小于 III 的吸附容量。这就表明锂吸附在石墨炔表面主要是第 III 种方式。石墨炔储锂主要是一个嵌入和吸附混合的过程，这些与理论计算的结果基本相符。

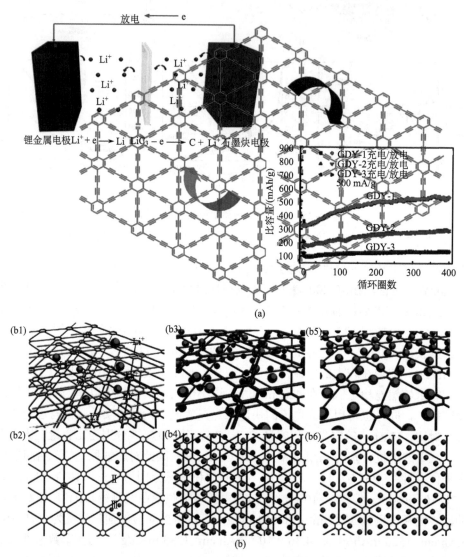

图 6-26　锂在石墨炔中的嵌入机理分析[72]

(a) 石墨炔电池的示意图及其循环性能；(b) 锂在石墨炔中的存储（角视图以及俯视图）

　　不同形貌的石墨炔对其储锂容量也具有较大影响，如图 6-27 所示，Wang 等通过改进的 Glaser-Hay 偶联反应制备了多孔的石墨炔纳米墙[73]。该形貌不仅为锂离子的存储提供了大量的活性位点，并且还为锂离子的传输提供了有效路径。基于这些优点，石墨炔纳米墙电极在 50 mA/g 的电流密度下展现了 908 mAh/g 的可逆容量，并且展现了非常好的循环和倍率性能。由于其良好的倍率性能，作者还将其应用到锂离子电容器中，也展现了很好的循环稳定性。

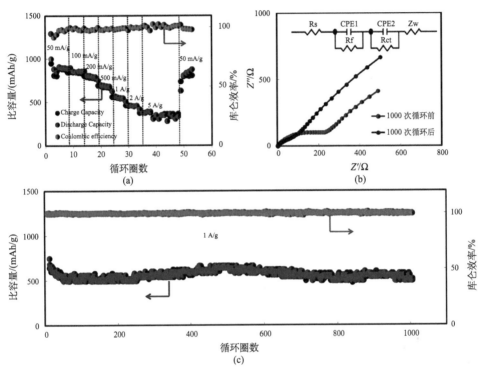

图 6-27　石墨炔纳米墙的储锂性能[73]

(a)倍率性能；(b)阻抗谱图；(c)循环性能

　　氮掺杂经常被用来提高碳材料的容量，如图 6-28 所示，Zhang 等[74]通过在氨气中焙烧的方法，将氮原子掺杂到石墨炔中。实验结果表明，氮原子均匀分布于石墨炔中。与石墨炔相比，氮掺杂后石墨炔的层间距略微减小，这主要是由于氮原子要小于碳原子。通过氮原子的掺杂，氮掺杂石墨炔中产生了大量的杂原子缺陷以及活性位点，这也有利于提高材料的电化学性能。这些性能包含较高的可逆容量、较好的倍率性能以及优异的循环稳定性。另外，氮掺杂可能还有利于减少材料表面的副反应并形成稳定的界面膜，进而提高氮掺杂石墨炔的循环稳定性。这些结果都表明了氮掺杂是提高石墨炔电化学性能的有效手段。

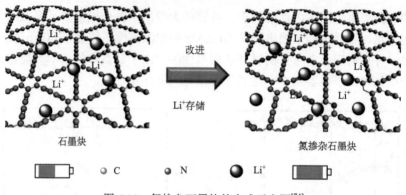

图 6-28   氮掺杂石墨炔的合成示意图[74]

　　氧掺杂同样被认为有利于提高材料的容量，Mohajeri 等[75]对石墨单炔以及石墨炔的边缘氧化在锂存储中的作用进行了系统的研究。采用不同种类的氧官能团对石墨炔进行了官能化。通过吉布斯生成自由能，文章对氧化后的石墨炔与氧化前的石墨炔的稳定性进行了详细分析。计算结果表明，以羧基官能团为终端的石墨炔的稳定性要好于其他种类氧化的官能团。文章还研究了由于边缘氧化所导致的石墨炔电子性质的变化。计算结果表明，通过控制含氧官能团的种类可以有效调节石墨炔的禁带宽度(0.53~1.51 eV)。通过羧基和甲酰基官能化的石墨炔，其费米能级移动到了导带，从而展现出 n 型半导体的特征。文章还展示了氧化石墨炔可以在不同的位置上存储锂原子，并且拥有较高的结合能。计算结果表明，在边缘处的含氧官能团和碳原子之间的相互作用力有利于提高石墨炔对锂的吸附能力。关于电子性质，尤其是禁带宽度，文章可以得出以下结论。含氧官能团对锂在氧化石墨炔的边缘的吸附有至关重要的作用，这类吸附可以使材料转变为半导体型或半金属型。作者在文章中列举了 78 种体系，其中包含 2 种原始结构、12种氧化后的石墨炔以及 64 种吸附锂之后的含氧石墨炔。在这些体系中，有四种结构是半导体，其禁带宽度在 1.2~1.3 eV。六种结构展现了金属特征，其禁带宽度小于 0.1 eV。其他结构则展现了半金属的行为，禁带宽度基本在 0.1~0.6 eV 之间。

　　Wang 等还充分发挥石墨炔类材料可以通过化学法制备这一特点，采用"由下向上"杂原子化学掺杂合成策略，通过对聚合前体的化学裁减和结构修饰，制备了氯掺杂石墨炔[76]。采用化学掺杂法制备的掺杂石墨炔类材料具有杂原子分布均匀且含量及掺杂位置可控的特点。理论计算结果也证实了均匀分布于石墨炔二维平面结构中的氯原子能够更加有效地稳定所嵌入的锂原子。器件测试结果显示氯掺杂石墨炔用于锂离子电池电极材料，展现出优异的倍率性能及良好循环稳定性，表明了对石墨炔材料在结构上的改进在能源存储方面也具有很好的应用前景。

　　与苯环相比，碳氢键在锂存储时往往能提供更多的储锂位点，基于此，He

等通过氢取代炔键改善可供离子传输的分子孔道并增加储存金属离子的活性位点，据此设计并合成了氢取代的石墨炔[77]。该自支撑的富碳框架化合物兼具有机材料的柔性以及碳材料的高容量等特点，通过自身导电骨架的自转换来实现锂离子的嵌入脱出，展现了优异的电化学储锂性能。理论计算结果表明材料中存在三种存储锂的位点，具有较高的理论容量，如图 6-29 所示。此外，文章还对该材料在钠离子电池中的应用进行了测试研究，所展现的电化学储钠能力在同类材料中居于首位，这一实验成果有望在新一代柔性电池中获得应用。

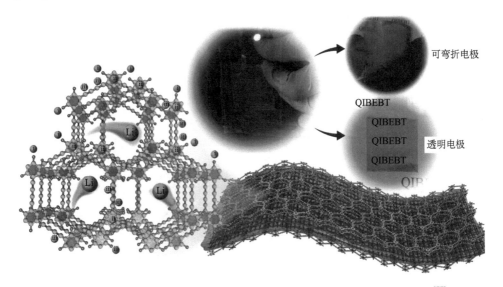

图 6-29　氢取代石墨炔的储锂位点分析及其作为柔性电极在电池中的应用[77]

　　铜纳米线有优良的传导性，因此可以被用作电池负极的集流体，在铜纳米线上原位生长的石墨炔可以用作无黏合剂的负极材料[78]。Shang 等[79]对石墨炔纳米管和超薄石墨炔纳米片(第五章 5.5)作为负极材料的锂离子电池进行了测试，其在 0.05 A/g 电流密度下首圈库仑效率分别是 41.7%和 51.9%，这种不可逆性归因于首次循环过程中固体电解质膜(SEI)的形成。随后，可以分别得到 859 mAh/g 和 1173.8 mAh/g 的容量。以电流密度 0.1 A/g 活化后，容量可达 1388 mAh/g。这一容量大于很多基于石墨烯的负极材料和过渡金属氧化物负极材料，与石墨炔理论计算值(740 mAh/g)的两倍相当，这说明了超薄石墨炔纳米片类似于石墨烯的双层储锂特性。值得指出的是，在 5 A/g、10 A/g 和 20 A/g 电流密度下，石墨炔纳米管展现出了 455 mAh/g、372 mAh/g 和 311 mAh/g 的可逆容量，石墨炔纳米片在相同电流密度下，容量分别为 824 mAh/g、596 mAh/g 和 449.8 mAh/g[图 6-30(a)]。石墨炔的倍率性能使其在高功率输出电池中有重要的应用潜能。除此之外，石墨炔对电池容量的贡献位于 1 V 以下，尤其是石墨炔纳米片(76%)，这证明了 Cu@GDY 有很小的极化作用［图 6-30（b）］。同时测试了其在高倍率下的电化学循环稳定性。如图 6-30（c）所示，在 5 A/g 电流密度下，石墨炔纳米管和石墨炔纳米片容量分别为 513 mAh/g 和 1043 mAh/g，并在循环 500 圈以后仍能保持

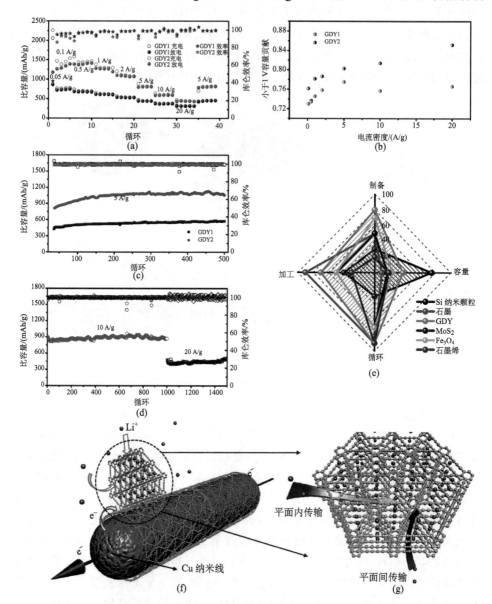

图 6-30　石墨炔纳米管和纳米片的电化学性能表征

（a）不同电流密度下的比容量大小；（b）石墨炔在 1 V 以下的容量贡献；（c）石墨炔纳米管和石墨炔纳米片在 5 A/g 电流密度下的循环稳定性；（d）石墨炔纳米片在 10 A/g 和 20 A/g 电流密度下的循环稳定性；（e）与其他电极材料的性能比较；（f）、（g）石墨炔高倍率性能的机理示意图[79]

相应容量。值得指出的是,在 10 A/g 和 20 A/g 的电流密度下,石墨炔纳米片仍能得到 850 mAh/g 和 449.8 mAh/g 的容量,优于很多负极材料[图 6-30(e)]。另外,通过不同扫速(0.5~8 mV/s)的 CV 曲线得到,氧化还原峰的电流响应随着扫速的增加呈现线性变化,这证明了锂在石墨炔纳米结构中的嵌入和脱嵌是表面控制过程。这归因于石墨炔固有的 3D 传输孔道和石墨炔与铜纳米线紧密的联系从而更有利于离子和电子的转移过程,如图 6-30(f)、(g)所示。

4. 钠离子电池简介

锂作为最轻的金属元素,在地壳中广泛存在,但却并不丰富,其在地壳中的相对丰度仅为 20 ppm[80]。随着锂离子电池的商业化应用,其价格更是迅速增长。而且,锂在地壳中的分布也很不均匀,其主要产区在南美洲。与锂相比,钠资源在地壳中的分布更为均匀,并且钠是地壳中最丰富的元素之一。在海洋中存在无限的钠资源,并且随着海水的流动分布到全世界。从元素周期表可以看出,钠是仅次于锂的最轻的和原子半径最小的碱金属,这也使其成为理想的替代锂在电池中得到应用的元素。

与锂离子电池相比,钠离子电池也存在一定的缺点。例如,钠离子的半径为 1.02 Å,远大于锂离子的 0.76 Å,这就使其在电极材料中的嵌入脱出受到抑制,影响其功率密度。另外,钠的相对原子质量(23)是锂的相对原子质量(7)的 3 倍多,这也会导致电池能量密度的降低。当在电池中应用时,Na/Na$^+$ 的标准电极电位为 2.71 V,与 Li/Li$^+$ 的电极电位 3.04 V 相比要低一些,也会降低电池的能量密度。因此,在相同的电池体系下,钠离子电池要比相应的锂离子电池的能量密度和功率密度更低。

影响钠离子电池发展的另外一个重要因素是理想电极材料的缺失。早在 20 世纪 80 年代,碳材料就被认为是锂离子电池的理想负极材料,并成功商业化生产。虽然石墨在锂离子电池中取得了令人鼓舞的成功,但其在钠离子的储存上面却没有展现出任何优势。除此之外,一些钠合金以及无定形碳也作为钠离子电池负极被用来研究,但这些材料都不及石墨在锂离子电池中的性能。因此制备具有优异电化学性能的钠离子电池电极材料成为近年来研究的热点。作为钠离子电池研究中的一个重要转折点,Stevens 和 Dahn 在 2000 年报道了一种硬碳[81],其容量可以达到 300 mAh/g,与锂在石墨中的容量接近。尽管在当时硬碳的循环性能并不好,但依旧成为近年来被研究的热点。无论是锂离子电池还是钠离子电池,碳材料都在其中扮演了重要的角色,这也说明了碳材料是一种非常理想的电极材料。

5. 石墨炔在钠离子电池中的应用

石墨炔作为一种新型的碳材料，其在钠离子电池中的应用也值得期待。与锂离子电池不同，钠离子电池的理论计算并不多。Xu 等[82]通过第一性原理计算研究了钠在石墨单炔和石墨炔中的吸附能量以及动力学性质。计算结果表明这种由 sp 以及 sp^2 杂化碳原子所组成的含孔结构的石墨炔不仅有利于钠的存储，还有利于钠的扩散。

如图 6-31 所示，根据计算不同吸附位点的静电势得出石墨单炔和石墨炔的最大储钠容量分别为 NaC_4 和 NaC_3。这一数值要远远超过钠在石墨中的容量（NaC_{12}），并且要高于锂在石墨中所形成的 LiC_6。与此同时，文章还对钠离子在石墨单炔和石墨炔层间的扩散进行了计算，结果表明，钠在石墨单炔的面内传输主要包含两种，一种是从 B 位点到 A 位点的迁移，其能量势垒约为 0.18 eV，另一种来自于从一个 A 位点至另一个 A 位点的迁移，其能量势垒约为 0.4 eV，要小于锂在石墨单炔中 0.53～0.57 eV 的迁移势垒。钠在石墨炔中的传输则略微复杂，钠从 B 位点迁移到 C 位点的势垒为 0.175 eV，与其从 B 位点迁移到 A 位点的 0.18 eV 较为接近。另外，钠从一个 A 位点移至相邻的 A 位点以及从 C 位点移至相邻 C 位点的能量势垒分别为 0.64 eV 和 0.39 eV，这一结果与锂在石墨炔中的能量势垒 0.35～0.52 eV 接近。

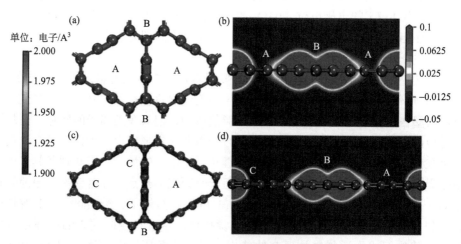

图 6-31　单层石墨单炔(a)和石墨炔(c)的电荷密度以及与层状垂直方向的 A 和 B 位点静电势；(b)石墨单炔；(d)石墨炔[82]

与此同时，Niaei 等也对层状堆积的石墨炔的储钠行为进行了计算[83]。作者通过密度泛函理论计算了 1～12 个钠在每个晶胞上负载时的结合能，超过 25 种不同的构型被拿来比较。图 6-32 展示了结合不同钠原子数目时，体系的平均结合能以及相应的结构。蓝线连接的是有微小结构扭曲的构型，绿线连接的是有较大结构扭曲的构型。所有的结合能都要远大于钠原子的内聚能 1.113 eV，这也说明了钠原子更倾向于与石墨炔结合而不是形成团簇。虽然这个单胞最多可以吸附 12 个钠原子，但事实是当吸附原子大于 7 个时，结构就会发生严重扭曲。因此，当结构不发生严重扭曲以及没有层间距扩张时，石墨炔的最大储钠容量为 Na_7C_{36} 即 $NaC_{5.14}$，相当于 316 mAh/g。与上述块体材料的储钠性能相比，单层石墨炔拥有更高的储钠容量，其容量为 $NaC_{2.57}$，几乎是块体材料的两倍。这主要是因为当单层吸附时，钠的储存位点在石墨炔分子层的上方 2 Å 处，这也超过了石墨炔层间距的一半。因此，当石墨炔层间距扩张 28% 时，块体石墨炔可以达到单层石墨炔的吸附量 $NaC_{2.57}$，即 497 mAh/g。这也说明石墨炔可以成为钠离子电池中优良的负极材料。

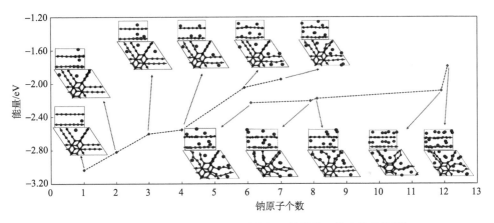

图 6-32　钠与块体石墨炔中的结合能随储钠数目的变化趋势[83]

灰球和蓝球代表了不同层数的碳原子，紫球代表钠原子；图中同时展示了截面图和俯视图；蓝色曲线代表的是未扭曲的结构，绿色曲线代表的是扭曲的结构

Zhang 等率先报道了多孔石墨炔在钠离子电池中的应用[84]，文章首先合成制备了多孔的石墨炔，其比表面积可以达到 287.7 m^2/g，这种介孔和微孔的复合结构非常有利于钠离子在块体材料中的扩散和传输。将多孔石墨炔作为钠离子电池负极材料展现了优异的电化学性能。如图 6-33 (b) 和 (c) 所示，其在 50 mA/g 电流密度下循环 300 圈后容量仍高达 261 mAh/g，即使电流密度提高到 100 mA/g，石墨炔电极仍能在循环 1000 圈后展现 211 mAh/g 的容量。从图 6-33 (a) 中也可以看出石墨炔钠离子电池在不同电流密度下都能稳定充放电，并且在电流回复至小电流后，容量仍能得到保持。这一实验结果充分证明了石墨炔在储能器件中的优良性质。

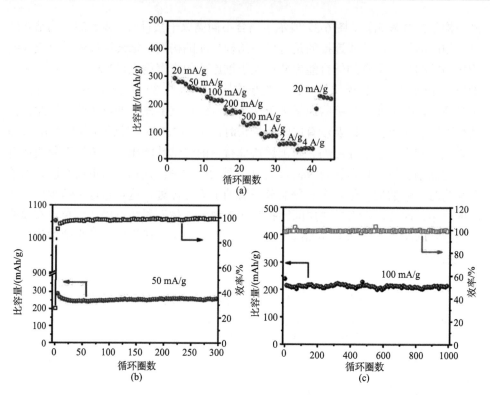

图 6-33 石墨炔作为钠离子电池负极的(a)倍率性能，(b)在 50 mA/g 时的循环性能，(c)在 100 mA/g 时的循环性能[84]

6.2.4 超级电容器

1. 超级电容器概述

超级电容器又称为电化学电容器或超大容量电容器，与其他电容器相比，其最大的特点就是容量高，还具有循环寿命长、制备简单和功率密度大等优点。如图 6-34 所示的常见储能装置的能量密度与功率密度对比图[85]，从图中可以看出，超级电容器在其中占据了很重要的角色，其不仅具有最高的功率密度，还具有相当大的能量密度，这也使其可以满足 21 世纪以来储能系统对功率密度越来越高的要求。目前，超级电容器主要用于消费类电子产品、记忆型电容体系以及工业上的能源动力管理体系。随着目前科技的发展，电容器还被用于紧急出口、低排放量的混合动力汽车以及燃料电池车。在这种情况下，超级电容器与高能量密度的电池或燃料电池混合使用将有望在动力汽车领域展现良好的应用。

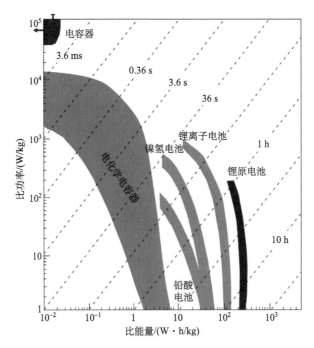

图 6-34　常见储能装置的能量密度与功率密度对比图，也称为 Ragone 图[85]

　　一般来说，根据能量储存原理，超级电容器可以分为两类。一类是电化学双电层电容器，这类电容器能量的储存主要来自于电荷在电极界面上的电荷累积，因此容量在很大程度上取决于电极的比表面积。另一类是赝电容电容器，主要是指在电极表面发生的快速的法拉第过程，这个过程在电化学表观上来看类似电容器行为[86]。这两种机理在本质上都取决于电极材料的电化学行为。大多数的碳材料，从活性炭到碳纳米管都具有低成本、多种形貌(粉末、纤维、气凝胶、复合物、片状、块状、管状等)、易加工、电化学稳定、可控的孔结构以及较多的电催化活性位点等优点，从而被广泛用于电容器的电极材料。在双电层电容器的发展过程中，合理地控制碳材料的比表面积和孔径以适应电解液体系是获得高能量密度和功率密度电容器的有效方法[87]。其中，活性炭由于其较大的比表面积以及可控的孔径分布成为双电层电容器理想的电极材料之一。许多多孔碳材料可以通过合成方法有效控制材料的孔径分布，包括从微孔到大孔的层级孔结构，都展现了良好的电容器行为。另外，碳纳米管由于其独特的管状多孔结构和优异的电化学性质有利于快速的离子以及电子传输，也在电容器电极领域引起了广泛的兴趣。近年来，石墨烯作为一种新型的二维碳材料，由于其较大的比表面积、较高的导电性、较好的电化学稳定性以及较大的比表面积在各个领域都展现了优异的性能，这些特性也使石墨烯有潜力成为一种优异的电容器电极材料。

2. 石墨炔在超级电容器中的应用

石墨炔作为一种与石墨烯类似的碳材料，其也具有比表面积大、含有孔径等优点，因此非常适合用作电容器的负极材料。但由于电容器的性质更多地取决于材料的比表面积，因此关于石墨炔在电容器领域的理论计算几乎没有。

Du 等首先报道了石墨炔/活性炭在锂离子电容器中的电化学性能[88]。如图6-35(a)所示，石墨炔在 2~4 V 的电位区间内不同扫速下均展现了良好的电容行为。其在高扫速时，循环伏安曲线有些变形，这主要是因为发生了部分法拉第反应。从恒电流充放电曲线均为三角形中可以看出[图 6-35(b)]，石墨炔在电压区间范围内是理想的电容行为。通过计算，石墨炔电容器在不同电流密度下的电容如图 6-35(c)所示，在 50 mA/g 的电流密度下，石墨炔的电容可以达到 204.91 F/g。

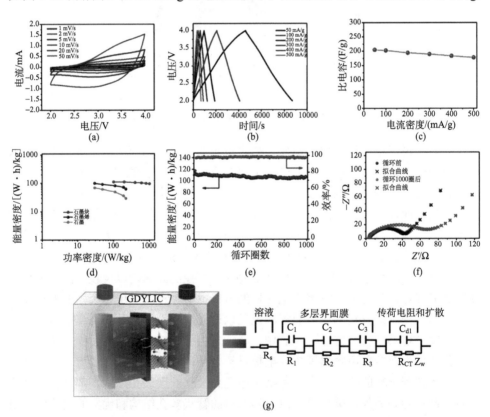

图 6-35　石墨炔/活性炭锂离子电容器的电化学性能表征[85]

(a)不同扫速下的循环伏安曲线；(b)不同扫速下的恒电流充放电曲线；(c)不同扫速下的电容；(d)与文献中报道的石墨以及石墨烯相对比的 Ragone 曲线；(e)在 200 mA/g 电流密度下的循环稳定性；(f)阻抗谱图；(g)示意图及其等效电路[88]

更为重要的是，在电流密度为 500 mA/g 时，石墨炔电容器仍能展现 178.34 F/g 的电容，这也说明了电容器具有优异的倍率性能。文章还通过计算获得了石墨炔电容器的 Ragone 图，并与文献中报道的石墨以及石墨烯的电容性能进行了对比。如图 6-35（d）所示，石墨炔电容器在 100.3 W/kg 的功率密度下的能量密度可以达到 110.7（W·h）/kg，即使将功率密度提高到 1000.4 W/kg，其能量密度仍能达到 95.1（W·h）/kg。这一能量密度和功率密度要远远大于石墨以及石墨烯电容器。图 6-35（e）展示的是石墨炔电容器在 200 mA/g 电流密度下的循环稳定性，从图中可以看出，在循环 1000 圈后能量密度为 106.2（W·h）/kg，其容量保持率为 94.7%。这一性能也得到了阻抗谱图的支持［图 6-35（f）］。从图 6-35（g）中的示意图可以看出，石墨炔的孔结构及其二维层状结构非常有利于其在超级电容器中的应用。

　　用爆炸法得到的石墨炔样品有独特的 3D 连续性、多孔性和氮掺杂，在超级电容器中有应用优势。用循环伏安法和恒流充放电法探究了第 5.5 节制备的石墨炔在 7.0 mol/L KOH 为电解液的对称双电极超级电容器的电化学性能[89]。如图 6-36（a）所

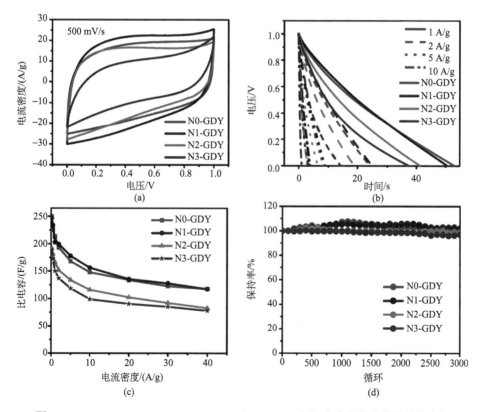

图 6-36　N0-GDY、N1-GDY、N2-GDY 和 N3-GDY 超级电容器的电化学性能表征
（a）500 mV/s 扫速下的循环伏安曲线；（b）不同扫速下的恒电流充放电曲线；（c）不同扫速下的电容；（d）在 5 A/g 电流密度下的循环稳定性[89]

示，石墨炔 N0-GDY 和 N1-GDY 在 0～1 V 的电位区间内展现了比 N2-GDY 和 N3-GDY 更好的电容行为，这同样体现在恒电流充放电曲线中[图 6-36(b)]。通过计算，石墨炔电容器在不同电流密度下的电容如图 6-36(c)所示，在 0.2 A/g 的电流密度下，石墨炔 N0-GDY 和 N1-GDY 的电容可以达到 250 F/g 和 247 F/g，远高于 N2-GDY（192 F/g）和 N3-GDY（188 F/g）。当电流密度增加到 2 A/g 时，电容减小，但即使在 40 A/g 的高电流密度下，石墨炔 N0-GDY、N1-GDY、N2-GDY 和 N3-GDY 电容器仍能展现初始电容的 47%、47.6%、43.15% 和 41.5%。这一性能取决于石墨炔材料的多孔性，因为微孔尺寸影响着离子传输和响应。图 6-36(d) 展示的是石墨炔电容器在 5 A/g 电流密度下的循环稳定性，从图中可以看出，在循环 3000 圈后容量保持率为 95.6%，足以与其他碳材料相媲美。

6.3 催　化

石墨炔及类石墨炔结构具有高度的共轭性能、均匀的孔结构、可调节的电子结构，这使得其在催化领域受到了广泛的关注。另外，石墨炔作为全碳材料，相比贵金属催化剂，价格低廉、原料来源丰富，通过结构修饰，可以取代贵金属催化剂。本节重点介绍石墨炔及类石墨炔材料在光催化、电催化以及催化剂载体方面的应用。

6.3.1　光催化

石墨炔的高电子迁移率表明其具有优异的电子输运性能，因此石墨炔可以用来制备复合材料，提高 TiO_2 的光催化性能。实验结果表明，二氧化钛纳米粒子 P25 与石墨炔组成的复合材料 P25-GDY 的电催化性能高于纯的 P25、P25-碳纳米管复合材料以及 P25-石墨烯复合材料（图 6-37）[90]。另外，还可以通过调控石墨炔在 P25-GDY 复合材料中的含量来调节其光催化性能[91]。第一性原理密度泛函理论计算还表明 TiO_2 (001)-GDY 光催化降解普鲁士蓝的速率常数是纯 TiO_2 (001) 的 1.63 倍，是 TiO_2 (001)-石墨烯复合材料的 1.27 倍。由此可见，石墨炔是一种具有竞争力的光催化剂。

石墨炔以及类石墨炔材料作为一种富碳材料，在用于制备半导体光催化复合材料时，在复合材料界面存在电子传输，从而产生协同效应。基于此，Thangavel 等通过水热法制备了一种新型的石墨炔-ZnO 纳米复合材料，用于分解两种含氮燃料，亚甲基蓝和罗丹明 B[92]。吸收光谱和总有机碳分析表明，石墨炔-ZnO 复合材料相比纯 ZnO 纳米粒子，表现出了优异的光催化性能。石墨炔-ZnO 光催化降解两种含氮燃料的速率常数均接近纯 ZnO 纳米粒子的两倍。这一催化性能的提高是通过石墨炔加入，降低电子-空穴重新结合的速率来实现的。

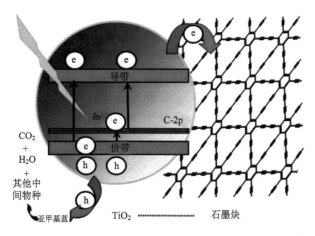

图 6-37　P25-石墨炔的结构示意图和亚甲基蓝的降解过程[90]

石墨炔材料(GD)还通过氧化石墨烯(GO)作为交联剂,常温下与 Ag/AgBr 复合,得到 Ag/AgBr/GO/GD 复合材料,用于可见光照射下降解甲基橙,其催化性能优于 Ag/AgBr、Ag/AgBr/GO 以及 Ag/AgBr/GD[78]。在 Ag/AgBr/GO/GD 复合材料中,石墨炔和氧化石墨烯的协同效应有利于电荷的分离和传输。其中,氧化石墨烯不仅起黏合作用,还是一种功能化成分,有助于提高催化性能。

Li 等[93]利用石墨炔纳米墙吸附巯基吡啶功能化的 CdSe 量子点,得到自组装的 CdSe QDs/GDY 电极。其中石墨炔复合电极中用作空穴传输材料,第一次用于光电管电池。由于石墨炔和巯基吡啶功能化的 CdSe 量子点存在强烈的 π-π 相互作用,有利于空穴的传输和光电流的提高。将 CdSe QDs/GDY 光电极暴露于 Xe 灯下,用于光催化产氢,表现出了一定的光催化性能,法拉第效率约为 90% ± 5%,这得益于石墨炔材料较高的空穴迁移率和良好的稳定性。

除了研究较多的具有苯环的石墨炔材料以外,一些特殊的类石墨炔材料也表现出了良好的光催化性能。Li 等[94]采用四乙炔基乙烯作为前驱体,通过修饰的 Glaser-Hay 交联反应在铜箔上合成了一种零带宽的 β-石墨炔二维材料(图 6-38)。所制得的 β-石墨炔薄膜表面光滑,分布连续、均匀。其电导率为 3.47×10^{-6} S/m,功函为 5.22 eV。研究者进一步通过水热法制备了 $TiO_2@\beta$-石墨炔复合材料,用以分解亚甲基蓝有机染料。由于 β-石墨炔良好的导电性和高共轭型,其在电子传输层发挥了重要作用,提高了 TiO_2 的光催化性能。

基于石墨炔和类石墨炔材料优异的 π 共轭效应、有序的孔结构和较大的比表面积,石墨炔以及石墨炔和其他材料性能的复合催化剂,将广泛应用于光催化反应,并获得越来越多的关注。

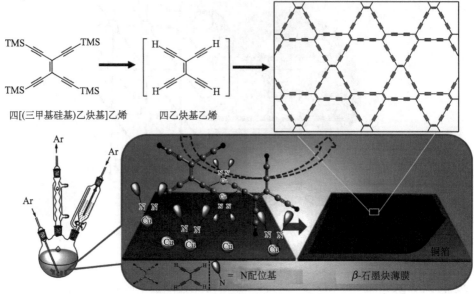

图 6-38 β-石墨炔的合成过程[94]

6.3.2 电催化

石墨炔材料中具有特殊的 sp 杂化的碳原子，使得其具有特殊的电子结构，通过掺杂一些其他元素，可以进一步调控其电荷分布，使石墨炔可以作为非贵金属催化剂，取代一些贵金属催化剂。目前，石墨炔在电催化方面的应用主要集中于氧化还原反应和析氢反应。

Wu 等[95]通过密度泛函理论计算证明，石墨炔是一种在酸性介质中良好的非金属氧还原催化剂。他们通过几何结构优化，计算了石墨炔中每个碳原子上的电荷分布，同时模拟了氧化还原反应的步骤（表 6-3）。计算结果表明，石墨炔骨架结

表 6-3 石墨炔表面的每步氧化还原反应的标准可逆电位和可逆电位①

步数	反应	标准可逆电位 U^0（V/标准氢电极）②	可逆电位 U_{rev}（表面）（V/标准氢电极）
1	$O_2 + H^+ + e^- \longrightarrow G—OOH$	-0.046	0.347
2	$G—OOH + H^+ + e^- \longrightarrow G—OH + G—OH$	-0.664	3.196
3	$G—OH + H^+ + e^- \longrightarrow G—H_2O$	2.813	0.751
4	$G—OH + H^+ + e^- \longrightarrow G—H_2O$	2.813	0.610
总	$O_2 + 4H^+ + 4e^- \longrightarrow 2H_2O$	1.229	1.226

①只列出了反应步骤 1 的 U_{rev}（surface）。

②标准可逆电位来源于文献[96]。

构中碳原子的电荷分布不均匀,其中有大量的碳原子带正电荷,有利于 O_2 和 OOH^+ 的吸附,作为氧化还原反应的活性位点(图 6-39)。在 H^+ 存在时,可以发生一系列的反应 O_2 和石墨炔间形成 O—C 键,从而使得 O—O 键断裂,生成水分子。计算结果还表明,石墨炔的存在可以降低反应的所需的能量,氧化还原反应以四电子途径进行。

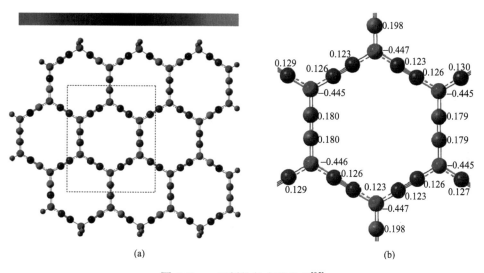

(a)　　　　　　　　　(b)

图 6-39　α-石墨炔的电荷分布[95]

　　石墨炔本身的氧还原催化性能进一步被 Kang 等[97]所证实。他们通过密度泛函理论计算研究了 α、β、γ 三种石墨炔(图 6-40)。结果表明,对于石墨炔结构,炔键的存在,使得部分碳原子带正电荷,在外加 H 存在的条件下,OOH 可以通过化学键吸附于石墨炔表面带正电的碳原子上,从而促使 O_2 解离。OOH 从物理吸附到化学吸附转化的能垒约为 0.3 eV。OOH 的吸附存在两种途径,在途径一中,会生成 OH 中间物种,OH 在石墨炔上的吸附力很弱。而在途径二中,会生成石墨炔氧化物和水分子。通过比较两种反应途径的势能面,得出途径二是一种更优的氧还原催化途径。之后,氧原子会与两个氢原子结合,生成水,石墨炔表面恢复。O—O 键的断裂发生于 H_2 的加成之后,因此氧化还原反应在这三种石墨炔中均以四电子途径进行。其中对于 18 个碳原子环的 α-和 β-石墨炔,O_2 分子可以无障碍地渗透于石墨炔催化位点上,可以有效提高其氧化还原反应效率,是一种优异的氧化还原反应催化剂。而对于 γ-石墨炔,需要较大的能垒实现 O_2 的渗透,因此其催化性能相对较差。

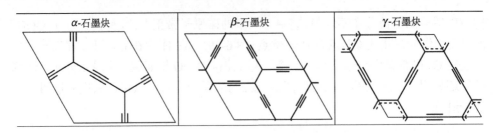

图 6-40 三种石墨炔模型的结构单元[97]

通过异原子掺杂可以进一步调节石墨炔的电子结构。Bu 等[98]通过第一性原理计算优化了 B-N 掺杂的石墨炔，并计算了其电子结构。计算结果表明，对于 nB-N 掺杂的石墨炔体系，在低掺杂率时 $n \leqslant 4$，取代反应倾向于取代 sp 杂化的碳原子，在碳六元环之间形成 B-N 原子链。当掺杂率提高时 $n \geqslant 5$，B-N 基团会取代苯环上的一个碳原子，进而取代炔键碳。生成 BN-石墨炔所需要的能量低于 BN-石墨烯，表明 B-N 在石墨炔上的取代反应的发生比在石墨烯上更容易进行。随着 B-N 掺杂量的增多，石墨炔的带宽先逐渐增大，再忽然下降，对应于取代方式的变化。石墨炔带宽的改变归因于 π 键的不一致以及电子态的限域效应。

同时，Kong 等[99]报道了 B、N 单掺杂的石墨炔，以及其对氧化还原反应的催化作用。其研究结果表明当采用吡啶作为探针时，B 取代的石墨炔是拉曼增强光谱的良好基底，也有利于催化氧化还原反应的发生。B 原子的掺杂将引入空穴，从而产生局域正电荷中心，改变石墨炔平面的电子结构。而吡啶中的 N 原子带负电荷，将通过静电吸引吸附于这些正电荷中心。吡啶和石墨炔间所形成的强化学键会影响一些反应的机制，例如，在入射光照射下两者间的电子传输有助于拉曼增强。B 掺杂所形成的局部正电荷中心对于催化位点的形成也具有重要作用，有利于 OOH 的吸附，从而有利于氧化还原反应的发生。邻近 B 原子的不成对 P_z 电子会产生局部高自旋密度，也有利于 OOH 的吸附。

对于 B、N 掺杂的 α-和 γ-石墨炔，也通过密度泛函理论进行的相应的计算[100]。结果表明，构型不同的掺杂石墨炔具有不同的氧还原催化性能。其中，B、N 单掺杂的 α-石墨炔的催化活性较低，这是氧还原步骤中不利的可逆电势导致的。而单掺杂的 γ-石墨炔表现了一定的氧还原催化活性。而 B、N 共掺杂但不相邻成键的 α-石墨炔却表现出了氧还原催化活性，这是由局域电子密度和自旋密度的改变引起的。然而若共掺杂的 B、N 原子相邻成键，得到的 BN-α-石墨炔依旧表现了较低的催化活性，这是由于在反应的最后一步具有比例的还原电位，类似于掺杂的碳纳米管结构。通过提高 B、N 共掺杂而独立存在的石墨炔体系中 N 的含量可以有效提高氧还原的起始还原电位，提高氧还原性能。除自旋和电子密度之外，HOMO 能级的能量以及 HOMO 和 LOMO 的能级差也对于氧化还原反应催化活性具有重要影响。

　　研究者还通过理论计算研究了氧化还原反应在具有一定形貌的 γ-石墨炔单壁纳米管上的氧还原催化性能和反应机理。并研究了 N、B、P、S 四种原子的掺杂效应[101]。计算结果表明，不同的掺杂元素会导致不同的氧还原催化机理。其中，在 N、B 掺杂的石墨炔纳米管表明 O_2 分子末端吸附于石墨炔表面，氧化还原反应通过 $O\text{-}H_2O$ 机理实现：$O_2 \longrightarrow {}^*O_2 \longrightarrow {}^*OOH \longrightarrow {}^*O\text{-}H_2O \longrightarrow {}^*OH + H_2O \longrightarrow 2H_2O$。而 P 掺杂的石墨炔纳米管 O_2 分子桥式吸附于石墨炔表面，氧化还原反应以 O_2 解离机理进行：$O_2 \longrightarrow {}^*O + {}^*O \longrightarrow {}^*O + {}^*OH \longrightarrow {}^*OH + {}^*OH \longrightarrow {}^*OH + H_2O \longrightarrow 2H_2O$。通过分析氧化还原反应的途径和中间物种的吸附能，对于这四种元素掺杂的石墨炔纳米管材料，其氧还原催化性能以 N-GNT > B-GNT > P-GNT > S-GNT 顺序逐渐降低。电子结构分析表明，异原子掺杂的石墨炔纳米管性能的高低与 HOMO 能级的高低以及 HOMO-LUMO 的能带宽度有直接的关系。

　　除掺杂非金属元素提高石墨炔的氧还原催化性能外，过渡金属的掺杂可以进一步提高其催化性能，常用的过渡金属主要为 Fe、Co、Ni。研究者根据密度泛函理论，通过理论计算，系统地研究了 Fe、Co、Ni 掺杂的石墨炔材料对氧化还原反应的催化作用[102]。结果表明三种过渡金属与石墨炔的键能均高于相应金属的内聚能。Fe、Co 修饰的石墨炔可以吸附氧气分子，而 Ni 修饰的石墨炔不能吸附氧气分子(图 6-41)。在酸性条件下，氧化还原反应在 Fe 和 Co 修饰的石墨炔材料中均以四电子途径进行，然而反应电位较负。在碱性条件下，Fe-石墨炔催化剂中，氧化还原反应以四电子途径进行，而在 Co-石墨炔表面，氧化还原反应以生成 H_2O_2 的两电子途径进行。从反应自由能变化来看，Fe-石墨炔在碱性介质中是一种有效的氧还原催化剂。

　　除理论计算外，实验上采用石墨炔材料作为氧化还原反应催化剂也取得了不错的效果。Liu 等[103]首先通过 NH_3 煅烧方法制得了 N 掺杂的石墨炔，用作碱性条件下的氧化还原反应。具有一定的催化活性使得石墨炔制备非金属氧还原催化剂成为可能。之后，此研究团队又进一步设计了两种非金属元素共掺的非金属氧还原催化剂，分别为 NS、NB 和 NF，其催化性能有了进一步的提高[104]。其中 NF 共掺的石墨炔材料在氧化还原反应半电池以及 Zn-空气电池中均表现出了与商业 Pt/C 相当的催化性能。而且石墨炔基非金属氧还原催化剂具有比 Pt/C 更优异的稳定性和抗毒性。

　　Lv 等[105]采用吡啶和氨气作为双氮源，采用两步法在高温下将氮掺入石墨炔材料中，改善了石墨炔材料的结构和氮的掺杂方式，所制得的氮掺杂的石墨炔材料达到了与商业 Pt/C 相当的催化性能，并且表现出了比商业 Pt/C 更加优异的稳

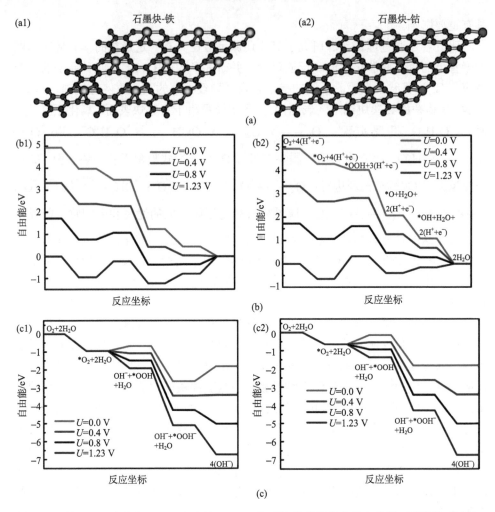

图 6-41　(a) GY-Fe(a1) 和 GY-Co(a2) 的 3×3×1 超晶胞结构的优化几何结构；(b) 酸性介质中，不同电位下 (b1) GY-Fe 和 (b2) GY-Co 表面发生氧化还原反应的自由能变化；(c) 碱性介质中，不同电位下 (c1) GY-Fe 和 (c2) GY-Co 表面发生氧化还原反应的自由能变化[102]

定性和抗甲醇中毒能力 (图 6-42)。同时，通过实验与理论计算相结合，得出了氮掺杂石墨炔材料中有效的氮掺杂方式，为制备性能更加优异的石墨炔基催化剂提供了依据。

　　然而，高温掺杂过程中氮掺杂位置和形态的不确定性以及不可避免的痕量金属对性能的影响，使得在氮掺杂碳材料的催化机理方面仍存在很大的争议。利用第 5.6 节所示氮杂石墨炔的制备方法可以很好地避开以上两种缺陷，既能实现氮掺杂的确定排列又能实现金属零污染，因而应深入探究氮的引入在催化反应中的作用[89]。如图 6-43(a) 所示，氮掺杂显著影响了 ORR 的起始电位，吡啶氮掺杂石

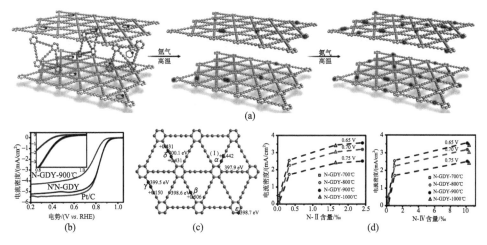

图 6-42　(a)氮掺杂石墨炔的制备过程示意图；(b)催化剂性能比较；(c)不同掺杂方式氮的结合能；(d)不同形式的氮含量与催化剂性能的关系曲线[105]

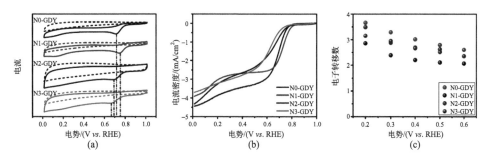

图 6-43　(a)在饱和 N_2 和 O_2 的 0.1 mol/L KOH 溶液中，N0-GDY、N1-GDY、N2-GDY 和 N3-GDY 在 10 mV/s 的扫速下的循环伏安曲线；(b)在饱和 O_2 的 0.1 mol/L KOH 溶液中，N0-GDY、N1-GDY、N2-GDY 和 N3-GDY 在 10 mV/s 的扫速下的线性扫描伏安曲线，转速为 1600 r/min；(c)N0-GDY、N1-GDY、N2-GDY 和 N3-GDY 的电子转移数[89]

墨炔的起始电位是 0.87 V，明显高于没有氮掺杂的石墨炔(0.82 V)；然而，三嗪氮的引入却没有使起始电位更高(0.80 V)，这可能归因于其减弱的传导性。这种催化性能与基于石墨烯的 ORR 催化剂具有可比性，证实了氮杂石墨炔作为 ORR 催化剂的潜能。根据 Koutecky-Levich (K-L) 公式计算得出电子转移数如图 6-43(c)所示，N0-GDY 有最高效率的电催化性能并且是四电子转移过程，而氮的掺杂明显削弱了电子转移数。N1-GDY 主要是二电子转移过程，而 N3-GDY 中由于更多氮的引入，在整个工作电压范围内电子转移数比 N1-GDY 高。N2-GDY 融合了 N1-GDY 和 N3-GDY 的性能，它的起始电位位于 N1-GDY 和 N3-GDY 之间。此外，吡啶氮和三嗪氮的共同作用增加了 N2-GDY 的电子转移数。通过确定氮掺杂，显示了石墨炔的吡啶氮掺入减弱了其作为 ORR 催化剂的催化性能，但是氮的引入有效地改变了石墨炔的带隙，从而可能得到更多高性能的基于石墨炔的复合催化剂。跟之前报道的文献比较，此种方法制备的石墨炔在形貌上有显著优势并具有较好的可分散性，这是实际应用需具备的重要因素。

除非金属元素掺杂以外，过渡金属掺杂能够进一步提高石墨炔的催化性能，其中 Fe 是一种最有效的过渡金属元素。研究者通过热解吸附于石墨炔表面的 Fe 和聚苯胺，将 Fe-N-C 单层覆盖于石墨炔表面，提高了其电子导电性[106]。其中在 900℃热解制备的 Fe-PANI@GD-900 表现了优异的氧化还原催化性能，起始电位为 1.05 V，半波电位比 Pt/C –30 mV，氧化还原反应以四电子途径进行。同时，Fe-PANI@GD-900 表现出了比商业 Pt/C 及其他石墨炔基催化剂更加优异的稳定性。Fe-PANI@GD-900 良好的催化性能可能归因于高含量的石墨 N 以及 Fe-N 基团。

除氧化还原反应外，石墨炔还用作析氢反应催化剂。氢气是一种可持续清洁能源，采用电解水方法制备氢气是一种有效的方法，然而电解水制氢需要较高的过电势，采用合适的催化剂可以降低反应过电势。传统的析氢反应催化剂是 Pt 基催化剂，然而 Pt 的价格昂贵，储量有限，需要研究价格更便宜的非贵金属催化剂来替代 Pt。其中，过渡金属硫化物以及磷化物是一种有效的替代 Pt 的催化剂，而石墨炔中的炔键与过渡金属键可以形成强烈的化学吸附作用，有利于电子传输，因此可以负载过渡金属磷化物或硫化物，用于析氢反应。Xue 等[107]在碳布上生长石墨炔，得到石墨炔泡沫，再在此石墨炔泡沫上生长 NiCo$_2$S$_4$ 纳米线，所得到的催化剂用作析氢和析氧双功能催化剂，均表现出了优越的催化活性和稳定性（图 6-44）。在碱性电解液中，电流密度为 10 mA/cm^2 和 20 mA/cm^2 时，其水电解的电池电位分别为 1.53 V 和 1.56 V。其优异的催化性能主要来源于几个方面：①石墨炔特殊的电子结构和电子导电性有利于电子的快速传输；②NiCo$_2$S$_4$ 纳米线直接生长于石墨炔上，而不加入黏合剂或导电添加剂，降低了接触电阻和电荷传输电阻，有利于提高反应动力学；③电极具有多孔性，有利于暴露更多的活性位点，有利于传质和气泡的移除；④Ni 和 Co 与石墨炔中的炔键有强烈的相互作用，有利于电子传输，从而提高其催化性能。

另外，Xue 等[108]还通过电化学方法，将泡沫铜表面处理为三维纳米线结构，并采用其作为载体和催化剂，原位生长石墨炔，得到三维 Cu-石墨炔纳米线核壳结构，用作析氢反应。其在酸性介质中的反应起始过电位为 52 mV，Tafel 曲线斜率为 69 mV/dec。在电流密度为 10 mA/cm^2 和 100 mA/cm^2 的过电位分别为 79 mV 和 162 mV。实验表明石墨炔和 Cu 间的协同效应有助于提高催化剂的性能。

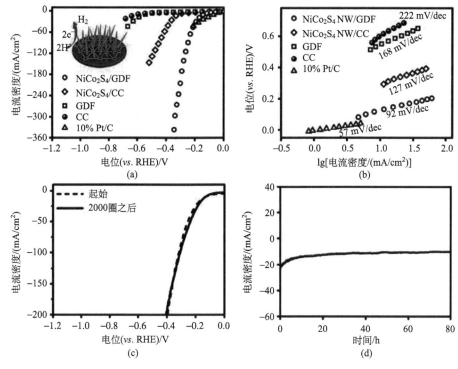

图 6-44　$NiCo_2S_4$-石墨炔的极化曲线、tafel 曲线和稳定性测试[107]

6.3.3　催化剂载体

基于经济效益和环境保护因素，制备高效稳定的金属催化剂对于化学和材料科学具有重要的意义。而选择合适的催化剂载体可以减小金属催化剂的粒径，提高其有效利用面积。石墨炔特殊的原子排布和电子结构使得其可以负载金属纳米粒子，制备高效的催化剂。

Qi 等[109]利用石墨炔较低的还原电位，以石墨炔为还原剂和稳定剂，在不施加外部电压和外加还原剂的情况下，通过氧化石墨炔（GDYO）与 $PdCl_4^{2-}$ 的氧化还原反应，将 $PdCl_4^{2-}$ 原位自还原为 Pd 纳米粒子，负载于石墨炔上。所得 Pd/GDYO用以在硼氢化钠介质中催化还原 4-对硝基苯酚。其催化反应的速率常数为 0.322 min^{-1}，而相应的采用 Pd 负载的氧化石墨烯、Pd 负载的多壁碳纳米管和商业 Pd/C 的反应速率常数分别为 0.029 min^{-1}、0.008 min^{-1} 和 0.058 min^{-1}。透射电子显微镜图片表明，负载与氧化石墨炔上的 Pd 纳米粒子粒径约为 1.3 nm，且分布均匀（图 6-45）。这可能是由于 Pd 原子易吸附于炔键上，而氧化石墨炔载体中含有丰富的炔键，有助于 Pd 纳米粒子的分散，减小其粒径。对比实验表明 Pd/GDYO催化剂中，Pd 纳米粒子的粒径较小，且氧化石墨炔具有较大的共轭结构，使得

Pd/GDYO 成为一种有效的催化剂。

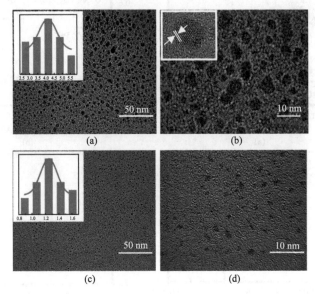

图 6-45 Pd 负载与石墨炔(a)、(b)和氧化石墨炔(c)、(d)上的透射电子显微镜图片[109]

2016 年，Xue 等[110]又报道了采用石墨炔作为载体，负载被 N 掺杂的碳材料包裹的 Co 纳米粒子，用于电催化析氢反应。将四水合乙酸钴和双氰胺以及石墨炔混合均匀后，旋蒸得到固体粉末，然后在惰性气体氛围中高温煅烧，还原Co，所得固体粉末浸泡于稀硫酸中，除去表面不稳定的 Co 粒子，最后洗涤干燥，即得到 CoNC/GDY。所制得的 CoNC/GDY 催化剂表现了较高的催化性能，其起始电位为 170 mV，低于 Co/GDY(260 mV)、NC/GDY(300 mV)以及纯GDY(700 mV)。当电位超过 460 mV 时，CoNC/GDY 的催化反应电流高于商业 Pt/C(10wt%)，表明在此电位范围内，CoNC/GDY 的催化活性高于 Pt/C。另外，CoNC/GDY 的稳定性也由于商业 Pt/C。在经过 36000 圈循环伏安扫描前后，CoNC/GDY 的极化曲线几乎保持不变，而商业 Pt/C 在经过仅 8000 圈循环伏安扫描后，其催化性能就有了明显的降低。因此，CoNC/GDY 是一种优异的析氢催化剂。

石墨炔是一种 n 型半导体，具有合适的带宽，理论计算表明，石墨炔的电子云密度高于石墨烯。另外，Pt 是一种过渡金属元素，具有一个 3d 空轨道。若将Pt 纳米粒子负载于石墨炔纳米片上，Pt 与石墨炔纳米片间容易形成化学键，将有利于提高电子传输和催化作用。Ren 等[28]通过密度泛函理论计算和实验方法均证明，Pt 纳米粒子负载的石墨炔纳米片(PtNP-GDNS)用于燃料敏化太阳能电池的对电极可以提高其催化活性和电子传输。其中石墨炔纳米片厚度约为 10 nm，采用锂离子嵌入/脱出方法制得，Pt 纳米粒子采用离子溅射方法沉积于石墨炔纳米片上。PtNP-GDNS 作为对电极，由于其特殊的 p-n 结构型，提高了其催化活性和电子传输能力。采用 PtNP-GDNS 作为对电极的燃料敏化太阳能电池的能量转化效率为 6.35%，与 Pt 箔对电极(7.24%)相当，高于 Pt 纳米粒子(5.39%)以及负载于氧化石墨烯上的 Pt 纳米粒子(5.39%)。

　　石墨炔特殊的三键结构可以与金属原子相互作用，有助于形成单原子分散的催化剂。单原子催化剂可以暴露最多的金属粒子的表面积，从而提高金属粒子的利用率。然而，制备单原子分散的金属催化剂有很大的挑战，需要选择合适的载体。密度泛函理论证明石墨炔是一种良好的载体，可以负载单原子 Fe 催化剂[111]。Fe 原子可以牢牢地嵌入石墨炔片中，键能约为 4.99 eV，扩散能垒约为 1.0 eV。因此 Fe 原子可以强烈吸附于石墨炔上，形成单原子分散的 Fe-石墨炔催化剂。通过理论模拟证明，负载 Fe 单原子的石墨炔材料催化 CO 氧化反应，具有很高的催化活性。研究者通过理论模拟展示了 CO 和 O_2 在 Fe 单原子-石墨炔上的吸附结构，并模拟了 CO 氧化反应机理。结果表明，O_2 在 Fe 单原子-石墨炔上的吸附能比 CO 更强，O_2 会首先占据 Fe 原子，CO 被吸附的 O_2 氧化，其快速步骤的反应能垒仅为 0.21 eV。通过计算每一步反应的电子态密度表明，O_2 和 Fe 的强烈的相互作用有助于促进 CO 的氧化。

　　Lin[112]采用密度泛函理论研究了 Sc 和 Ti 吸附原子对单层石墨烯的热稳定性和催化能力，发现单层 GDY 对 Sc 和 Ti 吸附原子的结合能力比石墨烯强，Sc 和 Ti 吸附原子在单层 GDY 上的高迁移能垒可以有效防止这些吸附原子的聚集。他们通过进行最小能量路径(MEP)计算研究了 Sc 和 Ti 吸附单原子 CO 氧化的催化性能：在 Sc 和 Ti 吸附的石墨炔材料表面，室温下 CO 即可被催化氧化。在有氧环境中，Sc 或 Ti 吸附原子经过如下四步反应完成 CO 的催化氧化：

$$M+ O_2 \longrightarrow M \cdot O_2, \ M \cdot O_2 + CO \longrightarrow M \cdot CO \cdot O_2 \qquad (步骤 1)$$

$$M \cdot CO \cdot O_2 \longrightarrow M \cdot OOCO \qquad (步骤 2)$$

$$M \cdot OOCO \longrightarrow M \cdot O + CO_2 \qquad (步骤 3)$$

$$M \cdot O + CO \longrightarrow M + CO_2 \qquad (步骤 4)$$

　　步骤 1～步骤 3 遵循 Langmuir-Hinshelwood(L-H)机理，包括 CO 和 O_2 的共吸附，原位转化为中间态及反应产物的释放。一个 O 原子留石墨二炔-金属上，随后在步骤 4 中与进入的 CO 反应，进入下一个循环。该催化过程具有稳定的反应中间体和低势垒(图 6-46)。Sc 和 Ti 吸附的石墨炔材料具有良好的稳定性和催化活性，是一种优异的 CO 氧化催化剂。

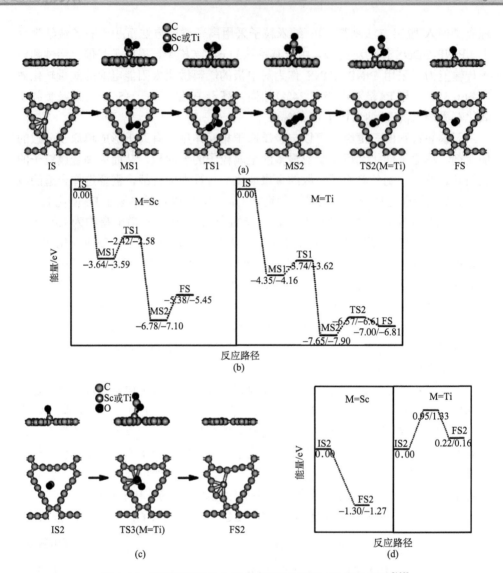

图 6-46　吸附在石墨炔上的 Sc 和 Ti 应用于 CO 氧化催化[108]

(a)沿着步骤 1～步骤 3 中 MEP 的初始态(IS)、中间态 1(MS1)、过渡态 1(TS1)、中间态 2(MS2)、过渡态 2(TS2)(仅针对 M=Ti)和终态(FS)的俯视图和侧视图；(b)在 PBE/PBE0 水平上，沿着步骤 1～步骤 3 中 MEP 的 IS、MS1、TS1、MS2、TS2(仅对于 M=Ti)和 FS 的能量分布；(c)IS2、TS3(仅适用于 M=Ti)和沿着步骤 4 的 MEP 的 FS2 的顶视图和侧视图；(d)IS2、TS3(仅适用于 M=Ti)和 FS2 沿第 4 步的 MEP，在 PBE/PBE0 水平的能量分布[112]

进一步，研究者又通过密度泛函理论研究了 Pd、Pt、Rh、Ir 在石墨炔上的吸附，通过系统研究几何效应、吸附能以及电子结构得出，这四种贵金属都倾向于吸附在 C_{18} 六边形碳环上，与四个碳原子相连[113]。通过分析内嵌吸附能和内聚能的比例以及两者的差值，这表明 Pd、Pt 原子容易以较高的浓度吸附，而 Rh 和 Ir

吸附浓度较低，可以单原子形式嵌入石墨炔中。研究者还计算了贵金属原子在石墨炔 C_{18} 六边形结构中移动的过渡态。其中 Ir 原子的移动最困难，能垒为 2.81 eV。研究者认为，在吸附能和移动能垒间可能存在简单的线性关系。吸附能越大，原子越难移动。当贵金属原子嵌入石墨炔中后，石墨炔的带宽减小。其中 Ir 的嵌入以原子态存在，Ir 原子的 3d 轨道被占据。通过定量分析贵金属负载石墨炔结构的前线分子轨道，对比嵌入吸附能和移动能垒的线性关系得出，原子能够嵌入石墨炔材料中的吸附能下限为 2.13 eV。这一结论将更加通用于其他的金属原子。

6.4　环境与分离

6.4.1　气体分离

气体膜分离技术作为近年以来快速发展起来的一种新型气体分离技术，在实现 H_2、He 等气体分离制备领域具有广阔的研究应用前景。气体膜分离技术通过原料混合气中的不同气体对于膜材料具有不同的渗透率，以膜两侧的气体压力差为驱动力，实现膜渗透侧得到的渗透率较大的气体富集，从而达到气体分离的目的。气体膜分离过程无相变产生，能耗低或无须能耗，由于压力是分离过程的推动力，尤其适合处理自身带压力的混合气体的分离与回收，如从空气中收集氧、从合成氨尾气中回收 H_2、从石油裂解的混合气中分离 H_2 等，在与传统分离技术(吸附、吸收、深冷分离)的竞争中显示出其独特的优势，日益广泛地用于石油、天然气、化工、冶炼、医药等领域。在气体膜分离技术中，H_2 分离膜占有很大的比例。目前 H_2 的制备主要通过电解水、裂解石油气/天然气等方法，耗能大且污染环境，并具有一定的安全隐患，使用气体膜分离技术可以有效解决上述问题。膜材料的发展是膜分离技术的关键问题，理想的气体分离材料应该同时兼具较高的气体渗透率与气体选择性，同时满足高的机械强度，优异的热、化学稳定性和良好的成膜加工性能。因此，选择与开发具有优异性能的膜分离材料一直是膜技术开发与研究的热点。石墨炔作为最近制备的一种新型全碳薄膜材料，得益于其独特的层状结构以及丰富的分布式孔洞结构，使其成为实现各种气体分离需求的理想分离膜材料。从结构的角度分析，具有不同炔键结构的石墨炔孔洞大小不同，是天然的分子水平上高选择的分离材料，具有气体分离的潜在价值。其中石墨二炔具有周期性的三角形原子孔洞以及面积约 6.3 $Å^2$ 的范德瓦耳斯开口。石墨二炔分子中的有效孔隙大小通过炔键的范德瓦耳斯直径进行计算表明，存在一个长度约为 3.8 Å 的三角形原子孔洞。而几种常见气体的动力学直径分别是 2.93 Å(H_2)、3.76 Å(CO) 和 3.83 Å(CH_4)。因此，通过几何参数计算表明，石墨二炔适合应用于从混合气体中提纯 H_2，可作为合成气中(H_2、CH_4 和 CO 的混合物)分离 H_2 的超薄分离膜，是制备清洁能源高纯 H_2 的潜在应用材料[114-116]。其中，Smith 等通过使用泛密度函数理论(density functional theory, DFT) 以及过渡态理论(transition state theory, TST) 研究了石墨炔结构中的气体扩散规律从而精确预测了 CH_4/CO 气体中 H_2 扩散速率与扩散选择性。研究表明，H_2 扩散时最稳定的构型是位于平行于石墨炔平面约 1.75 Å 高度的位置，吸附能约为–0.07 eV，H_2 分子穿过石墨二炔三角形大孔到石墨炔平面的扩散能垒为 0.10 eV[图 6-47(a) 和(b)]。对 H_2 吸附过程中的最低能量路径以及稳定吸附点位研究表明与石墨烯相比，H_2 在石墨炔结构中扩散能垒较低且较易跨越[图 6-47(g)]。通过 Arrhenius 方程估算，H_2 在石墨二炔中的扩散速率可达到多孔石墨烯材料的 10^4 倍。同时研究表明，CO 和 CH_4 分子在穿过石墨二炔三角形大孔到石墨炔平面的扩散能垒分别为 0.72 eV 和 0.33 eV [图 6-47(c)~(f)]，与 H_2 相比在石墨二炔中的扩散较为困难。当 CO 和 CH_4 分子位于石墨炔大孔中心时，石墨二炔分子中有轻微的扭曲。由于较强的排斥作用进一步提高了在石墨炔分子中的扩散能垒，从而有助于在 CO/CH_4 混合气中选择性的分离出 H_2。通过过渡态理论对 CH_4/CO 气体中 H_2 扩散速率与扩散选择性进行研究表明，在室温状态下 H_2 扩散速率系数相当于 CH_4 扩散速率系数的 10^{10}，相当于 CO 扩散速率系数的 10^3 (图 6-48)，远高于其他常规分离材料如硅基或者碳基薄膜材料，展示了作为理想的 H_2 分离膜材料的潜力[117]。

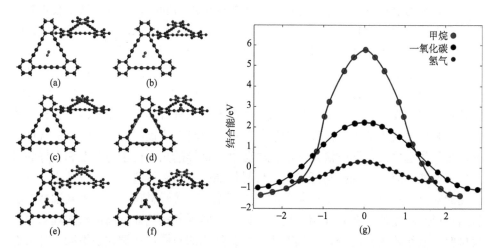

图 6-47　H_2 吸附在石墨二炔的平面上(a) 以及大孔中(b) 的原子分布；CO 吸附在石墨二炔的平面上(c) 以及孔中(d) 的原子分布；CH_4 吸附在石墨二炔的平面上(e) 以及孔中(f) 的原子分布；(g) 几种气体分子在石墨二炔吸附过程中的最低能量路径以及稳定吸附点位[117]

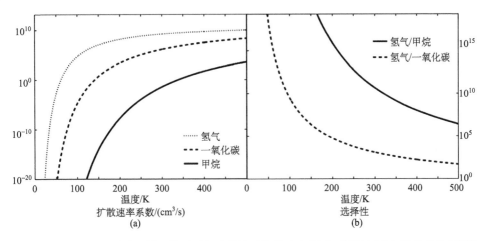

图 6-48　气体分子通过石墨二炔平面与孔结构时扩散速率(a)与选择性(b)与温度的关系[117]

Zhang 等[118]通过第一性原理计算研究了不同孔结构的石墨炔[石墨炔（graphyne）、石墨二炔（graphdiyne）、菱形石墨炔（rhombic-graphyne）]的 H_2 分离特性。研究发现石墨炔的最优晶格常数为 a-b- 6.83 Å，尽管石墨炔的稳定性优于石墨二炔（0.16 eV/atom），但是石墨炔分子内孔径较小，H_2 穿越石墨炔分子时的能量能垒高达 1.98 eV，这使得石墨炔在一般实验条件下不适合 H_2 分离[图 6-49(a)]。石墨二炔最优晶格常数为 a-b- 6.83 Å，H_2 穿越石墨二炔分子时的扩散能垒降至 0.03 eV，显示了较高的 H_2 分离能力，这主要是因为石墨二炔较大的孔结构[图 6-49(b)]。石墨二炔相对大的气体分子（如 CH_4）显示对 H_2 高的选择性，但是相对小分子气体（如 CO_2、N_2）显示对 H_2 低的选择性。而菱形–石墨炔单层晶格常数为 a-6.91Å、b-6.48 Å 且具有介于石墨炔和石墨二炔之间的孔径[图 6-49(c)]，在吸附气体分子时较大的孔结构有助于结构保持稳定不发生变形。H_2 穿越菱形石墨炔分子时的扩散能垒为 0.54 eV，低于多孔石墨烯材料的 0.61 eV。同样的，CO、N_2、CH_4 穿越菱形石墨炔分子时的扩散能垒分别为 1.55 eV、1.73 eV 和 3.0 eV，与气体分子的动力学半径规律有很大的不同（CO 分子动力学半径 3.76Å 略大于 N_2 分子的 3.64Å）。这证实了分子与孔洞之间不同的物理和化学相互作用决定了气体分子的扩散能垒。通过计算的扩散能垒以及 Arrhenius 方程，可知菱形石墨炔的孔结构在室温下对分离 H_2 具有高选择性（10^{16} 对应 H_2/CO、10^{19} 对应 H_2/N_2，以及 10^{41} 对应 H_2/CH_4）。上述研究结果表明，气体分子的扩散能垒随着石墨炔分子内孔径的增大呈指数下降，渗透能力与选择性随着石墨炔分子内孔径的减小而增强[图 6-49(e)]，但是相比其他气体分子（如 CO_2、N_2、CH_4），H_2 的分离选择性对孔的尺寸和形状更敏感[118]。

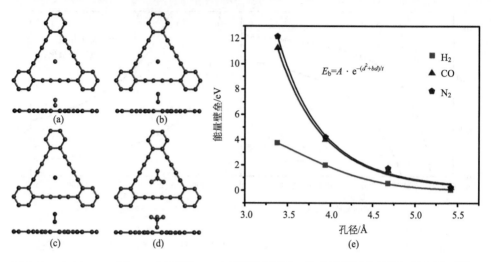

图 6-49 H_2(a)、CO(b)、N_2(c) 以及 CH_4(d) 吸附在石墨二炔大孔平面上的俯视图与侧面图；
(e) 气体分子的扩散能垒与石墨炔分子内孔径的关系 (实线通过 $E_b = A \cdot e^{-(d^2 + bd)/t}$ 拟合) [118]

Cranford 和 Buehler[119] 通过全原子分子反应动力学模拟计算对限定温度、压力条件下更大体系内多个 H_2 分子在石墨二炔中的扩散机制进行研究。结果表明，基于石墨炔特有的网状分子结构，通过具有温度依存性的 Arrhenius 方程可知，对于单个 H_2 分子在石墨二炔分子中需要的扩散能量在 0.11～0.03 eV。在恒定温度条件下大量 H_2 分子通过石墨二炔膜的质量流量为 7～10 g/($cm^2 \cdot$ s)（在温度 300～500 K 之间），可以有效分离掉 CO 和 CH_4 分子。通过增加临界压力（1～2pN/单个分子，100～500 kPa 的可控的压力梯度范围内）可以增强 H_2 的分离效果。例如，施加较大的驱动压力（50～100 pN/分子）可以选择性过滤 CO 或 CH_4。在约 14 pN 的压力条件下，几乎所有的 H_2 分子可以从混合气中被分离。即使是在接近大气压条件下（约 100 kPa），石墨二炔仍然可以保持结构完整，展现了高压力条件下对 H_2 的分离可行性。上述研究表明，石墨二炔用于气体分离的巨大优势在于提供了一种不需要再进行化学功能化或引入分子孔道，具有独特的、化学惰性和机械稳定的均质膜分离材料[119]。

Subramoney 等和 Jiao 等通过理论研究使用氮元素掺杂对于 H_2 分离的促进作用[120,121]。为进一步减少石墨炔分子中 H_2 的扩散能垒，可以参考在早期研究中通过理论计算和实验证实，使用氮掺杂碳结构可以增强 H_2 吸附能力从而进一步改善材料对 H_2 的分离效果[122-124]。N 掺杂石墨炔可以使用 s-三嗪环为原料，在六边形苯环上使用 N 取代 3 个 sp^2 杂化的碳原子制备，并推测 N 掺杂石墨炔与常规石墨二炔具有类似尺寸与形状的孔结构。 H_2 在 N 掺杂石墨炔中的传送过程如图 6-50(a) 所示，几乎没有石墨炔骨架结构的变形。电子密度差表明因为 N 掺杂石墨炔网状结构与 H_2 之间微弱的相互作用，电荷转移极其微弱。H_2 在 N 掺杂石墨炔的传送过程中的相互作用能为+0.01 eV，H_2 分子在大孔中的扩散能垒为 0.08 eV，略低于常规石墨二炔。同时，CH_4 在 N 掺杂石墨炔的传送过程中的相互作用能为 0.59 eV，明显高于常规石墨二炔。电子密度差也表明因为 N 掺杂石墨炔网状结构与 CH_4 之间存在明显的相互作用，N 掺杂对于 CH_4 有明显的排斥作用 [图 6-50(b)]。对于 CO 来说，较小的分子直径导致 CO 在 N 掺杂石墨炔中的传送过程与常规石墨二炔相比变化不太，相互作用能略有增加为 0.26 eV [图 6-50(c)]。CH_4 与 CO 在 N 掺杂石墨炔中扩散能垒增大，特别是 CO 分子扩散能垒增加 15%，有助于提高 N 掺杂石墨炔中对于 H_2 的分离效果。同时因为 N 元素的引入，与常规石墨二炔相比 H_2 与 CO 扩散倍率常数变化明显[图 6-50(j)]，特别是 H_2 在低温区间渗透变快，从而有助于提高 H_2 的分离选择性。上述研究结果表明除了位阻效应,N 元素的掺杂对于 H_2 在 N 掺杂石墨炔的大孔中心孔隙扩散通过时传递状态构型的变化中也扮演了重要的角色。N 掺杂石墨炔的纳米网状结构可以通过改变转变态分子构象降低 H_2 分子扩散能垒，从而实现对 H_2 分子更好的分离选择性和得益于较低的扩散能垒带来的较高的扩散速率。上述理论研究丰富了通过杂元素掺杂提高二维碳膜材料对于高效气体分离的研究思路与方法。

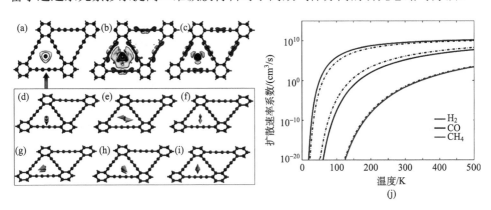

图 6-50　H_2(a)、CH_4(b)、CO(c)在 N 掺杂石墨炔中的传送过程电子密度与骨架结构变化俯视图；(d)～(i) H_2 分子在传送过程中的振动形式；(j) H_2、CH_4、CO 气体分子在氮掺杂石墨炔中扩散系数与温度的关系

同时，Zhao 等通过泛密度函数理论计算(DFT)以及分子动力学模拟(MD)研究了 H、F、O 元素取代的石墨炔单分子层在 $CO_2/N_2/CH_4$ 分离中的性能[125]。通过结合能计算以及声子色散谱研究表明，取代的石墨炔单分子层具有良好的稳定性，最优晶格常数分别为 a'= 9.71 Å、b'= 16.30 Å(GDY-H)，a'= 9.72 Å、b'= 16.30 Å (GDY-F) 以及 a'= 9.71 Å、b'= 16.35 Å(GDY-O)，如图 6-51 所示。其中 H 取代的石墨炔对于 $CO_2/N_2/CH_4$ 气体的分离效果较弱(跨越能垒为 0.06～0.16 eV)，而 F 以及 O 取代的石墨炔薄膜可以在较宽的温度区间内有效将 CO_2/N_2 从 CH_4

气体中分离出来，在 600 K 的温度下选择性可达 8.9～57，远高于工业标准的 6。甚至在 300 K 温度下，O 取代的石墨炔也可以将 CO_2/N_2 气体分离。研究结果表明通过对石墨炔分子进行修饰可以为分离大分子气体提供了一种新的有效方法。

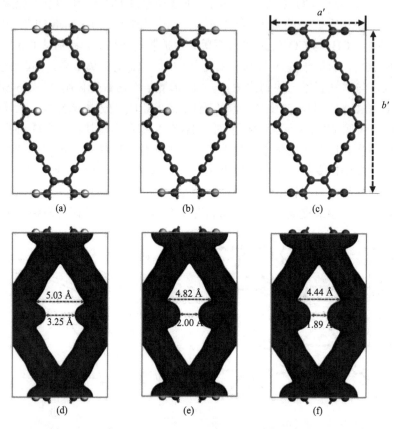

图 6-51　GDY-H(a)、GDY-F(b)，以及 GDY-O(c)单层最优晶格示意图；GDY-H(d)、GDY-F(e)，以及 GDY-O(f)的孔结构电子密度等位面示意图[125]

高纯氧气在工业以及医疗领域有着广泛的应用，同时在处理有毒气体泄漏以及化工厂事故中使用的防毒面具也需要性能优异，且能够自由扩散氧气而阻碍有害气体扩散。因此 O_2 的净化与分离在与多方面具有重要的价值。目前的相关研究主要集中在 3D 材料应用于 O_2/N_2 的分离上，关于 2D 平面材料的应用以及从有害气体中分离 O_2 的研究却比较少。Meng 等在理论上研究了 O_2 以及有害气体(包括 Cl_2、HCl、HCN、CNCl、SO_2、H_2S、NH_3，以及 CH_2O)在渗透过石墨二炔时在分子层上的吸附以及扩散性质[126]。研究发现，石墨二炔在富氧条件下较为稳定(O_2 条件下石墨二炔的炔键发生氧化需要克服 ca. 1.97 eV)，在 H_2S 中表现出最好的分离选择性,室温条件下即使分离选择性较差的 CH_2O 中选择性也可高达 $2×10^2$。[图 6-52(a)]O_2 在室温 O_2/N_2 体系下穿越过石墨炔分子层时具有最高的渗透压[$6.7 ×10^{-9}$ mol/($m^2 \cdot s \cdot Pa$),图 6-52(b)]。研究表明在较宽的温度范围内,石墨二炔良好的纳米尺度的孔结构展现了优异的从有毒气体分离 O_2 的性能,具有应用于医疗和工业的巨大潜力。

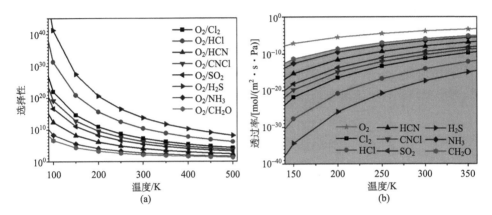

图 6-52　(a)O_2 在 Cl_2、HCl、HCN、CNCl、SO_2、H_2S、NH_3 以及 CH_2O 混合气中通过石墨炔的选择性与温度关系示意图;(b)O_2、Cl_2、HCl、HCN、CNCl、SO_2、H_2S、NH_3 以及 CH_2O 通过石墨炔的渗透压与温度关系示意图[126]

　　除此之外,氦气作为一种在军工、医疗、半导体等领域具有特殊应用的气体,目前主要通过大型空气分离设备在空气中对混合惰性气体进行分离,分离难度大且效率较低。基于石墨炔薄膜的气体分离技术同样有望应用于高效 He 气体提纯中。Bartolomei 等通过量子动力学计算研究了石墨二炔对大气中 He 的分离以及 He 同位素的分离能力[127]。计算表明 He 分子穿越石墨二炔分子时的能量能垒为 0.033 eV,这证明 He 分子可以在石墨二炔中快速渗透与扩散。为了研究石墨二炔在大气中分离 He 的能力,引入 Ne 与 CH_4 来作为极限情况下常见的烷烃和惰性气体的混合气体。计算表明石墨二炔在室温条件下对 He/CH_4(10^{23})以及 Ne/CH_4(10^{24})体系均有较高的选择性(图 6-53)。对于 He/Ne 体系在室温下的选择性可以达到 27(任意条件下大于 6),虽然石墨二炔从 He/Ne 体系中分离出 He 效率比较低,考虑到空气中较低的惰性气体含量,石墨二炔应用于空气中提取 He、Ne 但仍然可以达到工业应用水平。因此石墨二炔有望作为快速、高效的在含有碳氢化合物的空气中分离出 He、Ne 等惰性气体的潜在膜分离材料。同时,基于 He 分子在石墨二炔中的高渗透性能,同样有望通过惰性气体同位素的隧穿概率在多层石墨二炔膜上实现 ^{3}He 与 ^{4}He 的多级分离。如图 6-54 所示,在动能低于经典能垒时,^{3}He 分子的传输概率明显高于 ^{4}He 分子;在较高动能情况下正好相反。因此可以通过降低分离体系温度来减低体系能以实现 ^{3}He 与 ^{4}He 的分离。研究表明在 77 K 时，石墨二炔中 ^{3}He /^{4}He 的分离选择性仅有 1.04，随着温度降至 20 K，^{3}He/^{4}He 的分离选择性快速增加至 6，从而可以满足实际分离需求。鉴于极低的温度有助于实现 He 同位素的分离，因此 Hernandez 等还进一步研究了隧道效应与零点能量效应对 He 同位素分离的影响[128]。研究表明隧道效应与零点能量效应在低温下（20～30 K）下对于石墨二炔分离 ^{3}He 与 ^{4}He 同位素有着重要作用。虽然量子特性的相反方向作用影响 ^{3}He/^{4}He，所以选择性比很难达到一个理想的值，但是由于零点能量效应表现明显，所以一般条件下 ^{4}He 的扩散大于 ^{3}He 在石墨二炔膜中的扩散速度，并在 23K 条件下达到最优性能。上述研究展示了石墨二炔作为理想的 He 分离膜材料的潜力。

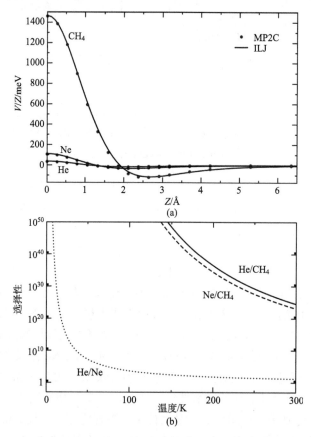

图 6-53　(a) He、Ne 以及 CH$_4$ 垂直于石墨炔孔结构几何中心时的能量曲；(b) 不同分子组合下的气体选择性与温度的关系示意图[127]

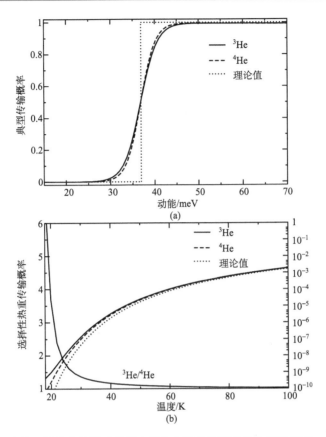

图 6-54　(a) He 穿越石墨炔孔结构时量子力学与典型传输概率的动能示意图；(b) ³He/⁴He 的选择性热重传输概率与温度的关系[127]

6.4.2　海水淡化

海水淡化又称海水脱盐，是从海水中获取淡水的技术和过程。海水淡化在 21 世纪的加速发展一方面是为了解决水资源的持续短缺，另一方面得益于淡化技术的持续进步。海水淡化包括从海水中分离出淡水和除去淡水中的盐分两种。从海水中分离出淡水的方法包括蒸馏法、冷冻法、反渗透法、水合物法和溶剂萃取法等；除去海水中的盐分则包括电渗析法和离子交换法。尽管淡化的方法多种多样，但目前得到广泛应用的主要还是蒸馏法和反渗透膜法。蒸馏法和反渗透膜法两种淡化技术的进步方式有所不同，相比较而言，反渗透技术的进步更为明显。反渗透技术的关键是渗透膜的研究与应用，如在制备与使用过滤膜时对于材料的力学性能以及稳定性有着较高的要求。目前广泛使用的高分子反渗透膜如聚酰胺薄膜，主要研究方向集合在引入新的官能团或是对高分子结构进行交联改性等，虽然已取得一系列成果，但是只能部分改善膜的性能。同时聚合物薄膜在抗氧化性以及耐污染性上还存在较大的劣势，为了应对反渗透膜领域的发展，一些新兴薄膜材料被研究用于水分离与净化。与传统的聚合物膜以及离子交换材料相比，利用石墨炔纳米多孔膜进行海水脱盐被广泛地认为是一种高能效的方法，可能优于现有的商业技术。研究表明，自支撑的石墨炔片层具有较高的化学稳定性，其杨氏强度可达 365~700 GPa，单轴极限拉伸强度可达 25~100 GPa，同时石墨炔的制备条件也保证了石墨炔在较高温度下具有一定的热稳定性，这使得石墨炔材料在力学性能以及稳定性上完全满足高温高压力条件下作为水分离材料的要求[129,130]。Bartolomei 等通过第一性研究原理计算以及力场优化对水分子穿过石墨炔分子的渗透能进行了研究[131]。使用不同结构的轮烯分别代表石墨炔、石墨二炔以及石墨三炔片段，对应的大三角形孔洞直径分别为 1.3 Å、3.9 Å 以及 6.4 Å[图 6-55（a）]；考虑到水分子在理想状态下的范德瓦耳斯直径为 3.15~3.28 Å，因此，水分子的直径大于石墨单炔，远小于石墨三炔，这说明石墨单炔不适合用于水分子的渗透，但是石墨三炔较大的孔径更有利于水分子的渗透与扩散。图 6-55(b) 报道了水分子垂直于不同石墨炔分子平面时的势能剖面。水分子的 C2 对称轴与水分子中氧原子与石墨炔孔洞的几何学中心之间的距离会形成一个 123.5° 的角度，这种特殊的水分子构象是在几种可能形式中能垒最低的。因此，这种情况下石墨单炔的渗透能垒比较高(约 8 eV)、石墨二炔能垒为约 0.2 eV、石墨三炔能垒最低，再次证明了石墨单炔不适合应用于水分子渗透，而石墨三炔较大的孔径结构更有利于水分子的渗透与扩散。增加体系中水分子的数量，第二个水分子与在石墨三炔平面的另一侧的氢键相互作用起到进一步降低渗透能垒的效果。对于石墨二炔，尽管三角孔的直径与水分子的直径相近，同样存在因为水分子间的氢键相互作用降低渗透能垒的效果(255~85 meV)，因此不能排除石墨二炔同样有望应用于水分离与纯化材料。研究同时也预测了水分子-碳原子之间的非共价键相互作用，有助于进一步降低水分子在石墨炔中的渗透能垒，从而进一步改善石墨二炔对水分子的分离能力。这方面的进一步研究还在持续进行中。

Lin 和 Buehler[132]利用分子动力学模拟计算了石墨炔材料的机械力，水分子在石墨炔中过滤机制与具有不同大小孔径的石墨炔材料之间的关系。拉伸测试结果以及机械稳定性研究表明，不同孔径大小石墨炔的单向拉伸强度可达 16.7~32.3 GPa，临界应变为 1.2%~2.7%，相应的力学性能随着孔径大小的变化有所变化，石墨三炔材料展现出最优的力学性能(单向拉伸强度可达 16.7~32.3 GPa，临界应变为 1.2%~2.7%)。因此通过使用不同孔径大小石墨炔的单层膜来制造碳纳米网，充分利用石墨炔的稳定性、力学性能以及具有确定的三角形原子孔，单原子厚度的网状纤维结构确保在盐水分离上的应用。研究发现石墨炔孔洞能允许水分子无障碍扩散，并完全排斥盐离子通过的碳"纳米网"。通过分子动力学模拟和简单的动

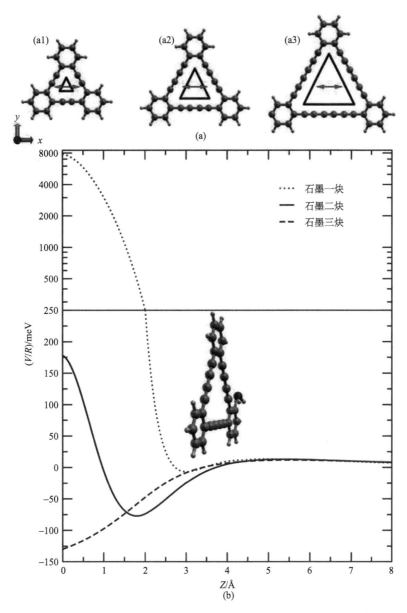

图 6-55 （a）用来研究石墨单炔(a1)、石墨二炔(a2)、石墨三炔(a3)纳米孔结构的轮烯分子结构；在孔内三角形代表与水分子的范德瓦尔斯直径相比的有效可用面积；（b）水分子垂直于不同石墨炔分子平面时的势能剖面示意图[131]

力学模型，Lin 等[132]研究了水扩散率、盐离子排斥，以及相关的自由能垒与网状纤维结构的长度（N－乙炔连接单元数，其决定了膜的孔尺寸和孔隙率）和所施加的流体静压力的关系(图 6-56)。结果表明，石墨三炔（0.38 nm 的有效孔隙直径）

有最佳的脱盐性能。总体而言，石墨炔纳米网比现有的透水性脱盐膜的性能高几个数量级。使用石墨炔净化水的一个重要优点是，无须化学功能化或引入缺陷，便可以维持器件的长期稳定性能。从而使得石墨炔材料可以作为一种理想的海水淡化材料。

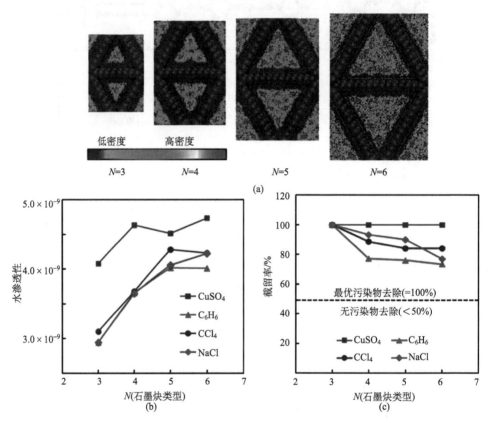

图 6-56　(a) 模拟不同石墨炔膜($N=3\sim6$) 随着纳米孔大小 (从左到右) 变化相应的水分子在孔结构中的密度变化示意图 (相同流体静压力 $\Delta P = 50$ MPa 下模拟)；(b) 不同石墨炔膜 ($N=3\sim 6$) 对于水的净化能力以及 (c) 对于含 $CuSO_4$、C_6H_6、CCl_4，以及 NaCl 的阻拦率 ($\Delta P = 50$ MPa)[132]

Zhu 等[133]研究了具有更大孔结构的石墨炔对于水分子的纯化与脱盐能力，证明随着石墨炔中苯环之间炔键数量不低于 3 个 ($N>3$) 水分子可以轻易穿过石墨炔中心的大孔结构，当苯环之间炔键数量的增加不高于 6 个 ($N<6$) 有助于阻止盐分通过石墨炔分子，从而实现水分子与盐分的高效、低成本分离 (图 6-57)。特别是当炔键的个数为 4 时，对盐分的阻碍作用最为明显，水分子的通过使石墨炔分子的流量也可以高达 13 L/(cm^2·d·MPa)，比目前商业化用的 RO 分离膜高了 3 个数量级 [0.026 L/(cm^2·d·MPa)]，也比之前报道的石墨烯类分离材料高 10 倍[134,135]。

同时研究发现，不同孔径的石墨炔均有着较高的盐分排斥效果，石墨三炔以及石墨四炔对于盐分的排斥效果最为显著($R=100\%$)，石墨五炔的盐分排斥值降低至 $R=95\%$，石墨六炔的盐分排斥值保持在 $R=80\%$，远高于部分报道的纳米管薄膜(R约为 20%) 以及多孔石墨烯分离膜。图 6-58 模拟了水分子通过石墨三炔时的动力学过程。位于石墨炔三角大孔中心的水分子首先打破了平面内的氢键，采用与石墨炔平面垂直的构型垂直于石墨炔表面。在其他水分子氢键作用下进入纳米孔中并到达平面另一侧，迅速形成与平面网络以及周围水分相互作用的新氢键，并成为平面的一部分。不同于连续不断的宏观流体，纳米流体通过石墨炔层时可以看作量子化的方式，这导致水分子的渗透与石墨炔孔径的大小之间较强的独立性。

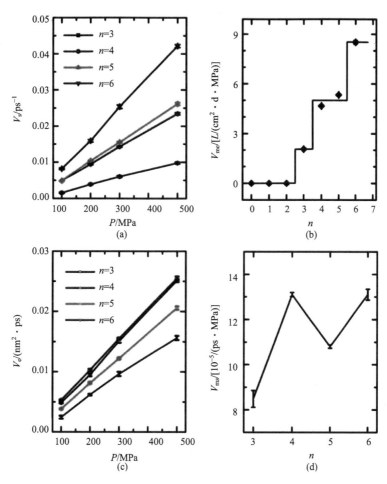

图 6-57　(a) 单个纳米孔中流量与流体静力学压力之间关系；(b) 单个纳米孔中渗透性与流量之间关系；(c) 有效流量与压力之间关系；(d) 石墨炔(n 为 3～6)中单位面积渗透性与流量之间关系[133]

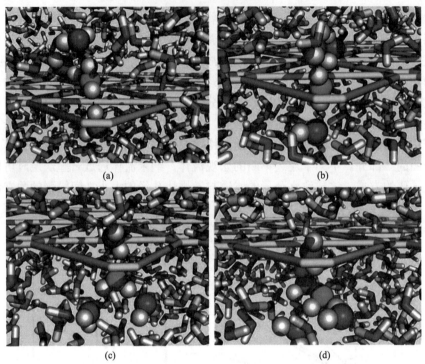

图 6-58 水分子通过石墨三炔膜运输过程的示意图[133]

绿色球状模型为氧；红色表示水分子之间形成氢键的球面模型与红色的氧；黄色表示石墨炔；条形模型表示其他水分子

有趣的是，石墨炔孔隙面积增加了 40%，但通量率却没有明显的变化，这个特点为在纳米尺度上控制盐水分离过程以及设计高效分离膜提供了新的思路与方法。Kou 等还进一步理论研究了水分子以及盐离子在不同孔径大小石墨炔中的分离能力。研究表明，在水溶液中盐离子以水和结构的形式存在导致其直径远大于离子自身大小，也大于石墨炔的孔洞大小，从而使得水和结构离子很难通过石墨炔分子。同时，在离子通过石墨炔孔洞时需要先脱离周围结合的水分子，增加了水和结构渗透需要的能量，降低了移动的可能。当水分子通过一个比较大的石墨炔孔洞时，较少的水从水和结构中脱离从而降低了水合盐离子的扩散能垒，这导致石墨炔随着孔结构的增大对盐的排斥作用减弱。另外，水分子与盐分之间的能垒很容易被施加的压力破坏[136]。但是，石墨炔薄膜的脱盐效果随着液体静压力而增加，揭示了可以在脱盐速度的同时保持脱盐过程中的高效率。这种优异的性能得益于量子化流动的水分子通过石墨炔密集纳米孔阵列纳米流体动力学。

6.4.3 油水分离

随着石化工业的快速发展，泄漏以及废弃油污染作为一种常见的污染，对环境保护和生态平衡危害极大，无论是环境治理、类回收及水的再利用都要求对含油污水进行有效分离。具备简单高效特征的膜分离技术可以处理各种油水体系，具有分离效率高、节能、设备简单、操作方便等优点，使其在油水分离领域有很大的发展潜力。疏水性膜处理含油废水中，膜材料与油相高度亲和，且油所占份额远低于水，微量油相为透过液，可采用更低的过膜压差或更少的膜面积，经济上或许有吸引力。因此，发展新型的疏水性分离材料成为解决这一问题的关键。其中，具有 3D 构架的多孔材料因为具有微纳尺度上的多孔结构，往往表现出较强的疏水性。但是，制备具有一定力学性能与稳定性的 3D 分离材料薄膜比较困难。石墨炔作为最近制备的一种新型全碳薄膜材料，具有独特的层状结构以及丰富的分布式孔洞结构，研究表明，石墨炔对于水分子具有一定的渗透能力。因此，将石墨炔进行三维纳米结构设计，利用石墨炔全碳材料的疏水性特点，有望获得一种全新的超疏水材料应用于油水分离。Gao 等[137]报道了通过改进的 Glaser-Hay 偶联反应在 3D 铜基底上制备出具有纳米蜂巢结构的石墨二炔材料，并通过聚二甲基硅氧烷（PDMS）包覆处理得到超疏水性材料，应用于油水分离展现了良好的特性（图 6-59）。研究结果表明，表面长有石墨炔纳米结构的泡沫铜材料静态接触角为 141.5°，高于 PDMS 包覆处理的泡沫铜材料（130.8°），得益于垂直排列的纳米蜂巢结构石墨炔修饰。而使用 PDMS 包覆处理纳米石墨炔得到超疏水性材料接触角可达 160.1°，主要是使用低表面能的 PDMS 包覆后表面疏水性得到了进一步加强。动态的疏水性研究结果表明该石墨炔疏水材料具有较小的接触角迟滞现象（约 7.3°），较低的滑动角（约 8°），以及较高的表面粗糙度（约 5.25），展现了作为油水分离材料的潜力。同时，通过对 3D 铜基体的优化，该石墨炔材料也具有较强的耐磨损性以及力学性能。纳米石墨炔超疏水材料应用于二氯甲烷/水分离实验结果表明，该材料具有良好的分离效率（>98%）与分离循环性（图 6-60）。同时，实验证明石墨炔纳米材料的水分浸入压力高达 0.87 kPa。上述研究结果证明凭借优异的性能，纳米结构的石墨炔材料有望在油水分离领域得到进一步的应用。

重金属离子作为其他一类常见的水体污染物，随着工业的发展，因其具有较高毒性、无法降解等特点，成为水体污染物中危害极大且备受关注的一种。到目前为止，对于水体的重金属污染，主要的处理方法包括吸附法、化学沉淀法、离子交换法、膜分离法、生物絮凝法等。其中，吸附法是使重金属离子通过物理或者化学方法黏附在吸附剂的活性位点表面，进而达到去除重金属离子目的的方法，具有材料便宜易得、操作简单、重金属处理效果较好等优点，因而被研究者所重视。石墨炔材料因为丰富的分子内孔结构以及炔键活性点位，同样有望应用于重金属离子吸附领域。Mashhadzadeh 等报道了通过密度泛函理论计算的石墨烯以及石墨炔对常见的几种重金属离子的吸附性能的研究[138]。结果表明，通过对石墨烯以及石墨炔结构优化、稳定构象、吸附能以及平衡几何学进行最优计算，9 个活

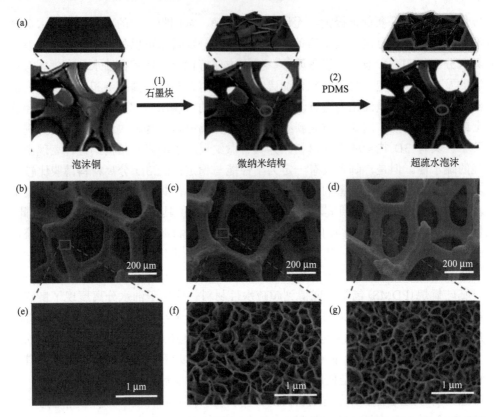

图 6-59　石墨炔基疏水泡沫形成过程示意图：(a) (1) 石墨炔制备，(2) 气相沉积 PDMS 层；关于泡沫铜[(b)、(e)]、长有石墨炔泡沫铜[(c)、(f)] 以及 PDMS 改性石墨炔泡沫材料[(d)、(g)] 的 SEM 照片[137]

性点位的石墨炔表现出相对于 3 个点位的石墨烯有更好的重金属吸附能力，两者对于 Ni 原子均表现出最优吸附性能。石墨烯对于 Ni 原子表现出较强的物理吸附能力（2.791482 eV），对 Zn 原子表现出较差的物理吸附能力。而对于石墨炔，可以与 Ni 原子有着较强的化学相互作用从而表现出较强的吸附能力（3.446027 eV），石墨炔与 Ag、Cu 之间同样存在化学相互作用。因为石墨炔与 Zn 之间的物理相互作用较弱，石墨炔同样对 Zn 原子表现出较差的物理吸附能力（表 6-4）。能态密度（density of stated，DOS）结果表明，由于石墨烯与石墨炔在电子结构上显著不同，Ni 在吸附过程中存在的电子转移加强了金属离子与碳材料之间的相互作用（图 6-61）。与上述结果从理论上证实了石墨炔可以应用于含重金属离子的污水处理，特别是含有 Ni 元素的污水处理。

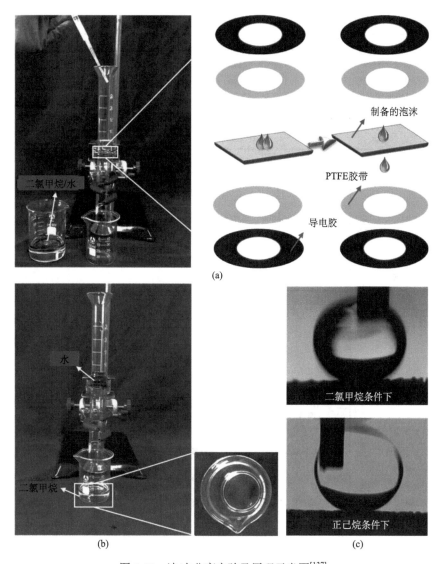

图 6-60　油/水分离实验及原理示意图[137]

(a)导电胶带和聚四氟乙烯(PTFE)按照顺序固定在玻璃管,石墨炔基疏水泡沫夹在两个玻璃管之间,从分离装置上面加入二氯甲烷/水混合物;　(b)二氯甲烷通过石墨炔基疏水泡沫而水被截留(用二甲苯酚标记);　(c)石墨炔基疏水泡沫表面的水滴照片

表 6-4　重金属吸附在石墨烯及石墨炔表面的电荷转移和吸附能[138]

复合物	电荷转移/e	吸附能量/eV
银/石墨烯	+0.7090	0.289419
铜/石墨烯	0.8810	0.545695
镍/石墨烯	1.5780	2.791482

续表

复合物	电荷转移/e	吸附能量/eV
锌/石墨烯	0.2170	0.093636
银/石墨炔	0.9280	1.236037
铜/石墨炔	1.5300	2.783318
镍/石墨炔	1.7280	3.446027
锌/石墨炔	0.1160	0.019696

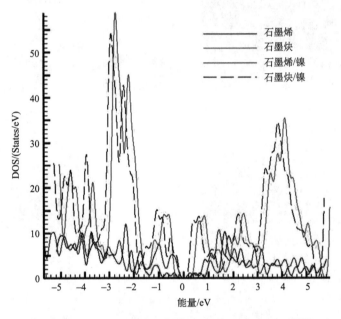

图 6-61　石墨炔/镍以及石墨炔/镍复合物的能态密度[138]

　　水体中的有机污染物，包括酚类、醛类、糖类、氨基酸及油类等，在许多工业废水中大量存在，传统的水净化处理手段无法彻底除去可溶性有机污染物，而在自来水净化消毒过程中，氯与水中的有机污染物发生反应产生各种有毒副产物同样威胁人类的生存健康。近年来，水中有机污染物的降解处理成为环保领域的重要研究课题。石墨炔材料丰富的分子内孔结构以及 sp-杂化炔键活性点位可以提供大量的吸附活性位点，石墨炔材料同样有望应用于有机分子的吸附。Lin 和 Buehler 在研究不同炔键数目的石墨炔材料应用于水分离时，利用分子动力学模拟计算了水分子在 $CuSO_4$、C_6H_6、CCl_4 以及 NaCl 等有机无机体系统的渗透能力[132]。结果表明相比于 $CuSO_4$ 及 NaCl 等无机盐成分，虽然由于疏水性及分子大小的影响，C_6H_6、CCl_4 更容易吸附在石墨炔薄膜表面，但是不会阻碍对于水分子的分离，污染物截留率仍可达到 100%从而起到分离污染物与水分子的作用。Chen 等研究了使用钪(Sc)、钛(Ti)等过渡金属修饰的石墨炔对甲醛分子的吸附作用[139]。单层的石墨二炔(>6 eV)具有比石墨烯(2 eV)更强的与 Sc、Ti 等过渡金属结合的能力。甲醛分子与 Sc/Ti 修饰石墨炔结合时吸附能分别为 2.59 eV/2.24 eV,远大于甲醛分子在本征石墨炔上的吸附能 0.43 eV,也高于其他金属修饰的石墨炔,如 K(1.66 eV)、C(1.60 eV)、Cr(1.58 eV)。模拟计算表明,这种吸附具有较强的稳定性,即使温度升高至 1000 K,甲醛分子与修饰石墨炔之间的吸附能也波动不大,甲醛分子围绕着过渡金属振动并稳定吸附在石墨炔表面[图 6-62(b)～(e)]。在施加外部应力条件下,甲醛分子与修饰石墨炔之间的吸附仍能保持相对稳定。研究表明,单 HCHO

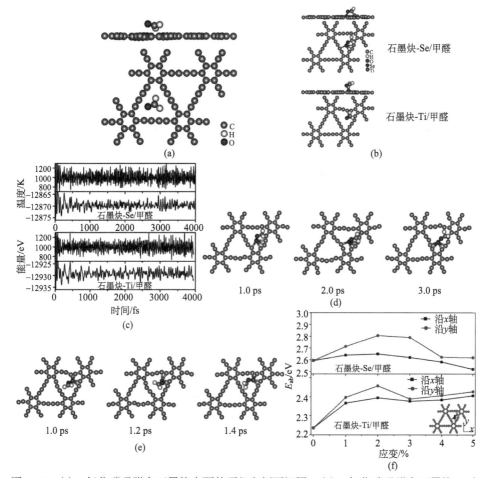

图 6-62　(a)一氧化碳吸附在石墨炔表面的顶部和侧面视图;　(b)一氧化碳吸附在石墨炔-Sc 与石墨炔-Ti 表面的顶部和侧面视图;　(c) 1000 K 恒温下分子动力学模拟的温度与总能量;　(d)石墨炔-Sc·甲醛在 1.0 ps、2.0 ps 以及 3.0 ps 的分子动力学模拟;　(e) 石墨炔-Ti·甲醛在 1.0 ps、1.2 ps 以及 1.4 ps 的模拟;　(f) 甲醛在石墨炔-Sc 以及石墨炔-Ti 上的 E_{ad}[139]

分子束缚在 Sc 或 Ti 原子上扮演着电子受体的角色，分子的掺杂效应导致石墨薄膜的载流子密度降低，从而使得检测甲醛分子成为可能。以上结果表明，过渡金属修饰的石墨炔可作为高效吸附和灵敏检测甲醛分子的材料，有望在环境与污染治理领域得到应用。

6.5   生 物 应 用

6.5.1   对生物分子的影响

1. 对核酸碱基和碱基对的吸附

了解 DNA、RNA、蛋白质等生物分子与碳基材料之间的相互作用对于开发能应用于分子识别、自组织、分子电子学等领域的新型杂化材料至关重要[140-146]。功能化的石墨烯和碳纳米管与 DNA 和蛋白质结合而成的杂化材料在传感[147-149]、生物工程[150,151]和纳米电子学[152,153]等领域有着极其重要的应用。石墨烯和碳纳米管(CNT)对核酸碱基、氨基酸等生物分子的吸附的相关理论研究已有报道[154-157]。石墨烯和石墨烯氧化物是用于研究 DNA 测序[158,159]和 DNA 杂交[150,160]的优异平台。通过石墨烯、石墨烯氧化物及碳纳米管对 DNA 进行结构识别是可行的。

腺嘌呤(A)、鸟嘌呤(G)、胸腺嘧啶(T)、胞嘧啶(C)和尿嘧啶(U)是 DNA 和 RNA 的基本组成成分。核酸中的遗传信息通过这些核酸碱基进行编码。了解核酸碱基与石墨烯及 CNT 之间的相互作用可以揭示在纳米生物界面发生的现象。核酸碱基-石墨烯和核酸碱基-CNT 复合物已成功制备[161-163]。大量的理论研究通过分子动力学模拟和量子化学计算来了解核酸碱基-石墨烯复合物的结构、能量学和动力学。此外，核酸碱基在各种其他基底如石墨[146]、氮化硼片[164,165]、Cu 表面[166,167]和 Si 纳米线[168,169]上的吸附也受到广泛关注。

石墨烯成功制备后，核酸碱基-石墨烯复合物在生物传感器[170]，光子[171]能量生产及储存[172]等领域中得到大量应用。碳原子多种杂化形式(sp、sp^2 和 sp^3)形成多种碳的同素异形体。石墨单炔(GY)和石墨二炔(GDY)是碳族中的新成员，由 sp 和 sp^2 杂化的碳原子组成，具有类似于石墨烯的大的二维网络结构[173,174]。GY 和 GDY 框架结构分别是脱氢苯并 12 环轮烯(DBA-12)和脱氢苯并 18 -环轮烯(DBA-18)。

若要以 GY 和 GDY 作为生物系统(如核酸和蛋白质)的底物构建复合材料，理解核酸碱基和氨基酸与石墨炔材料之间的相互作用及构建方式至关重要。Shekar 等[175]通过色散校正的密度泛函理论研究了 GY 和 GDY 对核酸碱基和碱基对(碱基对)的吸附，这将有助于理解这些复合物的能量学和动力学，有利于开发基于 GY 和 GDY 的生物分子装置。文章理论研究了 GY 和 GDY 与核酸碱基和碱基之间的非共价相互作用和对碱基对中氢键的影响。

文中选择晕苯（$C_{24}H_{12}$）、DBA-12（$C_{24}H_{12}$）和 DBA-18（$C_{30}H_{12}$）分别作为石墨烯、GY 和 GDY 的模型化合物（图 6-63）。晕苯、DBA-12 和 DBA-18 都是高共轭分子，其中晕苯和 DBA-18 是（$4n+2$）π 体系，而 DBA-12 是（$4n$）π 体系[176,177]。晕苯中的 C—C 键都是 sp^2-sp^2 类型，而 DBA-12 和 DBA-18 则是由 sp^2-sp^2、sp-sp^2 和 sp-sp 三种类型的 C—C 键组成。由于核酸碱基在本质上是芳香族的，它们与共轭体系的相互作用主要由 π-π 堆叠控制。然而，核酸碱基还含有其他活性中心，如在细胞代谢中起关键作用的—NH_2、—CO 和—CH_3 基团等。因此，核酸碱基与底物间还有可能发生—NH-π、—CH-π 和—CO-π 相互作用。因此，文中以核酸碱基相对于模型化合物的 π-π 堆叠及活性中心相对于模型化合物的 π 电子云的几何形状作为初始几何形状进行优化，以获得最低能量的结构，探测核酸碱基与模型化合物之间相互作用的取向依赖性。

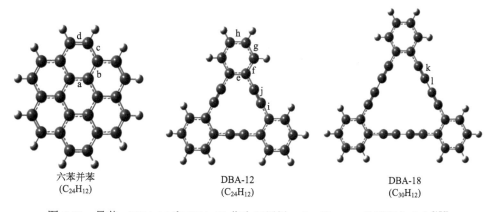

六苯并苯
（$C_{24}H_{12}$）

DBA-12
（$C_{24}H_{12}$）

DBA-18
（$C_{30}H_{12}$）

图 6-63　晕苯、DBA-12 和 DBA-18 作为石墨烯、GY 和 GDY 的模型化合物[175]

在所有的核酸碱基中，鸟嘌呤与所有模型化合物具有最大的相互作用能；在所有的模型化合物中，鸟嘌呤与 GY 和 GDY 的结合能最大，这可能是由于鸟嘌呤具有较大的极化性造成的。与 DBA-12 和 DBA-18 相比，晕苯与核酸碱基的配合物具有最大的相互作用能，这可能是由于与 DBA-12 和 DBA-18 中的 sp 和 sp^2 杂化的碳相比，晕苯中仅存在 sp^2 杂化的碳，sp 杂化的炔键上的电子云密度大于 sp^2 杂化碳上的电子云密度，这使得核酸碱基与炔键的排斥作用较大，因此石墨炔与核酸碱基的相互作用与石墨烯相比较弱一些。

分析了不存在和存在模型化合物时各种碱基对的氢键能。与自由碱基对相比，碱基对-模型化合物的复合物中由于碱基对与模型化合物的相互作用引起碱基对结构扭曲，碱基对的氢键能发生了大幅度的降低。DBA-18 与 AT 和 GC 形成的复合物结构失真较为严重，因此氢键的降低得最多。还计算了碱基对与 DBA-12

和 DBA-18 的上层结构 $C_{66}H_{18}$ 和 $C_{90}H_{18}$ 的相互作用。碱基对与 GY 和 GDY 相互作用能遵循以下顺序：GC>AT>AU，且 GY 对碱基对的吸附比 GDY 更有利。碱基对与 $C_{66}H_{18}$ 和 $C_{90}H_{18}$ 相互作用能比与 DBA-12 和 DBA-18 的相互作用能至少大 5 kcal/mol。吸附氢键能略有降低意味着 GY 和 GDY 可以作为 DNA 自组装的模板。还考察了核酸碱基和碱基对与其他形式的 GY 和 GDY（图 6-64）之间的相互作用。在 GY 的各种模型化合物中，DBA-12 和六边形 $C_{24}H_{12}$ 与所有核酸碱基均具有较大的相互作用能，而菱形 $C_{16}H_8$ 和 DA-12 具有较低的相互作用能。DBA-12 与 DNA 碱基对 AT 和 GC 具有最大的相互作用能，而六边形 $C_{24}H_{12}$ 与 RNA 碱基对 AU 具有最大的相互作用能，核酸碱基和碱基对与 DA-12 和 DA-18 的相互作用能分别低于与 DBA-12 和 DBA-18 的相互作用能，这意味着苯环的存在增加了核酸碱基-模型化合物和碱基对-模型化合物复合物的稳定性。

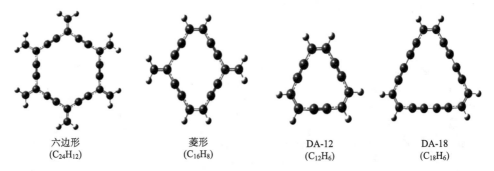

六边形   菱形   DA-12   DA-18

$(C_{24}H_{12})$ $(C_{16}H_8)$ $(C_{12}H_6)$ $(C_{18}H_6)$

图 6-64   其他形式的 GY 和 GDY 的模型化合物的优化几何形状；六边形、菱形和 DA-12 是 GY 的模型化合物，DA-18 为 GDY 的模型化合物[175]

总之，GD 和 GDY 对核酸碱基和碱基对的吸附是协同作用的结果。核酸碱基与石墨烯和 GY 相互作用的差异归因于不同杂化态碳原子的存在。核酸碱基和碱基对在各种模型化合物上的吸附强度总结如图 6-65 和图 6-66 所示。研究表明 GY 和 GDY 可以作为生物学研究的有用平台，从而进一步了解 DNA 和 RNA 与 GY 和 GDY 的相互作用。

2. 对蛋白质相互作用的干扰

尽管纳米材料由于其优异的特性已得到广泛应用，但我们对其在生物学上究竟会产生什么样的不利影响的认知还有所欠缺。研究纳米材料的相关毒性以更好地保护环境并解决潜在的对生物体健康的影响极为重要。随着诸如石墨烯等碳基纳米材料的广泛应用，对其潜在的纳米毒性的研究已得到关注。例如，Tu 等[178] 采用实验和计算的方法证明了石墨烯和氧化石墨纳米片可诱导大肠杆菌的细胞膜的降解并降低其生存力。Li 等[179]也从实验和理论上证明，石墨烯纳米片不规则边缘的尖角和锯齿状突起可刺穿细胞膜，一旦细胞膜被刺穿，石墨烯片会完全进入细胞内部并破坏细胞的正常功能[178]。

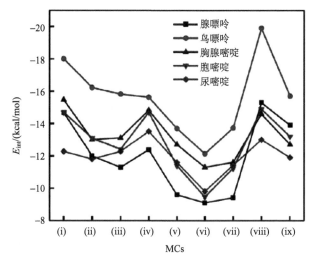

图 6-65　石墨烯、GY 和 GDY 的模型化合物对核酸碱基吸附的相互作用能 [175]

(i) 晕苯（$C_{24}H_{12}$）；(ii) DBA-12（$C_{24}H_{12}$）；(iii) DBA-18（$C_{30}H_{12}$）；(iv) 六边形（$C_{24}H_{12}$）；(v) 菱形（$C_{16}H_8$）；(vi) DA-12（$C_{12}H_6$）；(vii) DA-18（$C_{18}H_6$）；(viii) DBA-12 的上层结构（$C_{66}H_{18}$）；(ix) DBA-18 的上层结构（$C_{90}H_{18}$）

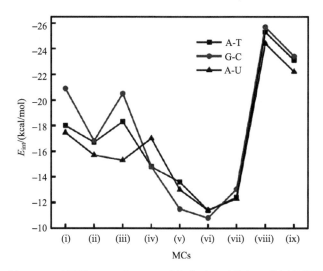

图 6-66　石墨烯、GY 和 GDY 对各种碱基对的相互作用能[175]

(i) 晕苯（$C_{24}H_{12}$）；(ii) DBA-12（$C_{24}H_{12}$）；(iii) DBA-18（$C_{30}H_{12}$）；(iv) 六边形（$C_{24}H_{12}$）；(v) 菱形（$C_{16}H_8$）；(vi) DA-12（$C_{12}H_6$）；(vii) DA-18（$C_{18}H_6$）；(viii) DBA-12 的上层结构（$C_{66}H_{18}$）；(ix) DBA-18 的上层结构（$C_{90}H_{18}$）

到目前为止，石墨炔（GY）纳米片的生物安全性仍然是未知的。Luan 等[181]通过研究 GY 和蛋白质之间的相互作用来考察 GY 的潜在毒性。人体免疫球蛋白-1 （HIV-1）整合酶的 C 末端 DNA 结合域（PDB ID：1Q 模型化合物），在溶液中能形成具有良好疏水界面的二聚体。通过全原子分子动力学模拟，揭示了蛋白质单体和 GY 纳米片之间的疏水作用对生物过程中必不可少的蛋白质之间相互作用的干扰。

图 6-67（a）和（b）分别表示从顶部和侧面观察的二聚体-GY 复合物模拟系统。每个单体含有 58 个氨基酸残基，其中 6 个疏水残基（LEU242、TRP243、ALA248、VAL250、ILE257、VAL259）位于二聚体界面上。最初，包含 402 个碳原子的六边形 γ-GY 纳米片放置在二聚体界面附近，并使其表面平行于二聚体界面（图 6-67）。将该体系浸入氯化钠水溶液中，并对该体系进行了从相同的初始构象开始的四个独立模拟（Sim-1、Sim-2、Sim-3 和 Sim-4），GY 纳米片放置在假定的二聚体的结合位点，如图 6-67（b）所示。

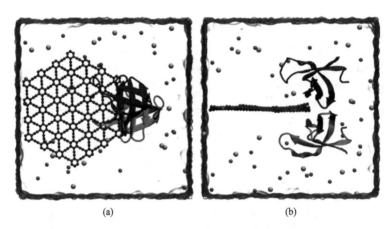

(a)	(b)

图 6-67   模拟系统图示：顶部（a）和侧视图（b）[181]
黄色和青色球体分别表示水溶液中的钠离子和氯离子

图 6-68（a）表示从四个模拟轨迹获得的二聚体随时间变化的接触面积。最初，所有模拟的接触面积约为 350 $Å^2$，在几十纳秒内，Sim-1 和 Sim-4 的接触面积急剧下降为零，表明 GY 纳米片已经穿过二聚体界面并完全分离了两种单体。然而，对于 Sim-2 和 Sim-3，在整个模拟过程中它们的接触面积保持不变，这表明 GY 纳米片不能在模拟时间尺度内进入二聚体。Sim-1 和 Sim-4 的轨迹分析表明二聚体的两个单体可以在二聚体的边缘彼此自发地分离。图 6-68（b）～（k）模拟结果表明，依赖于 GY 纳米片与二聚体界面的相对取向，至少存在两个不同的二聚体分离的机制。当 GY 纳米片表面近似平行于二聚体界面[并保持这种方式，图 6-68（d）]时，两个单体同时移动到 GY 纳米片两侧；当 GY 纳米片表面经过一段

模拟时间后不再平行于二聚体界面时[图 6-68(h)]，伴随着二聚体的分离一个单体首先被"拉"到 GY 纳米片表面，另一个单体随后从 GY 纳米片边缘移到另一侧的表面。

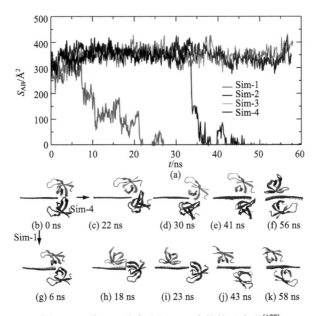

图 6-68　将 GY 纳米片插入二聚体的动力学[177]

(a)GY 纳米片插入期间 HIV-1 整合酶蛋白二聚体随时间的接触区域；(b)～(f)从第四个模拟轨迹(Sim-4)将 GY 纳米片插入二聚体的快照；(b)、(g)～(k)从第一模拟轨迹(Sim-1)将 GY 纳米片插入二聚体中的快照；单体 A 和 B 分别着色为蓝色和绿色[181]

Sim-1 和 Sim-4 模拟都证明了二聚体可以通过 GY 纳米片快速自发分离。这个分离过程由二聚体界面处的 GY 纳米片与六个疏水残基之间的疏水相互作用驱动。GY 纳米片是强疏水性的，与水之间的相互作用不稳定，使得 GY 与二聚体中的一种单体的开始接触。由于二聚体界面处的残基通常比其表面上的残基更加疏水，因此 GY 可以进入二聚体界面从而使两种单体分离。在 GY 插入过程中，自由能变化为–45 kcal/mol，这表明该过程在能量上是非常有利的。

总而言之，分子动力学模拟结果表明，GY 纳米片可以引起蛋白质二聚体的分离。在分子动力学模拟中捕获的动态分离过程表明，在 GY 初始插入蛋白质二聚体界面之后，通过疏水作用保持的二聚体结构可能不稳定，最终使蛋白质被破坏。这种类型的破坏可能是普遍的，并且可能影响细胞正常生物过程中的蛋白质识别。由于 GY 是一种很有希望的新型纳米材料，评估其对生物细胞潜在的纳米毒性至关重要。如何通过功能化降低石墨炔和石墨烯的毒性应该是未来发展的重要方向。

6.5.2　生物分子提取

1. 磷脂提取

碳纳米材料由于其优异的物理化学性质引起了广泛的关注，有望应用于生物系统中作为抗肿瘤和抗菌类纳米药物[178,182-187]。石墨烯纳米片可以插入大肠杆菌的细胞膜并从中提取出大量的磷脂。这种插入和提取导致膜应激反应和随后的细胞死亡，表明石墨烯具有潜在的细胞毒性[178]。虽然石墨单炔（GY）的结构与石墨烯的结构非常相似，但 GY 的生物学效应在很大程度上来说还是未知的。Gu 等[188]使用 GY 纳米片和磷脂（POPC）膜进行分子动力学模拟，探讨了 GY 对生物膜的影响。

在模拟-1 中，限制 GY 纳米片一个角上的碳原子。图 6-69 表示在整个模拟过程的各个关键时间点时 GY 与膜之间相互作用的快照。在约 30 ns 时，GY 开始接触磷脂膜表面[图 6-69(b)]，10 ns 后 GY 插入磷脂膜[图 6-69(c)]，48 ns 时，磷脂开始爬到 GY 的表面。从 48 ns 到 50 ns，一个磷脂显然完全被拉起，整个膜稍微向 GY 移动[图 6-69(d)和(e)]。最后在 68 ns 时，GY 明显插入膜中并提取出大量磷脂，膜明显向 GY 移动。模拟计算结果表明 GY 插入磷脂膜并进行脂质提取的驱动力是范德瓦耳斯力。

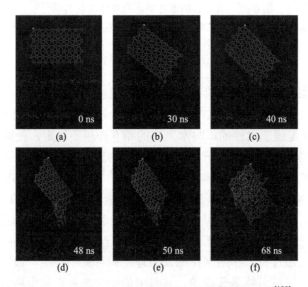

图 6-69　模拟-1：GY 纳米片插入和磷脂提取过程[188]

(a)～(f)分别为模拟系统在 0 ns、30 ns、40 ns、48 ns、50 ns 和 68 ns 的快照；黄色网状片表示 GY 纳米片，其中被限制的碳原子用黄色范德瓦耳斯球体表示；被提取的磷脂用蓝绿色(碳)和红色(氧)范德瓦耳斯球体表示在模拟-2 中（图 6-70），不对 GY 纳米片进行任何限制，GY 从 14 ns 到 28 ns 期间迅速插入磷脂膜内。在模拟-3 中，GY 纳米片上所有的碳原子均被固定，且 GY 被放置在磷脂膜上方，垂直于膜表面，尾部完全与膜接触[图 6-71(a)]。仅 5.2 ns 之后，脂质已爬到 GY 表面[图 6-71(b)]。14.4 ns 时，几乎一半的 GY 表面被磷脂覆盖[图 6-71(c)]。16 ns 之后，GY 已全部被磷脂包裹[图 6-71(d)]。

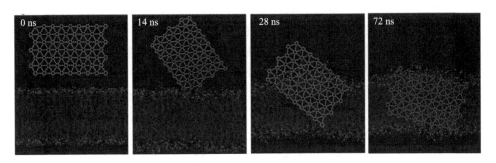

图 6-70　模拟-2：GY 纳米片插入磷脂膜的过程[188]

此系统中没有受限制的碳原子

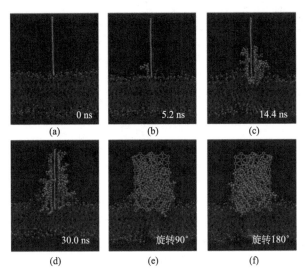

图 6-71　模拟-3：完全对接和限制的 GY 纳米片提取脂质过程[188]

(a)～(d) 分别表示在 0 ns、5.2 ns、14.4 ns 和 30.0 ns 的快照；(e) 和 (f) 表示 D 状态的前视图和后视图

研究结果表明 GY 可以迅速插入磷脂膜中，同时由于范德瓦耳斯力和二维纳米材料与膜之间的疏水相互作用而提取大量的磷脂。这表明 GY 在抗菌材料方面有潜在的用途。此外，研究的结果也表明 GY 具有潜在的细胞毒性，这就要求在生物医学领域应用该物质之前还需进行进一步的研究。

2. 胆固醇提取

胆固醇是哺乳动物细胞膜的主要甾醇成分，在保持膜的物理及力学性能方面起重要作用[189-191]，同时胆固醇也是各种生物过程不可或缺的成分。然而，血液中胆固醇过高会导致严重的健康问题，如高血压、动脉粥样硬化、动脉斑块和心力衰竭等[192-197]。因此，开发有效地去除多余胆固醇的技术是非常迫切的。最近的模拟计算研究表明，β-环糊精能从脂质膜模型中提取胆固醇[198,199]，疏水性的碳的同素异形体，如碳纳米管，也能从膜和蛋白质表面去除胆固醇。石墨炔是与石墨烯类似的具有 sp 和 sp^2 杂化碳的二维材料，具有独特的多孔结构和优异的表面黏附性，因此具有从细胞膜中提取胆固醇的巨大潜力。Zhang 和 Wang 等[200]采用分子动力学模拟研究了以石墨炔为载体从蛋白质-胆固醇簇中去除胆固醇的途径。模拟中使用的石墨炔的结构如图 6-66 所示，图 6-72（a）、（b）、（c）分别代表石墨烯、石墨单炔、石墨二炔，苯环间炔键的数目分别为 0、1、2。

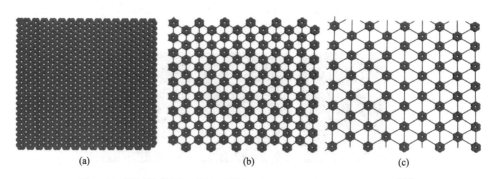

图 6-72　原子结构图：（a）石墨烯；（b）石墨单炔；（c）石墨二炔[200]
芳香环以绿色突出显示

首先考察了单一胆固醇分子和不同石墨炔之间的黏附力及通过石墨炔中孔隙时需要克服的能量屏障。这种黏附力归因于胆固醇分子和石墨炔之间的范德瓦耳斯力。研究结果表明，胆固醇分子与石墨二炔表面有最强的相互作用，胆固醇不能穿透石墨单炔的碳环，但可以很容易地穿过石墨二炔的孔隙。图 6-73 表示当胆固醇分子通过石墨二炔时，石墨二炔和胆固醇分子之间结合能的变化。如图 6-73 所示，胆固醇头部的芳香环结构使其很难进入石墨二炔的孔隙，但是一旦其克服能量障碍进入石墨二炔孔隙，结合能就开始降低。在胆固醇尾部的—CH_3 基团通过石墨炔孔隙之前有一个能量最低点，此时胆固醇-石墨二炔之间的结合最为稳定，而当—CH_3 基团再次克服能量障碍通过石墨二炔孔隙后，能量恢复为零。图 6-73 表明胆固醇通过石墨二炔孔隙时要克服一系列的能量堡垒，而这可以通过增加跨膜压力来克服。胆固醇在通过石墨二炔孔隙时有一个比较稳定的结构，这可能会使其能够更好地从蛋白质-胆固醇簇中吸引胆固醇分子。

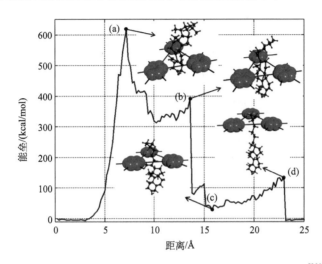

图 6-73　单一胆固醇分子通过石墨二炔孔隙时的能量变化图[200]

(a)胆固醇分子头部位置上的第一个芳香环通过孔隙瞬间的快照；(b)胆固醇分子头部位置上的第二个芳香环通过
孔隙瞬间的快照；(c)达到能量最小值瞬间的快照；(d)胆固醇分子中的—CH₃基团通过孔隙瞬间的快照

　　研究了石墨烯从蛋白质-胆固醇簇中去除胆固醇的动态过程。如图 6-74 所示，当石墨烯片接近蛋白质-胆固醇簇时，胆固醇分子开始移动并在石墨烯表面积累。胆固醇分子在石墨烯表面积累和胆固醇分子之间强烈的相互作用加速了图 6-74(a)～(c)所示的胆固醇分子在石墨烯表面的运动。从图 6-74(d)可以看出，蛋白质之间有限的空间在拉拔过程中阻碍胆固醇分子在石墨烯表面上继续聚集，阻止胆固醇离开蛋白质-胆固醇簇。　然而，如图 6-74(e)所示，仍然有较大部分的胆固醇分子在石墨烯拔出时脱离蛋白质-胆固醇簇。考察了不同类型石墨炔对胆固醇的提取，结果表明石墨二炔能够捕获更多的胆固醇。石墨炔片的拉拔速率也影响胆固醇的提取，拉拔速率较慢时，胆固醇分子拥有足够的时间来调整其在石墨炔表面的位置，以便更好地与石墨炔结合，因此拉拔速率较慢时能提取更多的胆固醇分子。

　　由于胆固醇分子可以在石墨二炔孔内保持稳定，因此可通过非共价作用形成石墨炔-胆固醇的杂化体。该杂化体对胆固醇的黏合作用大于纯石墨炔与胆固醇之间的相互作用，因此能够从石墨炔-胆固醇簇中提取更多的胆固醇分子。

　　综上，分子动力学模拟结果表明石墨炔可以从蛋白质-胆固醇簇中提取胆固醇。提取的能力取决于石墨炔和胆固醇分子之间的黏附力以及石墨炔中炔基数量的多寡。黏附力越大，对于不同类型的石墨炔炔基数目越多，提取效率越高。设计了稳定的石墨炔-胆固醇的杂化体，能够提高胆固醇提取效率。这些研究成果为石墨炔在生物医学中的应用有着重要的指导意义。

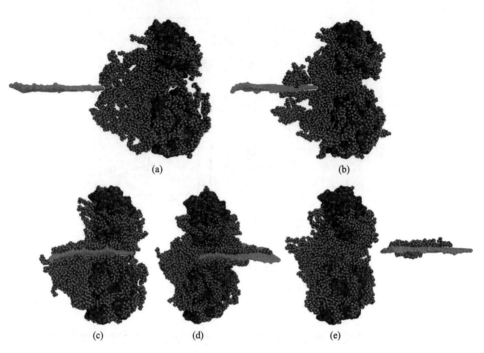

图 6-74　石墨烯从蛋白质-胆固醇簇中去除胆固醇的动态过程[200]

6.5.3　生物分子检测

1. DNA 检测

脱氧核糖核酸（Deoxyribonucleic acid，DNA），是生命科学里的重要分子，遗传物质的基础，因此对 DNA 的研究就成为分子生物学、生物化学及医药学领域的一项重要课题。随着生物学的发展，人们认识到 DNA 不仅仅是储存遗传信息的遗传物质，还可被应用到基因分析、疾病诊断等领域。如今，基于 DNA 的诊断测试在纳米医学和纳米生物技术领域取得了巨大成功。因此，在临床诊断和治疗中，开发一种灵敏度高、选择性好、快速、高效的 DNA 检测仪是非常重要的。在实现快速、可靠的检测 DNA 核酸序列的各种因素中，传感材料是核心问题。

具有光收集和/或电子传导能力的低维纳米材料由于其独特的尺寸及形貌在生物传感方面有较好的应用前景[201-205]。例如，这类纳米结构对染料标记的 DNA 有猝灭作用，因此可用作纳米检测器对 DNA 进行检测。其原理是 DNA 通过 π-π 堆叠或疏水作用自组装于纳米结构表面并在其表面发生荧光共振能量转移（FRET）或光诱导电子转移（PET），荧光被猝灭，体系本身呈现荧光减弱状态。通过测试前后两种状态荧光信号的差异，就能实现对靶标序列的检测。其中，二维纳米材料具有优异的化学稳定性和/或光学性质，同时具有超大的比表面积，更容易将生物大分子包裹，同量子点、纳米线及纳米管相比，其对荧光染料有更高的淬灭效率，因此成为测序 DNA 的优良平台[206-208]。此外，由于二维材料在紫外-可见及红外区都有良好的光吸收作用，因此也具有出色的感测性能。这些特性使得二维材料如无机金属氧化物、过渡金属二硫代钼酸盐纳米片、三元硫属化物纳米片及碳纳米材料得到广泛应用。氧化石墨烯是最早报道的具有荧光淬火性质的二维材料[206]，石墨烯和核酸之间的 π-π 堆叠作用，单链 DNA 可以强烈吸附在氧化石墨烯上，石墨烯六边形晶包和染料分子之间发生荧光共振能量转移，致使荧光染料标记的单链 DNA 发生荧光淬灭。然而，双链 DNA 不能淬灭荧光，因为其带负电荷的磷酸基会遮蔽核酸碱基以减少双链 DNA 和氧化石墨烯之间的相互作用力[150,160,164]，因此 DNA 配对后从氧化石墨烯脱离，恢复荧光。

石墨炔（GDY）是一种新开发的二维碳材料，从结构上它可以被看作是石墨烯中 1/3 的 C—C 中插入两个 C≡C（二炔或乙炔）键，这使得这种石墨炔中不仅具备苯环，而且还有由苯环、C≡C 键构成的具有 18 个 C 原子的大三角形环，形成大的 π 共轭体系[21,209,210]。Wang 等[211]报道 GDY 及其氧化物可作为新型纳米淬灭剂建立荧光检测平台，对 DNA 及蛋白质有优异的检测能力。利用某种物质对某一种荧光物质的荧光淬灭作用而建立的对该淬灭剂的荧光测定方法，即为荧光淬灭法。一般而言，荧光淬灭法比直接荧光测定法更为灵敏，具有更高的选择性。GDY 及其氧化物可以通过核酸碱基和 GDY 之间的范德瓦耳斯力及 π-π 堆叠来淬灭有机染料标记的单链 DNA 探针的荧光。如图 6-75 所示，有荧光标记的单链 DNA 探针与 GDY 结合后荧光淬灭，体系中荧光减弱。当用与单链 DNA 互补的靶标 DNA 寡核苷酸进行攻击时，单链 DNA 与互补的 DNA 寡核苷酸配对产生双链 DNA，双链 DNA 的形成削弱了 GDY 和单链 DNA 核酸碱基之间的相互作用，从而释放双链 DNA 并最终使荧光恢复（图 6-75）。该方法以 GDY 及其氧化物为淬灭剂建立了新型的荧光测试平台，用于生物分子检测，操作简单，易于实现，具有较高的选择性和灵敏度。

为了验证 GDY 及其氧化物在荧光检测中的实用性，以对丙型肝炎病毒序列（HCV，5′-TCC AGG CAT TGA GCG GGT TTA-3′）的感测作为模型进行研究。首先将5-羧基荧光素（FAM）标记在与靶标丙型肝炎病毒（T_{HCV}）互补的单链DNA上，并使用该 FAM 标记的单链 DNA 作为探针（P_{HCV}，5′-FAM-T 氨基酸 ACC CGC TCA ATG CCT GGA -3′）对 HCV 进行检测。

为了证明 GDY 及其氧化物作为淬灭剂应用于荧光检测的可能性，将 GDY 及其氧化物的水分散液加入 P_{HCV} 溶液中，检测 P_{HCV} 的荧光强度。结果表明，GDY

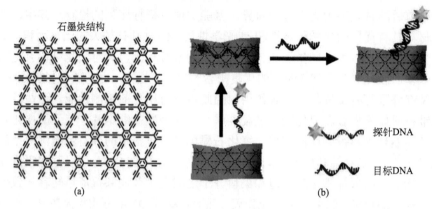

石墨炔结构

探针DNA

目标DNA

(a)　　　　　　　　　　　　(b)

图 6-75　GDY 结构示意图(a)，基于 GDY 的 DNA 荧光分析(b)[211]

及其氧化物都能对 P_{HCV} 进行有效的荧光猝灭，荧光猝灭效率取决于加入的 GDY 及其氧化物的含量。有趣的是 GDY 氧化物比 GDY 对 P_{HCV} 展现出更高的荧光猝灭效率。GDY 及其氧化物显著的荧光猝灭能力主要来自 GDY(及其氧化物)与 DNA 核酸碱基之间强烈的相互作用[175]，这种相互作用缩短了 P_{HCV} 和 GDY(及其氧化物)之间的距离，导致发生荧光共振能量转移，电子激发能从染料激发态向大 π 共轭体系非辐射转移[212-214]，荧光猝灭。与 GDY 相比，GDY 氧化物表面含有丰富的羟基和羧基，这些含氧基团的存在增强了 GDY 氧化物与核酸碱基之间的相互作用，提高了其在水中的分散性，因此 GDY 氧化物对染料标记的单链 DNA 展现出更高的荧光猝灭效率。

为了证明基于 GDY 的荧光检测平台的普遍性，还选择了靶标结合后经历显著构象变化的适体，作为选择性感测靶标的模型系统。FAM 标记的凝血酶结合适体(TBA，50-FAM-GGT TGG TGT GGT TGG-30)用作探针对凝血酶进行检测，结果表明 FAM-TBA 的荧光强度增强，随着凝血酶浓度的增加而增大，凝血酶浓度在 0~13.5 nmol/L 范围时，荧光强度与凝血酶浓度呈线性关系，检测限为 2.1 nmol/L。该平台对血清样品中的凝血酶也具有较高的选择性。

总之，GDY 及其氧化物可用于建立一种新颖有效的荧光感测平台，用于生物分子的高灵敏度和高选择性检测。

信噪比对基于荧光的检测的成功至关重要，在理想情况下，静息状态下不应该有荧光发生，而在样品被处理后应该观察到较大幅度的荧光激发。GDY 由于其独特的结构非常有望应用于生物传感器件。Parvin 等[215]以少层 GDY 为平台建立了一种新的检测路径，允许对多种 DNA 同时进行实时分析，具有较高的灵敏度和较短的检测时间。通过从头计算的理论和密度泛函理论，研究了 GDY 表面上阳离子、核酸碱基、碱基对及氨基酸之间的相互作用。从头计算结果表明，GDY 上的吸附能量大于石墨烯的吸附能，密度泛函理论计算结果表明，GDY 对染料分子的吸附比 GR 更强。此外，GDY 纳米片也表现出优于 GR 的电子捕获能力。GDY 优异的分子吸附性能可以导致高效的荧光猝灭，降低生物传感器的噪声，提高检测灵敏度，大大降低响应时间。

　　图 6-76 是基于 GDY 的多重 DNA 检测示意图。在路线 I 中，不同荧光染料标记的 3 种单链 DNA 与 GDY 纳米片混合，DNA 和 GDY 之间的相互作用致使单链 DNA 完全荧光猝灭。当靶标 DNA 存在时，单链 DNA 与各自的靶向 DNA 配对，形成双链 DNA，荧光染料标记的单链 DNA 探针和 GDY 之间的相互作用减弱，双链 DNA 从 GDY 的表面释放，荧光恢复。DNA 的多重检测还可以通过探针与目标 DNA 预混方法来实现。如图 6-76 中方案 II 所示，荧光染料标记的单链 DNA 先与靶向 DNA 混合，再加入 GDY，GDY 与未配对单链 DNA 结合，未配对单链 DNA 荧光猝灭，体系荧光减弱。这两种方案可以适应不同的测试环境和设备设计，扩大了应用范围。

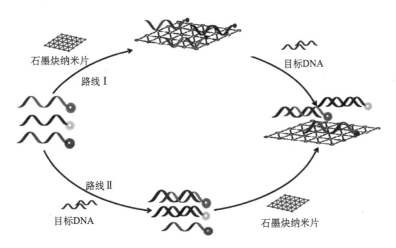

图 6-76　基于 GDY 的多重 DNA 检测[211]

路线 I：不同荧光染料标记的单链 DNA 与 GDY 纳米片混合，致使完全荧光猝灭；在目标 DNA(T1：红色；T2：蓝色)的存在的条件下，双链 DNA 形成并从 GDY 表层释放，荧光恢复，进行检测；路线 II：荧光染料标记的单链 DNA 先与靶向 DNA 混合，再加入 GDY，GDY 与未配对单链 DNA 结合，未配对单链 DNA 荧光猝灭[215]

　　众所周知，多重 DNA 检测在临床诊断、疾病预防、基因治疗及食品安全等方面起着关键作用。本工作中所建立的 GDY 感测平台也成功实现了多重 DNA 实时监测。如图 6-77 所示，不同染料标记的单链 DNA 探针(P1、P2 和 P3)仅对特定靶向 DNA(如 T1、T2 和 T3)产生响应，并发射相应的波长。当混合探针检测混合靶向 DNA 时，会发射出不同的特征峰，由此实现多重检测。该测定可以在均相溶液中进行，完全适合于原位检测，且灵敏度高，检测限低(25×10^{-12} mol/L)，实现了快速、经济、高效地对生物分子进行多重检测。

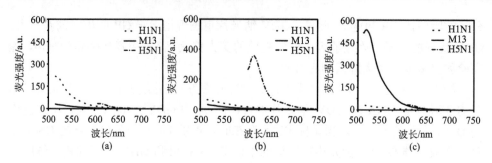

图 6-77 多重荧光 DNA 检测的荧光光谱[215]

三个混合探针(P1、P2 和 P3)对不同的目标 DNA：(a) T1、(b) T2 和(c) T3 进行检测

2. 氨基酸检测

生物分子与材料之间的相互作用是凝聚态物理和材料科学研究中的重要课题。在设计生物装置，特别是纳米生物传感器时，一个根本的问题是探索氨基酸或其他生物分子与材料表面相互作用的物理机制。近来对生物-无机界面中发生的物理化学过程的研究取得的重大进展，也促进了生物医学及其他相关领域的重大发展[216-220]。

石墨烯、二硫化钼及其他二维材料的成功制备为开发灵敏的生物器件或药物系统提供了更多的可能性。石墨烯是可以被多肽，蛋白质及其他生物小分子功能化的柔性基底，在工程和医学领域很有应用前景。详尽地理解蛋白质和石墨烯之间的相互作用会促进其在生物应用方面的发展，如用于检测生物分子、活细胞、药物释放的生物传感器，细胞成像等。然而，作为零带隙的半金属材料，石墨烯在对生物分子进行灵敏的电检测应用中受到限制。幸运的是，石墨炔及其家族是 C 的同素异形体，在理论上被预测为二维半导体材料，具有在电子应用中替代石墨烯的潜力。作为具有带隙的本征半导体 C 材料，GDY 比石墨烯更适合制造纳米电子器件。此外，与石墨烯相比，GDY 具有苯环与炔键组成的 18 个 C 的高共轭的大三角形环，对生物分子有很强的吸附作用。

Chen 等[221]通过从头计算理论研究了单层 GDY 和典型的氨基酸[甘氨酸(Gly)、谷氨酸(Glu)、组氨酸(His)和苯丙氨酸(Phe)]之间的相互作用，以及氨基酸分子对 GDY 的电子和光学性质的影响。Gly 是典型的非极性脂肪族氨基酸，Phe 是典型的芳香族氨基酸，His 是带正电荷的氨基酸，Glu 是典型的带负电荷的氨基酸。对于每个氨基酸分子，其在 GDY 上的吸附能都大于在石墨烯上的吸附能，理论计算表明分散相互作用占吸附能的很大一部分，此外氨基酸分子的 N、O 原子电负性较大，而 GDY 拥有较强的共轭结构，容易诱导静电极化，这是吸附能的另一个重要来源。在室温条件下，氨基酸分子与 GDY 表面保持 2～3Å 的距离，并在 GDY 表面不断迁移和旋转，这种迁移和旋转引起了 GDY 带隙的变化。

研究了吸附和未吸附氨基酸分子的 GDY 的光子吸收光谱。对于二维材料，通常使用垂直于材料的光束进行吸收光谱检测 [图 6-78(a)]，即光子偏振方向平行于材料。GD、GD-Gly、GD-Glu、GD-His 和 GD-Phe 的介电函数 ε_2'' 的计算虚部见图 6-78(b)。GDY 和 GDY-氨基酸的光子吸收光谱在 0.9 eV、2.1 eV 和 4.3 eV 附近有三个特征峰。图 6-78(b) 结果表明 GDY-氨基酸的光学性质与纯 GDY 的光学性质不同，氨基酸分子抑制三个光子吸收峰，使第一个蓝移，另外两个红移。与 GDY 的光子能量相比，位于 0.93～0.94 eV 的峰光子能量分别下降 4.6%、3.9%、6.1% 和 2.7%，位于 2.06～2.07 eV 的第二吸收峰光子能量分别下降了 6.1%、2.5%、7.5% 和 2.3%，位于 4.23～4.24 eV 的第三吸收峰的光子能量分别下降了 6.7%、5.1%、6.5% 和 3.8%。这种光子吸收峰的凹陷可能是由氨基酸分子诱导的 GD 的弯曲引起的。总之，GDY-氨基酸系统的光子吸收光谱的明显变化可被应用于氨基酸分子的检测技术。

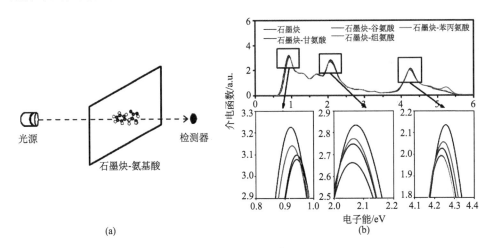

图 6-78 (a) GDY-氨基酸吸收光谱检测示意图；(b) 纯 GDY、GDY-Gly、GDY-Glu、GDY-His 和 GDY-Phe 的介电函数 ε_2'' 的虚部[221]

报道中还研究和比较了纯 GDY 和 GDY-氨基酸系统的电子量子传输。图 6-79(a) 表示在量子传输模拟中使用的双探针 GDY-Gly 系统。半离子电极由图 6-79(a) 中的阴影区域建模，其周期性边界条件在 y 方向上施加。散射区域由 4 个单元的电极组成，中间有一个氨基酸分子。结果表明，GDY、GDY-Gly、GDY-Glu、GDY-His 和 GDY-Phe 的电流偏压曲线 [图 6-79(b)] 都表现出半导体性质，开通电压为 0.2 V。当偏压 V_b 低于 0.2 V 时，GDY 和 GDY-氨基酸的电流趋于零；偏压 V_b 高于 0.2 V 时，电流随着 V_b 的增加而增长。在相同的 V_b 条件下，GDY-氨基酸的电导率明显低于纯 GDY 的电导率。在 $V_b = 1.2$ V 时，GDY-Gly、GDY-Glu 和纯

GDY 可以很容易地通过电流彼此区分，而 GDY-His 电流与 GDY-Phe 接近。 根据上述结果，不同种类的氨基酸可以通过在一定偏压下电流的差异来检测。 这意味着 GDY 可用于设计和制造生物传感器。

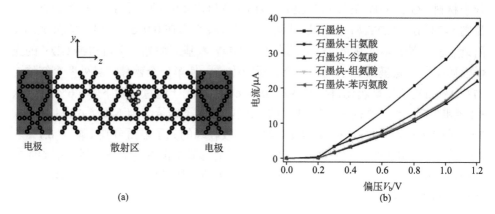

(a) (b)

图 6-79 （a）沿着 z 方向进行量子电子传输模拟的双探针 GD-Gly 系统，两个阴影区域是在 y 和 z 方向上施加周期性边界条件的半无限电极；（b）GDY-氨基酸和纯 GDY 的 I-Vb 曲线[221]

综上所述，GDY 的特性使之在制备基于氨基酸/蛋白质生物传感器、药物传递及其他纳米生物器件方面有广阔的应用前景。

参 考 文 献

[1] Long M, Tang L, Wang D, et al. Electronic structure and carrier mobility in graphdiyne sheet and nanoribbons: theoretical predictions. ACS Nano, 2011, 5: 2593-2600.

[2] Li G, Li Y, Liu H, et al. Architecture of graphdiyne nanoscale films. Chemical Communications, 2010, 46: 3256-3258.

[3] Qian X, Ning Z, Li Y, et al. Construction of graphdiyne nanowires with high-conductivity and mobility. Dalton Transactions, 2012, 41: 730-733.

[4] Li G, Li Y, Qian X, et al. Construction of tubular molecule aggregations of graphdiyne for highly efficient field emission. The Journal of Physical Chemistry C, 2011, 115(6): 2611-2615.

[5] Zhou J, Gao X, Liu R, et al. Synthesis of graphdiyne nanowalls using acetylenic coupling reaction. Journal of the American Chemical Society, 2015, 137: 7596-7599.

[6] Pan Y, Wang Y, Wang L, et al. Graphdiyne-metal contacts and graphdiyne transistors. Nanoscale, 2015, 7: 2116-2127.

[7] Qian X, Liu H, Huang C, et al. Self-catalyzed growth of large-area nanofilms of two-dimensional carbon. Scientific Reports, 2015, 5: 7756.

[8] Jin Z, Zhou Q, Chen Y, et al. Graphdiyne:ZnO nanocomposites for high-performance UV photodetectors. Advanced Materials, 2016, 28: 3697-3702.

[9] Zhang M, Wang X, Sun H, et al. Enhanced paramagnetism of mesoscopic graphdiyne by doping with nitrogen.

Scientific Reports, 2017, 7: 11535.

[10] Chen X, Gao P, Guo L, et al. Two-dimensional ferromagnetism and spin filtering in Cr and Mn-doped graphdiyne. Journal of Physics and Chemistry of Solids, 2017, 105: 61-65.

[11] Ni Y, Wang X, Tao W, et al. The spin-dependent transport properties of zigzag alpha-graphyne nanoribbons and new device design. Scientific Reports, 2016, 6: 25914.

[12] Dennis P N J. Photodetectors. Sci Prog, 1979, 66: 267-294.

[13] de Arquer F P G, Armin A, Meredith P, et al. Solution-processed semiconductors for next-generation photodetectors. Nature Review Materials, 2017, 2: 16100 .

[14] Liu K, Sakurai M, Aono M. ZnO-based ultraviolet photodetectors. Sensors, 2010, 10: 8604-8634.

[15] Shah A, Torres P, Tscharner R, et al. Photovoltaic technology: the case for thin-film solar cells. Science, 1999, 285: 692-698.

[16] Xiao J, Shi J, Li D, et al. Perovskite thin-film solar cell: excitation in photovoltaic science. Science China-Chemistry, 2015, 58: 221-238.

[17] Liang X, Bai S, Wang X, et al. Colloidal metal oxide nanocrystals as charge transporting layers for solution-processed light-emitting diodes and solar cells. Chemical Society Reviews, 2017, 46: 1730-1759.

[18] Minh Trung D, Wuest J D. Using volatile additives to alter the morphology and performance of active layers in thin-film molecular photovoltaic devices incorporating bulk heterojunctions. Chemical Society Reviews, 2013, 42: 9105-9126.

[19] Kim H S, Lee C R, Im J H, et al. Lead iodide perovskite sensitized all-solid-state submicron thin film mesoscopic solar cell with efficiency exceeding 9%. Scientific Reports, 2012, 2(8): 591.

[20] Lee M M, Teuscher J, Miyasaka T, et al. Efficient hybrid solar cells based on meso-superstructured organometal halide perovskites. Science, 2012, 338: 643-647.

[21] Li Y, Xu L, Liu H, et al. Graphdiyne and graphyne: from theoretical predictions to practical construction. Chemical Society Reviews, 2014, 43: 2572-2586.

[22] Malko D, Neiss C, Goerling A. Two-dimensional materials with Dirac cones: graphynes containing heteroatoms. Physical Review B, 2012, 86: 045443.

[23] Xiao J, Shi J, Liu H, et al. Efficient $CH_3NH_3PbI_3$ perovskite solar cells based on graphdiyne（GD）-modified P3HT hole-transporting material. Advanced Energy Materials, 2015, 5: 1401943.

[24] Zhou H, Chen Q, Li G, et al. Interface engineering of highly efficient perovskite solar cells. Science, 2014, 345: 542-546.

[25] Habisreutinger S N, Leijtens T, Eperon G E, et al. Carbon nanotube/polymer composites as a highly stable hole collection layer in perovskite solar cells. Nano Letters, 2014, 14: 5561-5568.

[26] Kuang C, Tang G, Jiu T, et al. Highly efficient electron transport obtained by doping PCBM with graphdiyne in planar-heterojunction perovskite solar cells. Nano Letters, 2015, 15: 2756-2762.

[27] Gratzel M. Photoelectrochemical cells. Nature, 2001, 414: 338-344.

[28] Ren H, Shao H, Zhang L, et al. A new graphdiyne nanosheet/pt nanoparticle-based counter electrode material with enhanced catalytic activity for dye-sensitized solar cells. Advanced Energy Materials, 2015, 5: 1500296.

[29] Rauf I A, Rezai P. A review of materials selection for optimized efficiency in quantum dot sensitized solar cells: a simplified approach to reviewing literature data. Renewable & Sustainable Energy Reviews, 2017, 73: 408-422.

[30] Jin Z, Yuan M, Li H, et al. Graphdiyne: an efficient hole transporter for stable high-performance colloidal quantum dot solar cells. Advanced Functional Meterials, 2016, 26(29): 5284-5289.

[31] Coughlin J E, Henson Z B, Welch G C, et al. Design and synthesis of molecular donors for solution-processed high-efficiency organic solar cells. Accounts of Chemical Research, 2014, 47: 257-270.

[32] Du H, Deng Z, Lu Z, et al. The effect of graphdiyne doping on the performance of polymer solar cells. Synthetic Metals, 2011, 161: 2055-2057.

[33] Schlapbach L, Züttel A. Hydrogen-storage materials for mobile applications. Nature, 2001, 414: 353.

[34] Li J, Furuta T, Goto H, et al. Theoretical evaluation of hydrogen storage capacity in pure carbon nanostructures. Journal of Chemical Physics, 2003, 119: 2376-2385.

[35] Wang L, Yang R T. Hydrogen storage on carbon-based adsorbents and storage at ambient temperature by hydrogen spillover. Catalysis Reviews, 2010, 52: 411-461.

[36] Yildirim T, Ciraci S. Titanium-decorated carbon nanotubes as a potential high-capacity hydrogen storage medium. Physical Review Letter, 2005, 94: 175501.

[37] Zhao Y, Kim Y H, Dillon A C, et al. Hydrogen storage in novel organometallic buckyballs. Physical Review Letter, 2005, 94: 155504.

[38] Reyhani A, Mortazavi S Z, Mirershadi S, et al. Hydrogen storage in decorated multiwalled carbon nanotubes by Ca, Co, Fe, Ni, and Pd nanoparticles under ambient conditions. Journal of Physical Chemistry C, 2011, 115: 6994-7001.

[39] Chen P, Wu X, Lin J, et al. High H_2 uptake by Alkali-Doped carbon nanotubes under ambient pressure and moderate temperatures. Science, 1999, 285: 91-93.

[40] Yoon M, Yang S, Hicke C, et al. Calcium as the superior coating metal in functionalization of carbon fullerenes for high-capacity hydrogen storage. Physical Review Letter, 2008, 100: 206806.

[41] Ataca C, Aktürk E, Ciraci S. Hydrogen storage of calcium atoms adsorbed on graphene: First-principles plane wave calculations. Physical Review B, 2009, 79: 041406.

[42] Lee H, Ihm J, Cohen M L, et al. Calcium-decorated carbon nanotubes for high-capacity hydrogen storage: first-principles calculations. Physical Review B, 2009, 80: 115412.

[43] Beheshti E, Nojeh A, Servati P. A first-principles study of calcium-decorated, boron-doped graphene for high capacity hydrogen storage. Carbon, 2011, 49: 1561-1567.

[44] Lee H, Ihm J, Cohen M L, et al. Calcium-decorated graphene-based nanostructures for hydrogen storage. Nano Letters, 2010, 10: 793-798.

[45] Zhao Y, Kim Y H, Dillon A C, et al. Hydrogen storage in novel organometallic buckyballs. Physical Review Letter, 2005, 94: 155504.

[46] Sun Q, Wang Q, Jena P, et al. Clustering of Ti on a C60 surface and its effect on hydrogen storage. Journal of the American Chemical Society, 2005, 127: 14582-14583.

[47] Li C, Li J, Wu F, et al. High capacity hydrogen storage in ca decorated graphyne: a first-principles study. Journal of Physical Chemistry C, 2011, 115(46): 23221-23225.

[48] Baughman R H, Eckhardt H, Kertesz M. Structure‐property predictions for new planar forms of carbon: Layered phases containing sp^2 and sp atoms. Journal of Chemical Physics, 1987, 87(11): 6687-6699.

[49] Narita N, Nagai S, Suzuki S, et al. Optimized geometries and electronic structures of graphyne and its family. Physical Review B, 1998, 58(16): 11009-11014.

[50] Long M, Tang L, Wang D, et al. Electronic structure and carrier mobility in graphdiyne sheet and nanoribbons: theoretical predictions. ACS Nano, 2011, 5: 2593-2600.

[51] Pan L D, Zhang L Z, Song B Q, et al. Graphyne-and graphdiyne-based nanoribbons: density functional theory calculations of electronic structures. Physical Review Letter, 2011, 98: 173102.

[52] Liu H, Xu J, Li Y, et al. Aggregate nanostructures of organic molecular materials. Accounts of Chemical Research, 2010, 43: 1496-1508.

[53] Hwang H J, Kwon Y, Lee H. Thermodynamically stable calcium-decorated graphyne as a hydrogen storage medium. Journal of Physical Chemistry C, 2012, 116: 20220-20224.

[54] Durgun E, Ciraci S, Zhou W, et al. Transition-metal-ethylene complexes as high-capacity hydrogen-storage media. Physical Review Letter, 2006, 97: 226102.

[55] Cabria I, López M J, Alonso J A. Enhancement of hydrogen physisorption on graphene and carbon nanotubes by Li doping. Journal of Chemical Physics, 2005, 123: 204721.

[56] Yang R T. Hydrogen storage by alkali-doped carbon nanotubes–revisited. Carbon, 2000, 38: 623-626.

[57] Pinkerton F E, Wicke B G, Olk C H, et al. Thermogravimetric measurement of hydrogen absorption in

alkali-modified carbon materials. Journal of Physical Chemistry B, 2000, 104: 9460-9467.

[58] Cho J H, Park C R. Hydrogen storage on Li-doped single-walled carbon nanotubes: computer simulation using the density functional theory. Catal Today, 2007, 120: 407-412.

[59] Zhou M, Lu Y, Zhang C, et al. Strain effects on hydrogen storage capability of metal-decorated graphene: a first-principles study. Applied Physics Letters, 2010, 97: 103109.

[60] Dimitrakakis G K, Tylianakis E, Froudakis G E. Pillared graphene: a new 3-d network nanostructure for enhanced hydrogen storage. Nano Letters, 2008, 8: 3166-3170.

[61] Tylianakis E, Dimitrakakis G K, Melchor S, et al. Porous nanotube network: a novel 3-D nanostructured material with enhanced hydrogen storage capacity. Chemical Communications, 2011, 47: 2303-2305.

[62] Rowsell J L C, Yaghi O M. Strategies for hydrogen storage in metal–organic frameworks. Ange wandte Chemie International Edition, 2005, 44: 4670-4679.

[63] Klontzas E, Mavrandonakis A, Froudakis G E, et al. Molecular hydrogen interaction with IRMOF-1: a multiscale theoretical study. Journal of Physical Chemistry C, 2007, 111: 13635-13640.

[64] Guo Y, Jiang K, Xu B, et al. Remarkable hydrogen storage capacity in li-decorated graphyne: theoretical predication. Journal of Physical Chemistry C, 2012, 116: 13837-13841.

[65] Zheng Y, Jiao Y, Jaroniec M, et al. Nanostructured metal-free electrochemical catalysts for highly efficient oxygen reduction. Small, 2012, 8: 3550-3566.

[66] Kaskhedikar N A, Maier J. Lithium storage in carbon nanostructures. Advanced Materials, 2009, 21: 2664-2680.

[67] Xu W, Wang J, Ding F, et al. Lithium metal anodes for rechargeable batteries. Energy & Environmental Science, 2014, 7: 513-537.

[68] Zhang H, Zhao M, He X, et al. High mobility and high storage capacity of lithium in sp–sp^2 hybridized carbon network: the case of graphyne. Journal of Physical Chemistry C, 2011, 115: 8845-8850.

[69] Zhang H, Xia Y, Bu H, et al. Graphdiyne: a promising anode material for lithium ion batteries with high capacity and rate capability. Journal of Applied Physics, 2013, 113: 044309.

[70] Jang B, Koo J, Park M, et al. Graphdiyne as a high-capacity lithium ion battery anode material. Applied Physics Letters, 2013, 103: 263904.

[71] Hwang H J, Koo J, Park M, et al. Multilayer graphynes for lithium ion battery anode. Journal of Physical Chemistry C, 2013, 117: 6919-6923.

[72] Huang C, Zhang S, Liu H, et al. Graphdiyne for high capacity and long-life lithium storage. Nano Energy, 2015, 11: 481-489.

[73] Wang K, Wang N, He J, et al. Graphdiyne nanowalls as anode for lithium—ion batteries and capacitors exhibit superior cyclic stability. Electrochimica Acta, 2017, 253: 506-516.

[74] Zhang S, Du H, He J, et al. Nitrogen-doped graphdiyne applied for lithium-ion storage. ACS Applied Materials & Interfaces, 2016, 8: 8467-8473.

[75] Mohajeri A, Shahsavar A. Li-decoration on the edge oxidized graphyne and graphdiyne: a first principles study. Computational Materials Science, 2016, 115: 51-59.

[76] Wang N, He J, Tu Z, et al. Synthesis of chlorine-substituted graphdiyne and its application for lithium‐ion storage. Angewandte Chemie International Edition, 2017, 56: 10740-10745.

[77] He J, Wang N, Cui Z, et al. Hydrogen substituted graphdiyne as carbon-rich flexible electrode for lithium and sodium ion batteries. Nature Communications, 2017, 8(1): 1172.

[78] Zhang X, Zhu M, Chen P, et al. Pristine graphdiyne-hybridized photocatalysts using graphene oxide as a dual-functional coupling reagent. Physical Chemistry Chemical Physics, 2015, 17(12): 1217-1225.

[79] Shang H, Zuo Z, Li L, et al. Ultrathin graphdiyne nanosheets grown in situ on copper nanowires and their performance as lithium-ion battery anodes. Angewandte Chemie, 2018, 130(3): 782-786.

[80] Yabuuchi N, Kubota K, Dahbi M, et al. Research development on sodium-ion batteries. Chemical Reviews, 2014, 114: 11636-11682.

[81] Stevens D, Dahn J. High capacity anode materials for rechargeable sodium-ion batteries. Journal of the Electrochemical Society, 2000, 147: 1271-1273.

[82] Xu Z M, Lv X, Li J, et al. A promising anode material for sodium-ion battery with high capacity and high diffusion ability: graphyne and graphdiyne. RSC Advances, 2016, 6: 25594-25600.

[83] Niaei A H F, Hussain T, Hankel M, et al. Sodium-intercalated bulk graphdiyne as an anode material for rechargeable batteries. Journal of Power Sources, 2017, 343: 354-363.

[84] Zhang S, He J, Zheng J, et al. Porous graphdiyne applied for sodium ion storage. Journal of Materials Chemistry A, 2017, 5: 2045-2051.

[85] Simon P, Gogotsi Y. Materials for electrochemical capacitors. Nature materials, 2008, 7: 845-854.

[86] Zhang L L, Zhao X S. Carbon-based materials as supercapacitor electrodes. Chemical Society Reviews, 2009, 38: 2520-2531.

[87] Zhang L, Yang X, Zhang F, et al. Controlling the effective surface area and pore size distribution of sp^2 carbon materials and their impact on the capacitance performance of these materials. Journal of the American Chemical Society, 2013, 135: 5921-5929.

[88] Du H, Yang H, Huang C, et al. Graphdiyne applied for lithium-ion capacitors displaying high power and energy densities. Nano Energy, 2016, 22: 615-622.

[89] Shang H, Zuo Z, Zheng H, et al. N-doped graphdiyne for high-performance electrochemical electrodes. Nano Energy, 2018, 44: 144-154.

[90] Wang S, Yi L, Halpert J E, et al. A novel and highly efficient photocatalyst based on P25–graphdiyne nanocomposite. Small, 2012, 8: 265-271.

[91] Yang N, Liu Y, Wen H, et al. Photocatalytic properties of graphdiyne and graphene modified TiO_2: from theory to experiment. ACS Nano, 2013, 7: 1504-1512.

[92] Thangavel S, Krishnamoorthy K, Krishnaswamy V, et al. Graphdiyne–ZnO nanohybrids as an advanced photocatalytic material. Journal of Physical Chemistry C, 2015, 119: 22057-22065.

[93] Li J, Gao X, Liu B, et al. Graphdiyne: a metal-free material as hole transfer layer to fabricate quantum dot-sensitized photocathodes for hydrogen production. Journal of the American Chemical Society, 2016, 138: 3954-3957.

[94] Li J, Xie Z, Xiong Y, et al. Architecture of β-graphdiyne-containing thin film using modified glaser-hay coupling reaction for enhanced photocatalytic property of TiO_2. Advanced Materials, 2017, 29 (19).

[95] Wu P, Du P, Zhang H, et al. Graphyne as a promising metal-free electrocatalyst for oxygen reduction reactions in acidic fuel cells: a DFT study. Journal of Physical Chemistry C, 2012, 116: 20472-20479.

[96] Bard A J, Parsons R, Jordan J. Standard potentials in aqueous solution. CRC press, 1985, 6.

[97] Kang B, Lee J Y. Graphynes as promising cathode material of fuel cell: improvement of oxygen reduction efficiency. Journal of Physical Chemistry C, 2014, 118: 12035-12040.

[98] Bu H, Zhao M, Zhang H, et al. Isoelectronic doping of graphdiyne with boron and nitrogen: stable configurations and band gap modification. Journal of Physical Chemistry A, 2012, 116: 3934-3939.

[99] Kong X K, Chen Q W, Sun Z. The positive influence of boron-doped graphyne on surface enhanced Raman scattering with pyridine as the probe molecule and oxygen reduction reaction in fuel cells. RSC Advances, 2013, 3: 4074-4080.

[100] Chen X, Qiao Q, An L, et al. Why do boron and nitrogen doped α- and γ-Graphyne exhibit different oxygen reduction mechanism? a first-principles study. Journal of Physical Chemistry C, 2015, 119: 11493-11498.

[101] Chen X. Graphyne nanotubes as electrocatalysts for oxygen reduction reaction: the effect of doping elements on the catalytic mechanisms. Physical Chemistry Chemical Physics, 2015, 17: 29340-29343.

[102] Srinivasu K, Ghosh S K. Transition metal decorated graphyne: an efficient catalyst for oxygen reduction reaction. Journal of Physical Chemistry C, 2013, 117: 26021-26028.

[103] Liu R, Liu H, Li Y, et al. Nitrogen-doped graphdiyne as a metal-free catalyst for high-performance oxygen reduction reactions. Nanoscale, 2014, 6: 11336-11343.

[104] Zhang S, Cai Y, He H, et al. Heteroatom doped graphdiyne as efficient metal-free electrocatalyst for oxygen reduction reaction in alkaline medium. Journal of Materials Chemistry A, 2016, 4: 4738-4744.

[105] Lv Q, Si W, Yang Z, et al. Nitrogen-doped porous graphdiyne: a highly efficient metal-free electrocatalyst for oxygen reduction reaction. ACS Applied Materials and Interfaces, 2017, 9(35): 29744-29752.

[106] Li Y, Guo C, Li J, et al. Pyrolysis-induced synthesis of iron and nitrogen-containing carbon nanolayers modified graphdiyne nanostructure as a promising core-shell electrocatalyst for oxygen reduction reaction. Carbon, 2017, 119: 201-210.

[107] Xue Y, Zuo Z, Li Y, et al. Graphdiyne-supported $NiCo_2S_4$ nanowires: a highly active and stable 3d bifunctional electrode material. Small, 2017, 13(31).

[108] Xue Y, Guo Y, Yi Y, et al. Self-catalyzed growth of Cu@graphdiyne core–shell nanowires array for high efficient hydrogen evolution cathode. Nano Energy, 2016, 30: 858-866.

[109] Qi H, Yu P, Wang Y, et al. Graphdiyne oxides as excellent substrate for electroless deposition of Pd clusters with high catalytic activity. Journal of the American Chemical Society, 2015, 137: 5260-5263.

[110] Xue Y, Li J, Xue Z, et al. Extraordinarily durable graphdiyne-supported electrocatalyst with high activity for hydrogen production at all values of pH. Acs Applied Materials & Interfaces, 2016, 8: 31083-31091.

[111] Wu P, Du P, Zhang H, et al. Graphyne-supported single Fe atom catalysts for CO oxidation. Physical Chemistry Chemical Physics, 2015, 17: 1441-1449.

[112] Lin Z Z. Graphdiyne-supported single-atom Sc and Ti catalysts for high-efficient CO oxidation. Carbon, 2016, 108: 343-350.

[113] Lu Z, Li S, Lv P, et al. First principles study on the interfacial properties of NM/graphdiyne (NM=Pd, Pt, Rh and Ir): the implications for NM growing. Applied Surface Science, 2016, 360: 1-7.

[114] Tan X, Kou L, Tahini H A, et al. Charge-modulated permeability and selectivity in graphdiyne for hydrogen purification. Molecular Simulation, 2015, 42: 573-579.

[115] 王茂章. 碳的多样性及碳质材料的开发. 新型炭材料, 1995, 4: 12.

[116] Bernardo P, Drioli E, Golemme G. Membrane gas separation: a review/state of the art. Industrial & Engineering Chemistry Research, 2009, 48: 4638-4663.

[117] Jiao Y, Du A, Hankel M, et al. Graphdiyne: a versatile nanomaterial for electronics and hydrogen purification. Chemical Communications, 2011, 47: 11843-11845.

[118] Zhang H, He X, Zhao M, et al. Tunable hydrogen separation in $sp-sp^2$ Hybridized carbon membranes: a first-principles prediction. Journal of Physical Chemistry C, 2012, 116: 16634-16638.

[119] Cranford S W, Buehler M J. Selective hydrogen purification through graphdiyne under ambient temperature and pressure. Nanoscale, 2012, 4: 4587-4593.

[120] Subramoney S, Ruoff R S, Lorents D C, et al. Radial single-layer nanotubes. Nature, 1993, 366: 637-637.

[121] Jiao Y, Du A, Smith S C, et al. H_2 purification by functionalized graphdiyne-role of nitrogen doping. Journal of Materials Chemistry A, 2015, 3: 6767-6771.

[122] Wang Y. Encapsulation of palladium crystallites in carbon and the formation of wormlike nanostructures. Journal of the American Chemical Society, 1994, 116: 397-398.

[123] Kang K Y, Lee B I, Lee J S. Hydrogen adsorption on nitrogen-doped carbon xerogels. Carbon, 2009, 47: 1171-1180.

[124] Wang L, Yang R T. Hydrogen storage properties of N-Doped microporous carbon. Journal of Physical Chemistry C, 2009, 113: 21883-21888.

[125] Zhao L, Sang P, Guo S, et al. Promising monolayer membranes for CO_2 /N_2 /CH_4 separation: graphdiynes modified respectively with hydrogen, fluorine, and oxygen atoms. Applied Surface Science, 2017, 405: 455-464.

[126] Meng Z, Zhang X, Zhang Y, et al. Graphdiyne as a high-efficiency membrane for separating oxygen from harmful gases: a first-principles study. ACS Applied Material & Interfaces, 2016.

[127] Bartolomei M, Carmona-Novillo E, Hernández M I, et al. Graphdiyne pores: "Ad Hoc" openings for helium separation applications. Journal of Physical Chemistry C, 2014, 118: 29966-29972.

[128] Hernandez M I, Bartolomei M, Campos-Martinez J. Transmission of helium isotopes through graphdiyne pores: tunneling versus zero point energy effects. Journal of Materials Chemistry A, 2015, 119: 10743-10749.

[129] Cranford S W, Buehler M J. Mechanical properties of graphyne. Carbon, 2011, 49: 4111-4121.

[130] Yang Y, Xu X. Mechanical properties of graphyne and its family-a molecular dynamics investigation. Computational Materials Science, 2012, 61: 83-88.

[131] Bartolomei M, Carmona-Novillo E, Hernandez M I, et al. Penetration barrier of water through graphynes' pores: first-principles predictions and force field optimization. Journal of Physical Chemistry Letters, 2014, 5: 751-755.

[132] Lin S, Buehler M J. Mechanics and molecular filtration performance of graphyne nanoweb membranes for selective water purification. Nanoscale, 2013, 5: 11801-11807.

[133] Zhu C, Li H, Zeng X C, et al. Quantized water transport: ideal desalination through graphyne-4 membrane. Scientific Reports, 2013, 3: 3163.

[134] Pendergast M M, Hoek E M V. A review of water treatment membrane nanotechnologies. Energy & Environmental Science, 2011, 4: 1946.

[135] Cohen-Tanugi D, Grossman J C. Water desalination across nanoporous graphene. Nano Letter, 2012, 12: 3602-3608.

[136] Kou J, Zhou X, Lu H, et al. Graphyne as the membrane for water desalination. Nanoscale, 2014, 6: 1865-1870.

[137] Gao X, Zhou J, Du R, et al. Robust superhydrophobic foam: a graphdiyne-based hierarchical architecture for Oil/Water separation. Advanced Materials, 2016, 28: 168-173.

[138] Mashhadzadeh A H, Vahedi A M, Ardjmand M, et al. Investigation of heavy metal atoms adsorption onto graphene and graphdiyne surface: a density functional theory study. Superlattices Microstruct, 2016, 100: 1094-1102.

[139] Chen X, Gao P, Guo L, et al. High-efficient physical adsorption and detection of formaldehyde using Sc- and Ti-decorated graphdiyne. Physics Letters A, 2017, 381: 879-885.

[140] Gui E L, Li L J, Zhang K, et al. DNA sensing by field-effect transistors based on networks of carbon nanotubes. Journal of the American Chemical Society, 2007, 129: 14427-14432.

[141] Calvaresi M, Zerbetto F. The devil and holy water: protein and carbon nanotube hybrids. Accounts of Chemical Research, 2013, 46: 2454-2463.

[142] Liu Y, Dong X, Chen P. Biological and chemical sensors based on graphene materials. Chemical Society Reviews, 2012, 41: 2283-2307.

[143] Lu F, Zhang S, Gao H, et al. Protein-decorated reduced oxide graphene composite and its application to SERS. ACS Applied Materials & Interfaces, 2012, 4: 3278-3284.

[144] Lu Y, Lerner M B, John Q Z, et al. Graphene-protein bioelectronic devices with wavelength-dependent photoresponse. Applied Physics Letters, 2012, 100: 033110.

[145] Luan B, Zhou R. Nanopore-based sensors for detecting toxicity of a carbon nanotube to proteins. Journal of Physical Chemistry Letters, 2012, 3: 2337-2341.

[146] Bald I, Weigelt S, Ma X, et al. Two-dimensional network stability of nucleobases and amino acids on graphite under ambient conditions: adenine, L-serine and L-tyrosine. Physical Chemistry Chemical Physics, 2010, 12: 3616-3621.

[147] Liu X, Wang F, Aizen R, et al. Graphene oxide/nucleic-acid-stabilized silver nanoclusters: functional hybrid materials for optical aptamer sensing and multiplexed analysis of pathogenic DNAs. Journal of the American Chemical Society, 2013, 135: 11832-11839.

[148] Lu Y, Goldsmith B R, Kybert N J, et al. DNA-decorated graphene chemical sensors. Applied Physics Letters, 2010, 97: 083107.

[149] Chang H, Tang L, Wang Y, et al. Graphene fluorescence resonance energy transfer aptasensor for the thrombin detection. Analytical Chemistry, 2010, 82: 2341-2346.

[150] He S, Song B, Li D, et al. A graphene nanoprobe for rapid, sensitive, and multicolor fluorescent DNA analysis. Advanced Functional Materials, 2010, 20: 453-459.

[151] Hilder T A, Hill J M. Modeling the loading and unloading of drugs into nanotubes. Small, 2009, 5: 300-308.

[152] Jin Z, Sun W, Ke Y, et al. Metallized DNA nanolithography for encoding and transferring spatial information for graphene patterning. Nature Communications, 2013, 4: 1663.

[153] Prasongkit J, Grigoriev A, Pathak B, et al. Theoretical study of electronic transport through DNA nucleotides in a double-functionalized graphene nanogap. Journal of Physical Chemistry C, 2013, 117: 15421-15428.

[154] Rajesh C, Majumder C, Mizuseki H, et al. A theoretical study on the interaction of aromatic amino acids with graphene and single walled carbon nanotube. Journal of Chemical Physics, 2009, 130: 124911.

[155] Umadevi D, Sastry G N. Quantum mechanical study of physisorption of nucleobases on carbon materials: graphene versus carbon nanotubes. Journal of Physical Chemistry Letters, 2011, 2: 1572-1576.

[156] Cazorla C, Rojas-Cervellera V, Rovira C. Calcium-based functionalization of carbon nanostructures for peptide immobilization in aqueous media. Journal of Materials Chemistry, 2012, 22: 19684-19693.

[157] Cazorla C. Ab initio study of the binding of collagen amino acids to graphene and A-doped（A= H, Ca）graphene. Thin Solid Films, 2010, 518: 6951-6961.

[158] Avdoshenko S M, Nozaki D, Gomes da Rocha C, et al. Dynamic and electronic transport properties of DNA translocation through graphene nanopores. Nano Letters, 2013, 13: 1969-1976.

[159] Garaj S, Liu S, Golovchenko J A, et al. Molecule-hugging graphene nanopores. Proceedings of the National Academy of Sciences, 2013, 110: 12192-12196.

[160] Jang H, Kim Y K, Kwon H M, et al. A graphene-based platform for the assay of duplex-DNA unwinding by helicase. Angewandte Chemie, 2010, 122: 5839-5843.

[161] Cao H, Wu X, Yin G, et al. Synthesis of adenine-modified reduced graphene oxide nanosheets. Inorganic Chemistry, 2012, 51: 2954-2960.

[162] Singh P, Kumar J, Toma F M, et al. Synthesis and characterization of nucleobase− carbon nanotube hybrids. Journal of American Chemical Society, 2009, 131: 13555-13562.

[163] Varghese N, Mogera U, Govindaraj A, et al. Binding of DNA nucleobases and nucleosides with graphene. ChemPhysChem, 2009, 10: 206-210.

[164] Wang Y, Li Z, Wang J, et al. Graphene and graphene oxide: biofunctionalization and applications in biotechnology. Trends Biotechnol, 2011, 29: 205-212.

[165] Lee J H, Choi Y K, Kim H J, et al. Physisorption of DNA nucleobases on h-BN and graphene: vdW-corrected DFT calculations. Journal of Physical Chemistry C, 2013, 117: 13435-13441.

[166] Kilina S, Tretiak S, Yarotski D A, et al. Electronic properties of DNA base molecules adsorbed on a metallic surface. Journal of Physical Chemistry C, 2007, 111: 14541-14551.

[167] Bogdan D, Morari C. Effect of van der Waals interaction on the geometric and electronic properties of DNA nucleosides adsorbed on Cu（111）surface: a DFT study. Journal of Physical Chemistry A, 2013, 117: 4669-4678.

[168] Haldar S, Spiwok V, Hobza P. On the association of the base pairs on the silica surface based on free energy biased molecular dynamics simulation and quantum mechanical calculations. Journal of Physical Chemistry C, 2013, 117: 11066-11075.

[169] Zhong X, Slough W J, Pandey R, et al. Interaction of nucleobases with silicon nanowires: a first-principles study. Chemical Physics Letters, 2012, 553: 55-58.

[170] Pumera M. Graphene in biosensing. Mater Today, 2011, 14: 308-315.

[171] Bonaccorso F, Sun Z, Hasan T, et al. Graphene photonics and optoelectronics. Nature Photonics, 2010, 4: 611-622.

[172] Brownson D A, Kampouris D K, Banks C E. An overview of graphene in energy production and storage applications. Journal of Power Sources, 2011, 196: 4873-4885.

[173] Ivanovskii A. Graphynes and graphdiynes. Progress in Solid state Chemistry, 2013, 41: 1-19.

[174] Liu Z, Yu G, Yao H, et al. A simple tight-binding model for typical graphyne structures. New Journal of Physics, 2012, 14: 113007.

[175] Shekar S C, Swathi R. Stability of nucleobases and base pairs adsorbed on graphyne and graphdiyne. Journal of

Physical Chemistry C, 2014, 118: 4516-4528.

[176] Chandra Shekar S, Swathi R. Rattling motion of alkali metal ions through the cavities of model compounds of graphyne and graphdiyne. Journal of Physical Chemistry A, 2013, 117: 8632-8641.

[177] Kimball D B, Haley M M, Mitchell R H, et al. Dehydrobenzoannulene– dimethyl-dihydropyrene hybrids: model systems for the synthesis of molecular aromatic probes. Organic Letters, 2001, 3: 1709-1711.

[178] Tu Y, Lv M, Xiu P, et al. Destructive extraction of phospholipids from Escherichia coli membranes by graphene nanosheets. Nature Nanotechnology, 2013, 8: 594-601.

[179] Li Y, Yuan H, von dem Bussche A, et al. Graphene microsheets enter cells through spontaneous membrane penetration at edge asperities and corner sites. Proceedings of the National Academy of Sciences, 2013, 110: 12295-12300.

[180] Luan B, Huynh T, Zhao L, et al. Potential toxicity of graphene to cell functions via disrupting protein–protein interactions. ACS Nano, 2014, 9: 663-669.

[181] Luan B, Huynh T, Zhou R. Potential interference of protein–protein interactions by graphyne. Journal of Physical Chemistry B, 2016, 120: 2124-2131.

[182] Akhavan O, Ghaderi E, Aghayee S, et al. The use of a glucose-reduced graphene oxide suspension for photothermal cancer therapy. Journal of Materials Chemistry, 2012, 22: 13773-13781.

[183] Kang S G, Zhou G, Yang P, et al. Molecular mechanism of pancreatic tumor metastasis inhibition by Gd@ C82 (OH)$_{22}$ and its implication for de novo design of nanomedicine. Proceedings of the National Academy of Sciences, 2012, 109: 15431-15436.

[184] Yang K, Wan J, Zhang S, et al. The influence of surface chemistry and size of nanoscale graphene oxide on photothermal therapy of cancer using ultra-low laser power. Biomaterials, 2012, 33: 2206-2214.

[185] Yang K, Zhang S, Zhang G, et al. Graphene in mice: ultrahigh in vivo tumor uptake and efficient photothermal therapy. Nano Letter, 2010, 10: 3318-3323.

[186] Hu W, Peng C, Luo W, et al. Graphene-based antibacterial paper. ACS Nano, 2010, 4: 4317-4323.

[187] Zhang L, Xu B, Wang X. Cholesterol extraction from cell membrane by graphene nanosheets: a computational study. Journal of Physical Chemistry B, 2016, 120: 957-964.

[188] Gu Z, Yang Z, Luan B, et al. Membrane insertion and phospholipids extraction by graphyne nanosheets. Journal of Physical Chemistry C, 2017, 121: 2444-2450.

[189] Yeagle P L. Cholesterol and the cell membrane. Biochimica et Biophysica Acta（BBA）-Reviews on Biomembranes, 1985, 822: 267-287.

[190] Khelashvili G, Harries D. How cholesterol tilt modulates the mechanical properties of saturated and unsaturated lipid membranes. Journal of Physical Chemistry B, 2013, 117: 2411-2421.

[191] Khatibzadeh N, Gupta S, Farrell B, et al. Effects of cholesterol on nano-mechanical properties of the living cell plasma membrane. Soft Matter, 2012, 8: 8350-8360.

[192] Goldstein J L, Brown M S. The cholesterol quartet. Science, 2001, 292: 1310-1312.

[193] Maxfield F R, Tabas I. Role of cholesterol and lipid organization in disease. Nature, 2005, 438: 612.

[194] Van Gaal L F, Mertens I L, De Block C E. Mechanisms linking obesity with cardiovascular disease. Nature, 2006, 444: 875.

[195] Genest J. Lipoprotein disorders and cardiovascular risk. Journal of Inherited Metabolic Disease, 2003, 26: 267-287.

[196] Amarenco P, Labreuche J, Touboul P J. High-density lipoprotein-cholesterol and risk of stroke and carotid atherosclerosis: a systematic review. Atherosclerosis, 2008, 196: 489-496.

[197] Chapman M J. Therapeutic elevation of HDL-cholesterol to prevent atherosclerosis and coronary heart disease. Pharmacology & Therapeutics, 2006, 111: 893-908.

[198] López C A, de Vries A H, Marrink S J. Molecular mechanism of cyclodextrin mediated cholesterol extraction. Plos Computational Biology, 2011, 7: e1002020.

[199] López C A, De Vries A H, Marrink S J. Computational microscopy of cyclodextrin mediated cholesterol extraction

from lipid model membranes. Scientific Reports, 2013, 3(3): 2071.

[200] Zhang L, Wang X. Mechanisms of graphyne-enabled cholesterol extraction from protein clusters. RSC Advances, 2015, 5: 11776-11785.

[201] Biju V. Chemical modifications and bioconjugate reactions of nanomaterials for sensing, imaging, drug delivery and therapy. Chemical Society Reviews, 2014, 43: 744-764.

[202] Hong G, Diao S, Antaris A L, et al. Carbon nanomaterials for biological imaging and nanomedicinal therapy. Chemical Reviews, 2015, 115: 10816-10906.

[203] Cao L, Wang X, Meziani M J, et al. Carbon dots for multiphoton bioimaging. Journal of the American Chemical Society, 2007, 129: 11318-11319.

[204] Barone P W, Baik S, Heller D A, et al. Near-infrared optical sensors based on single-walled carbon nanotubes. Nature materials, 2005, 4: 86.

[205] Morales-Narváez E, Merkoçi A. Graphene oxide as an optical biosensing platform. Advanced Materials, 2012, 24: 3298-3308.

[206] Lu C H, Yang H H, Zhu C L, et al. A graphene platform for sensing biomolecules. Angewandte Chemie, 2009, 121: 4879-4881.

[207] Wang Q, Wang W, Lei J, et al. Fluorescence quenching of carbon nitride nanosheet through its interaction with DNA for versatile fluorescence sensing. Analytical Chemistry, 2013, 85: 12182-12188.

[208] Loh K P, Bao Q, Eda G, et al. Graphene oxide as a chemically tunable platform for optical applications. Nature Chemistry, 2010, 2: 1015-1024.

[209] Li G, Li Y, Liu H, et al. Architecture of graphdiyne nanoscale films. Chemical Communications, 2010, 46: 3256-3258.

[210] Wan W B, Brand S C, Pak J J, et al. Synthesis of expanded graphdiyne substructures.Chemistry-A European Journal, 2000, 6: 2044-2052.

[211] Wang C, Yu P, Guo S, et al. Graphdiyne oxide as a platform for fluorescence sensing. Chemical Communications, 2016, 52: 5629-5632.

[212] Swathi R, Sebastian K. Resonance energy transfer from a dye molecule to graphene. Journal of Chemical Physics, 2008, 129: 054703.

[213] Swathi R, Sebastian K. Long range resonance energy transfer from a dye molecule to graphene has (distance)-4 dependence. Journal of Chemical Physics, 2009, 130: 086101.

[214] Zhang C, Yuan Y, Zhang S, et al. Biosensing platform based on fluorescence resonance energy transfer from upconverting nanocrystals to graphene oxide. Angewandte Chemie International Edition, 2011, 50: 6851-6854.

[215] Parvin N, Jin Q, Wei Y, et al. Few-layer graphdiyne nanosheets applied for multiplexed real-time DNA detection. Advanced Materials, 2017, 29(18): 1606755.

[216] Iijima S. Helical microtubules of graphitic carbon. Nature, 1991, 354: 56.

[217] Wu L, Deng D, Jin J, et al. Nanographene-based tyrosinase biosensor for rapid detection of bisphenol A. Biosens Bioelectron, 2012, 35: 193-199.

[218] Liu F, Piao Y, Choi J S, et al. Three-dimensional graphene micropillar based electrochemical sensor for phenol detection. Biosens Bioelectron, 2013, 50: 387-392.

[219] Liu N, Chen X, Ma Z. Ionic liquid functionalized graphene/Au nanocomposites and its application for electrochemical immunosensor. Biosens Bioelectron, 2013, 48: 33-38.

[220] Gholivand M B, Khodadadian M. Amperometric cholesterol biosensor based on the direct electrochemistry of cholesterol oxidase and catalase on a graphene/ionic liquid-modified glassy carbon electrode. Biosens Bioelectron, 2014, 53: 472-478.

[221] Chen X, Gao P, Guo L, et al. Graphdiyne as a promising material for detecting amino acids. Scientific Reports, 2015, 5: 16720.

第7章

展　望

　　碳科学的快速发展以及它对诸多学科和高技术领域的影响，已经广泛影响到高技术科技的各个领域，从而确立了它在21世纪的战略地位。自2005年以来，世界上发达国家发布了碳纳米科技发展规划，并认为碳纳米科技是全球范围内最大和最有竞争力的研究领域之一。碳纳米材料科学是一个新兴的并迅速发展的交叉科学，涉及物理、化学、材料、信息、生物、医学、环境、能源等各个领域。国际上普遍认为碳科学的发展为工业技术新的提升带来了发展空间，将成为未来10~20年主流的科学技术之一。世界主要经济体都制定了碳科学发展战略与计划，并加大投入，推进碳科学的快速发展。

　　在过去20年中，中国的碳材料科学技术取得了很大的进展。但从总体上来看，我国碳材料研究的原创性不足，跟踪研究较多，高技术产业对国外技术的依赖性强。这极大地影响了国家整体的竞争能力。为了实现碳纳米科技的可持续发展，保持并加强我国在碳纳米科技领域的国际竞争能力，迫切需要开展面向国家重大需求的战略性基础研究，在物质、生物、信息科学和工程领域开展原创性碳纳米材料的基础研究，通过深入了解碳纳米材料的生长、组装、演变等基本过程，形成以新碳材料为起点的纳米材料研究、纳米结构设计和制备，以及新功能的发现，在这一重大交叉学科领域形成系统的基础研究成果，促进碳纳米技术在电子、信息、能源、制造、健康和环境等领域的应用。因此，我国应当不失时机地加强新碳材料的研究。石墨炔作为具有中国自主知识产权的新材料，自制备以来获得了国际上同行的高度评价和关注，已经有美国、加拿大、日本、西班牙、韩国、澳大利亚、德国和印度等国际和国内的中国科学院化学研究所、北京大学、清华大学、南京大学、苏州大学、北京科技大学、北京交通大学、中国科学院物理研究所、中国科学院工程研究所、中国科学院青岛生物与过程研究所、中国科学院宁波材料技术与工程研究所等单位开展了研究，使石墨炔研究稳定地进入了一个较快的发展时期，近年来研究证明，石墨炔作为一种特殊结构材料可以应用在催化、光催化、能源和半导体等领域并表现出优良的性能。但是总体研究水平尚处于制备技术与基本理论的发展、完善和积累阶段，具有广阔的研究空间，有些应用只是潜在的，还需要相关领域学者的共同努力。我们已经进行了大量的研究储备工作，获得了多项石墨炔授权专利。提出了一些新的研究思想和方法，并针对该研究领域中的一些主要科学问题和难题提出了相应的解决方案。

然而，石墨炔及其聚集态结构的合成与制备目前还处于初期阶段，石墨炔的深入研究和大规模应用还需要石墨炔的化学合成方法学及聚集态研究的进一步发展，我们已发展了多种方法生长和组装碳和富碳材料的聚集态结构。例如，可控制备不同维数的聚集态结构并研究其本征性质、石墨炔的新的合成方法、宏量制备技术、高质量大面积的石墨炔薄膜的控制过程，以及石墨炔的掺杂、化学取代和石墨炔结构的进一步修饰等，尤其是如何深入地研究和认识石墨炔形成规律，在此基础上可控地设计合成特定层数以及单层结构的产物，并加以分离和表征，大幅度提高合成反应中的选择性、可控性和产率是该领域进一步发展的重要挑战和难题。

因此，发展成熟的大面积高质量的石墨炔薄膜和聚集态结构的制备方法以及宏量高纯度石墨炔粉末的合成、聚集态和自组装生长的关键技术，建立具有自己特色的高效、大规模制备技术和合成方法学，实现石墨炔粉末的克级和平方分米级的石墨炔薄膜的制备，发现石墨炔材料中的未知现象，更深入地认识石墨炔的基本电子特性、物性和动态过程，有利于深入拓展石墨炔在能源、微纳电子、催化等领域的基础和应用研究，并开拓石墨炔在清洁能源、超硬材料、航空航天、信息技术等领域的研究。这样的研究对保持和加强我国在石墨炔材料研究方面的国际领先地位和影响力具有重大的科学意义和长远的战略意义。

结合前述已取得的研究进展，深入研究大面积高质量石墨炔单层膜、少数层薄膜的可控生长方法学、建立适合不同层次的石墨炔表征的新方法，以及基于石墨炔原型器件构建及应用等，形成有特色的研究体系，继续引领国际上该领域的研究，可以预期石墨炔领域将取得重大突破的研究方向，并展望需要重点布局发力的方向。

7.1 石墨炔化学合成方法学及其聚集态结构

石墨炔化学合成方法学：发展大面积石墨炔薄膜和高纯度宏量石墨炔体材料的化学合成方法，生长和自组装新技术，建立石墨炔的高效、低成本、规模化、重复性好的合成方法和可控石墨炔大面积薄膜的制备新方法，形成有自己特色的合成方法学。实现可控合成不同层数和不同厚度的石墨炔薄膜。

石墨炔聚集态和组装的构建方法学：通过自组装技术形成石墨炔聚集态结构，特别是一维线或管状结构是研究石墨炔本征性质的最佳状态，对理解和认识石墨炔结构与性质、性能的关系十分重要。发展重复性好、可大尺寸组装高度有序、高取向石墨炔聚集态的技术，建立生长、组装、自组装和自组织新技术和新方法。

新型石墨炔结构材料探索：通过石墨炔前驱体的设计与合成，改变碳杂化的形式和连接方式及体系的拓扑结构，合成新型二维碳石墨炔和类石墨炔结构材料，实现对石墨炔的能带结构和半导体性质的调控。发展杂原子取代部分石墨炔炔键的合成方法，为进一步研究石墨炔内通过杂原子掺杂对其性能的影响提供基础。并探索发展新型二维碳结构材料。

石墨炔及聚集态的结构规律和构效关系：通过调节生长参数(如生长温度、催化剂种类、生长基底、溶液极性和电场等)调控石墨炔的聚集态结构，并研究变化的规律；有机小分子化学调控石墨炔分子间的弱相互作用和相互排列方式以及分子内的相互作用，进而调控石墨炔有序结构中电荷、能量以及光子的转移和传输过程，从而调控其聚集态结构和性能，获得从一维到多维可调的高取向石墨炔新结构及其大面积的有序阵列。阐明石墨炔分子的化学结构、电子结构和聚集态结构对其性能的影响，进一步探索石墨炔聚集态的形成机理、生长机制、自组装过程以及动力学和动态过程；研究石墨炔聚集态结构和组装的微观行为和宏观控制等动态过程中各变量之间的关系以及生长条件对石墨炔结构的影响，探索重复性好、产率高、易控制的制备技术。发展二次组装技术、异质和同质组装的新方法学。可控地组装并研究一维有序的石墨炔聚集态和结构，研究小尺寸，不同维数所导致的物理化学性质和性能，如载流子和能量的存储与转移、光电转换、电荷分离及传输、能源、传感和催化等；实现对石墨炔的可控合成及其薄膜和聚集态的形貌、尺寸和有序性的调控，探索其新性能；揭示其化学、物理结构本质和变化规律，进而探讨它们的构效关系，实现石墨炔材料聚集态和异质结构的设计和结构调控，并为在实验和理论结合的基础上认识其构效关系。

7.2 高品质石墨炔的控制制备及其基本物性研究

高品质石墨炔的模板限域法制备：用石墨烯作为模板，在溶剂热的条件下，可以提高石墨炔本身的质量，同时，石墨烯的引入更利于石墨炔的成膜，为后续的表征提供了更好的基础。基于这样的方法，我们目前在石墨烯表面可以外延生长小于 5 nm 的连续薄膜，且该样品的拉曼光谱中关于双炔键的振动峰半峰宽更窄。对于这一方法，我们一是需要继续优化反应条件，以期得到单层的样品；二是需要对样品的结构进行更为精细的 STM、TEM 等结构表征；三是尝试将石墨炔样品与模板石墨烯分离开，为研究石墨炔本身的性质提供基础。

高品质石墨炔的低温化学气相沉积法制备：通过设计合成富炔前驱体分子，选择具有不同催化活性的金属基底，利用金属表面富炔分子间的偶联反应，我们可以获得以富炔分子为结构单元的共价网络结构，即实现在化学气相沉积体系中制备大面积、高质量的单原子层石墨炔薄膜。同时，利用分子结构的多样性，设计合成相应的结构单元前驱体，我们可以获得对称性不同、性质各异的多种石墨炔结构。然后，通过对真空度、载气种类和流量大小、前驱体沉积速率、生长温度等条件进行优化，对石墨炔的生长过程进行探索，研究其生长机理，最终发展生长高质量石墨炔的方法，为石墨炔基本物性研究提供材料支持。

单层石墨炔的插层剥离法制备：通过控制反应条件制备高结晶度的石墨炔纳米墙及纳米片，并将它们作为锂离子电池的阴极材料，通过多次充放电过程将锂离子逐步插入石墨炔层间，对石墨炔纳米墙和纳米片进行剥离，通过改变充放电电流大小、充放电次数等条件，获得高结晶度的石墨炔纳米薄层和单层，利用高分辨球差电镜结合电子衍射图像模拟技术研究石墨炔纳米薄层和单层的形貌，力争获得石墨炔纳米单层的原子相结构。

石墨炔的基本物性研究：石墨炔作为碳材料大家族的新成员，具有大的 π 共轭体系、均一的原子级孔结构、可调节的电子结构，因此对于其光、热、力、电等基本物性的研究值得期待。本项目将结合理论预测从光学、光谱学、电学性质等几个方面建立单原子层石墨炔的表征及基本物性的测量方法。

石墨炔薄膜材料的应用关键研究：研究特定形貌的石墨炔的控制制备以及石墨炔基复合材料的控制制备，如设计制备石墨炔的多级结构，将石墨炔的有序结构与三维多孔基底结合，得到多级复合结构，可应用于油水分离、能量存储等领域。同时，在复合材料的设计方面，可以利用石墨炔大的 π 共轭体系、较高的载流子迁移率等性质，将石墨炔作为空穴传输材应用于太阳能电池、光电催化水分解等方面。发展石墨炔在任意基底上的生长方法，为石墨炔的结构表征及应用研究开辟新道路。在器件方面，主要研究以石墨炔/Cu、石墨炔/ITO 基底直接做电池器件的阳极；以石墨炔纳米颗粒为基础，制备多态记忆器件；以石墨炔纳米颗粒和薄膜为基础，制备高灵敏宽光谱光探测器。

石墨炔家族新成员的理论预测与发现：探索一些新型的富炔碳材料，首先，用计算机模拟各种含炔结构的热力学性质，理论上分析其稳定性以及力学性能等；其次，从实验上设计一系列可能的方案去探索新型碳材料的合成路线；最后，将结合实验与理论，对新材料的各种性质进行表征，对其机理进行解释。

7.3　石墨炔及其纳米带的高分辨结构表征与理论模拟

单层石墨炔的制备及高分辨结构表征：利用扫描探针显微镜（SPM）[主要是扫描隧道显微镜（STM）和非接触原子力显微镜（nc-AFM）]所具有原子级结构分辨能力，研究不同的制备方法获得的单层石墨炔类材料的化学结构；发展不同反应环境下的表面辅助制备方法，例如，在溶液中与在超高真空环境下，通过选择适合不同反应环境的前驱体分子，采用不同的激发条件制备单层稳定的石墨炔类材料。这部分的研究将围绕前驱体分子的选择、制备方法的优化、高分辨结构表征三个方面展开。

石墨炔纳米带的制备及其电子结构的表征：制备规整结构的石墨炔纳米带并且表征它的电子结构，与二维石墨炔的电子结构对比，揭示量子限域效应对石墨炔类材料本征属性的调控。其中，石墨炔本征电子结构的表征可以在单层石墨炔的制备基础上完成，利用扫描隧道谱（STS）可以在高分辨结构表征的同时，完成单层石墨炔类材料的电子结构表征。

石墨炔的理论模拟：将运用和发展第一性原理和从头算分子动力学方法，计算石墨炔的几何结构、振动频率和声子谱以及高温下的结构演变，考察其热力学稳定性和热稳定性；计算石墨炔或其前驱体在过渡金属表面的吸附结构、吸附能以及生成焓，考察石墨炔在金属表面生长的可行性。运用和发展密度泛函理论，计算石墨炔的能带结构、价带和导带的电子密度分布，考察石墨炔与金属以及石墨炔层间相互作用的影响；计算石墨炔纳米带的电子结构性质，考察纳米带的宽度、边缘形状以及边缘功能化基团的影响；结合微观电子结构参数，运用和发展电荷传输理论，计算从单层到多层和体相石墨炔以及石墨炔纳米带的载流子迁移率。

石墨炔领域近几年的目标是在大面积高质量石墨炔单层膜、少数层薄膜的可控生长、自组装、建立适合石墨炔表征的新方法，以及基于石墨炔原型器件构建等方面取得一系列具有重要影响的自主知识产权成果，形成有特色的研究体系。建立高质量石墨炔基材料大面积、高取向薄膜的可控制备方法；实现石墨炔的单层膜的可控合成及原子相分辨结构；研究石墨炔材料的能带与结构调控机制、性质与应用；探索石墨炔的模拟、表征与理论计算的方法。上述研究将获得一批国际水平的研究成果，推动石墨炔科学研究的快速发展，使我国在石墨炔材料研究领域继续引领国际前沿研究。

关键词索引